# 建筑物理环境学
## ——绿色建筑·物理环境品质

卢玫珺 著

中国水利水电出版社
www.waterpub.com.cn

## 内 容 提 要

本书是以绿色设计为主线,系统介绍了绿色建筑设计过程中创造高品质物理环境的理论与方法。分析建筑师、绿色建筑与物理环境品质之间的关系,为建筑设计人才在设计全过程中培养绿色理念提供思路。

本书内容丰富、实用性强,不仅适合建筑学、环境学和测量学等相关专业学生使用,也可供专业建筑设计人员及与建筑工程施工和管理相关的人员参考。

## 图书在版编目(CIP)数据

建筑物理环境学 : 绿色建筑・物理环境品质 / 卢玫珺著.--北京 : 中国水利水电出版社,2015.6(2022.9重印)

ISBN 978-7-5170-3338-7

Ⅰ.①建… Ⅱ.①卢… Ⅲ.①建筑物理学－物理环境－研究 Ⅳ.①TU11

中国版本图书馆 CIP 数据核字(2015)第 146068 号

策划编辑:杨庆川　责任编辑:陈　洁　封面设计:马静静

| 书　　名 | 建筑物理环境学——绿色建筑・物理环境品质 |
| --- | --- |
| 作　　者 | 卢玫珺　著 |
| 出版发行 | 中国水利水电出版社 |
| | (北京市海淀区玉渊潭南路 1 号 D 座 100038) |
| | 网址:www. waterpub. com. cn |
| | E-mail:mchannel@263. net(万水) |
| | 　　　　sales@mwr.gov.cn |
| | 电话:(010)68545888(营销中心) 、82562819(万水) |
| 经　　售 | 北京科水图书销售有限公司 |
| | 电话:(010)63202643、68545874 |
| | 全国各地新华书店和相关出版物销售网点 |
| 排　　版 | 北京厚诚则铭印刷科技有限公司 |
| 印　　刷 | 天津光之彩印刷有限公司 |
| 规　　格 | 170mm×240mm　16 开本　23.25 印张　417 千字 |
| 版　　次 | 2015年11月第1版　2022年9月第2次印刷 |
| 印　　数 | 2001-3001册 |
| 定　　价 | 69.00 元 |

# 前　言

　　《建筑物理环境学——绿色建筑·物理环境品质》是以绿色设计为主线,系统介绍了绿色建筑设计过程中创造高品质物理环境的理论与方法。分析建筑师、绿色建筑与物理环境品质之间关系,为建筑设计人才在设计全过程中培养绿色理念提供思路。

　　物理环境品质是人工构筑室内、外空间环境功能的组成部分,物理环境设计是城市规划与建筑设计的技术支撑。考虑物理环境要求的规划与建筑设计,为后续的物理环境设计创造有利的条件,减少资源和能源的需求。依据绿色建筑理念,做好与城市规划、建筑设计整合的物理环境设计,是时代赋予规划师和建筑师的责任。

　　绿色设计是指建筑设计时,将环境因素和技术措施整合到设计中,将环境性能作为项目设计的目标与出发点,力求对环境的影响降到最低。经济与社会的发展要求人们在建筑满足功能、外观、设计标准等基本要素的基础上,更多关注人文环境、自然环境及生态环境等多种因素。根据当地自然条件,运用生态学、建筑学基本原理及现代科技手段,协调好建筑与其他因素间的关系,使建筑与物理环境之间形成有机的结合体,实现人、建筑和自然之间的良性循环。

　　建筑物理学是对建筑环境中声、光、热等物理现象及其规律进行研究,主要目的在于增强建筑功能,为人们创造适宜的生活和工作环境。建筑物理研究的环境领域则体现在建筑环境和与城市建设有关的环境;研究各种物理因素对人的作用和对建筑环境的影响。建筑设计人员必须掌握一定的建筑物理知识,否则就不可能圆满地解决热环境、光环境和声环境的设计问题,无法保证现代建筑具有良好的设计品质。

　　建筑物理学是运用基本原理到规划、建筑群体布局、建筑空间设计、建筑材料选择、建筑构造设计甚至施工管理中。营造绿色的建筑环境,在很大程度上取决于建筑本体上的保温、防热、太阳能利用、天然采光、照明、音质和噪声控制等方面所具有的良好性能。因此,提升物理环境品质是塑造绿色性能的重要组成部分,将建筑物理环境的基本原理、设计策略与技术措施贯彻到建设活动的全过程。积极探索以建筑物理知识、分析方法、技术措施为引导,启发设计人员将建筑物理环境设计融合到规划和建筑设计当中,拓宽建筑设计人才的创作思路。

　　面对全球能源危机和环境日益恶化,关注绿色建筑和物理环境品质之间的关系成为当代建筑创作的重要课题。营造良好的生存环境,当代建筑师具有不可推卸的责任。时代发展需要建筑师加强绿色和节能观念,设计中重视建筑技术,特别是方案构思中技术概念的融入。

　　全书由华北水利水电大学卢玫珺独立完成,由于著者水平有限,书中难免存在不妥之处,恳请读者提出宝贵意见和建议,以便于今后不断充实和提升。

作　者

2015 年 4 月

# 目　录

## 第 1 篇　热环境的绿色设计

# 概　论

## 0.1　绿色建筑

### 0.1.1　绿色建筑的涵义

参照国家标准《绿色建筑评价标准》(GB/T50378－2014),绿色建筑是指在全寿命周期内,最大限度地节约资源(节能、节地、节水、节材)、保护环境、减少污染,为人们提供健康、适用和高效的使用空间,与自然和谐共生的建筑。建筑的全寿命周期是指包括建筑的物料生产、规划、设计、施工、运营维护、拆除、回用和处理的全过程。绿色建筑是一种高性能的建筑类型,着眼于如何减少环境破坏、降低对人类健康的影响。绿色建筑设计是减少能源和资源的消耗,减少材料使用过程中对人类生活造成破坏,实现这一目标,需要更好的场地、更优的设计、选择合适的材料、高质量的建造、合理运营、及时维修与搬迁及尽可能的回收再利用。绿色建筑是在为人们创造舒适的热环境、声环境和光环境的同时,对大自然的不利影响降低到最低程度,并减少对能源的消耗和实现对物质的循环再利用。

绿色建筑至少具备以下三个基本要素:

**1. 节约环保**

节约环保是绿色建筑的基本特征之一,包括用地、用能、用水、用材的节约与环保,是人、建筑与环境和谐共存的基本要求。节约环保旨在要求人们在构建和使用建筑物的全过程中,最大限度地节约资源(节能、节地、节水、节材)、保护环境和减少污染,将人类对地球资源与环境的负荷和影响降到最低。因此,绿色建筑是节能建筑,但节能建筑不能等同于绿色建筑。

**2. 健康舒适**

随着人类社会的进步和人们对生活品质的不断提高,健康舒适逐渐成为绿色建筑的另一基本特征,其核心思想体现在"以人为本"。在有限的空间里提供健康舒适的活动环境,满足人们生理、心理、健康和卫生等方面的需求,全面提升人居环境品质。综合考虑空气、风、水、声、光、温度、湿度、间

— 1 —

距、围护、朝向和地域等要素，力求提供健康、适用和高效的活动空间。

### 3. 自然和谐

自然和谐是绿色建筑的又一基本特征，实际上是中国传统的"天人合一"的唯物辩证思想和美学特征在建筑领域的反映。绿色建筑要求人类的建筑活动顺应自然规律，做到人、建筑与自然和谐共生。因此，自然和谐就是要求人们在构建和使用建筑物的全过程中，亲近和呵护人与建筑物所处的自然生态环境，做到人、建筑与自然环境的和谐共生。

在日本"绿色建筑"称为"环境共生建筑"，在欧美则称为"生态建筑"、"可持续建筑"，在北美则称为"绿色建筑"。因此"绿色建筑"成为生态、环保、可持续、环境共生之建筑的通称。

## 0.1.2 绿色建筑的发展

### 1. 世界绿色建筑发展历程

世界绿色建筑发展大致经历孕育期、形成和发展期、蓬勃兴起期三个阶段。具体发展历程见表 0-1。

表 0-1 世界绿色建筑发展历程

| 序号 | 时间 | 特 点 | 历 程 |
|---|---|---|---|
| 1 | 1962 年 | 美国海洋生物学家蕾切尔·卡逊撰写《沉寂的春天》 | 唤醒人类环保意识，掀开绿色建筑的序幕 |
| 2 | 1969 年 | 美籍意大利建筑师保罗·索勒里提出生态建筑的理念 | 1960 年代为绿色建筑概念的孕育期，表现为建筑领域生态意识的唤醒和绿色建筑概念的孕育 |
| 3 | 1969 年 | 美国建筑师伊安·麦克哈格著《设计结合自然》 | 标志着生态建筑学的正式诞生 |
| 4 | 1970 年 | 全球石油危机更加促使人们考虑人类社会和建筑的可持续发展 | 1970～1990 年为形成期表现为绿色建筑概念的逐步形成和绿色建筑的发展 |

| 序号 | 时间 | 特点 | 历程 |
|---|---|---|---|
| 5 | 1980 年 | 世界自然保护组织首次提出"可持续发展"的概念,呼吁全球重视地球环境危机 | |
| 6 | 1987 年 | 世界环保与发展会议以"我们共同的未来"报告,提出人类可持续发展策略 | 引起全球共鸣 |
| 7 | 1990 年 | 英国"建筑研究所"制定世界第一个绿色建筑评估体系(建筑研究所环境评估法) | |
| 8 | 1992 年 | 巴西里约热内卢"联合国环境与发展大会"首次提出"绿色建筑"的概念 | 绿色建筑逐渐成为发展方向 |
| 9 | 1993 年 | 美国创建首个绿色建筑协会 | |
| 10 | 1997 年 | 联合国"京都环境会议"正式制定了各先进国二氧化碳排放减量的目标 | "可持续发展"成为人类最重要的课题 |
| 11 | 1999 年 | 世界绿色建筑协会在美国成立 | |
| 12 | 1990 年以来 | 世界各国相继成立绿色建筑协会,中国香港、美国、加拿大、中国台湾先后推出绿色建筑评价标准体系 | |
| 13 | 2000 年以来 | 日本、德国、澳大利亚、挪威、法国、韩国及中国内地等相继推出适合地域特点的绿色建筑评估体系,至2009 年已达 20 个 | 2000 年以来为兴起期,表现为绿色建筑在世界范围内的蓬勃兴起 |

## 2.中国绿色建筑发展历程

中国绿色建筑发展历程见表 0-2。

表 0-2　中国绿色建筑发展历程

| 序号 | 时间 | 历程 |
|---|---|---|
| 1 | 2001 年 | 我国陆续制定《绿色生态住宅小区建设要点与技术导则》、《中国生态住宅技术评估手册》,大力推动绿色建筑发展 |
| 2 | 2002 年 | 我国举办以可持续发展为题的世界论坛 |
| 3 | 2003 年 | 我国推出《绿色奥运建筑评估体系》、大力推动绿色建筑的发展 |
| 4 | 2005 年 | 建设部、科技部联合发布《绿色建筑技术导则》建科[2005]199号,我国第一个颁布的绿色建筑技术规范 |
| 5 | 2006 年 | 建设部颁布国家标准《绿色建筑评价标准》GB/T 50378—2006 |
| 6 | 2007 年 | 建设部出台《绿色建筑评价技术细则(试行)》建科[2007]205号和《绿色建筑评价标识管理办法》建科[2007]206号,逐步完善适合中国国情的绿色建筑评价体系 |
| 7 | 2008 年 | 建设部出台《绿色建筑评价标识实施细则》(试行修订稿)建科综[2008]61号和《绿色建筑评价技术细则补充说明(规划设计部分)》建科[2008]113号 |
| 8 | 2008 年 | 成立中国城市科学研究会节能与绿色建筑专业委员会 |
| 9 | 2009 年 | 哥本哈根气候变化会议召开前,中国政府决定到 2020 年单位国内生产总值二氧化碳排放将比 2005 年下降 40% 到 45%,作为约束性指标纳入国民经济和社会发展中长期规划,并制定相应的国内统计、监测、考核 |
| 10 | 2009 年 | 财政部、住房和城乡建设部《关于加快推进太阳能光电建筑应用实施意见》财建[2009]128号,提出实施"太阳能屋顶计划";《太阳能光电建筑应用财政补助资金管理暂行办法》财建[2009]129号,2009 年补助标准原则上定为 20 元/Wp |
| 11 | 2009 年 | 正式启动《绿色工业建筑评价标准》的编制工作 |
|  | 2010 年 | 正式启动《绿色办公建筑评价标准》的编制工作 |
|  | 2011 年 | 正式启动《绿色建筑评价标准》GB/T50378 的修订工作 |
| 12 | 2010 年 | 住房和城乡建设部发布行业标准《民用建筑绿色设计规范》(JGJ/T 229—2010) |
| 13 | 2012 年 | 财政部、住房和城乡建设部联合发布《关于加快推动中国绿色建筑发展的实施意见》财建[2012]167号 |
| 14 | 2013 年 | 国务院办公厅以"1 号文件"的方式转发《绿色建筑行动方案》,重申"十二五"(2006 年~2020 年)期间,完成新建绿色建筑 10 亿平方米;到 2015 年末,20% 的城镇新建建筑达到绿色建筑标准要求的主要目标 |

续表

| 序号 | 时间 | 历程 |
|---|---|---|
| 15 | 2013 年 | 住房和城乡建设部印发《"十二五"绿色建筑和绿色生态城区发展规划》,提出规模化、新旧结合、梯度化、市场化与产业化以及系统化推进五种绿色建筑的发展路径,并计划选择 100 个城市新建区域按照绿色生态城区标准规划、建设和运行 |
| 16 | 2014 年 | 住房和城乡建设部颁布国家标准《绿色建筑评价标准》GB/T 50378—2014 |

随着中国绿色建筑政策的不断出台、标准体系的不断完善、绿色建筑实施的不断深入及国家对绿色建筑财政支持力度的不断增大,中国绿色建筑在未来几年将继续保持迅猛发展态势。中国绿色建筑已经进入到规模化发展的时代。

### 0.1.3　绿色建筑设计理念

绿色建筑设计是在传统建筑设计的基础上,根据当地的自然环境,运用生态学、建筑学的基本原理及现代科学手段,合理安排并组织建筑与其他相关因素间的关系,最大限度地节约资源(节能、节地、节水、节材)、保护环境和减少污染,为人们提供健康、适用、高效的使用空间和与自然和谐共生的建筑。绿色建筑设计的核心内容是尽量减少能源、资源消耗,减少对环境的破坏,并尽可能采用有利于提高建筑品质的新技术、新材料。绿色建筑设计概念是建筑思维与生态观的融合物,以普遍联系的、动态协调的整体观作为思考建筑与自然、文化要素、社会行为关系的基本出发点,致力于提高人们的居住和工作环境质量,为使用者提供舒适、安全、健康并和当地自然环境和谐一致的空间环境。

发展绿色建筑必须关注建筑的全寿命周期的绿色化,要从规划设计阶段的源头做起。绿色建筑的设计有别于传统建筑设计。传统的建筑设计遵循建筑本体的功能化和性能化设计理念,而绿色建筑设计则强调绿色化和人性化设计理念指导下,所进行的综合整体创新的系统设计。绿色化和人性化设计理念是指基于生态文明和科学发展观的要求,体现可持续发展的设计观念。绿色化要求反映绿色建筑的基本要素,人性化则要求以人为本来体现绿色建筑的基本要素。人性化设计理念强调的是将人的因素和诉求融入建筑的全寿命周期内,体现人、自然和建筑之间的和谐统一。

绿色建筑的设计理念主要体现在以下三个方面。

### 1. 节约能源

节约能源是一个全方位全过程的节约能源的概念。绿色建筑要求建筑物在设计理念、技术采用和运行管理等环节,使建筑物在采暖、空调、通风、采光、照明、用水等方面降低并高效地利用所需能源,进而实现建筑节约能源的目的。建筑设计时,结合当地气候条件,选择适宜的平面形式及总体布局方式。充分利用太阳能和风能等可再生能源,在采用节能的采暖和空调系统、节能的围护结构的基础上,尽可能减少采暖和空调设备的使用。合理利用自然通风原理,设置有效的通风路径,充分利用夏季主导风向,降低建筑使用过程中的能源消耗,最大限度地节约能源。

### 2. 节约资源

节约资源除了物质资源的有形节约外,还存在时空资源等方面所体现的无形节约,是一个全方位全过程的节约资源的概念,包括节地、节能、节水和节材。这样就要求构造绿色建筑物时要全方位全过程地进行通盘的综合整体考虑。选择建筑设计、建造和材料时,应综合考虑资源利用合理化,尽可能减少不可再生资源的使用,力求使用可再生资源。

### 3. 回归自然

绿色建筑强调与周边环境的融合与和谐,以保护自然生态环境。结合地理条件,绿色建筑提倡设置太阳能热水、采暖、发电及风力发电装置,以充分利用大自然所提供的天然可再生能源。

绿色建筑的内部环境强调室内拥有舒适和健康的生活环境,建筑内部使用的建筑材料和装修材料不对人体造成伤害,建筑室内空气清新,温度与湿度适当,使居住者感觉舒适且身心健康。绿色建筑所使用的建材应为环境友好型、可循环再生的材料,以保证对人体和环境无害。

随着全球气候的变暖,世界各国正日益增加对建筑节能的关注程度,同时人们逐步意识到,建筑中使用能源所产生的二氧化碳是全球气候变暖的主要来源。在此背景下,节能建筑逐步成为建筑发展的趋势,绿色建筑也应运而生。绿色建筑设计不仅要符合传统建筑设计的各项要求,而且要从建筑的全寿命周期角度,围绕绿色建筑评价标准的要求来全面考量建筑的绿色化品质雏形和蓝图,同时需要在建筑设计环节相应地引入绿色建筑理念和指标要求。

# 0.2　物理环境品质

## 0.2.1　物理环境品质的涵义

物理环境品质是人工构筑室内、外空间环境功能的组成部分,物理环境设计是城市规划与建筑设计的技术支撑。考虑物理环境要求的城市规划和建筑设计,为后续的物理环境设计创造有利的条件,减少资源和能源的需求。依据绿色建筑理念,做好与城市规划、建筑设计整合的物理环境设计,是时代赋予规划师和建筑师的责任。

## 0.2.2　相关专业资料对建筑物理环境的要求

### 1.全国一级注册建筑师执业资格考试大纲

《全国一级注册建筑师执业资格考试大纲》对建筑物理环境提出相应要求,详见表0-3。

表 0-3　《全国一级注册建筑师执业资格考试大纲》对建筑物理要求

| 类型 | 了解 | 掌握 |
| --- | --- | --- |
| 热环境 | 建筑热工基本原理和建筑围护结构的节能设计原则 | 建筑围护结构的保温、隔热、防潮设计,以及日照、遮阳、自然通风设计 |
| 光环境 | 建筑采光和照明的基本原理;室内外环境照明对光和色的控制;采光和照明节能的一般原则和措施 | 采光设计标准与计算 |
| 声环境 | 建筑声学基本原理;城市环境噪声与建筑室内噪声允许标准;建筑隔声设计与吸声材料和构造的选用原则;建筑设备噪声与振动控制的一般原则;室内音质评价的主要指标及音质设计的基本原则 | |

### 2.建筑设计资料集

《建筑设计资料集》涉及建筑物理环境知识点,详见表0-4。

表 0-4　《建筑设计资料集》所涉及建筑物理环境知识点及归属

| 图集编号 | 知识点 | 归属 |
| --- | --- | --- |
| 01 | 日照 | 热环境 |
|  | 色彩 | 光环境 |
| 02 | 热工节能、自然通风 | 热环境 |
|  | 采光照明 | 光环境 |
|  | 声 | 声环境 |
| 04 | 电影院、剧场 | 声环境 |
|  | 博物馆、展览馆 | 光环境 |
| 06 | 生土建筑、太阳能建筑 | 热环境 |
| 07 | 图书馆（采光照明） | 光环境 |
|  | 图书馆（噪声控制） | 声环境 |
| 09 | 天窗类型 | 光环境 |
|  | 隔声门窗 | 声环境 |
| 10 | 遮阳设施 | 热环境 |

## 3. 行业标准《民用建筑绿色设计规范》JGJ/T229—2010

《民用建筑绿色设计规范》中绿色设计强调全过程控制，各专业在项目的每个阶段都应参与讨论、设计与研究。绿色设计强调以定量化分析与评估为前提，提倡在规划设计阶段进行场地自然生态系统、自然通风、日照与天然采光、围护结构节能、声环境优化等多种技术策略的定量化分析与评估。定量化分析与评估主要借助于计算机模拟得以实现，这样就增加了对各类设计人员特别是建筑师的专业要求，传统的专业分工的设计模式已经不能适应绿色建筑的设计要求。因此，绿色建筑设计是对现行设计管理和运作模式的创造性变革，由具备综合专业技能的人员、团队或专业咨询机构的共同参与，并充分体现信息技术成果的过程。然而绿色设计并不忽视建筑学内涵，强调从方案设计入手，将绿色设计策略融合于建筑中，关注建筑精神和社会功能，重视与周边建筑和景观环境的协调以及对环境的贡献，避免沉闷单调或忽视地域性和艺术性的设计。规范涉及建筑物理环境品质要求的条文见表 0-5～0-8。

表 0-5　《民用建筑绿色设计规范》涉及建筑物理环境一般条文

| 章节条文 | | | 内容 |
|---|---|---|---|
| 6<br>建筑<br>设计<br>与室<br>内环<br>境 | 6.1<br>一般<br>规定 | 6.1.1 | 建筑设计应按照被动措施优先的原则,优化建筑体形和内部空间布局,充分利用天然采光、自然通风,采用围护结构保温、隔热、遮阳等措施,降低建筑的采暖、空调和照明系统的负荷,提高室内舒适度 |
| | | 6.1.2 | 根据所在地区地理与气候条件,建筑宜采用最佳朝向或适宜朝向。当建筑处于不利朝向时,宜采取补偿措施 |
| | | 6.1.3 | 建筑形体设计应根据周围环境、场地条件和建筑布局,综合考虑场地内外建筑日照、自然通风与噪声等因素,确定适宜的形体 |
| | | 6.1.4 | 建筑造型应简约,并应符合下列要求:①应符合建筑功能和技术的要求,结构及构造应合理;②不宜采用纯装饰构件;③太阳能集热器、光伏组件及具有遮阳、导光、导风、辅助绿化等功能的室外构件应与建筑进行一体化设计 |
| | 6.2<br>空间合<br>理利用 | 6.2.3 | 建筑设计应根据使用功能要求,充分利用外部自然条件,并宜将人员长期停留的房间布置在有良好日照、采光、自然通风和视野的位置。住宅卧室、医院病房、旅馆客房等空间布置应避免视线干扰 |
| | | 6.2.4 | 室内环境要求相同或相近的空间宜集中布置 |
| | | 6.2.7 | 楼梯间在地面以上各层宜有自然通风和天然采光 |

表 0-6　《民用建筑绿色设计规范》涉及建筑热环境条文

| 章节条文 | | | 内容 |
|---|---|---|---|
| 5<br>场地<br>与室<br>外环<br>境 | 5.4<br>场地规<br>划与室<br>外环境 | 5.4.2 | 场地风环境应符合下列要求:①建筑规划布局应营造良好的风环境,保证舒适的室外活动空间和室内良好的自然通风条件,减少气流对区域微环境和建筑本身的不利影响;②建筑布局宜避开冬季不利风向,并宜通过设置防风墙、板、防风林带、微地形等挡风措施阻隔冬季冷风;③宜进行场地风环境典型气象条件下的模拟预测,优化建筑规划布局 |

续表

| 章节条文 | | | 内容 |
|---|---|---|---|
| 6<br>建筑<br>设计<br>与室内<br>环境 | 6.3<br>日照和天<br>然采光 | 6.3.1 | 进行规划与建筑单体设计时,应符合国家标准《城市居住区规划设计规范》GB50180-93(2002版)对日照的要求,应使用日照模拟软件进行日照分析 |
| | 6.4<br>自然<br>通风 | 6.4.1 | 建筑物的平面空间组织布局、剖面设计和门窗设置,应有利组织室内自然通风。宜对建筑室内风环境进行计算机模拟,优化自然通风系统 |
| | | 6.4.2 | 房间平面宜采取有利于形成穿堂风的布局,避免单侧通风的布局 |
| | | 6.4.3 | 严寒、寒冷地区与夏热冬冷地区的自然通风设计兼顾冬季防寒要求 |
| | | 6.4.4 | 外窗的位置、方向和开启方式应合理设计;外窗的开启面积应符合国家相关标准要求 |
| | | 6.4.5 | 可采取下列措施加强建筑内部的自然通风:①采用导风墙、捕风窗、拔风井、太阳能拔风道等诱导气流措施;②设有中庭的建筑宜在适宜季节利用烟囱效应引导热压通风;③住宅建筑可设置通风器,有组织地引导自然通风 |
| | | 6.4.6 | 可采取下列措施加强地下空间的自然通风:①设计可直接通风的半地下室;②地下室局部设置下沉式庭院;③地下室设置通风井、窗井 |
| | | 6.4.7 | 宜考虑在室外环境不利时的自然通风措施。当采用通风器时,应有方便灵活的开关调节装置,应易于操作和维修,宜有过滤和隔声功能 |
| | 6.5<br>围护<br>结构 | 6.5.2 | 建筑物的体形系数、窗墙面积比、围护结构的热工性能、外窗的气密性能、屋顶透明部分面积比等,应符合国家有关建筑节能设计标准规定 |
| | | 6.5.2 | 除严寒地区外,主要功能空间的外窗夏季得热负荷较大时,该外窗应设置外遮阳设施,并应对夏季遮阳和冬季阳光利用进行综合分析,其中天窗、东西向外窗宜设置活动外遮阳 |

| 章节条文 | | | 内容 |
|---|---|---|---|
| 6<br>建筑设计与室内环境 | 6.5<br>围护结构 | 6.5.3 | 墙体设计应符合下列要求：<br>①严寒、寒冷地区与夏热冬冷地区的外墙出挑构件及附墙部件等部位的外保温层宜闭合,避免出现热桥；②夹芯保温外墙上的钢筋混凝土梁、板处,应采取保温隔热措施；③连续采暖和空调建筑的夹芯保温外墙的内页墙宜采取热惰性良好的重质密实材料；④非采暖房间与采暖房间的隔墙和楼板应设置保温层；⑤温度要求差异较大或空调、采暖时段不同的房间之间宜有保温隔热措施 |
| | | 6.5.4 | 外墙设计可采用下列保温隔热措施：<br>①采用自身保温性能好的外墙材料；②夏热冬冷地区和夏热冬暖地区外墙采用浅色饰面材料或热反射涂料；③有条件时外墙设置通风间层；④夏热冬冷地区及夏热冬暖地区东、西向外墙采取遮阳隔热措施 |
| | | 6.5.5 | 严寒、寒冷地区与夏热冬冷地区的外窗设计应符合下列要求：<br>①宜避免大量设置凸窗和屋顶天窗；②外窗或幕墙与外墙之间缝隙应采用高效保温材料填充并用密封材料嵌缝；③采用外墙保温时,窗洞口周边墙面应做保温处理,凸窗的上下及侧向非透明墙体应作保温处理；④金属窗和幕墙型材宜采取隔断热桥措施 |
| | | 6.5.6 | 屋顶设计可采取下列保温隔热措施：<br>①屋面选用浅色屋面或反射型涂料；②平屋顶设置架空通风层,坡屋顶设置可通风的阁楼层；③设置屋顶绿化；④屋面设置遮阳装置 |

表 0-7　《民用建筑绿色设计规范》涉及建筑光环境条文

| 章节条文 | | | 内容 |
|---|---|---|---|
| 5<br>场地<br>与室外<br>环境 | 5.4<br>场地<br>规划<br>与室外<br>环境 | 5.4.1 | 场地光环境应符合下列要求：<br>①应合理地进行场地和道路照明设计,室外照明不应对居住建筑外窗产生直射光线,场地和道路照明不得有直射光射入控制,地面反射光的眩光限值符合相关标准规定;②建筑外表面的设计与选材应合理,并应有效避免光污染 |
| 6<br>建筑<br>设计<br>与室内<br>环境 | 6.3<br>日照和<br>天然<br>采光 | 6.3.2 | 应充分利用天然采光,房间的有效采光面积和采光系数应符合国家标准《民用建筑设计通则》GB50352－2005 和《建筑采光设计标准》GB50033－2013 的要求外,尚应符合下列要求：<br>①居住建筑的公共空间宜有天然采光,其采光系数不宜低于 0.5％;②办公、旅馆类建筑的主要功能空间室内采光系数不宜低于国家标准《建筑采光设计标准》GB50033－2013 的要求;③地下空间宜有天然采光;④天然采光时宜避免产生眩光;⑤设置遮阳设施时应符合日照和采光标准的要求 |
| | | 6.3.3 | 可采取下列措施改善室内的天然采光效果：<br>①采用采光井、采光天窗、下沉广场、半地下室等;②设置反光板、散光板和集光、导光设备等 |

表 0-8　《民用建筑绿色设计规范》涉及建筑声环境条文

| 章节条文 | | | 内容 |
|---|---|---|---|
| 5<br>场地<br>与室外<br>环境 | 5.4<br>场地<br>规划<br>与室外<br>环境 | 5.4.3 | 场地声环境设计应符合国家标准《声环境质量标准》GB3096－2008 规定。应对场地周边的噪声现状进行检测,并应对项目实施后的环境噪声进行预测。当存在超过标准的噪声源时,应采取下列措施：<br>①噪声敏感建筑物应远离噪声源;②对固定噪声源,应采用适当的隔声和降噪措施;③对交通干道的噪声,应采取设置声屏障或降噪路面等措施 |

续表

| 章节条文 | | | 内容 |
|---|---|---|---|
| 6<br>建筑<br>设计与<br>室内<br>环境 | 6.6<br>室内声<br>环境 | 6.6.1 | 建筑室内允许噪声级、围护结构空气隔声量及楼板撞击隔声量应符合现行国家标准《民用建筑隔声设计规范》GB50118－2010 规定,环境噪声应符合国家标准《声环境质量标准》GB3096－2008 规定 |
| | | 6.6.2 | 毗邻城市交通干道的建筑,应加强外墙、外窗和外门的隔声性能 |
| | | 6.6.3 | 下列场所的顶棚、楼面、墙面和门窗宜采取相应的吸声和隔声措施:<br>①学校、医院、旅馆、办公楼建筑的走廊及门厅等人员密集场所;<br>②车站、体育场馆、商业中心等大型建筑的人员密集场所;③空调、通风和发电机房、水泵房等有噪声污染的设备用房 |
| | | 6.6.4 | 可采用浮筑楼板、弹性面层、隔声吊顶、阻尼板等措施加强楼板撞击声隔声性能 |
| | | 6.6.5 | 建筑采用轻型屋盖时,屋面宜采取防止雨噪声的措施 |
| | | 6.6.6 | 与有安静要求房间相邻的设备机房,应选用低噪声设备。设备、管道应采取有效的减振、隔振、消声措施。对产生振动的设备基础应采取减振措施 |
| | | 6.6.7 | 电梯机房及井道应避免与有安静要求的房间紧邻,当受条件限制而紧邻布置时,应采取隔声和减振措施:<br>①电梯机房墙面及顶棚应做吸声处理,门窗应选用隔声门窗,地面应做隔声处理;②电梯井道与安静房间之间的隔墙做隔声处理;③电梯设备应采取减振措施 |

### 4.《绿色建筑评估标准》GB/T 50378－2014

对比新旧版《绿色建筑评估标准》,旧版(2006 版)与新版(2014 版)的主要变化体现见表 0-9。设计评价的重点体现在对绿色建筑所采取的"绿色措施"和预期效果的评价;而运行评价则不仅要对"绿色措施"进行评价,而且要评价"绿色措施"所产生的实际效果。因此,"设计评价"评价的是建筑的设计,"运行评价"评价的是已投入运行的建筑。

设计评价包括节地与室外环境、节能与能源利用、节水与水资源利用、节材与材料资源利用、室内环境质量五类评价指标,总得分是将五类评价指标的评分项得分经加权计算后所得分值,再加上加分项附加得分求和所得。而运行评价的七类评价指标是在设计评价五类评价指标的基础上增加施工管理、运营管理,总得分是将七类评价指标的评分项得分经加权计算后所得分值,再加上加分项的附加得分求和所得。新版《绿色建筑评估标准》中体现建筑物理环境品质要求,具体涉及条文见表 0-10~0-11。

表 0-9　新旧版《绿色建筑评估标准》主要对照

| 类别 | 旧版(2006 版) | 新版(2014 版) |
|---|---|---|
| 适用范围 | 住宅建筑和公共建筑中的办公建筑、商场建筑和旅馆建筑 | 在旧版基础上,新版扩展至各类民用建筑 |
| 评价指标体系 | 六类指标(节地与室外环境、节能与能源利用、节水与水资源利用、节材与材料资源利用、室内环境质量和运营管理) | 在旧版基础上,增加施工管理评价指标 |
| 评价内容 | | 分为设计评价和运行评价 |
| 评价方法 | 一般项和优选项 | 一般项和优选项合并改为评分项,增设加分项 |

表 0-10　《绿色建筑评估标准》涉及建筑物理环境一般条文

| 章节条文 | | | 内容 |
|---|---|---|---|
| 4 节地与室外环境 | 4.2 评分项 Ⅱ 室外环境 | 4.2.4 | 建筑及照明设计应避免产生光污染,评价总分值为 4 分,并按下列规定分别评分并累计:①玻璃幕墙可见光反射比不大于 0.2,得 2 分;②室外夜景照明光污染的限制符合现行行业标准《城市夜景照明设计规范》JGJ/T 163 的规定,得 2 分 |
| | | 4.2.5 | 场地内环境噪声符合现行国家标准《声环境质量标准》GB 3096 的规定,评价分值为 4 分 |
| | | 4.2.6 | 场地内风环境有利于室外行走、活动舒适和建筑的自然通风,评价总分值为 6 分。在冬季典型风速和风向条件下,按下列规则分别评分并累计:①建筑物周围人行区风速小于 5m/s,且室外风速放大系数小于 2,得 2 分;②除迎风第一排建筑外,建筑迎风面与背风面表面风压差不大于 5Pa,得 1 分;过渡季、夏季典型风速和风向条件下,按下列规则分别评分并累计:①场地内人活动区不出现涡流或无风区,得 2 分;②50% 以上可开启外窗室内外表面积的风压差大于 0.5 Pa,得 1 分 |
| | | 4.2.7 | 采取措施降低热岛强度,评价总分值为 4 分,并按下列规则分别评分并累计:①红线范围内户外活动场地有乔木、构筑物等遮阴措施的面积达到 10%,得 1 分;达到 20%,得 2 分;②超过 70% 的道路路面、建筑屋面的太阳辐射反射系数不小于 0.4,得 2 分 |

| 章节条文 | | 内容 |
|---|---|---|
| 5 节能与能源利用 | 5.2 评分项 I 建筑与围护结构 | 5.2.1 | 结合场地自然条件,对建筑的体形、朝向、楼距、窗墙比进行优化设计,评价分值为6分 |
| | | 5.2.2 | 外窗、玻璃幕墙的可开启部分能使建筑获得良好的通风,评价总分值为6分,并按下列规则评分:①设玻璃幕墙且不设外窗的建筑,其玻璃幕墙透明部分可开启面积比例达到5%,得4分;达到10%,得6分;②设外窗且不设玻璃幕墙的建筑,外窗可开启面积比例达到30%,得4分;达到35%,得6分;③设玻璃幕墙和外窗的建筑,对其玻璃幕墙透明部分和外窗可开启面积分别按本条第1款和第2款进行评价,得分取两项得分的平均值 |

表 0-11　《绿色建筑评估标准》涉及室内物理环境一般条文

| 章节条文 | | 内容 |
|---|---|---|
| 8 室内环境质量 | 8.1 控制项 | 8.1.1 | 主要功能房间的室内噪声应满足现行国家标准《民用建筑隔声设计规范》GB 50118 中的低限要求 |
| | | 8.1.2 | 主要功能房间的隔声性能应满足现行国家标准《民用建筑隔声设计规范》GB 50118 中的低限要求 |
| | | 8.1.3 | 建筑照明数量和质量应符合现行国家标准《建筑照明设计标准》GB 50034 的规定 |
| | | 8.1.5 | 在室内设计温、湿度条件下,建筑围护结构内表面不得结露 |
| | | 8.1.6 | 屋顶和东、西外墙隔热性能应满足现行国家标准《建筑热工设计规范》GB 50176 的要求 |
| | 8.2 评分项 I 室内声环境 | 8.2.1 | 主要功能房间的室内噪声级,评价总分值为6分。噪声级达到现行国家标准《民用建筑隔声设计规范》GB 50118 中的低限标准和高要求标准限值的平均值,得3分;达到高要求标准限值,得3分 |
| | | 8.2.2 | 主要功能房间的隔声性能良好,评价总分值为9分,并按下列规则分别评分并累计:①构件及相邻房间之间的空气声隔声性能达到现行国家标准《民用建筑隔声设计规范》中的低限标准限值和高要求标准限值的平均值,得3分;达到高要求标准限值,得5分;②楼板的撞击声隔声性能达到现行国家标准《民用建筑隔声设计规范》GB 50118 中的低限标准限值和高要求标准限值的平均值,得3分;达到高要求标准限值,得4分 |

| 章节条文 | | | 内容 |
|---|---|---|---|
| 8<br>室内<br>环境<br>质量 | 8.2<br>评分项<br>Ⅱ室内<br>光环境 | 8.2.3 | 采取减少噪声干扰的措施,评价总分值为4分,并按下列规则分别评价并累计:<br>①建筑平面、空间布局合理,没有明显的噪声干扰,得分2分;<br>②采用同层排水或其他降低排水噪声的有效措施,使用率不小于50%,得分2分 |
| | | 8.2.4 | 公共建筑中多功能厅、接待大厅、大型会议室和其他有声学要求的重要房间进行专项声学设计,满足相应功能要求。评价分值为3分 |
| | | 8.2.6 | 主要功能房间的采光系数满足现行国家标准《建筑采光设计标准》GB 50033的要求,评价总分值为8分,并按下列规则评分:<br>①居住建筑:卧室、起居室的窗地面积比达到1/6,得6分;达到1/5,得8分;②公共建筑:根据主要功能房间采光系数满足现行国家标准《建筑采光设计标准》GB 50033的面积比例,面积比60%≤$R_A$<65%,得4分;面积比65%≤$R_A$<70%,得5分;面积比70%≤$R_A$<75%,得6分;面积比75%≤$R_A$<80%,得7分;面积比$R_A$≥80%,得8分;最高得8分 |
| | | 8.2.7 | 改善建筑室内天然采光效果,评价总分值为14分,并按下列规则评分:<br>①主要功能房间有合理的控制眩光措施,得6分;②内区采光系数满足采光要求的面积比例达到60%,得4分;③根据地下空间平均采光系数不小于0.5%的面积与首层地下室面积的比例,面积比5%≤$R_A$<10%,得1分;面积比10%≤$R_A$<15%,得2分;面积比15%≤$R_A$<20%,得3分;面积比$R_A$≥20%,得4分;最高得4分 |
| | 8.2<br>评分项<br>Ⅲ 室内<br>热湿<br>环境 | 8.2.8 | 采取可调节遮阳措施,降低夏季太阳辐射得热,评价总分值为12分。外窗和幕墙透明部分中,有可控制遮阳调节措施的面积比例达到25%,得6分;到50%,得12分 |

## 0.3 绿色建筑与物理环境品质

### 0.3.1 绿色建筑与环境的关系

随着科学技术进步和社会生产力的迅速发展,加速了人类文明进程,人类社会正面临着环境与发展问题的挑战。资源过度消耗、气候变异、环境污染和生态破坏等问题威胁着人类的生存和发展。创造可持续发展的人类生存环境,成为 21 世纪建筑的基本任务,绿色建筑正是基于此而提出来的。

目标上,绿色建筑追求人、建筑和环境之间的协调和平衡发展;方法上,主张"设计追随自然";技术上,提倡运用不污染环境、高效、节能和节水的建筑技术。

**1. 绿色建筑的节能与环境**

高能耗和低效率的建筑,不仅成为能源紧张的重要因素,而且成为大气污染的元凶。全球能量的 50% 消耗于建筑的建造和使用过程。为减少建筑对不可再生资源的消耗,绿色建筑主张改变现有设计观念和方式,实现建筑由高能耗向低能耗方式的转化。依靠节能技术,提高能源利用效率,开发利用新能源,减少建筑对传统能源的依赖。

因此,绿色建筑设计必须深入到整个建筑生命周期中考察、评估建筑能耗状况及其对环境的影响。太阳能不仅是丰富、无污染且价廉的可再生能源,而且也是低能流密度且仅能间歇利用的能源。利用光热转换,将太阳能采暖运用到建筑上,改善冬季室内热环境,进而节约能源。

**2. 绿色建筑与气候设计**

随着现代经济的发展和科学技术的进步,人类尝试用空调设备来改善生活和工作环境,但是违背气候的高能耗建筑带来很大的经济和能源代价,增加了生态环境的污染,在很大程度上使居者与自然环境分离。为克服现行建筑模式的负面影响,绿色建筑注重气候与建筑的关系,作为绿色建筑的基本方法,按照人体的舒适要求和气候条件进行建筑设计的方法,结合当地气候特征,运用建筑物理环境学的原理,合理地组织各种建筑因素。

人类对于环境的舒适与健康需求,不利用现行空调设备也能得到满足。传统地方建筑是适应气候的典范。绿色建筑的设计观是将自然资源作为主要的供给者,而辅助设备处于次要地位。因此,建筑采光由太阳光提供,制冷由流动的空气产生,采暖可从人体和办公设备中获取。结合地方气候特征的设计是可在任何技术层次上使用的方法,绿色建筑设计将气候所包含的各种因素当作资源来考虑,充分利用气候条件,提高气候资源的利用率。

### 3. 绿色建筑技术与形式

将建筑外层的材料和结构作为能源转换的界面,用于收集、转换自然能源并防止能源的流失;建筑外层具备调节气候的能力,减缓或改变气候波动,使室内气候趋于稳定,很大程度上依赖于高技术在建筑中的运用。绿色建筑的形式利于能源收集,建筑外层不再是"内部"与"外部"的分界线,而逐步成为具有多种功能的界面,最终实现绿色建筑与环境的相互作用、智能和可调节。

绿色建筑作为动态和发展的概念,将成为人类运用技术手段寻求与自然和谐共存,持续发展的理想建筑模式。当今绿色建筑广泛地渗透到建筑多个方面,建筑师将在现代社会中创造"回归自然"的建筑形式,遵循建筑与自然生态环境的协调规律,设计出与人、自然和社会融合的生存空间。

## 0.3.2 绿色建筑对物理环境的要求

绿色建筑起源于 20 世纪 70 年代的全球能源危机,并伴随着人类"可持续发展观"而逐渐成熟起来。作为在传统建设的基础上的进行的一次升华和优化,绿色建筑在传统建筑的功能上增加强化了环保节能功能,强调建筑与自然的和谐。住宅与公共建筑是城市物质环境的重要组成部分,关系到城市居民日常工作、学习及娱乐等多方面的需求。建筑物理品质对绿色建筑具有重要影响,绿色住宅和公共建筑对建筑物理环境提出相应要求。

### 1. 绿色住宅建筑对物理环境的要求

绿色住宅建筑设计是一门广且深的学科,其脱胎于普通的住宅建筑设计,又融入绿色的理念。就建筑物理环境,绿色住宅建筑提出明确要求,主要包括建筑日照、通风和采光;建筑空间和室外环境的舒适度以及考虑建筑及城市空间的热岛效应。

绿色住宅建筑的布局首先应考虑室内外的日照环境、采光和通风等各项指标,满足现行国家标准《城市居住区规划设计规范》(GB 50180－1993 (2003 版))中的相关规定。居住区室内、外日照环境,自然采光和通风条件与室内的空气质量和室外环境质量的优劣密切相关,直接影响到城市居民的身心健康和生活品质,是与人的生存和发展密切相关的。

在步入老龄化社会的今天,绿色建筑的设计应更多地考虑老年人的使用习惯。老年人的生理机能、生活规律及其健康需求决定了其特殊的生活范围和行为特点,具有明确的局限性,对建筑物理环境也有特殊要求。因此,为老年人建设的绿色建筑在建筑物理环境等方面应达到更高的标准。

很多情况下,建筑外环境的建设和二次开发对于既有的建筑物理环境会产生一定的影响,建筑装饰和城市商业活动中常会出现影响住宅日照通风的问题,包括原规划设计中没有考虑的、建成后新增的室外固定设施,如新增的空调机、景观小品、雕塑、户外广告牌等,均有可能降低相邻住宅楼、相邻住户的日照和采光标准。这样的情况在绿色建筑的建设过程中应统筹规划,加以避免。而对于旧区改建项目内的新建住宅,按照相关规范,其日照标准可酌情降低,绿色建筑只有在旧区改建时各项建设条件确实难以达到规定的标准时,建筑物理环境的相关指标才予以放宽。但是为保障居民切身利益和生活质量,无论何种情况下,降低后的住宅日照标准均不得低于大寒日日照 1 小时的标准。在满足日照要求的基础上,绿色住宅建筑还应重视卫生要求,特别是低于北纬 25°的地区,两幢住宅楼或同一栋住宅楼相邻的居住空间之间的水平视线距离不宜低于 18m。

在城市高度集约化发展的今天,众多高层建筑的出现使得再生风和二次风环境问题愈加明显。从建筑物理环境的角度出发,这关系到建筑组合空间的物质形态,也关系到城市居民的生活质量。当建筑物周围人行区域内距离地面 1.5m 高处的风速小于 5m/s 时,将不会影响人们正常室外活动,这个标准成为绿色住宅建筑需要满足的基本要求。因此,居住区风环境设计应有利于冬季室外行走舒适及过渡季、夏季的自然通风。

夏季和过渡季节的自然通风对于建筑节能具有重要影响,良好的自然通风条件有利于提高人体室外环境的舒适度。当夏季大型室外场所温度过高,不良的室外热环境会影响人体的舒适感,当这种影响超过限度时,长时间停留还会引起人们生理上的不适甚至中暑。因此,绿色住宅建筑规划设计时,应进行风环境模拟分析,在模拟分析的基础上采取相应的技术措施,以优化室外风环境。

从宏观角度看,城市热岛效应也是绿色住宅建筑所面临的问题。城市的各种环境问题使城市空间的气温高于周边郊区,成为热岛效应的直接动因。夏季出现热岛效应,不仅会使城市居民在高温里中暑的几率增大,而且还会造成光化学污染,增加夏季空调能耗,给居民的生活和工作带来一定的负面影响。热岛强度的差异在冬季表现最为明显,相关技术标准对绿色住宅建筑的热岛效应提出控制标准,通常情况下,年均气温的城乡差值保持在 1℃ 左右,以 1.5℃ 作为控制值的上限。

### 2. 绿色公共建筑对物理环境的要求

绿色公共建筑设计是一门广且深的学科,其脱胎于普通的公共建筑设计,又融入绿色的理念。作为绿色公共建筑,对建筑物理环境应有严格的要求:一方面是建筑自身的声、光、热环境和日照通风条件应符合要求;另一方面要重视与周边城市环境的协调共存。

公共建筑产生的光污染指因建筑反光和照明产生的影响自然环境,对人类正常生活、工作、休息和娱乐带来不利影响,损害人们观察物体的能力,引起人体不舒适感和损害人体健康的各种光线。绿色公共建筑应从布局、体形、装饰等要素考虑,需避免对周围建筑物和环境产生光污染,也不能对周围居住建筑产生不利的日照遮挡。公共建筑如果采用镜面式铝合金装饰外墙或玻璃幕墙,当直射日光和天空光照射在建筑表面时,就会产生反射光及眩光,进而可能造成道路安全隐患;而不合理的夜景照明方式也容易造成人工白昼及彩光污染,这些现象都应加以避免。

新建及改建公共建筑时,应避免过多遮挡周边建筑,尤其是住宅建筑,以保证其满足现行规范的日照标准要求。

绿色公共建筑应按照其类型,分别满足现行国家标准《城市区域环境噪声标准》(GB 3096－2008)规定的环境噪声标准。绿色公共建筑要求对场地周边的噪声现状进行检测,并对实施后的环境噪声进行预测。

城市高层和超高层建筑数量的逐渐增多,使得再生风环境和二次风环境日益突出。在高低层建筑中,若建筑群体布局和单体设计不当,则有可能导致行人举步艰难或强风卷刮物体撞碎玻璃等事故。对于人流量集中的公共建筑而言,需要特别注意这一现象。绿色公共建筑周围人行区风速限定在合适的范围,以减少对室外活动的舒适性和建筑通风的不利影响。夏季、过渡季节的自然通风不仅对建筑节能来言尤为重要,而且涉及室外环境的舒适度问题。大型公共场所的夏季室外热环境恶劣,不仅会影响人们的热舒适,而且当环境的热舒适程度超过极限值时,长时间停留还会引发高比例人群的生理不适甚至中暑。

# 0.4  结合气候的建筑设计策略

公元前 1 世纪建筑师维特鲁维提出:"如果我们想把房子正确地设计好,就得从观察建造地点的特点和气候开始,一种是房子看起来适合埃及,另一种适合于西班牙……再另外一种适合罗马……,很显然不同房子的设计应该适应各种不同的气候。"

建筑设计结合气候就是根据气候特征,把握当地的太阳辐射、风和降水情况,做好围护结构的保温、隔热、通风、防潮设计,从建筑选址、保温、隔热、蓄热集热、采暖与制冷、采光、遮阳、通风与防风、防结露等方面运用适宜的技术策略,形成良好的室内热环境。

## 0.4.1  建筑大师的气候观

### 1.格罗皮乌斯

格罗皮乌斯认为气候是设计基本概念中的首要因素。所设计的许多住宅和规划方案都是以太阳照射角度的选择为设计准则。不同高度建筑群日照关系见图 0-1。

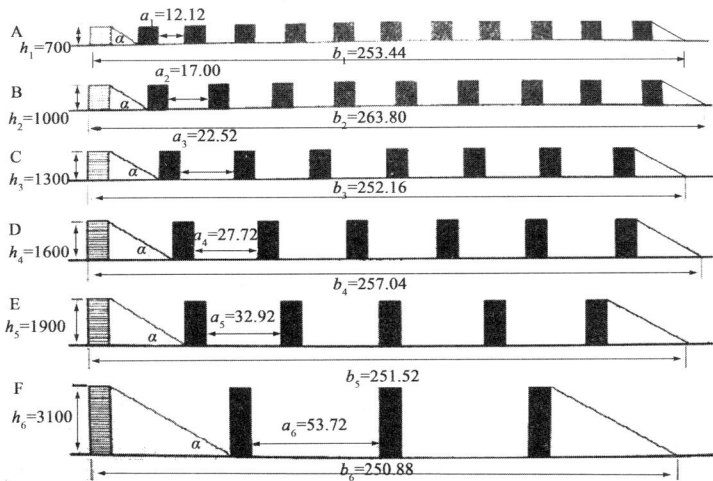

$h$—建筑总高度;$a$—建筑间距;$b$—建筑群占基地;$\alpha$—太阳高度角的总长度

**图 0-1  不同高度建筑群日照关系**

### 2.赖特

赖特的建筑很注重适应地域的自然气候,倡导引入自然的阳光和空气;主张建筑采用自然通风,反对使用空调;采用当地建筑材料,充分考虑建筑遮阳和防风。赖特在 1944 年所设计的雅各布Ⅱ号住宅是结合气候进行建筑设计的典范。设计中建筑体形选择可以有效地吸收太阳能的半圆形体量,在建筑形式和剖面设计上综合考虑寒冷地区气候特征。该住宅结合气候的设计策略主要包括平面采用小进深、南向设置玻璃窗、蓄热体、设置悬挑的屋顶以及对流通风的组织。图 0-2 为雅各布Ⅱ号住宅平面图。

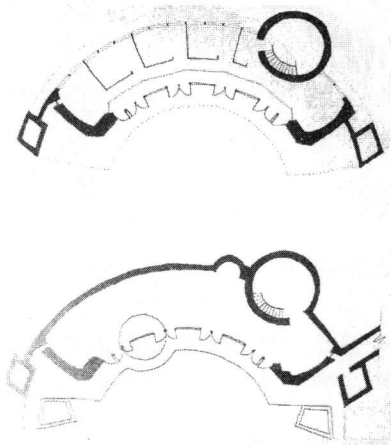

图 0-2　雅各布 II 号住宅平面图

## 3. 柯布西耶

柯布西耶十分主张将自然要素引入到建筑空间中,如通过设立在开敞阳台的空中花园,将自然引入建筑里。提出的"新建筑五点"中,"底层架空"可保证场地上土壤、地貌和植被等自然环境的连续性,实现建筑与环境的融合;"屋顶花园"将自然景观植入到远离地面的建筑空间中,并对在大地上建造建筑进行"生态补偿"。

柯布西耶对热带的传统地域建筑中发掘出应对气候影响的建筑语汇并应用于设计中,如"格构架"、深凹窗洞、混凝土花格等构成的"遮阳立面系统"。在约热内卢国家教育公共大楼设计中,提出使用遮阳百叶的建议。自此,以垂直、水平、圆形或其他形式的遮阳板组合玻璃幕墙的手法成为摩登建筑的典型标志,并为大众流行。图 0-3 为约热内卢国家教育公共大楼图。

图 0-3　约热内卢国家教育公共大楼

### 0.4.2　传统地方建筑的自然气候观

　　传统地方建筑的形成是人类长期适应自然环境的结果,体现了当时运用当地最经济的材料,采用最简便且实用的建造技术,结合当地的自然气候条件和文化习俗,所建造出的实用、高效且易于维护的建筑,从而得到舒适度最佳的生存环境。传统地方建筑是建筑适应气候的典范。不同气候区建筑尤其是传统地方建筑具有明显适应气候的特征。

#### 1. 干热气候"保温优先"的设计策略

　　干热气候如中东和撒哈拉沙漠,室外气温最高可达 50℃,室内外最大温差高达 25℃,远比湿热气候室内外温差高出好几倍。因此干热气候"保温优先"的策略体现在"墙面保温",当地民居都采用小窗与厚重的泥墙体,运用保温的手段来抵抗温差与太阳辐射所带来的热空气侵袭。虽然干热气候遮阳措施有减小太阳辐射的功效,但开小窗本身就相当于遮阳的功能,在开窗上增加遮阳措施对节能效果并非十分重要。通风塔是干热气候(中东地区)最典型表现。利用水蒸发原理来创造浮力对流,同时利用中庭与喷泉水池作为引导气流的出路。风塔内摆设水盆或淋湿的草席,利用水的蒸发冷却作用,让通过的气流变成湿润的凉风,以改善当地的干热气候。

　　干热气候区如埃及巴格达,该地区传统建筑见图 0-4,庭院式房屋剖面如图 0-5 所示。干热气候要素及相应设计策略见表 0-12。巴格达地区传统建筑墙厚 340～450mm,屋面厚度 460mm,利用土坯热惯性。

图 0-4　巴格达地区传统建筑

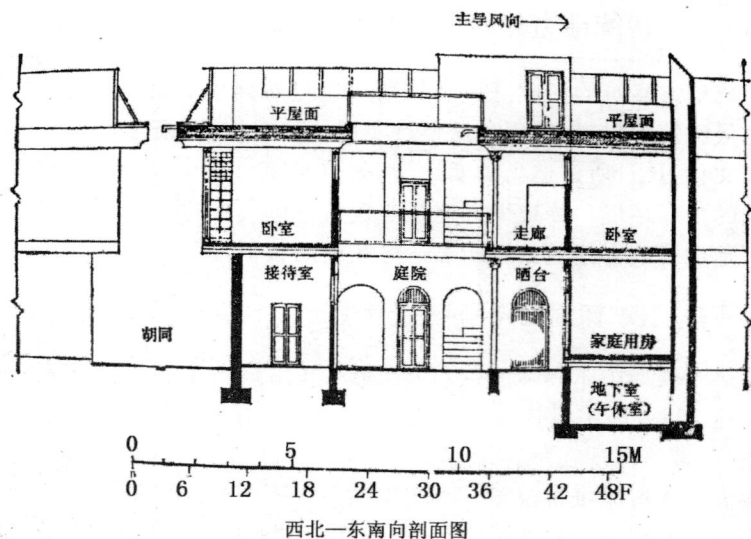

西北—东南向剖面图

**图 0-5　巴格达庭院式房屋剖面图**

**表 0-12　干热气候要素及对相应设计策略**

| 气候要素 | 设计策略 |
|---|---|
| 太阳辐射 | 狭窄的街道、高大的庭院、深远的挑檐,外墙不开窗 |
| 空气温度 | 厚重的墙体和屋顶材料 |
| 风 | "风井"设计 |
| 空气湿度 | |

## 2. 寒冷气候"保温优先"的设计策略

寒冷气候的建筑物最大的气候挑战在于抵抗巨大的室内外温差,其设计策略是以优异的外墙保温来阻绝由围护结构导入的寒流。寒冷地区的保温措施在于防止"由内向外的热损失",而干热地区的保温措施则在于抑制"由外向内的热取得",二者在减缓室内外气温差的冲击的功用上是一致的。寒冷气候和干热气候都是"保温优先"的地区,其建筑风格均以墙面元素表现为主,屋顶元素反而萎缩而不突出,展现出"平整立面"与"明确体量"的造型。因此"保温策略"又称为"墙面策略"。

寒冷气候建筑如爱基斯摩人的圆顶雪屋,用干雪砌成,厚度 500mm 的墙体可提供较好的保温性能。圆顶雪屋如图 0-6 所示。

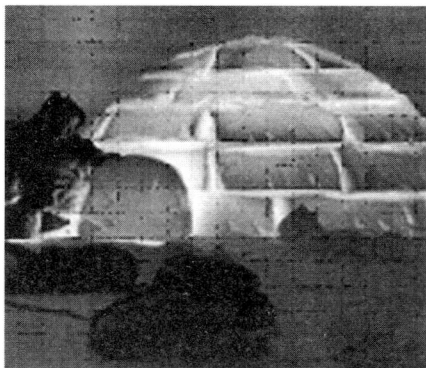

图 0-6　圆顶雪屋

### 3. 热带气候"遮阳优先"的设计策略——屋顶遮阳

"保温"措施虽然在寒冷和干热气候具有良好的效益,但是在湿热气候却效果不佳。原因在于湿热并非真的很热,只是全年持续温暖,最高气温年平均值约 30℃,最低年平均值约 24℃,全年室内外温差并不大,使得建筑围护结构的保温处理对该地区耗热量的影响十分有限。热带气候"遮阳优先"体现在"屋顶遮阳"。"遮阳策略"对于热带气候的居住环境十分有益,原因在于遮阳对减少太阳辐射具有绝对的效用,因此,热带气候的传统民居都具有大大的屋顶、深远的遮阳,建筑可以没有墙面,但是不能没有屋顶。在热湿热带地区,大屋顶最大功能在于其遮阳功效。在现代建筑中,防雨功能的斜屋顶造型已无存在的必要,屋顶的遮阳功能被阳台及遮阳构件所取代。深深的遮阳、美丽的阴影成为真正的热带美学元素。

### 4. 泛亚热带气候"保温遮阳并重"的设计策略

泛亚热带气候虽属于湿热气候,却有短暂的寒冬,使其建筑形式无法采用完全开放的亭台建筑,而必须有封闭的外墙以避寒流与飓风。同时由于高湿度、高云量、低日辐射量,使其外遮阳的节能效果也远远不如热带。因此,该地区建筑围护结构保温与遮阳的节能效果,均不能发挥最大的功效,遮阳效果比热带低,保温效果也不如寒冷气候好。其保温与遮阳措施都仅有部分节能效果,需巧妙地将"保温"与"遮阳"进行最为合理且有效的组合,以发挥其最大功效。该地区建筑特征元素的具体体现为"适中的开口"、"丰富的阴影"和"充分的通风"。

"适中的开口"是指开窗仅需满足基本的采光、通风和眺望需求,不必开太大窗而引进太多的热流;"丰富的阴影"是指在开口部上装遮阳板、雨篷、阳台,以遮蔽日照辐射。

热湿气候是风压通风潜力相当良好的地区,"充分的通风"成为湿热气候的建筑语言。建筑平面以长条浅短的平面为主,留有中庭、回廊以供双面通风,遮阳、雨篷、导风板等对通风有充分的诱导作用。

干阑(干栏)民居是湿热气候调节的最佳智慧。如中国云南西双版纳,如图 0-7 所示。以柱子将建筑物抬高,把人体生活层提升于最大风场,以争取最大的蒸发冷却与干燥除湿效益。但是对于室内外温差小的湿热气候的通风除湿是难以控制。湿热气候要素及相应设计策略见表 0-13。

表 0-13　湿热气候要素及相应设计策略

| 气候要素 | 设计策略 |
| --- | --- |
| 太阳辐射 | 屋顶设立深远挑檐周围椰树成林 |
| 空气温度 | 采用轻质木结构 |
| 风 | 室内空间开敞通透 |
| 空气湿度 | 底层架空 |
| 降雨 | 陡坡屋顶和深远挑檐 |

图 0-7　干阑民居

## 5. 南北方通风方式的差异

北方封闭型通风是指北方寒冷气候,建筑必须同时注重气密性能与保温性能,其通风设计仅需维持生命安全的必要换气量。北方封闭型通风主要利用热空气上升的烟囱效应实现,因此,建筑物上会出现高大的烟囱或壁炉构筑物,建筑造型上表现在利用浮力原理的烟囱、壁炉、通风塔。

南方开放式通风是指南方湿热地区,利用新风吹越过人体,来达到直接蒸发冷却作用。在烹饪、采暖方面的燃烧气流控制,北方采取封闭型的

"灶"、"壁炉",以让排气寻烟囱而走,南方采用开放式火塘、火炉,让气流自由流窜而出。在建筑通风气流控制上,北方多采用小开窗的夯土房,大部分时间以封闭型的门窗间隙来换气;南方多采用开窗大、间隙多的木瓦房,大部分时间开敞门窗以收开放对流通风之效。

### 6. 中国传统民居

不同的气候条件建筑就会产生不同的应对方式,从而导致不同的建筑形态。我国传统民居中的合院式民居,在东北和华北地区,由于气候寒冷,纬度高,太阳入射角度低,为了争取更多日照,建筑间距较大,院落开敞。南方地区,纬度低,气候变得湿润多雨,建筑中的日照要求让位于遮阴、避雨和通风,合院中建筑间距因而拉近,院落变小;在江南和华南的部分地区,院落则减退为仅利于通风的天井。北方四合院如图 0-8 所示,冬季有效地利用太阳能采暖和抵御北风侵袭,屋顶设计避免夏季室内过热。寒冷地区的窑洞民居如图 0-9 所示,借助土壤良好的热惯性,创造冬暖夏凉的室内热环境。

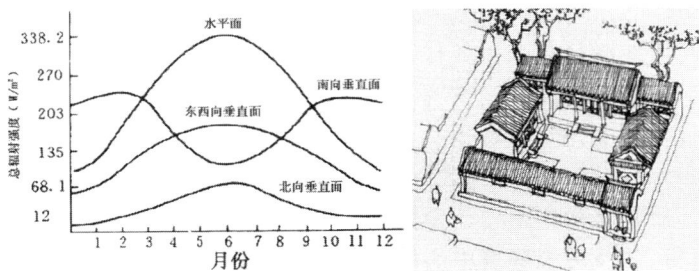

图 0-8 北方四合院

图 0-9 窑洞民居

不同的建筑形式将形成不同的冷热量消耗及室内热环境状况。适应地域性气候的建筑形式更加舒适、节能。

## 0.4.3　现代建筑适应气候的探索

### 1. 低技派建筑师

为了人与自然更好的和谐相处,传统地方建筑对气候的高度适应性重新受到重视。一些建筑师致力于从传统地方建筑中汲取精华、加以改良,并运用到现代建筑实践当中,在低层次上达到高效率,称之为低技派或乡土建筑师。如干热气候区的埃及建筑师哈桑·法赛、湿热气候区的印度建筑师查尔斯·柯里亚和高寒气候区的瑞典建筑师拉尔夫·厄斯金。

1)干热气候区的埃及建筑师哈桑·法赛

哈桑·法赛提出:"农民的房子的确黑暗,住起来也不方便,但这些不能归咎于泥墙。好的设计会带来舒适的居住环境,为什么不利用上天赐予我们的生土材料来建造好的乡村建筑呢?"哈桑·法赛特别关注并力行推广传统建筑材料技术,尤其是土坯砌筑建筑的应用。在建筑应变地域气候方面,倡导采用传统的"低技术"解决建筑的通风、散热,以适应埃及干燥、炎热的气候特征。

(1)传统建筑材料和建筑技术的沿用

古埃及人采用棕榈木、芦苇、纸草、黏土和土坯等建筑材料建筑房屋,制作简单、成本低廉,建材生产和房屋建造过程中耗费能源小。哈桑关注并力行推广土坯砌筑建筑在低层农村住宅中的应用。

(2)传统建筑构造细节的发掘与应用

木板帘:埃及传统建筑中的木板帘具有多重功效,在不影响自然采光的情况下,可以反射部分太阳辐射,减少直射阳光增加的太阳辐射热;可以调控空气的流动;木质材料可以吸收热量,保有水分,改善室内温度和湿度;保障私密性。哈桑将这种传统的构造方式普遍地应用到新建筑。

通风塔:在建筑中设置明显高于建筑主体部分的塔楼,可以有效地利用室外的风压和受太阳辐射加热后在室内产生的对流效应,将热空气由通风塔的排风窗排出,排风窗外部一般会装有具有温、湿度调节的木板帘。

捕风窗:设在建筑屋顶、高于建筑屋面、面对主要风向上拦截气流的设施,可以将建筑室外的气流通过捕风口、风道等引导进入建筑室内空间。捕风窗常与通风塔共同作用组织自然通风。

(3)屋顶效应

拱顶和穹顶效应:建筑屋面采用拱顶和穹顶可以增加屋面的表面积,降低单位表面积吸收的太阳辐射量,从而减少吸收太阳辐射热造成的建筑室内温度升高;拱顶和穹顶高出正常屋面的部分可以容纳更多的热空气,降低人体附近温度;拱顶和穹顶在太阳辐射照射下能产生阴影,可局部降低温度。

屋面外廊:在建筑屋面设置开敞的外廊,不仅可以作为居民夏季居住空间,而且通过外廊的侧墙和拱顶(或遮阳棚架)遮阳,降低屋面温度,组织自然通风。

(4)建筑庭院空间

利用内庭院调节局域小气候是东西方传统建筑中常用对策。在埃及等干热地区,白天内庭院通过周边建筑和墙体的遮挡,可减少太阳辐射,降低庭院内温度空气温度,阻挡高处的热空气下降进入庭院,并通过对流通风降低环境温度;夜晚内庭院地表面白天受太阳直射吸收的热量缓慢上升,庭院高处的温度降低,冷空气下降,降低庭院空气温度,从而降低周围建筑温度。哈桑在采用内庭院空间的基础上,将传统建筑中的庭院外廊吸收到设计中,这种设有屋盖的外廊对内庭院完全开敞,不仅可以遮阳,而且可利用庭院内外温差形成对流,有效组织自然通风,使居住者在外廊中舒适的休息与起居。

2)湿热气候区的印度建筑师查尔斯·柯里亚

查尔斯·柯里亚的建筑设计表现出对传统、对地域气候的关注,提出"形式追随气候",从民间传统建筑形式和建造技术中吸取经验,提炼出"露天空间"、"遮阳棚架"和"管式住宅"等与地域气候相适应的核心设计对策。"露天空间"是指完全或部分露天的庭院、花园、屋顶露台、阳台等空间。露天空间具有深层文化内涵,属于热带气候的伴生物。针对不同地区的自然地理气候特征,形成相应的"露天空间"模式。

(1)西北沙漠地区的"内向露天庭院"

该地区干燥、炎热,白天太阳辐射强烈,日夜温差大。内向封闭庭院可利用热压效应实现庭院和周边建筑空间的降温、加湿和净化。

(2)南部地区及海滨地区的"外向露天空间"

该地区日夜温差较小,全年温度变化幅度不大,而相对湿度较大,属于湿热的热带区。在建筑空间上需要形成穿堂风,其露天空间不宜内向封闭,而应以外向开敞为主。

(3)西南临阿拉伯海地区的"管式住宅"

"管式住宅"是借鉴印度传统建筑和柯布西耶建筑形式的低技节能手段,适宜于不采用空调的住宅建筑,具有好的节能效果。"管式住宅"通过合理的剖面设计组织持续的通风,调控室内温度。白天,室外热空气通过建筑出入口进入室内,沿建筑具有"文丘里管"效应的剖面快速上升,与建筑高处"风塔"的冷却装置(或通过自然风冷却)进行热交换后变冷、下沉;经过制冷的空气通过风口进入室内房间。上升的热空气和下降的冷空气通过热压差形成室内空气对流,产生持续的自然通风。夜晚,热空气留在高处,冷空气在下部。

"管式住宅"采用小开间、大进深的联排模式,节约土地,获得更多的生活空间。利用室内高差的变化营造住宅建筑所要求的私密性,又利用"烟囱效应"来缓解大进深的住宅在采光、通风方面的矛盾。管式住宅如图 0-10 所示。

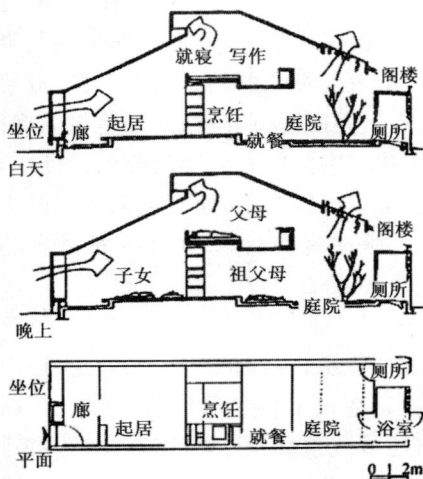

图 0-10　管式住宅

(4)"遮阳棚架"

炎热气候的产物,印度传统民居常见空间形式,应对炎热气候的另一设计对策,不仅用于遮阳,而且是富有表张力的建筑形式要素。大量运用于公共建筑。

3)高寒气候区的瑞典建筑师拉尔夫·厄斯金

拉尔夫·厄斯金提出适应气候的"形式和构造设计"的设计思想。其核心内容:

①就寒冷和干热气候条件而言,适应这两种极端气候的建筑技术手段都是减少建筑与外部环境之间的热交换。寒冷气候区,热量从内部向外部传递;干热气候区,热量从外部向内部传递,其本质无任何区别。

②减少能耗的手段从控制建筑形体转向控制形式和设计构造节点。

③关注季节变化和人生活的季节性变化设计不同的生活空间。

④建筑室外空间适应气候特点。

## 2. 新一代"高技派"建筑师

新一代建筑师把关注生态环境作为建筑思想的核心内容。建筑师们利用最先进的结构、设备、材料和工艺,结合不同地域的气候特点,努力创造理想的人工环境,称之为"高技派",典型代表如诺曼·福斯特、托马斯·赫尔佐格和杨经文。

1)诺曼·福斯特

诺曼·福斯特强调人与自然的和谐共生,强调如何从过去的文化形态中吸取教训,倡导适合人类生活方式需要的建筑形态。关注当地的人文、历史、气候等因素,重视建筑如何可持续发展,如何给建筑提供可适应社会变化的空间;强调建筑与周围环境的和谐及城市文脉的整合。

德国法兰克福商业银行大厦是座53层,高298.74m的三角形塔楼,是世界上第一座高层生态建筑。该建筑平面为边长60m的等边三角形,如同三片"花瓣"包围着一根中心"花茎","花瓣"为办公空间,"花茎"为中庭空间。塔楼的三角形平面,由电梯间和卫生间组成的三个核构成三个巨型柱布置在三个角上,巨型柱间架设空腹拱梁,形成三条无柱办公空间,其间围合出的三角形中庭,如同一个大烟囱。为了发挥烟囱效应,在三条办公空间中分别设置了若干个空中花园,分布在三个方向的不同标高上,同时塔楼内每间办公室都设有可开启的窗,作为"烟囱"的进、出风口,有效地组织了办公空间自然通风,进而避免全封闭式办公建筑的昂贵开支。方案形体构思如图0-11所示。

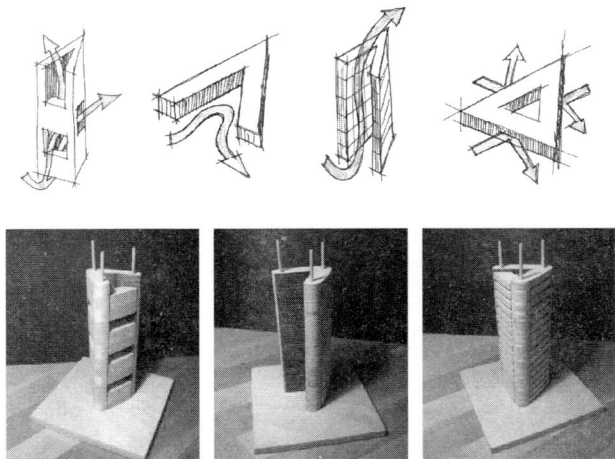

**图 0-11　方案形体构思**

　　为了能够实现自然通风,该大厦精心地设计了随气候变化可以调节的双层立面,其中固定的外层单层玻璃,中间通气层和可开启的内层 Low-E 中空玻璃窗。当办公室冬季采暖时,使用者能够关闭内层窗控制外面的冷空气,同时也可以获取一定的太阳辐射量。寒冷冬季,计算机系统将关闭内层"皮肤"上的窗户,通过中庭组织自然通风;夏季,系统打开窗户,可以获得穿堂风。大厦剖面通风分析如图 0-12 所示。冬季和夏季通风示意如图 0-13 和 0-14 所示。

　　大厦在其三角形内庭里,多个离地高度不同的空中花园在其周围环绕。绿色空中花园剖面示意见图 0-15。

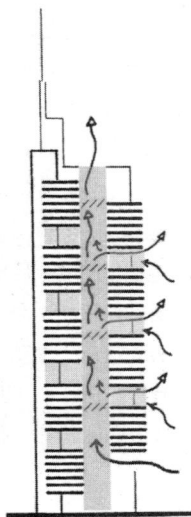

图 0-12　通风分析

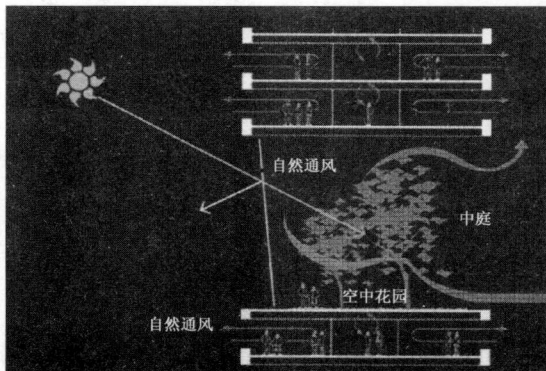

图 0-13　冬季通风分析

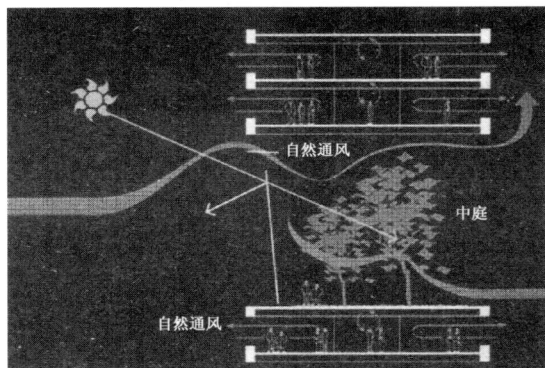

图 0-14　夏季通风分析

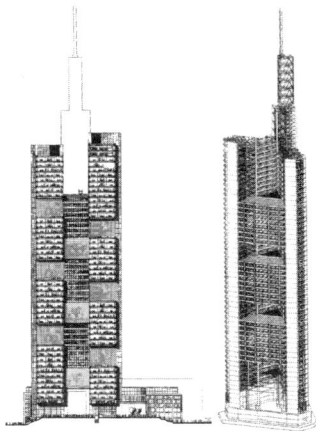

图 0-15　绿色空中花园剖面示意

2）托马斯·赫尔佐格

托马斯·赫尔佐格因其建筑设计注重生态、关注技术而享誉世界。不会把自身的创作愿望强加到环境中,而是顺从生态环境的变化过程,以参与及合作的精神完成设计工作。其生态建筑思想主张人类和所有的人工建造物达到自然和亲切的境地。始终坚持"从生态到建筑,从技术到自然"的原则,把生态升华成一种思想,并贯穿于建筑设计过程。认为生态建筑,并不是简单的绿化和阳光,真正目标旨在节约资源、能源和保护环境。"

赫尔佐格的设计不仅体现在内部工作和外在形式,而是扩大到影响建筑环境的所有方面及相互关系的塑造,最终达到建筑与自然环境的和谐统一,实现建筑自身的可持续发展。

赫尔佐格更加关注建筑与周边环境协调基础上建筑本体的节能程度、技术的精确和高效。通过精心设计的建筑细部不仅能够提高资源和能源的

—— 33 ——

利用效率,而且又能减少不可再生资源的消耗,从而实现建筑对环境的关注。

由于可通过选用比传统做法少得多的物质材料,达到满足同样功能要求的效用,故建筑师应利用高效的技术,注重建筑设计和元素的灵活性,不仅强调建筑功能的灵活性,而且还强调建筑细部的灵活与多功能性。

(1)热缓冲空间的营造

使用者对于建筑空间的热舒适性不是一个恒定的指标而是一个区域,并且这个区域会由于季节、服饰、使用者的不同发生一定偏移。营造缓冲空间就是根据建筑使用功能的区别,针对不同使用频率的建筑空间进行不同处理的设计原理。

赫尔佐格作品中,常把辅助空间或不能使用的消极空间作为缓冲空间来保证主要使用空间的热舒适度,主要体现在以下几种策略。

热缓冲空间的合理设置:把使用频率较少的辅助空间置于北向,利用保温良好的材料形成封闭空间。这样的热缓冲空间既可遮挡北来的寒风侵袭,又可由于分时供能而最大限度地节约能源。如赫尔佐格所设计的青年教育中心的平面布局中,经常使用的客房空间置于在南向,而辅助的卫浴布置在北向。

"温度洋葱"的合理措施:按照不同的使用温度要求,把不同使用空间从内向外依次布置。通过设置具有梯度的空间,达到最大限度的节能。赫尔佐格在 Pfalz 小别墅项目中,将需要保持较高温度的洗澡间置于建筑最内层,其他空间依次布置,最外层设置太阳房作为室内外热缓冲空间,以保证室内温度稳定。

中庭热缓冲空间的营造:寒冷冬季,由于温室效应,中庭空间起到良好的保温效果。但是炎热夏季,为降低中庭空间温度会消耗大量能源。为解决中庭空间夏季室内过热的问题,在做好围护结构遮阳设计的基础上,中庭空间中借助于空间高度,形成足够的温差,利用热压通风带走室内热量,提高夏季中庭空间的热舒适性。

霍次大街住宅开发项目中,寒冷冬季,中庭因接受太阳辐射而温度升高,将减少附近住宅冬季采暖能耗。夏季室内热空气会通过屋顶开口排出室外,同时凉爽空气从底层进入,从而降低夏季空调能耗。中庭空间营造良好的热缓冲效果,使住宅空间具有稳定的热环境,从而降低能源消耗。中庭热缓冲作用示意如图 0-16 所示。

(2)采光与遮阳的协调

建筑设计时,最大限度地利用自然光是使用者生理和心理舒适的基本要求,同时节约能源。自然光最大限度地进入室内,将伴随着多余热量进入建筑内部。作为建筑师,需要协调解决采光和遮阳的问题。

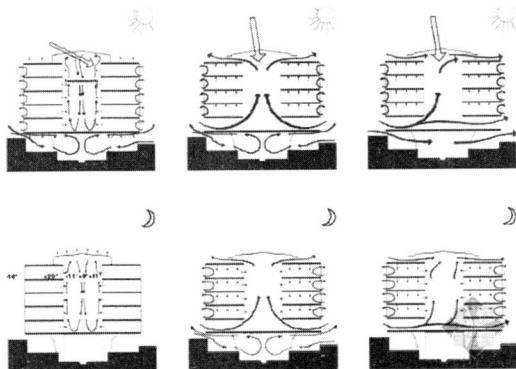

**图 0-16　霍次大街住宅中庭热缓冲作用**

北向光线的利用:北向光线属于天空漫射光,且带入的太阳热量较少,因此,赫尔佐格在其建筑作品中大量使用北向光线。利用光的反射原理,将北向光线均匀地引入建筑室内空间。

汉诺威 26 号展厅中,为了给高大展览空间提供高质量的均匀采光,光线通过大面积北向天窗上的百叶,折射到展馆室内屋顶上巨大"反射板",引入室内深处公共区域,实现室内光线的均匀分布。林茨设计中心项目中,通过在屋顶上设置塑料格栅,将北向光线反射、折射到室内。该构造做法不仅能为展示区提供高质量的采光,而且不会影响室内热舒适度并不会增加建筑能耗。汉诺威 26 号展厅和林茨的设计中心中北向光线的利用见图 0-17和 0-18。

**图 0-17　汉诺威 26 号展厅**

图 0-18　林茨的设计中心

采光与遮阳的转换：南向是建筑物主要的采光与得热面，但是过量的日照将影响室内热舒适度。将南向采光与遮阳结合起来，结合不同情况，实现采光与遮阳的转换。

在建筑工业养老金基金会扩建项目中，建筑立面选用特殊的片状金属板作为光偏转构件用。一方面，建筑北立面利用金属板将自然光反射到房间内部的顶棚上；另一方面，南立面上，当太阳光照射强烈时，构件则转到垂直方向发挥遮阳板的作用，当天空阴暗时，构件将顶光反射到楼地板底面上。

（3）自然通风的组织

自然通风是在满足室内换气量的基础上，不增加能源消耗而实现建筑夏季降温，从而提高室内热舒适度。

小体量建筑通风：小体量建筑往往结合外窗的设计，利用风压通风进行自然通风的组织。必要时，结合建筑内部空间得热的不同，利用热压通风组织自然通风。

在雷根斯堡住宅中，南向玻璃温室作为热缓冲空间，冬季白天收集并储存热量、晚上释放热量、阻挡室外寒冷空气；夏季，利用下部冷空气受热升高，热空气从北侧上部排气口流出，带走室内多余热量。雷根斯堡住宅冬季和夏季通风分析如图 0-19 和 0-20 所示。

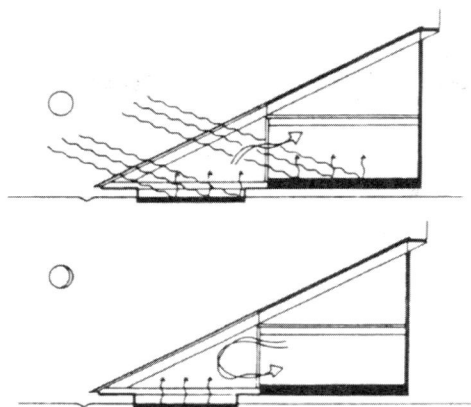

图 0-19　雷根斯堡住宅冬季通风分析图

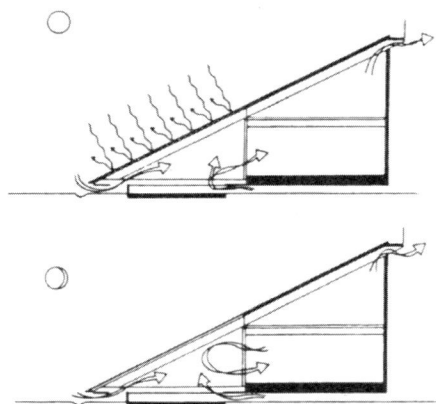

图 0-20　雷根斯堡住宅夏季通风分析图

　　大体量建筑通风:仅靠热压通风,大体量的建筑空间通风效果将不明显,为了更好的促进自然通风,常将风压与热压通风结合起来,实现建筑自然通风。大空间出风口的上部常设有阻流式封盖板,其作用不仅是遮挡保护出风口,而且出风口设计成中间下部凸出的形式,利用文丘里效应,实现气流从开阔处进入狭窄渠道后速度骤然增加的现象,促进室内热空气流动。

　　在汉诺威 26 号展厅项目中,室外新风从距离建筑底部一定高度处吹入室内,冷空气逐渐升温后从屋顶排风口排出。其通风示意如图 0-21 所示。

　　高层建筑通风:由于高层建筑具有足够的高度,建筑内部上下贯穿的竖井易形成空气压力差,利用"烟囱效应"进行热压通风的组织。

　　在 OBAG 管理大楼设计中,新鲜空气经过室内使用后加热进入竖井并排出室外。其通风示意如图 0-22 所示。

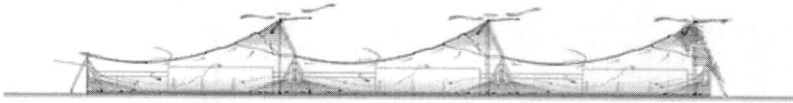

图 0-21　汉诺威 26 号大厅通风示意图

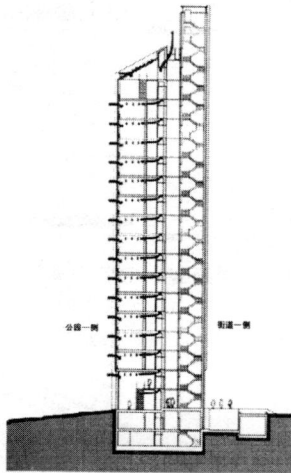

图 0-22　OBAG 管理大楼通风示意图

（4）建筑界面的构造

赫尔佐格的建筑作品不仅利用表皮构造良好的室内舒适环境，而且是由内向外的各个界面共同构建一个与自然相协调的生态环境。建筑界面存在的目的，一方面是分割不同的空间质地，阻断热量交流、隔绝声音等；另一方面，建筑界面作为不同空间质地的载体，实现若干空间质地在不同空间之间转移传递的作用，如采光、通风和隔声。建筑界面的效应如图 0-23 所示。

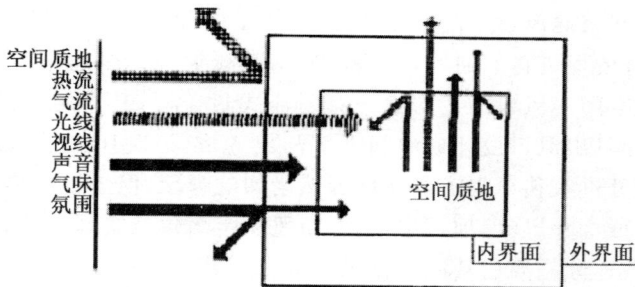

图 0-23　建筑界面的效应

建筑外界面：建筑外界面直接受到自然环境变化的影响，因此，外界面的构建形式直接表现对自然环境的态度。外界面的应变措施是最大限度地利用自然环境有利因素，而阻隔不利因素。

一种外界面是 TWD 外墙板材。该外墙板结合北极熊皮肤的特征,是一种半透明的黑色板材,其上装有透光保温材料的构件,能够大量吸收太阳辐射热并存储后缓慢释放到室内空间。

另一种外界面是"双层立面"构造。该构造由两层立面构成,中间形成空腔。该界面具有保温、隔热、通风、遮阳及隔声等综合作用。中间空腔作为环绕主要空间的走廊,外层界面内侧的遮阳百叶可避免过多太阳辐射进入,上下贯通的连续外层界面的腔体内,由于"烟囱效应"形成良好的自然通风,中间空气间层能有效地保持主要空间热稳定而降低能源消耗。夏季,利用双层立面顶部设有可开启的带形天窗,热空气从屋顶上方排出;冬季,废空气被抽至双层立面之间,再由地面管道引导到热回收设备。利用屋顶设置的太阳能光电池为风扇提供电能,加强自然通风的作用。

建筑的内界面:

一种内界面是内部垂直界面。内部垂直界面的设计上相当灵活。巴伐利亚工作室设计中,室内空间的分隔采用可移动的胶合板墙,根据使用需要进行自由移动,最大限度地满足空间处理的灵活性。

另一种内界面是水平界面。室内水平界面不仅作为承重构件,还可作为散热或制冷设备。如德国贸易博览会有限公司大楼、建筑工业养老基金会扩建等项目。

3)杨经文

马来西亚建筑师杨经文在设计中十分关注建筑与环境的关系,从"生物气候学"角度提出"生物气候摩天楼"的理论和设计方法。

(1)土地高效利用

高层摩天大楼可以提高城市土地利用效率,增加地表的绿化植被种植量,改善城市下垫面,降低城市环境温度,减轻城市"热岛效应",比分散式城市布局更具生态合理性。

(2)被动优化

建筑环境调控中被动式系统(不采用机电设备,利用被动式太阳能技术、通风技术等)优于主动式系统(采用机电设备运行的系统),充分利用自然环境资源和能源,应对地域气候影响采用复合"生态气候学"的设计方法。

(3)平面优化

根据太阳运行轨迹确定建筑朝向,提出圆形平面和矩形平面具有生物气候优越性。圆形平面具有最小表面积;矩形平面具采用南北向长轴,可将辅助性空间布置于太阳辐射多的一侧作为气候缓冲区。

(4)表皮优先

建筑外表皮优先于内部。外表面对外界环境的风、阳光、气温、噪声、雨水等加以控制,作为"自然环境过滤器"。建筑表皮在形态上可以与建筑主体分离,形成独立的表皮系统;也可在建筑表皮与主体之间插入过渡空间、庭院等。

(5)生态补偿

在建筑中提倡采用垂直绿化、屋顶花园、空中花园等复合绿化系统,调节优化室内外微气候。

(6)节能节材

材料与能源选择应考虑再利用的可能性和能耗大小。

案例1:米那亚大厦

米那亚大厦效果、立面、剖面、空中花园及分解如图0-24~0-28所示。其设计思想主要体现在以下几个方面:

①建筑中的空中花园起于三层高的植物绿化护堤,平面上每三层凹进一次,沿建筑表面螺旋上升,一直到建筑屋顶,绿化种植为建筑提供阴影和富氧环境空间。

②建筑外表皮细部设计上,将浅绿色的玻璃成为通风滤过器,使室内不至于被完全封闭。

③建筑设置中庭,使凉空气能通过建筑的过渡空间。每层办公室都设有外阳台和通高的推拉玻璃门以便控制自然通风的程度。

④所有楼、电梯和卫生间都是自然采光和通风。被围合的房间形成一个核心筒,通过交流空间的设置消除黑暗空间。

⑤屋顶露台由钢和铝的支架结构所覆盖,同时为屋顶游泳池及顶层体育馆的曲屋顶提供遮阳和自然采光。

图0-24 米那亚大厦效果

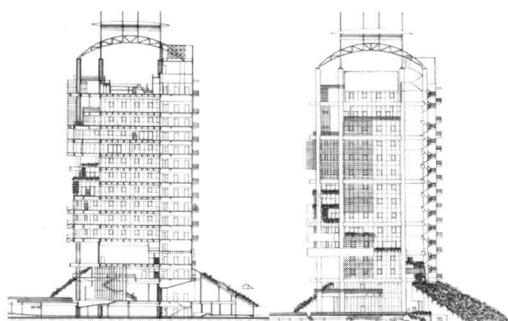

图 0-25 米那亚大厦立面图

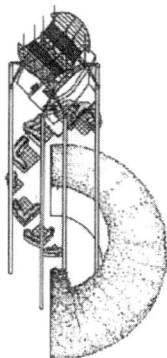

图 0-26 米那亚大厦剖面图

图 0-27 米那亚大厦空中花园效果

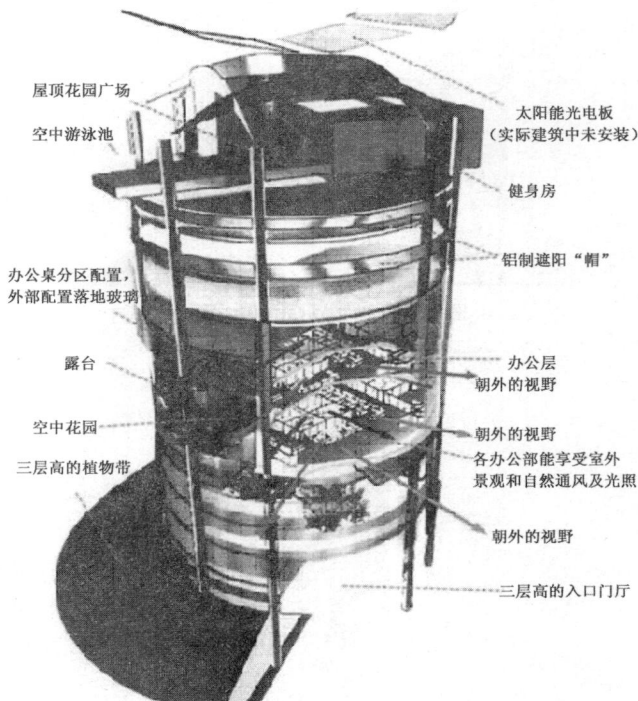

屋顶花园广场
空中游泳池

太阳能光电板
（实际建筑中未安装）

健身房

铝制遮阳"帽"

办公桌分区配置，
外部配置落地玻璃

露台

空中花园

三层高的植物带

办公层
朝外的视野

朝外的视野

各办公部能享受室外
景观和自然通风及光照

朝外的视野

三层高的入口门厅

图 0-28　米那亚大厦分解图

案例 2：自宅双顶屋

　　杨经文设计中并不存在任何可捕捉到传统或乡土的东西，而是喜欢采用新技术的特征尤为明显。全新的现代技术却以一种极富创造性语言使建筑与当时特殊的气候环境形成对话。自宅双顶屋效果、一层和二层平面图见图 0-29～0-31。

图 0-29　自宅双顶屋效果

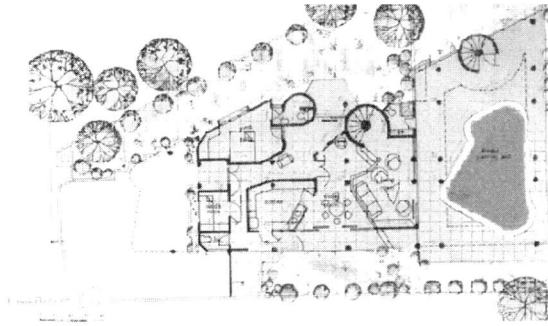

图 0-30　自宅双顶屋一层平面

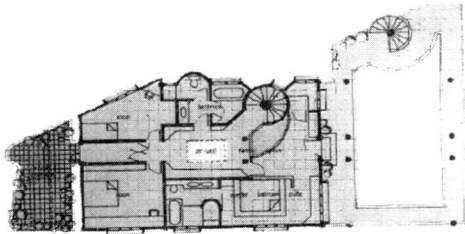

图 0-31　自宅双顶屋二层平面

　　自宅双顶屋中,通过特殊的建筑形式实现穿堂风的利用。一层和二层开敞的平面布局,室内通透的空间形态,均有利于穿堂风的形成。二层居室的可移动的玻璃门与百叶窗可以调节进入室内的风量。二层家庭室上空屋顶设有通风井,一层和二层的共享空间将室内和室外有机结合。这种特殊的建筑形式使得穿堂风能够透过室内空间。自宅通风平面和剖面通风示意见图 0-32 和图 0-33。

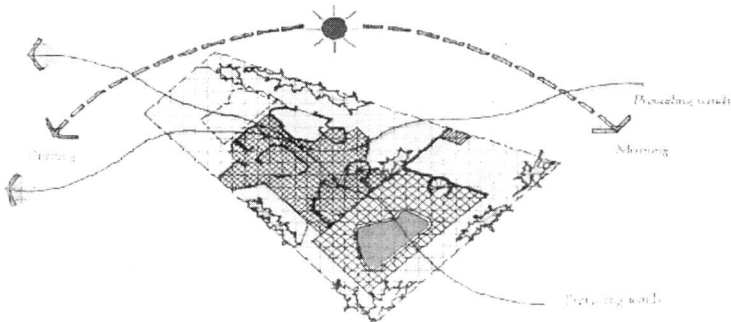

图 0-32　自宅平面通风示意

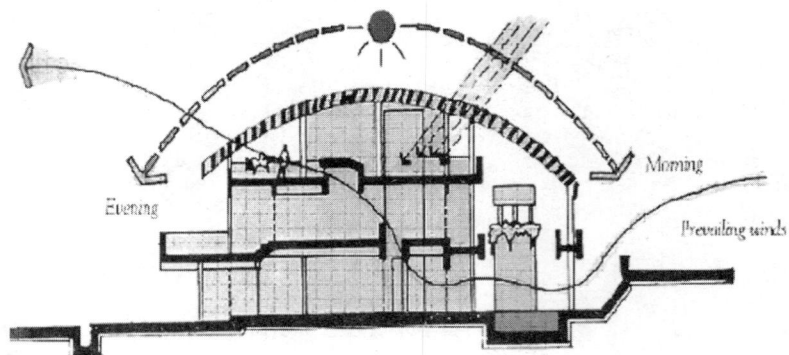

图 0-33　自宅剖面通风示意

　　自宅双顶屋在屋顶上设置固定的遮阳格片,按照不同季节,太阳自东向西运行轨迹,将遮阳格片制作成不同的角度,控制不同季节和时间阳光进入量。屋面上设遮阳格片后,使屋顶空间成为良好的活动空间,如设置游泳池和绿化休息平台,由于减少了屋面暴晒,进一步加强住宅节能。为增强风对室内环境的影响,在屋顶南端设置水池,水池放置于该地区主导风向的上风口。游泳池作为温度调节器,控制吹过水池上空的微风温度。利用游泳池来调节吹进建筑室内风的温度与湿度。通过与水池上空的热量交换,吹进室内的风白天带走室内热量;晚上则补充室内热量。自宅遮阳板和屋顶水池见图 0-34 和 0-35。

图 0-34　自宅遮阳板

图 0-35　自宅屋顶水池

## 0.5　计算机模拟建筑物理环境分析

《民用建筑绿色设计规范》JGJ/T229－2010 中绿色设计强调以定量化分析与评估为前提,提倡在规划设计阶段进行场地自然生态系统、自然通风、日照与天然采光、围护结构节能、声环境优化等多种技术策略的定量化分析与评估,通过计算机模拟实现。建筑物理环境定量分析中引入建筑环境模拟软件如 Ecotect、CFD 和 Canada,借助软件模拟辅助建筑与规划设计,提高建筑设计人员环境分析能力,适应学科发展前沿。建筑性能模拟分析为建筑设计的绿色创作与决策提供更强有力的理性基础,在更高层次上实现绿色建筑设计在感性与理性层面的整合。建筑物理环境分析主要包括建筑物理环境如热环境、光环境、声环境以及风环境。

### 0.5.1　建筑物理环境分析方法对比

#### 1.传统方法的局限性

为了获取相关的建筑物理环境数据,通常可以采用现场实测、模型试验和计算机模拟三种方法完成。

传统的现场测试建筑物理环境分析与评价方法是在建筑物建成阶段,建筑环境建立后的实地测量进行量化分析与评价。故现场实测属于事后行为,不仅需要投入大量的人力和物力,而且有些部位难布测点,导致无法获取准确的测量结果。一方面,传统方法已经很难对规划和建筑设计上的不足做出充分的调整和改善,另一方面所采用的方法是实地测量,需要借助专业的测量仪器,耗时耗力。因此,传统方法存在一定的局限性,实际工程中很难加以利用。

传统的模型试验往往成本高,受模型比例限制,计量不易于精确,如风洞试验中常见的边界效应等无法进行好的把控。

**2.计算机模拟的优越性**

相对于传统的现场测试和模型试验而言,计算机模拟的优势体现在速度快,资料齐全,成本低,具备模拟真实条件的能力,可实现多方案模拟对比,根据设计进度随时地进行模拟检验,适时地指导设计过程,从而真正地指导设计师。基于可视化的手段,模拟结果更为直观,便于设计人员模拟分析。借助于计算机模拟的建筑物理环境分析与评价方法是在建筑物建成之前可预测建筑热环境、光环境和声环境方面的情况。因此,计算机模拟成为建筑师技术设计的得力工具,而不仅仅是简单的画图工具。计算机模拟越来越成为设计、评价和分析建筑与建筑环境控制系统中不可或缺的重要工具之一。

随着计算机软硬件技术的快速发展,利用计算机辅助进行建筑设计的概念也在发生着质的改变。通常意义上,计算机辅助建筑设计(CAAD)一般是用来进行结构计算、建筑制图、造型设计和直接控制构件加工及建筑施工过程(典型如盖里的古根海姆美术馆)。更深层次上,计算机辅助建筑设计具有更为重要的用途,可以用于建筑室内外物理环境、建筑及城市耗能的模拟分析,模拟结果可以直接用于指导建筑与规划设计。

一座成功的建筑不仅需要满足美学的要求,而且需要满足人们对其功能及环境的要求。在绿色、可持续发展等观念日益深入人心的当下,建筑热工性能、采光与照明、自然通风、音质设计与环境噪声等室内、外物理环境受到关注,一些场所甚至成为方案设计的出发点。建筑师仅凭经验很难完成建筑设计方案的物理环境质量的评价,而利用计算机进行辅助设计则可以有效地帮助建筑师验证设计构思,完善设计细节,对建筑物理环境的质量和舒适性进行准确评价。当前利用计算机模拟软件可以在建筑设计方案阶段实现热环境、日照、通风、音质设计和环境噪声、建筑耗能、环境舒适性评价等物理量的量化分析,计算机所提供的量化数据已经成为建筑师表达与优化方案的技术依据。

### 0.5.2 计算机模拟物理环境常用模拟软件

现有建筑物理环境模拟软件有许多,如美国能源部的进行建筑能源、运行、舒适度以及经济性模拟分析的 DOE－2、EnergyPlus,还有利用流体力学计算软件 HEATX 与 DOE－2 组合使用分析通风和热传递的模拟;英国剑桥马丁中心分析非居住类建筑采光和能耗的 LT 模型等等,目前 LT 模型还可进行城市整个区域的能耗分析。虽然对建筑环境进行数值模拟计算的软件不少,而且多数需要专业技术人员进行操作使用,能为建筑师方便使用并能与可视化技术相结合的模拟软件并不多,而这些软件基本上也是由其它相关学科的计算软件衍生而来的。具有代表性的模拟软件及方法有以下几类:

1)建筑风环境模拟

建筑师在进行实际项目设计时,通常凭借经验组织自然通风,难以正确地判断设计方案的通风状况与实际情况是否相符合,更加难以进行定量的分析与评估。随着城市化进程的快速发展,城市中出现大量的中高层及超高层建筑,高层建筑周围的近地风环境对人的活动所造成的不利影响不容忽视,吹倒行人甚至损害物品的事件时有发生。因此,凭经验很难做好高层建筑周围近地风环境设计,而利用计算机模拟方法,则可方便进行建筑群和居住区室外空间风环境、建筑单体外表面风荷载、建筑室内通风在气流作用下的模拟计算,输出室内、外风环境的平面与剖面的风压分布图、各空间区域的气流方向、速度和涡流等方面的量化信息,从而使设计人员从方案设计初期对建筑风环境建立全面且直观的把握,辅助设计人员进行多方案比较与优化,进而设计出舒适、健康和符合功能需求的建筑室内、外风环境。运用 CFD(流体动力学)方法还可以模拟比较街区建筑物表面不同附着物如绿化种植,对相关物理环境要素的影响。如对环境风向、风速、相对湿度、平均辐射温度等的空间分布进行数值模拟。模拟结果表明,不同的绿化方式会明显的影响街区内的风流分布。虽然建筑物表面绿化可以降低建筑外表面、室外空气和平均辐射的温度等有利影响,但同时也会产生降低室外风速、增加空气相对湿度等不利影响,而这些因素综合形成的环境舒适度定量指标是建筑师的一般想象所无法体验的。

尽管流体动力学的原理较复杂,计算模型需要设置较多的边界条件,建筑计算模型本身不尽完美,导致模拟计算结果存在一定误差。但是对于大尺度模型的定性分析与建筑物细部构造的精确计算上,模拟软件基本上能够满足要求。与现场测试和风洞试验相比而言,计算机模拟不仅节省时间与成本,而且可以根据需要进行各种复杂要素的综合计算和多方案比较。

常用的风环境模拟软件多数基于流体动力学(CFD)的原理,借助于Fluent、Phoenics 等软件系统作为操作平台。其中借助 Fluent 开发的模拟软件 Airpark,不仅方便而准确地建立通风系统的气流、热传递及热舒适性的计算模型,而且方便地进行多方案比较,结合模拟结果,寻找出最佳设计方案。利用 Phoenics 开发的风环境模拟软件进行居住区风环境模拟分析见图 0-36。

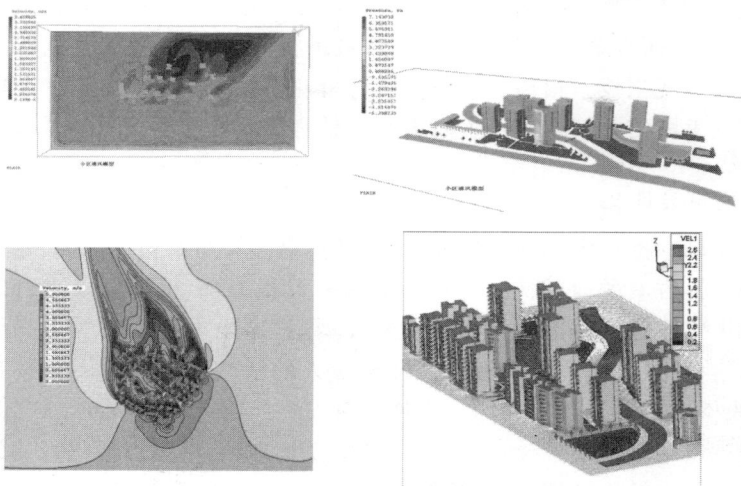

图 0-36　Phoenics 进行居住区风环境模拟分析

2）建筑光环境模拟

设计良好的天然采光拥有节约能源、显色性好、不易出现视觉疲劳及提高工作效率的优势。美国劳伦斯·伯克利国家实验室开发的建筑光环境模拟软件 Radiance 作为光环境设计与研究计算机辅助工具，可方便地计算和模拟出建筑空间室内采光与照明的分布状态，通过输入三维的物理环境模型，则可运算生成光谱照度的彩色图像，同时给出各物体表面照度的数值。该软件可以与 AutoCAD 进行数据交换；有完整的建筑内表面材料、透光玻璃、灯具和家具的数据库，可根据需要在 AutoCAD 界面下将这些数据库材料赋值于任何表面，并可对材料的颜色、反射率、表面质感等进行调整；可进行天然采光及人工照明或组合采光模型的模

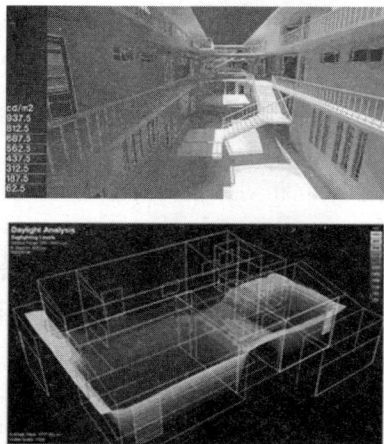

图 0-37　Radiance 进行室内采光模拟分析

拟；既可对基本条件如白天中的不同时间、天空状况进行控制模拟，也可以对复杂条件如多种表面间接反射光、复杂的几何形态的虚影等进行模拟；可

以互动地控制模拟的进程,以满足模拟的不同需要;其生成图形可以存储为多种文件格式,以便于其它软件调用。通过模拟和综合考虑照明艺术与心理感受、环境效果和人类生理等因素,可以对建筑设计的日照及人工光环境的设计进行指导和改进,避免日光造成的过热、眩光、视觉疲劳等,从而取得美学、节能及视觉舒适性等方面的整体平衡。建筑光环境模拟软件 Radiance 进行室内采光分析见图 0-37。

3)建筑声环境模拟

在建筑设计及城市规划过程中,设计方案的室内、外声学环境的优劣会直接影响到建筑和环境的舒适性和使用功能。如何在设计的方案阶段做好声环境的设计与分析,避免声缺陷或环境噪声干扰,对于成功的建筑及城市环境设计就显得非常重要。例如:如何在影剧院设计中使观众厅中各个部位的观众席都能获得良好的音质效果;如何避免高速公路或其他噪声源对居住区的噪声干扰;如何使机场候机大厅中的每一位旅客在嘈杂的声环境中听清楚每一个重要的广播通知;如何在银行营业大厅中使顾客与职员间谈话交流清晰而又不被他人听到等等,都是高水平建筑及规划设计中需要仔细考虑的问题。设计和规划上的声环境缺陷有可能造成建成后需花费昂贵的代价才能弥补,有些缺陷可能根本无法弥补。建筑声环境模拟软件 Cadna 进行室外声环境模拟分析见图 0-38。

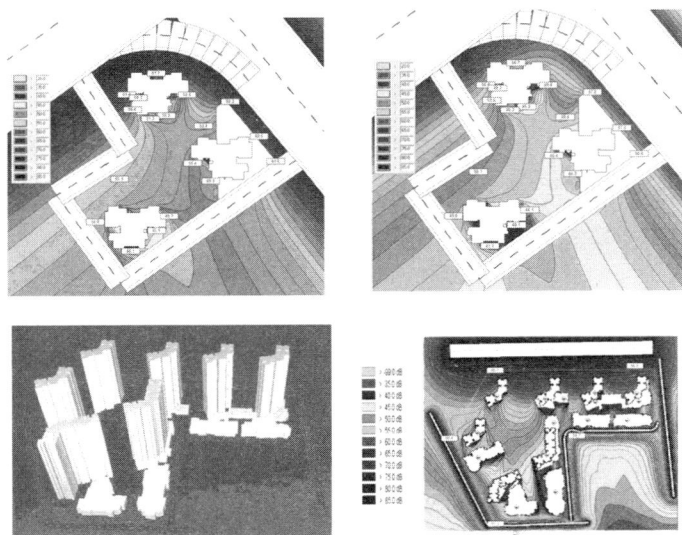

**图 0-38　Cadna 进行室外声环境模拟分析**

通过计算机模拟的手段,可以在设计的方案阶段就对项目的声学特性进行模拟,从而指导声环境的设计和优化,甚至可以模拟出观众厅中任一座位双耳听到的演出音响效果。目前使用的 Raynoise、Cadna 声环境模拟软件,是将"镜象源法"和"路径追踪法"相结合,进行三维空间中或以外任何方位多声源的声环境模拟预测,自动处理复杂的如不同表面多次反射声的相互作用。通过计算机模拟,可以计算建筑空间与城市环境中的声环境指标,结合可视化手段,为建筑师和声学专家提供建筑及城市环境中各种性能指标的声场分布和噪声影响的可视图像。通过分析与评价模拟结果,不仅通过规划手段,如调整建筑布局、设置声障等技术措施,而且通过设计手段,如调整建筑空间的形式、吸声面、反射面、声罩、表面材料与构造等技术措施,有效地指导设计人员做好声环境优化设计,改善建筑和城市的声环境品质。

### 0.5.3　计算机模拟物理环境方法的步骤

#### 1. 建立计算模型

建立计算模型与表现图的建模过程不同,应遵循逐步深入的原则,其深度应与结果的输出精度相适应,随方案深度同步进行,模型过细会耗费较多计算时间。研究细部构造时可单独建模。一般可使用三维建模软件(如3DMax)或 CAD 软件(如 AutoCAD)建模后倒入模拟软件,亦或使用模拟软件自带的建模工具直接建模,这样也可以尽量避免模拟计算时模型出错。

#### 2. 设置计算条件

计算条件包括两个方面:一是相关的气象资料,如地理纬度、气温和风玫瑰图。二是建筑材料相关的物理参数,如传热系数、反射率、透射率、吸收率及蒸发率。

#### 3. 选定结果输出方式及精度

模拟计算结果可以不同的形式输出,如通风模拟实验的结果可选择风压分布图、风速矢量图、定点主流向风速垂直分布图等方式表达。每种方式的侧重点有所不同,建筑师可根据需要进行选择。精度控制主要包括连续物理量分布图的分档步长值设定和矢量图中箭头空间分布密度的设定。精度控制的设定应与模拟计算的目的相适应,精度过高将花费大量的计算时间,精度过低则无法准确地反映实际情况。

#### 4. 数据分析与方案改进

目前,计算机模拟软件已有了很大的发展,如物理环境模拟软件已与绘图软件(如 AutoCAD)、三维建模软件(如 3DS)建立了数据接口;通风模拟软件也可综合考虑热压、污染源物质组份扩散与分布等的影响;采光模拟软件可以将自然采光及人工照明、日光的热作用等进行综合考虑,但现有软件的风、光、热、声等模拟软件的许多工作过程还是各软件相互独立模拟,还不能完全综合在一起工作,基于不同原理的软件不能共享资料,还缺乏总体综合评价的功能。基于此,建筑师的后期综合分析就显得更为重要,在计算机完成数值计算后,更重要的工作是建筑师的研读与分析并提出合理的方案优化措施。建筑师的后期综合分析工作不仅是整个过程的核心,而且是计算机模拟辅助设计的真正目的所在。

# 第 1 篇　热环境的绿色设计

建筑热环境是影响人居环境优劣的重要因素。建筑设计对创造良好的建筑热环境起着主导作用,建筑朝向、建筑体型、窗墙面积比及外围护结构的构造等,都对建筑热环境具有很大影响。采暖、空调设备的配合对创造适宜的建筑热环境虽不可忽视,但是毕竟处于第二位的。当建筑设计考虑不周、只靠设备来解决时,不但将增加能耗,而且也达不到最佳效果;反之,如果建筑设计处理得当,即使在很不利的气候条件下,仍然能够创造出较为舒适的建筑热环境。建筑热环境设计的目标是舒适、健康、高效。

建筑物外围护结构将人们的生活与工作空间分为室内和室外两部分,建筑热环境就分为室内热环境和室外热环境。建筑物常年受到室内外各种热环境因素的作用。室内热环境因素指室内空气温度、室内湿度、气流速度和环境辐射温度。热舒适的室内环境有助于人的身心健康,进而提高学习、工作效率;而当人处于过冷、过热的环境中,则会引起疾病,影响健康甚至危及生命。绿色建筑设计过程中必须注意到室内热环境因素对绿色建筑的影响。

热环境的绿色设计是指建筑设计中如何充分利用太阳光和自然通风的有利因素,同时防止其不利影响,提升建筑的热环境品质,进而改善绿色建筑中的物理环境品质。

# 第 1 章　建筑与热环境

## 1.1　室内热环境

室内热环境的舒适要求是人对建筑环境最基本的要求之一。而热环境对人体热舒适的影响主要表现在冷热感。人体与周围环境之间保持热平衡,对人的健康与舒适而言是相当重要的。这种热平衡取决于多种因素的综合作用,其中既有个人因素,如活动量、衣着情况等,又有物理要素,如室内空气温度、空气湿度、气流速度及环境辐射温度等。

室内热湿环境中,空气温度的高低在很大程度上直接决定着人体的冷热舒适度;空气湿度与温度的共同作用又影响着人体的舒适与健康,如冬季的阴冷潮湿和夏季的湿热都不是理想的居住环境。

### 1.1.1　人体的热舒适要求

室内热环境的舒适性是指室内人的热舒适和室内人对建筑环境的要求。人体作为室内的一部分参与到室内的热交换。人体与室内热交换主要以对流和辐射方式进行。人体与环境之间的热交换见图 1-1。室内气候对人体舒适的影响主要表现为冷热感,冷热感取决于人体新陈代谢产热量和人体向周围环境散热量之间的平衡关系。人体得失热量可以用公式 1-1 表达。

图 1-1　人体与环境之间的热交换

$$\Delta q = q_m \pm q_c \pm q_r - q_w \tag{1-1}$$

式中:$\Delta q$——人体得失热量,W;

$\qquad q_m$——人体新陈代谢产热量,W;

$\qquad q_c$——人体对流换热量,W;

$\qquad q_r$——人体辐射换热量,W;

$\qquad q_w$——人体蒸发散热量,W。

人体新陈代谢产热量 $q_m$ 主要取决于机体活动的剧烈程度;人体对流换热量 $q_c$ 是当人体表面与周围空气之间存在温差时的热量交换;人体辐射换热量 $q_r$ 主要是在人体表面与周围墙壁、顶棚、地面及门窗之间进行的热量交换;人体蒸发散热量 $q_w$ 是在未出汗或大量出汗两种状态下的皮肤蒸发进行的热量交换。

当人体产热量与向环境散发热量相等,人体处于热平衡状态。用公式 1-2 表示。

$$\Delta q = q_m \pm q_c \pm q_r - q_w = 0 \qquad (1\text{-}2)$$

只有当人体的皮肤平均温度处于舒适的温度范围内,汗液蒸发率也处于舒适的蒸发范围时,人体才能达到热平衡。在正常比例的环境中,对流换热约占总散热量的 25%～30%,辐射散热量约占 45%～50%,呼吸和无感觉蒸发散热量约占 25%～30%,人体才能达到热舒适状态,人体因素指标达到正常比例成为人体热舒适的充分条件。

室内空气温度、相对湿度、气流速度和环境辐射温度称为室内热环境的四要素。适宜的室内热环境是指四要素指标范围恰当,使人体处于热平衡状态,从而感受到舒适的室内环境条件。室内热环境的四个要素中,室内温度与人体健康和工作学习的效率之间存在密不可分的关系,而且室内湿度也与人的感官密切关联。同时,室内温度和湿度共同存在,人的体感也非单纯单独作用,而是二者综合作用的结果。适宜的室内温湿度范围,冬季温度 18℃～25℃,湿度 30%～80%;夏季温度 23℃～28℃,湿度 30%～60%。室内温度在 19℃～24℃之间,湿度在 40%～50%之间时,人体感到最舒适。

## 1.1.2　人体室内热舒适分析

人体在冬夏季室内热环境下,室内热舒适形成原因及对策分析见表 1-1 和表 1-2。

**表 1-1　人体在冬季室内感到寒冷的原因及对策分析**

| 序号 | 形成原因 | 对策 |
| --- | --- | --- |
| 1 | 周围空气温度低,人体表面对流散热量过多 | ①向室内供暖,提高室温 ②提高围护结构保温性能 |
| 2 | 室内各表面温度低,对人体造成过多冷辐射 | 提高围护结构保温性能,以提高室内表面温度 |
| 3 | 周围空气湿度低,人体表面水分蒸发量大 | 提高湿度,减少人体表面蒸发 |

**表 1-2　人体在夏季室内感到炎热的原因及对策分析**

| 序号 | 形成原因 | 对策 |
| --- | --- | --- |
| 1 | 周围空气温度高,人体表面对流得热量过多 | ①向室内供冷,降低室温 ②加强(夜间)自然通风 |
| 2 | 室内各表面温度高,对人体造成过多热辐射 | 加强围护结构隔热性能,以降低室内表面温度 |
| 3 | 周围空气湿度高,人体表面水分蒸发量小 | 降低湿度 |

### 1.1.3　PMV－PPD 评价方法

影响室内热湿环境的四个物理环境因素是互不相同且密切相关的,很难简单地用某一因素指标对室内热湿环境的优劣做出正确评价,原因在于任何单项因素都不足以说明人体对室内热湿环境的反应。希望通过单一参数描述,以综合同时起作用的全部因素,需采用综合指标进行评价。多年来,许多学者提出了各种不同的室内热环境综合评价方法。丹麦学者范格尔(P. O. Fanger)提出的预测热感指数 PMV(Predicted Mean Vote),该指数以人体热平衡方程及生理学主观感觉的等级作为出发点,综合反映人的活动、衣着及环境的空气温度、湿度、室内风速和平均辐射温度等因素的关系及影响,是迄今为止考虑人体热舒适诸多相关因素中最全面的评价指标。PMV 是得到国际标准化组织(ISO)承认的一种相对全面的热舒适指标,其用于评价室内热环境,在全世界应用广泛。

范格尔收集了近千人的热感觉资料,在人体热平衡方程的基础上,研究推导出人体得失的热量 $\Delta q$ 是四个环境参数(室内气温 $t_i$、相对湿度 $\varphi_i$、平均辐射温度 $t_r$ 及气流速度 $\nu$)与四个人体参数(人体新陈代谢产热率 $q_m$、皮肤平均温度 $\overline{t_{sk}}$、汗液蒸发率 $q_w$ 及衣服热阻 $R_{do}$)的函数。

人体感到热舒适的必要条件表达见公式(1-3)。

$$f(t_i,\varphi_i,\nu,t_r,q_m,\overline{t_{sk}},q_w,R_{do}) = 0 \tag{1-3}$$

人体在室内环境中感到热舒适的充分条件,必须要使人体的皮肤温度 $\overline{t_{sk}}$ 与汗液蒸发率 $q_w$ 分别处于适宜的温度与蒸发范围内。而人体热舒适时,$\overline{t_{sk}}$ 与 $q_w$ 与人体新陈代谢率 $q_m$ 间存在着线性函数关系。由此,进一步整理出范格尔的热舒适方程见公式(1-4)。

$$f(t_i,\varphi_i,\nu,t_r,q_m,R_{do}) = 0 \tag{1-4}$$

在已知室内气候参数的情况下,要确定人体的热感觉,范格尔提出了 PMV－PPD 的评价方法。PMV 是在热舒适方程及实验的基础上,运用统计方法,得出人的热感觉与环境参数 6 个量的函数关系。把 PMV 值按人的热感觉分成 7 个等级,见表 1-3。并通过大量试验获得感到不满意等级的热感觉人数占全部人数的百分比 PPD(Predicted Percentage Dissatisfied),并做出 PMV－PPD 曲线,见图 1-2。

**表 1-3　预测平均热感觉指标 PMV 分级**

| PMV | $-3$ | $-2$ | $-1$ | $0$ | $1$ | $2$ | $3$ |
|---|---|---|---|---|---|---|---|
| 热感 | 很冷 | 冷 | 稍冷 | 舒适 | 稍热 | 热 | 很热 |

国际标准化组织规定:PMV 值在−0.5～+0.5 范围内为室内热舒适指标。国内一般认为:PMV 值在−1～+1 之间为热舒适环境。

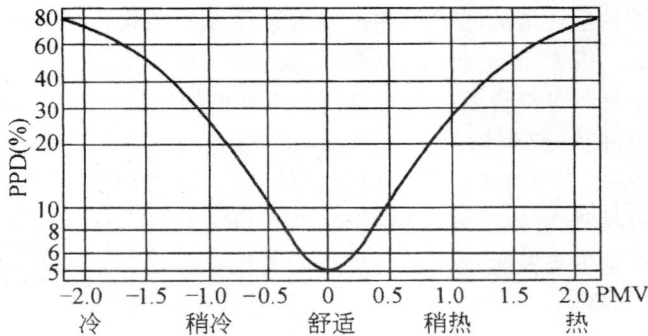

图 1-2　PMV－PPD 曲线图

# 1.2　建筑与气候

## 1.2.1　室外气候

设计建筑围护结构时,要想达到满意的室内热环境,就必须熟悉作用在其上的各种室外热物理量。研究人体热舒适及建筑设计时,主要涉及的室外气候要素是相互联系,共同影响着建筑的设计与节能。我国幅员辽阔,地形复杂,各地气候差异悬殊,必须适应当地的气候特点。为了适应不同的气候条件,在建筑和城市规划上必然要反映出不同的特点和要求。北方寒冷地区,建筑需要防冻、防寒和保温,建筑布局紧凑、体形封闭、厚重;南方炎热多雨地区,建筑要通风、遮阳、隔热和防潮,建筑布局开敞通透、轻质,以利于降温除湿。因此,做好建筑设计,必须熟悉建筑与气候的关系。从建筑热工与节能设计角度,重点关注的是对室内热环境和建筑物能源消耗起主要作用的因素,如太阳辐射、空气温度、湿度、风及降水构成室外热湿气候的基本因素。

### 1. 太阳辐射

太阳辐射热不仅是地表大气热过程的主要能源,而且也是室外气候各参数中对建筑物影响较大的根本因素。因此,太阳辐射是建筑室外热环境的主要气候条件之一。

太阳光穿过地球大气层时,由于受到云层的反射和大气层的散射和吸收,使得到达地面的辐射强度大大减弱,所在地理纬度不同,到达地表的太

---

56

阳辐射强度存在较大差异。到达地面的太阳辐射由两部分组成,一部分属于太阳直接射达地面的,称为直接辐射,其射线是平行的;另一部分属于经大气散射后到达地面的,称为散射辐射,其射线来自各个方向。太阳辐射热交换示意图见 1-3。根据不同的波长,辐射分为短波辐射和长波辐射。短波辐射是指波长在 $0.3\sim3\mu m$ 之间的辐射,高温物体发出的辐射如太阳辐射。长波辐射是指波长在 $3\mu m$ 以上的辐射,低温物体发出的辐射如常温物体发出的辐射。

太阳辐射具有一定的方向性,同一地区不同朝向的建筑表面接受的太阳辐射照度随季节变化而表现出一定的规律性。以北纬 40°为例,水平面(平屋顶)夏季接收的太阳辐射照度最大(得热最多),远远超过垂直面(墙体)的太阳辐射照度。朝南的垂直墙面冬季得热最多,而夏季得热小于东、西垂直墙面。太阳辐射的方向性影响建筑的朝向选择及窗户和遮阳设计。

建筑设计时,日照和遮阳是设计师必须关注的主要方面,二者是基于太阳辐射热考虑的,究其原因太阳辐射既是冬季提高室内温度的天然能源,又是夏季造成室内温度过高的主要原因。太阳辐射照射建筑的实体墙面和屋面时,部分能量被吸收,部分能量被反射;太阳辐射照射建筑的透明墙体和窗时,部分能量被吸收,部分能量被反射,还有部分能量透过。

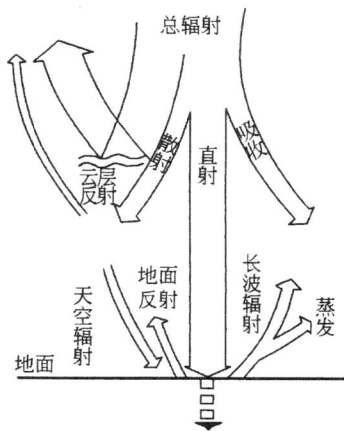

图 1-3　太阳辐射热交换示意图

## 2. 空气温度

建筑热工与节能设计时,空气温度是一个重要指标,原因在于空气温度是评价不同地区气候冷暖的依据。研究建筑外围护结构的保温与隔热时,需要根据室外空气温度的变化规律,尽可能结合自然气候特点,采取适用和经济有效的技术措施。

空气温度在时间维度变化上具有一定的规律性,空气温度表现为年变化和日变化,采用空气温度年较差和日较差来表示。空气温度年较差是指一年中最冷月和最热月的平均温度差值;空气温度日较差是指一天中最高和最低的温度差值。空气温度的年变化决定了建筑室内热环境调控和建筑节能的设计对策,而空气温度的日变化决定了建筑围护结构蓄热能力的要求。空气温度的年变化和日变化呈现周期性变化,其根本原因在于引起空气温度变化的太阳辐射呈现周期性变化。

### 3. 空气湿度

空气湿度是指空气中水蒸气的含量,用于表征空气的湿润程度,通常采用绝对湿度或相对湿度表示。受气温变化的影响,空气湿度也存在时间维度的变化。在时间维度上空气湿度表现为年变化和日变化。其中,年变化表现在空气绝对湿度夏季高于冬季。日变化表现在一天中,绝对湿度接近于定值,而相对湿度存在较大变化,其日变化情形与空气温度日变化波动方向相反,空气温度升高则相对湿度减小;空气温度降低则相对湿度增大。图1-4 为某地一天当中空气温度、绝对湿度、相对湿度的变化情况。

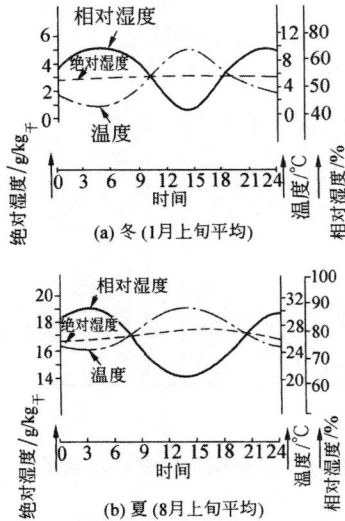

(a) 冬(1月上旬平均)

(b) 夏(8月上旬平均)

**图1-4 某地空湿度的日变化**

### 4. 风

风是洁净且可就地取用、可再生的自然能源。风向是指风吹来的风向,用 16 个方位表示,如图 1-5(a)所示。风频是指各风向的频率,了解某地各风向出现频繁程度的量。风速与风向是风的两个重要特征。为了直观地反映某地风向和风速,通常用风玫瑰图(又称风向频率图)表示。风玫瑰图上所表示风的吹向是从外面吹向地区中心。风向与风玫瑰图如图 1-5(b)所示。

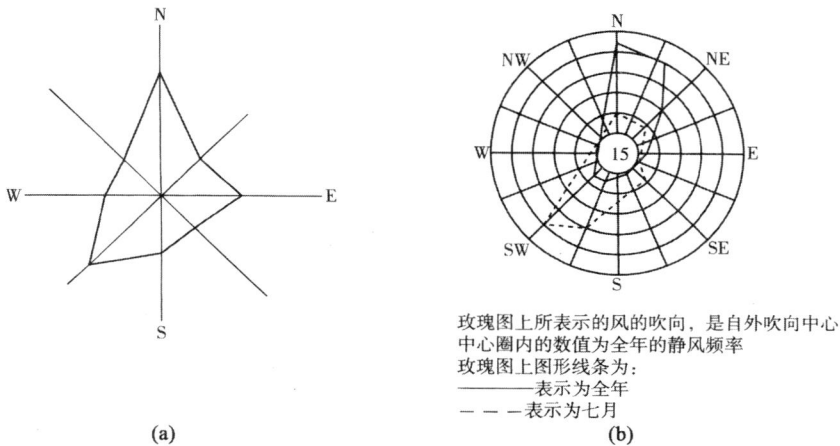

玫瑰图上所表示的风的吹向,是自外吹向中心
中心圈内的数值为全年的静风频率
玫瑰图上图形线条为:
———表示为全年
－－－表示为七月

(a)　　　　　　　　　　　　(b)

**图 1-5　风向与风玫瑰图**

　　风是大气压力差引起的水平方向的大气运动。地表温差是引起大气压力差的主要原因。

　　风可分为大气环流与地方风两大类。一方面,由于太阳辐射热在地球上照射不均匀,引起赤道、南极和北极出现温差,从而引起大气在赤道与两极之间的经常性活动,称为大气环流。大气环流是造成各地气候差异的主要原因之一。另一方面,由于地表水陆分布、地势起伏、表面覆盖等地方性条件的不同而引起的风,称为地方风,如水陆风、山谷风、海陆风、林原风等。几种地方风见图 1-6 所示。作为设计师,如何通过建筑设计的手法,在建筑中有效地组织自然通风,如穿堂风、井厅风、庭院风及巷道风等。

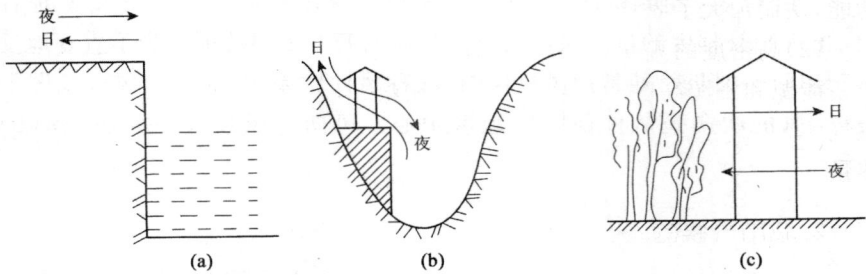

图 1-6　几种地方风

## 5.降水

降水是指大地蒸发的水分凝结后又回到地面的液态或固态水的过程。影响降水量分布的主要因素有气温、季风及地形。受季风影响,我国雨量多集中在夏季。不同地区降雨时间分别也不同。降水直接影响空气湿度,同时雨水的蒸发也起到调节空气温度的作用。在城市中,道路、广场和停车场采用渗水性地面能够有效调节微气候,缓解热岛效应。在建筑上,降水不仅影响屋顶形式和地面排水,而且也影响围护结构的材料选择和构造设计,以及建筑周围及室内的湿度状况。干热气候区与湿热气候区的建筑大相径庭,起决定作用的因素是相对湿度,而相对湿度则与降水量、蒸发量紧密相关。

### 1.2.2　城市气候

城市规划时,不但要考虑大范围的地理和气候特点,而且还要考虑由于城市用地的自然条件改变而形成的城市气候。

#### 1.城市气候的形成及原因

城市气候是指在不同的城市区域气候背景下,受城市特殊的人工下垫面和城市人类活动的影响而形成的局地气候。人工下垫面是指城市建筑物、沥青和水泥路面等代替以植被为主的自然下垫面,使城市下垫面性质发生变化。

（1）高密度的建（构）筑物改变了地表（下垫面）的性态

地表性状的改变对气候的影响主要体现在两个方面:一是由粗糙度改变所引起,对地表大气层而言,城市是立体化的下垫面层,对太阳辐射净吸收率、对地转风的摩擦系数增大、而对天空的长波辐射系数减少;二是表面材料性质改变使得光合作用引起的自然能量固化过程停止,失去湿"呼吸"

功能,从而加大了固汽两相显热交换。

(2)高密度的人口分布改变了能源与资源消费结构

能源和资源高度集中的结果体现在两方面,一是向空气中排放大量温室气体,增强了城市区域的温室效应;二是向城市覆盖层内排放大量人为热量。

## 2. 城市气候的基本特征

(1)太阳辐射减弱

由于大气受到污染,大气透明度变差。与郊区相比,市区的太阳辐射强度与日照时数均有所消弱。同时,不同季节辐射减弱不同,冬季减弱大夏季减弱小。

(2)城区空气温度偏高

热岛效应是指建筑物与人口密集的大城市,由于地面覆盖物吸收的辐射热多,发热体也多,市区中心的温度高于郊区。由于热岛效应,城市区域空气平均温度、瞬时温度的空间分布均大于郊区,城市热岛剖面示意见图1-7。城市区域的平均辐射温度形成的热岛强度大于空气温度形成的热岛强度,即在相同空气温度条件下,城市影响人体热舒适的有效温度明显高于郊区,夏季尤为明显。

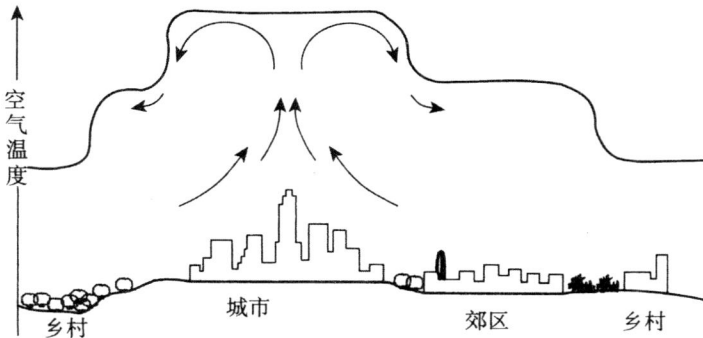

图1-7　城市热岛剖面示意图

(3)城区风速小、风向不稳定

城市对风的影响包括风速和风向两个方面。由于城市街道纵横,房屋高低不平、粗糙度大,因而风速减小。一般城区的年平均风速比郊区小20%～30%。从风向看,城市作为一个整体,由于城市人工下垫面摩擦力增大及城区纵横交错的街道和高大建筑物的导风作用,使得城市区域风向不稳定。

(4)城区降水增多

城市区域因热岛现象和地面粗糙而具有比郊区强的上升气流,同时城区因空气污染而使大气中含丰富的凝结核,形成降雨的有利条件。因此,城市降雨多于郊区。

(5)城区蒸发减弱,空气湿度低

城市表面不透水的非绿地表面占有很大比例,城区降水易通过市政管道排泄到郊区。因此,城区表面较干燥,地表蒸发减弱,且气温较高,年平均湿度比郊区低。

城市气候的形成是人类改造自然的结果。城市气候对人类生活环境的影响弊多于利,因此,在城市规划和建筑设计时必须充分考虑城市气候的变化特征。

## 1.2.3　建筑气候区划

建筑与气候的关系十分密切,建筑的规划、设计和施工等无不受气候的巨大影响。全球各地气候状况差异很大,为科学地提出与建筑有关气候条件的设计依据,明确各气候区建筑设计要求和相应的技术措施。因此,世界各国都很重视建筑气候和建筑气候区划的研究。

为了更好地适应各地气候条件,我国《建筑气候区划标准》(GB50178－93)中提出建筑气候区划,涉及多个气候参数。以累年1月和7月的平均气温、7月平均相对湿度作为主要指标,以年降水量、年平均气温≤5℃和≥25℃的天数作为辅助指标,将我国气候划分为7个一级区,即Ⅰ、Ⅱ、Ⅲ、Ⅳ、Ⅴ、Ⅵ、Ⅶ区。在一级区内又以1月、7月平均气温、冻土性质、最大风速、年降水量等指标,划分成20个二级区,提出相应的建筑基本要求和技术措施。中国建筑气候区划如图1-8所示,一级区划指标见表1-4。

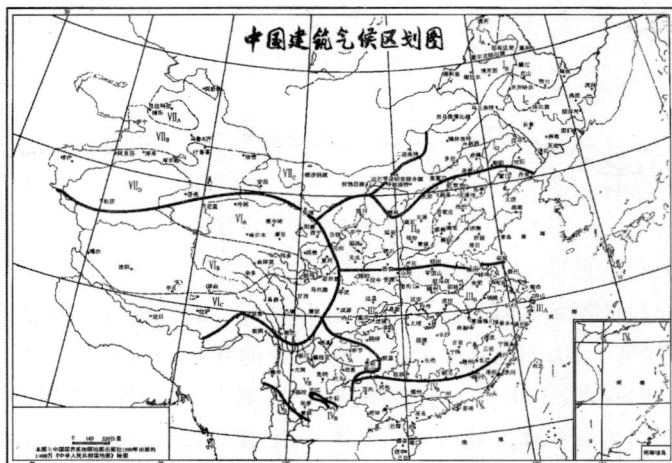

图 1-8　建筑气候区划图

表 1-4　中国建筑气候一级区区划指标

| 分区名称 | 分区指标 | |
|---|---|---|
| | 主要指标 | 辅助指标 |
| Ⅰ | 1月平均温度≤−10℃;7月平均温度≥25℃;7月平均相对湿度≥50% | 年降水量 200～800mm;年日平均温度≤5℃的天数≥145 天 |
| Ⅱ | 1月平均温度−10～0℃;7月平均温度 18～28℃ | 年日平均温度≥25℃的天数<80 天;年日平均温度≤5℃的天数 90～145 天 |
| Ⅲ | 1月平均温度 0～10℃;7月平均温度 25～29℃ | 年日平均温度≤5℃的天数 0～90 天;年日平均温度≥25℃的天数 40～110 天 |
| Ⅳ | 1月平均温度>10℃;7月平均温度 25～29℃ | 年日平均温度≥25℃的天数 100～200 天 |
| Ⅴ | 1月平均温度 0～13℃;7月平均温度 18～25℃ | 年日平均温度≤5℃的天数 90～285 天 |
| Ⅵ | 1月平均温度−22～0℃;7月平均温度<18℃ | 年日平均温度≤5℃的天数 0～90 天 |
| Ⅶ | 1月平均温度−20～−5℃;7月平均温度≥18℃;7月平均相对湿度<50% | 年降水量 10～600mm;年日平均温度≤5℃的天数 110～180 天;年日平均温度≥25℃的天数<120 天 |

## 1.2.4　建筑热工设计分区

建筑设计时,必须考虑建筑所在地的气候区域,为使所设计建筑更好地适应当地气候,我国《民用建筑热工设计规范》(GB50176－93)(以下简称《热工规范》)从建筑热工设计的角度,将全国划分为 5 个热工分区,并提出相应的热工设计要求。建筑热环境主要涉及冬季保温和夏季防热,因此,用累年最冷月(1月份)和最热月(7月份)平均温度作为分区主要指标,累年日平均温度不高于 5℃和不高于 25℃的天数作为辅助指标。我国热工设计分区见图 1-9,各个分区热工设计要求见表 1-5。

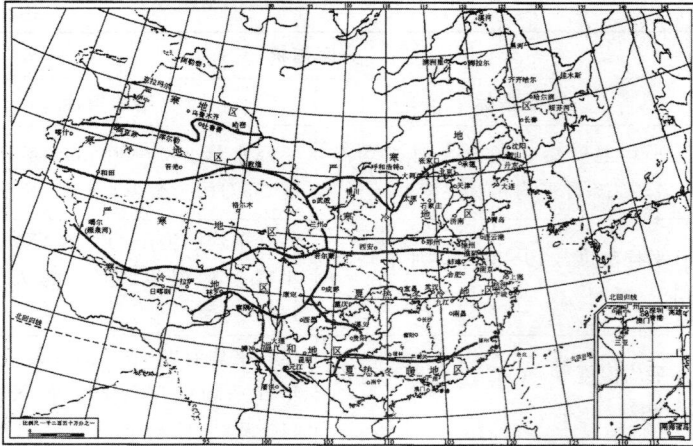

图 1-9　建筑热工设计分区

表 1-5　建筑热工设计分区及设计要求

| 分区名称 | 分区指标 | | 设计要求 | 对应建筑气候区 |
|---|---|---|---|---|
| | 主要指标 | 辅助指标 | | |
| 严寒地区 | 累年最冷月平均温度≤−10℃ | 日平均温度≤5℃的天数≥145d | 必须充分满足冬季保温要求，一般可不考虑夏季防热 | Ⅰ区、Ⅵ A、Ⅵ B区、Ⅶ A～Ⅶ C区 |
| 寒冷地区 | 累年最冷月平均温度−10℃～0℃ | 日平均温度≤5℃的天数 90～145d | 应满足冬季保温要求，部分地区兼顾夏季防热 | Ⅱ、Ⅵ C、Ⅶ D区 |
| 夏热冬冷地区 | 累年最冷月平均温度 0℃～10℃，最热月平均温度 25℃～30℃ | 日平均温度≤5℃的天数 0～99d,日平均温度≥25℃的天数 40～110d | 必须满足夏季防热要求,适当兼顾冬季保温 | Ⅲ区 |
| 夏热冬暖地区 | 累年最冷月平均温度＞10℃，最热月平均温度 25℃～29℃ | 日平均温度≥25℃的天数 100～200d | 必须充分满足夏季防热要求，一般可不考虑冬季保温 | Ⅳ区 |
| 温和地区 | 累年最冷月平均温度 0℃～13℃，最热月平均温度 18℃～25℃ | 日平均温度≤5℃的天数 0～90d | 部分地区应考虑冬季保温，一般可不考虑夏季防热 | Ⅴ区 |

"建筑热工分区"与"建筑气候区划"所采用的主要指标是一致的,两者的区划兼容且基本一致。

## 1.2.5　气候条件与规划布局

规划布局应充分利用各种有利的自然环境条件,如地域气候条件、日照环境、热环境和风环境等,减少不利环境因素的负面影响。

### 1.地域气候条件与规划布局

不同地域、自然地理和气候条件下,为实现节能目标,建筑的布局方式存在较大差异。

(1)以冬季严寒和寒冷为主要气候特征的地区

建筑宜布置在向阳、避风的地段。由于冬季冷空气会在地势较低凹的位置集聚,因此建筑不宜布置在山谷、洼地、沟底等低凹地势地段,以避免增加建筑采暖能耗。

(2)以夏季炎热为主要气候特征的地区

将建筑布置在地势较低凹的地段,可以在夜晚聚集凉爽气流,易于实现自然通风,夜晚高处凉爽气流会流向凹地,不仅带走室内热量,降低通风、夏季空调能耗,而且改善室内热环境。江河湖海地区,因地表水陆分布不同,由于水体和陆地的热力性质的差异而形成水陆风;而在山区,由于山坡和山谷受热不均匀而形成白天和夜晚风向发生变化的山谷风。规划布局时,可充分利用水陆风和山谷风以改善夏季室内热环境、降低空调能耗。

### 2.场地热环境与规划布局

场地热环境调控的主要目标是提高环境热舒适度,降低城市"热岛效应",改善微气候。

热岛效应是指城市市区温度明显高于周围的郊区和乡村,其等温线类似于岛屿等高线的一种气温分布的特殊效应。一般用热岛强度(城市中心温度与郊区温度的差值)表示。冬季热岛效应可以引起暖冬现象,降低寒冷地区建筑采暖消耗;但是夏季热岛会造成过热,增加建筑空调能耗,使城市多雾、多云和多雨,不利于污染物扩散且促使光化学烟雾形成。城市热岛效应利弊共存,但综合而言,弊大于利,需要采取措施加以控制。随着我国城市建设发展和人口迅速膨胀,城市热岛效应日益显著。目前大多数城市下垫面(地面、屋面等)多为硬质铺装,坚硬密实、干燥不透水且颜色较深,其热容量和导热率比郊区绿地大,对太阳辐射的吸收率比郊区绿地大,城市下垫面比郊区吸收更多的热量,并通过长波辐射将热量释放到大气中。再加上粗糙的下垫面降低风速、城市中的绿地和水面较少使蒸发作用减弱等原因，使大气得不到冷却，造成城市温度高于周边郊区。同时建筑制冷设备排放更多热量加剧热岛效应。

我国国家标准《绿色建筑评估标准》（GB/T 50378—2014）中第 4 部分节地与室外环境中评分项"室外环境"4.2.7 项对热岛效应做出具体规定。采取措施降低热岛强度，评价总分值为 4 分。当红线范围内户外活动场地有乔木、构筑物等遮阴措施的面积达到 10％，得 1 分；达到 20％，得 2 分；当超过 70％的道路路面、建筑屋面的太阳辐射反射系数不小于 0.4，得 2 分。降低城市热岛效应的主要对策如下：

①通过整体规划布局有效组织自然通风，带走场地环境的热量，降低环境温度。

②利用绿化植被和景观水体形成对场地环境的冷却作用。在城市中增加水面设置和扩大绿化面积，一方面，由于水热容量大，且可通过蒸发吸收热量；另一方面，绿化除蒸发吸热外，对日辐射还有一定的反射作用，尤其在夏季日辐射照度很大时，可显著降低周围空气温度。因此，利用绿化植被和景观水体形成对场地环境的冷却作用，降低热岛效应。

③合理地选择硬质表面的材料，改善城市下垫面。在景观规划中采用透水地面替代传统的硬质表面（屋面、道路、人行道等），同时城市中的硬质表面（建筑屋面、道路路面等）选用太阳辐射反射系数低的表面材料。

④做好建筑外围护结构的设计。建筑外围护结构设计时，采用遮阳措施或高反射率的浅色饰面材料，降低建筑外表面如屋面、地面和外墙表面温度；建筑外表面尽可能减少大面积玻璃幕墙的使用。

⑤做好城市规划设计。城市采用方形和圆形的城市设计，将带来城市区域人员活动和能源消耗的相对集中，造成过多的能源消耗和人为热，建议采用带形城市设计，利于降低能源消耗和人为热。

## 3. 场地风环境与规划布局

风场对场地环境的局部小气候具有重要影响，涉及风环境的舒适性（活动舒适性和热舒适性）和建筑节能。场地风场的形成与规划布局密切相关。我国行业标准《民用建筑绿色设计规范》（JGJ/T229—2010）中第 5 部分 5 场地与室外环境 "场地规划与室外环境"5.2.4 项对场地风环境做出具体规定。①建筑规划布局应营造良好的风环境，保证舒适的室外活动空间和室内良好的自然通风条件，减少气流对区域微环境和建筑本身的不利影响；②建筑布局宜避开冬季不利风向，并宜通过设置防风墙、板、防风林带、微地形等挡风措施阻隔冬季冷风；③宜进行场地风环境典型气象条件下的模拟预测,优化建筑规划布局。

(1)舒适的室外活动空间

室外局部高速风速影响行人正常的行走和活动,场地环境人行区距地面 1.5m 高处风速的大小与人们正常的室外活动有关。

(2)寒冷冬季的防风设计

严寒和寒冷地区,冬季局部高速冷风不仅会造成非常寒冷的不舒适感觉,而且外环境中的高速风场会提高建筑围护结构外表面与室外空气的热交换速率,增加建筑物冷风渗透,带走热量,引起室内空气温度改变,导致采暖能耗的增加。冬季风环境控制,应以防风设计为主,规划布局中采用如下对策。

①我国受季风影响,大部分地区冬季的主导风是北风或西北风,建筑物主要朝向应避开不利风向,以减少寒冷气流对建筑物的侵袭。也可以在建筑物不利风向一侧种植防风林达到防风效果。

②严寒和寒冷地区,建筑物布置成围合或半围合的建筑组团,可以阻隔冷风,降低寒冷气流的风速。

③建筑群布局时,注意避免高层建筑群的"风洞"与冬季主导风向一致。"风洞效应"是指在建筑群尤其高层建筑群中产生的局部高速风流。

④充分利用风影区布置建筑物,减弱寒冷气流对后排建筑的不利影响。

(3)炎热夏季的自然通风的组织

夏热冬冷和夏热冬暖地区,炎热夏季的场地风环境调控应有利于组织建筑室内外的自然通风,其意义体现在三方面。其一,带走环境中过多的热量和水分,加快室外散热,降低空气温度和相对湿度,减少"热岛效应",进而提高室外环境的热舒适度。其二,有助于室外空气中气体污染物的稀释,提供新鲜空气,保证用户的安全和健康。其三,有利于建筑内外围护结构散热,改善室内热环境和人体热舒适,降低夏季制冷能耗。组织自然通风的规划布局主要对策如下。

①我国受季风影响,大部分地区夏季盛行南风和东南风,建筑群体布局可以相对夏季、过渡季主导风向的前后错列、斜列、前短后长、前低后高和前疏后密等方式,将主要风流引导到建筑群中。

②避免在场地环境中出现漩涡和死角,尽可能降低风影区的不利影响,保持风道顺畅。

③建筑群体布局避免形成封闭围合空间,若必须采用该布局模式,则可以通过底层架空或在建筑迎风立面上留出通透的气流通道等方式改善后栋建筑的通风效果。

④合理利用小气候的影响,如山地的山阴风、顺坡风,谷地的山谷风,江

河湖海岸边的水陆风,布置场地内的建筑物和构筑物。

规划设计过程中,借助于风环境模拟软件,针对具体规划方案对其环境风场进行风环境模拟分析,以得出能适应不同季节的风环境需求的设计方案,即冬季控制环境风速,夏季组织效果良好的自然通风。

## 1.3 建筑热环境的设计策略

### 1.3.1 基于节能考虑的建筑设计

从建筑形态的角度看,特定的气候条件是建筑形成与演进的主导因素。建筑针对气候而产生,气候造就了建筑,建筑是人对环境补偿的手段。建筑热环境的被动式调节策略主要可从建筑设计着手,通过建筑物的朝向、建筑构件的形式、建筑材料的选择及建筑物与地形、植被和居住区的整体设计等方面,协调好建筑与自然气候的适应关系,充分利用当地有利的自然气候资源,同时通过适当的建筑手段来消弱外界气候对室内热环境的不利影响。

建筑工程项目的热环境设计一般可以分为三个层面,如图 1-10 所示。

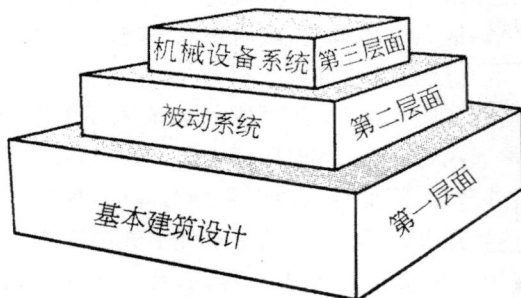

**图 1-10 建筑节能设计的三个层面**

第一层面属于基本建筑设计,指基本的建筑设计,主要指建筑本身的保温、隔热、通风、遮阳、日照和采光等。

第二层面属于被动系统或气候设计,指自然能源和被动技术,被动技术主要包括被动式采暖和被动式降温。

第三层面属于机械设备系统,指利用采暖备和空调机械设备。

第一层面利用建筑本身来减少冬季失热、夏季得热及有效采光等,这一层面设计的失误很容易导致第三层面的机械设备热量的大幅增加。第二层面涉及通过被动手段对自然能源的利用,该层面的恰当选择有助于解决第一层面遗留的问题。第三层面通过消耗不可再生能源解决前两个层面仍未解决的问题。第一层面和第二层面均与建筑设计密切相关。

表1-6列出各个层面设计需要解决的主要问题及相应的设计技术策略。在基本设计层面中,主要解决建筑的采暖、空调、通风及采暖等物理环境问题。这一层面的合理设计可为气候设计及机械系统提供良好的基础。在被动系统或气候设计层面中,设计重点在于利用太阳能、自然通风等自然资源改善室内热环境及光环境,减少用于采暖、制冷及照明的常规能源消耗。设计师常常热衷于该层面,而忽略基本设计层面,很难达到预期效果。其原因体现在两个方面,一是不了解自然资源得到有效利用的前提是建筑本身的具有良好的保温隔热性能,以保持能量;二是自然能源的利用受很多因素制约,如资源状况较差、城市高密度建筑的影响。在机械系统设计层面中,选择效率高的采暖、制冷系统是重要的。如何通过辅助的机械通风系统改善室内空气质量和提高热舒适是现代建筑设计的重要内容。

表1-6　各层面设计需解决的主要问题及其设计策略

| | 采暖 | 制冷 | 通风 | 照明 |
|---|---|---|---|---|
| 第一层面:<br>基本设计 | 能量保持<br>①体形系数<br>②保温设计<br>③冷风渗透 | 避免过热<br>①遮阳<br>②外表面色彩<br>③隔热<br>④蓄热 | 自然通风<br>①建筑外形与室内布局<br>②窗户位置与面积<br>③热压通风 | 天然光<br>①采光口<br>②窗户玻璃<br>③内表面装饰 |
| 第二层面:<br>气候设计 | 被动式太阳能<br>①直接受益<br>②蓄热体<br>③日光间 | 被动式降温<br>①蒸发降温<br>②对流降温<br>③辐射降温 | 自然通风<br>①风压通风<br>②紊流通风<br>③气流分布<br>④控制系数 | 天然采光<br>①天窗采光<br>②光龛<br>③光井<br>④遮阳 |
| 第三层面:<br>机械系统<br>设计 | 采暖系统<br>①辐射体<br>②辐射采暖<br>③暖风系统 | 制冷系统<br>①制冷设备<br>②制冷顶棚或地板<br>③冷风系统 | 机械通风<br>①机械排风<br>②机械通风<br>③空气调节 | 人工照明<br>①人工光源<br>②灯具<br>③灯具位置 |

从三个层面可以看出建筑节能首先是能源保持和自然能源的利用,然后才是常规能源的消耗。根据对第一层面和第二层面的关注及采取措施的程度,可不同程度地减少不可再生能源的消耗。现今建造的一些建筑物,一味追求建筑形式的新奇特,对第一和第二层面的重要作用缺乏认真的考虑,要给使用者提供与自然环境完全隔绝的室内人工环境,只有依赖第三层面控制建筑室内空间环境。这样的做法,不仅背离人们对自然环境的习惯要求,而且背离国家建设资源节约型、环境优化型社会的要求。

相对于现代建筑而言,传统民居在第一层面和第二层面上解决得非常巧妙。传统民居在选址、朝向、平面布局、空间组合、建筑用材和构造处理等方面,以最简洁且经济的方式创造居住环境的思想和经验。我国北方地区的合院式民居的平面布局与空间组合利于冬季收集太阳能和防止冷风渗透;南方庭院式民居则利于夏季的自然通风和蒸发吸热降温;而过渡地区的合院式民居则或同时具备自然采暖和降温特性,或有所偏重。传统民居考虑自然条件和气候特征,巧妙地运用"烟囱效应"、蒸发(冷凝)吸热(放热)原理、土壤蓄热(冷)原理、太阳能热利用原理及地表风场的分布规律等被动式设计策略,创造出通过建筑空间与平面、院落与建筑形体的合理布局,院落与室内空气流场的合理组织方法。将这些环境控制原理和技术运用于建筑平面和空间的设计当中,在没有现代采暖空调技术、不需要运行能耗的条件下,创造出适宜的室内外热环境。

现代建筑为满足社会发展的要求,需要在空间中构筑起人工环境,并努力做到室内环境的舒适和稳定,需要花费昂贵的代价。建筑热环境设计应正视室外热环境对室内热环境的影响,通过相应的技术手段和控制方法达到对气候的尊重。利用气候条件的有利因素,调节环境对建筑的影响程度,以营造符合现代社会要求的更舒适、更有效的空间环境,从而成为真正人性化的建筑。

## 1.3.2 不同热工分区的建筑热环境设计策略

### 1. 严寒地区和寒冷地区

结合严寒地区和寒冷地区的气候特征,建筑热环境设计应首先考虑建筑保温要求,寒冷地区还要兼顾夏季隔热的要求。通过限定建筑体形系数,采取合理的窗墙比,提高屋顶、外墙、外窗等围护结构的保温性能及充分利用太阳能,有效降低建筑的采暖能耗。

(1)冬季保温设计策略

①建筑选址宜在向阳、避风地段,避免低洼地段,尽量争取更多日照,避免冷风侵袭和产生"霜冻效应"。

②建筑群布局应利用高层板式建筑遮挡冬季主导风,减少冷风的不利影响;将低层建筑布置在夏季主导风向上,减少对后栋建筑的遮挡。

③尽量减少墙面的曲折、凹凸,降低建筑物体形系数。

④建筑出入口尽量避免正对冬季主导风向,并设置门斗等缓冲空间,减少冷风渗透。

⑤采取墙体外保温和倒置式屋顶,有效阻断梁柱及接缝等部位所产生热桥。

⑥提高窗户保温性能,增加南向窗户的面积,尽可能利用太阳辐射。

(2)夏季隔热设计策略

①寒冷地区还应考虑夏季隔热。良好的围护结构热工性能对降低空调运行能耗非常重要。窗口采取必要的遮阳,可以有效降低建筑空调能耗。但考虑到冬季太阳能的利用,应尽量选择可调节的外遮阳设施。

②通过建筑整体优化设计,利用昼夜温差较大的特点,借助于夜间自然通风、夜间辐射散热等措施,实现夏季不用或少用空调就能达到室内热舒适要求。

**2. 夏热冬冷地区**

由于复杂的气候条件,夏热冬冷地区需兼顾冬季保温和夏季隔热的双重要求,强调技术的可调节性。一方面,通过限定建筑的体形系数,合理的窗墙比,提高围护结构保温性能等措施,降低建筑采暖、制冷能耗。另一方面,采取恰当的措施,冬季充分利用太阳辐射,减少冷风渗透;夏季有效减弱太阳辐射,充分利用自然通风。窗口尽量选择可调节的遮阳设施,一则满足冬季利用太阳能的要求;二则可有效地遮挡室外间接太阳辐射(包括散射辐射和地面反射)的影响。良好的自然通风可以有效地缩短夏季空调设备的运行时间,有利于降低建筑能耗。

①建筑群的规划布置、建筑物的平面布置应有利于自然通风,利用楼梯间或专门风道,合理组织建筑竖向通风(热压通风)。

②建筑朝向宜采用南北向或接近南北向,实现冬季太阳辐射有效利用,并降低夏季太阳辐射影响。

③建筑外窗宜设可调式外遮阳设施,围护结构非透明部分的外表面可采取浅色处理,利用绿化、设置通风间层等措施减弱太阳辐射的间接影响。

④提高屋顶、外墙、外窗的保温隔热性能——良好的围护结构热工性能。

**3. 夏热冬暖地区**

结合夏热冬暖地区气候特征,建筑热环境设计以改善夏季室内热舒适,降低建筑制冷能耗为主。建筑隔热、遮阳及通风设计是行之有效的建筑设计技术措施。

(1)有效防止夏季的太阳辐射

夏热冬暖地区需做好窗口遮阳、考虑屋顶、外墙的防太阳辐射措施,可以采取外表面浅色处理、绿化、设置通风间层、设置专门遮阳构件等措施减弱太阳辐射的间接影响。

(2)合理组织自然通风

夏热冬暖地区属于典型的热湿地区,建筑设计中通过合理选择建筑间距、朝向、房间开口的位置及面积,以保证室内良好的自然通风。

# 1.4 围护结构的稳定与周期性不稳定传热

## 1.4.1 建筑中的传热方式

为了创造适宜的室内热环境,需要对建筑得热和建筑失热进行控制。在室内达到热舒适环境后,应使建筑总得热与总失热相等,以取得建筑中的热平衡。建筑得热与失热各包括 5 个主要方面,如图 1-11 所示。

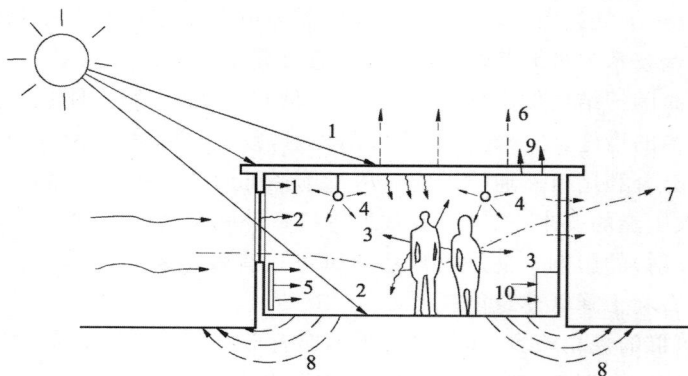

图 1-11 建筑热平衡图

图中 1~5 属于建筑得热,1 通过外围护结构如墙面和屋顶的太阳辐射得热;2 直接透过窗玻璃的太阳辐射得热;3 居住者的人体散热;4 电灯和其他设备的散热;5 采暖设备的散热。

图中 6~10 属于建筑失热,6 通过外围护结构的导热、对流和辐射向室外散热;7 利用空气渗透和通风带走热量(夏季则为得热);8 通过地面的传热;9 室内水分蒸发,水蒸气排出室外所带走的热量;10 制冷设备吸热。

凡是物体各部分或者物体之间存在温度差,就必然有传热现象发生,热能由温度较高的部位传至温度较低的部位。根据机理的不同,热传递方式有导热、对流和辐射 3 种基本方式。建筑传热过程是基本传热方式的组合。

### 1. 导热

1)导热的机理与导热系数

导热是物体不同温度部分直接接触而发生的传热,热量是通过质点(分子、原子或自由电子)的热运动传递的。在固体、液体与气体的内部与之间均可发生导热。材料内部的温度也沿厚度方向均匀地从 $t_1$ 变化到 $t_2$。导热传递热量计算见公式(1-5)。

$$q = \frac{t_1 - t_2}{\dfrac{d}{\lambda}} = \frac{t_1 - t_2}{R} \tag{1-5}$$

式中：$q$——热流强度，即沿着热流正方向在单位时间、单位面积上通过的热量，$W/m^2$；

　　　$d$——材料厚度，m；

　　　$\lambda$——导热系数，$W/(m \cdot K)$；

　　　$t_1$、$t_2$——材料两侧温度，K；

　　　$R$——热阻，热量传递过程中遇到的阻力，$W/(m^2 \cdot K)$。

2）影响导热系数的因素

建筑材料的导热系数主要受材质、密度和湿度的影响。

（1）材质

材料不同的组成成分与结构会引起导热性能的不同。气体的导热系数很小，常温下空气导热系数约为 $0.029W/(m \cdot K)$，静止的空气具有很好的保温能力。液体的导热系数大于气体，其数值约在 $0.07 \sim 0.7W/(m \cdot K)$ 之间。金属的导热系数很大，其数值约在 $2.2 \sim 420W/(m \cdot K)$ 之间，如建筑钢材的导热系数为 $58.2W/(m \cdot K)$。大多数建筑材料属于非金属固体材料，其导热系数一般低于金属材料，介于 $0.3 \sim 3.5W/(m \cdot K)$ 之间。

工程中常把导热系数 $\lambda < 0.3W/(m \cdot K)$ 的材料作为保温隔热材料，如玻璃棉、岩棉、泡沫塑料和膨胀珍珠岩等。

（2）表观密度

表观密度表征材料的密实程度。内部孔隙数多的材料表观密度小，其导热系数也小。具有良好保温性能的材料多为孔隙多的轻质材料。但是若材料的表观密度小到一定程度后，再增加孔隙率，则其导热系数不仅不降低，反而会增大。原因在于过大的孔隙率不仅意味着孔隙数量多且大，大孔隙将加强内部空气的对流，反而增加材料的传热能力。因此，对于某些纤维和发泡材料，存在最佳表观密度，其所对应的导热系数最小。

（3）含湿量

建筑材料受潮后，其导热系数将显著增加，原因在于材料孔隙中积聚水分后，不但增加了水蒸气扩散的传热量，还增加了毛细孔中水分的传热量。一般情况下，水的导热系数约为 $0.58W/(m \cdot K)$，冰的导热系数约为 $2.33W/(m \cdot K)$，显然，水和冰的导热系数都远大于空气的导热系数。因此，水和冰取代孔隙中的空气必将增大材料导热系数。

**2. 对流**

对流是流体之间发生的相对运动与互相掺合。对流只发生在流体（液体和气体)之间。对流是流体的一种运动方式,不同温度的流体间对流运动会引起热量的传递,称为对流传热。对流换热是指固体壁面和流体之间在对流和导热共同作用下进行的传热现象。流体与固体表面的对流换热的传热计算见公式(1-6)。

$$q_c = \alpha_c(\theta - t) \tag{1-6}$$

式中:$q_c$ —— 对流换热强度,$W/m^2$;

$\alpha_c$ —— 对流换热系数,$W/(m^2 \cdot K)$;

$\theta$ —— 壁面温度,℃;

$t$ —— 流体主体部分温度,℃。

### 3. 辐射

(1)热辐射及其特点

温度高于绝对零度的物体,都会将热能转化为辐射能从表面向外界辐射电磁波。通常把波长短于 $3\mu m$ 的热辐射称为短波辐射;而把波长大于 $3\mu m$ 的热辐射称为长波辐射。

建筑热工学中,把太阳辐射称为短波辐射,而绝大部分能量集中在红外线区段的常温物体的热辐射则被称为长波辐射。物体在向外辐射的同时,也不断吸收入射到其表面的外来热辐射,并将之重新转化为热能。物体间相互辐射与吸收而产生的热能传递现象就称为辐射传热。辐射传热过程中伴随着能量形式的转化,由内能转化为电磁能,进一步转化为内能;传热不需要任何中间介质,也不需要冷、热物体的直接接触;辐射换热是物体之间互相辐射的结果。辐射换热的传热计算见公式(1-7)。

$$q_r = \alpha_r(\theta_1 - \theta_2) \tag{1-7}$$

式中:$q_r$ —— 对流换热强度,$W/m^2$;

$\alpha_r$ —— 对流换热系数,$W/(m^2 \cdot K)$;

$\theta_1$ —— 壁面温度,℃;

$\theta_2$ —— 流体主体部分温度,℃。

(2)温室效应

玻璃对波长为 $2\mu m \sim 2.5\mu m$ 的可见光和红外线有很高的透过率,但对波长大于 $3\mu m$ 的远红外辐射的透过率却很低。如图 1-12 所示,当太阳的短波辐射透过玻璃进入建筑物内部并被建筑物内部各表面吸收时,室内常温热源的长波辐射热却难以透过玻璃,于是,室内便会有热辐射能量的净流入,产生室内温度升高的趋势,这就是所谓的"温室效应"。温室效应常用来设计利用太阳能的建筑。

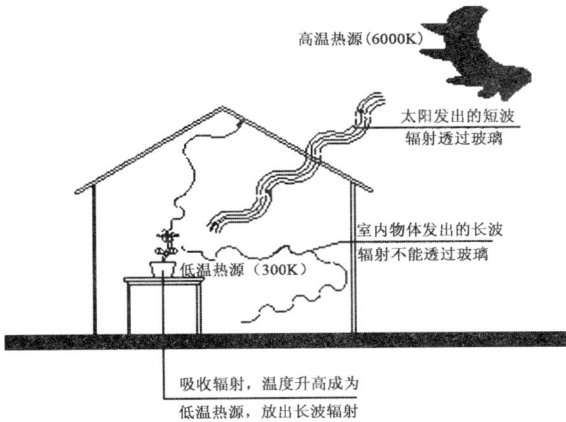

**图 1-12　温室效应**

## 1.4.2　围护结构的稳定传热

### 1.围护结构稳定传热过程

围护结构稳定传热意味着在传热过程中,各点的温度都不随时间而变。冬季,室外持续低温,并且昼夜温度波动比较小,热量持续由室内流向室外,因此冬季保温设计中,一般假设围护结构的传热是稳态的,使问题大大简化。建筑物在室内外稳态的温度场作用下,通过导热、对流及辐射三种方式将室内热量散失到室外。其传热主要经过三个基本过程,不同传热过程的方式也不尽相同,如图 1-13 所示。

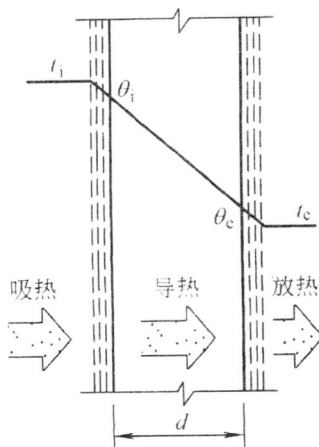

**图 1-13　围护结构稳定传热过程**

（1）围护结构内表面吸热

围护结构内表面吸热可以用公式（1-8）表达。

$$q_i = \alpha_i(t_i - \theta_i) = \frac{t_i - \theta_i}{R_i} \tag{1-8}$$

式中：$q_i$——围护结构内表面热流密度，$W/m^2$；

$\quad\quad t_i$——室内空气温度，℃；

$\quad\quad \theta_i$——围护结构内表面温度，℃；

$\quad\quad \alpha_i$——围护结构内表面换热系数，对流换热系数与辐射换热系数之和，$W/(m^2 \cdot K)$；

$\quad\quad R_i$——围护结构内表面换热阻，与 $\alpha_i$ 互为倒数关系，$m^2 \cdot K/W$。

围护结构内表面换热系数及换热阻取值见表 1-7。

表 1-7　围护结构内表面换热系数 $\alpha_i$ 及内表面换热阻 $R_i$

| 适用季节 | 表面特征 | $\alpha_i$ / $[W/(m^2 \cdot K)]$ | $R_i$ / $[(m^2 \cdot K)/W]$ |
|---|---|---|---|
| 冬季和夏季 | 墙面、地面、表面平整或有肋状突出物的顶棚，当 $\frac{h}{s} \leqslant 0.3$ 时 | 8.7 | 0.11 |
|  | 有肋状突出物的顶棚，当 $\frac{h}{s} > 0.3$ 时 | 7.6 | 0.13 |

注：表中 $h$ 为肋高，$s$ 为肋间净距。

（2）围护结构各材料层导热

围护结构各材料层导热可以用公式（1-9）表达。

$$q_\lambda = \frac{\theta_i - \theta_e}{\sum \dfrac{d_i}{\lambda_i}} = \frac{\theta_i - \theta_e}{\sum R_\lambda} \tag{1-9}$$

式中：$q_\lambda$——围护结构导热热流密度，$W/m^2$；

$\quad\quad \theta_i$——围护结构内表面温度，℃；

$\quad\quad \theta_e$——围护结构外表面温度，℃；

$\quad\quad d_i$——各层材料的厚度，m；

$\quad\quad \lambda_i$——各层材料的导热系数，$W/m \cdot K$；

$\quad\quad \sum R_\lambda$——围护结构材料层热阻，$W/m^2 \cdot K$。

（3）围护结构外表面放热

围护结构外表面放热可以用公式（1-10）表达。

$$q_e = \alpha_e (\theta_e - t_e) = \frac{\theta_e - t_e}{R_e} \qquad (1\text{-}10)$$

式中：$q_e$ ——围护结构外表面的热流密度，$W/m^2$；

$\theta_e$ ——围护结构外表面温度，℃；

$t_e$ ——室外空气温度，℃；

$\alpha_e$ ——围护结构外表面换热系数，对流换热系数与辐射换热系数之和，$W/(m^2 \cdot K)$；

$R_e$ ——围护结构外表面换热阻，与 $\alpha_e$ 互为倒数关系，$m^2 \cdot K/W$。

围护结构外表面换热系数及换热阻取值见表 1-8。

表 1-8　围护结构外表面换热系数 $\alpha_e$ 及外表面换热阻 $R_e$

| 适用季节 | 表面特征 | $\alpha_e /$ [$W/(m^2 \cdot K)$] | $R_e /$ [$(m^2 \cdot K)/W$] |
|---|---|---|---|
| 冬季 | 外墙、屋顶、与室外空气直接接触的表面 | 23.0 | 0.04 |
| | 与室外空气相通的不采暖地下室上面的楼板 | 17.0 | 0.06 |
| 夏季 | 外墙和屋顶 | 19.0 | 0.06 |

### 2. 围护结构的传热阻和传热系数

根据稳定传热条件，围护结构各处热流强度均相等的原则，整理可得公式（1-11）

$$q = \frac{t_i - t_e}{R_i + \sum R_\lambda + R_e} = \frac{t_i - t_e}{R_0} = K_0 (t_i - t_e) \qquad (1\text{-}11)$$

式中：$R_0$ ——围护结构传热阻，$m^2 \cdot K/W$；

$K_0$ ——围护结构传热系数，与传热阻互为倒数，$W/(m^2 \cdot K)$。

从公式（1-11）可知，在相同的室内、外温差条件下，围护结构的传热阻 $R_0$ 愈大，通过围护结构所传出的热量就愈少，$R_0$ 代表热量从围护结构的一侧空间传向另一侧空间所受到的总阻力大小。围护结构的传热系数 $K_0$ 为传热阻 $R_0$ 的倒数，表示围护结构两侧空气温差为 1K 时，单位时间内通过单位面积的传热量。围护结构的传热阻 $R_0$ 和传热系数 $K_0$ 是衡量围护结构在稳定传热条件下重要的热工性能指标。

### 3. 封闭空气间层

静止的空气导热系数很小，为了提高建筑围护结构的热工性能，在建筑设计中常常在围护结构中设置封闭空气间层。封闭空气间层的传热过程与固体材料层的传热不同,它是在有限封闭空间内两个表面之间进行的热转移过程,是导热、对流和辐射三种传热方式综合作用的结果。图 1-14 为垂直封闭间层的传热情况。

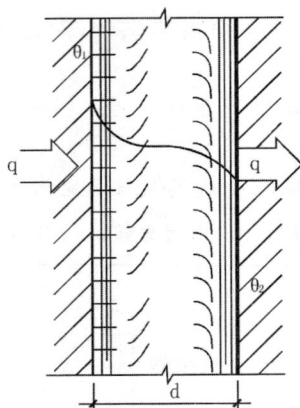

图 1-14　垂直封闭空气间层传热

一般情况,封闭空气间层的传热方式中,辐射换热约占 70%,对流和导热共占 30%。因此,若想提高空气间层的热阻,首先要设法减少辐射换热量。最有效的措施是在空气间层壁面涂贴辐射系数小的反射材料(如铝箔),并涂贴于高温侧。

在有限空间内的对流换热强度,与间层的厚度、间层的设置方向和形状等因素有关。当间层厚度超过 4cm 时,增加空气间层的厚度并不能有效地减小传热量,原因在于对流换热的强度已经远大于空气层的导热强度。图 1-15 为不同封闭空气间层的自然对流情况。

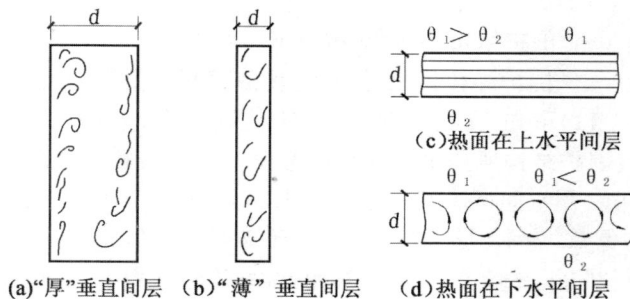

(a)"厚"垂直间层　(b)"薄"垂直间层　(d)热面在下水平间层

图 1-15　不同封闭空气间层的自然对流

结合封闭空气间层的传热特性,可以采用如下措施提高封闭空气间层热阻。

①建筑围护结构中设置封闭空气间层将会增加热阻,重量轻且节省材料,有效而经济的技术措施。

②若构造技术可行,围护结构中选用一个"厚"的空气间层不如几个"薄"的空气间层。

③通过在空气间层高温侧表面涂贴反射材料铝箔,利于减少空气间层的辐射传热量。

表 1-9 所列为空气间层热阻值 $R_{ag}$。

表 1-9　空气间层热阻值 $R_{ag}$（m² · K/W）

| 位置、热流状况及材料特性 | | 冬季状况 | | | | | | | 夏季状况 | | | | | | |
|---|---|---|---|---|---|---|---|---|---|---|---|---|---|---|---|
| | | 间层厚度（cm） | | | | | | | 间层厚度（cm） | | | | | | |
| | | 0.5 | 1 | 2 | 3 | 4 | 5 | 6 以上 | 0.5 | 1 | 2 | 3 | 4 | 5 | 6 以上 |
| 一般空气间层 | 热流向下（水平、倾斜） | 0.10 | 0.14 | 0.17 | 0.18 | 0.19 | 0.20 | 0.20 | 0.09 | 0.12 | 0.15 | 0.15 | 0.16 | 0.16 | 0.15 |
| | 热流向上（水平、倾斜） | 0.10 | 0.14 | 0.15 | 0.16 | 0.17 | 0.17 | 0.17 | 0.09 | 0.11 | 0.13 | 0.13 | 0.13 | 0.13 | 0.13 |
| | 垂直空气间层 | 0.10 | 0.14 | 0.16 | 0.17 | 0.18 | 0.18 | 0.18 | 0.09 | 0.12 | 0.14 | 0.14 | 0.15 | 0.15 | 0.15 |
| 单面铝箔空气间层 | 热流向下（水平、倾斜） | 0.16 | 0.28 | 0.43 | 0.51 | 0.57 | 0.60 | 0.64 | 0.15 | 0.25 | 0.37 | 0.44 | 0.48 | 0.52 | 0.54 |
| | 热流向上（水平、倾斜） | 0.16 | 0.26 | 0.35 | 0.40 | 0.42 | 0.42 | 0.43 | 0.14 | 0.20 | 0.28 | 0.29 | 0.30 | 0.30 | 0.28 |
| | 垂直空气间层 | 0.16 | 0.26 | 0.39 | 0.44 | 0.44 | 0.49 | 0.50 | 0.13 | 0.22 | 0.31 | 0.34 | 0.36 | 0.37 | 0.37 |
| 双面铝箔空气间层 | 热流向下（水平、倾斜） | 0.18 | 0.34 | 0.56 | 0.71 | 0.84 | 0.94 | 1.01 | 0.16 | 0.30 | 0.49 | 0.63 | 0.73 | 0.81 | 0.86 |
| | 热流向上（水平、倾斜） | 0.17 | 0.29 | 0.45 | 0.52 | 0.55 | 0.56 | 0.57 | 0.15 | 0.25 | 0.34 | 0.37 | 0.38 | 0.38 | 0.35 |
| | 垂直空气间层 | 0.18 | 0.31 | 0.49 | 0.59 | 0.65 | 0.69 | 0.71 | 0.15 | 0.27 | 0.39 | 0.46 | 0.49 | 0.50 | 0.50 |

### 4. 围护结构内部温度分布

围护结构内表面温度和内部温度分布是衡量和评价围护结构热工性能的重要依据。为了检验围护结构内表面和内部是否出现凝结水,需要核算所设计围护结构表面和内部温度的分布情况。

在给定室内外温度与围护结构各层材料的条件下,根据稳态传热条件,围护结构各处热流强度均相等的原则,可以推算出多层平壁内任一层的内表面温度计算公式(1-12)。

$$\theta_m = t_i - \frac{R_i + \sum_{j=1}^{m-1} R_j}{R_0}(t_i - t_e) \tag{1-12}$$

$$m=1,2,3\cdots n$$

式中：$\theta_m$ ——围护结构第 $m$ 层内表面温度，℃；

$\sum\limits_{m=1}^{m-1} R_j$ ——围护结构顺着热流方向从第一层到 $m-1$ 层的热阻之和。

在稳态传热条件下，多层平壁中温度分布线为一条连续的折线，各层材料中温度变化的斜率与该层材料的导热系数成反比，材料的导热系数越小，温度下降越快，分布线越陡；材料的导热系数越大，温度分布线越平缓。

### 1.4.3　围护结构的周期性不稳定传热

稳定传热是指围护结构的室内、外热作用都不随时间变化。实际上，室内、外热环境均在变化，围护结构所受到的热作用也会不同程度地随时间发生变化。这样，通过围护结构的热量及内部温度分布也会随时间而变，该传热过程称不稳定传热。如果外界热作用随时间呈周期性变化，则称周期性传热。

在夏季室外气温和太阳辐射的共同作用下，将造成昼夜发生很大变化，如果将围护结构的传热过程简化为稳定传热，则不能客观地反映传热的基本特征，因此，应按不稳定传热考虑。虽然冬季保温可以按稳定传热处理，但是也要考虑到不稳定传热的特性。因此，在建筑热工学中研究周期性热作用下的传递特征，具有广泛的实用意义。

**1. 围护结构在周期性热作用下的传热特征**

围护结构在周期性热作用下主要传热特征：

（1）温度波振幅的衰减

温度波振幅的衰减是指围护结构各层温度的波动振幅由外向内的顺序越来越小，温度波波动程度逐渐减弱的现象。温度波在围护结构内的振幅衰减是由于结构材料层的热惰性造成的。

（2）温度波相位的延迟

温度波相位的延迟是指外表面温度波动过程比室外气温波动晚些，内表面比外表面又晚些，是时间上的滞后。产生温度波动过程延迟的原因在于材料层升温或降温需要一定的时间供给或放出热量。

**2. 谐波作用下材料和围护结构的热特性指标**

夏季热工设计中，为了简化计算，一般把室内外温度当做谐波处理，即按正弦或余弦规律变化。主要热特性指标如下：

（1）材料的蓄热系数

建筑热工学中，把半无限厚平壁在简谐热作用下的壁面热流波动振幅 $A_q$ 与温度波动振幅 $A_\theta$ 的比值称为该壁体材料的"蓄热系数"，反映材料在周期性波动的热作用下蓄存或放出热量的能力。材料蓄热系数的计算见公式（1-13）。

$$S = \frac{A_q}{A_\theta} \qquad (1\text{-}13)$$

式中：$S$ 为材料的蓄热系数，W/（m² · K）。材料蓄热系数的物理意义是半无限厚平壁表面对简谐热作用的敏感程度，数值越大，壁体表面温度波动越小。可依据材料蓄热系数来选取围护结构材料，使之具有良好的热工性能，以有效控制室内温度波动的幅度。

（2）材料层的热惰性指标

热惰性指标表示围护结构在简谐热作用下抵抗温度波动的能力，用符号 $D$ 表示。其计算见公式（1-14）。围护结构中若有封闭空气间层，因其材料蓄热系数甚小，则热惰性指标往往忽略不计。

$$D = R \cdot S \qquad (1\text{-}14)$$

式中：$D$ ——围护结构热惰性指标；

　　　$R$ ——围护结构传热阻，m² · K /W；

　　　$S$ ——材料的蓄热系数，W/（ m² · K）。

（3）材料层表面蓄热系数

在工程实践中，绝大多数是有限厚度的单层或多层围护结构，而不是无限厚度的。而对于有限厚度的材料层，则需要研究材料层表面蓄热系数 $Y$ 。$Y$ 与 $S$ 的物理意义和定义式是相同的，差别仅在于计算式的不同。当边界条件的影响可以忽略不计时，两者在数值上可视为相等。材料层表面蓄热系数计算方法详见《热工规范》。

# 第2章 建筑保温与节能设计

我国北方大部分地区冬季气温较低，持续时间较长，属于严寒地区和寒冷地区，建筑必须有足够的保温性能，以确保冬季室内热环境的舒适度，降低冬季采暖能耗。夏热冬冷地区冬季也比较寒冷，建筑同样需要适当考虑保温。因此，建筑保温与节能设计是建筑设计的重要组成部分，是减少建筑能耗、改善人类居住环境的重要途径。

## 2.1　建筑保温与节能设计策略

冬季房屋的得热途径主要包括太阳辐射、室内供暖、照明电器的散热、人体的散热；失热主要包括通过屋顶、外墙、外窗、地面等围护结构的热损失以及冷风渗透。冬季建筑物的得热和失热如图 2-1 所示。为此，建筑保温与节能设计就是要尽量减少建筑物的失热，尽可能利用太阳能，以减少冬季采暖能耗。

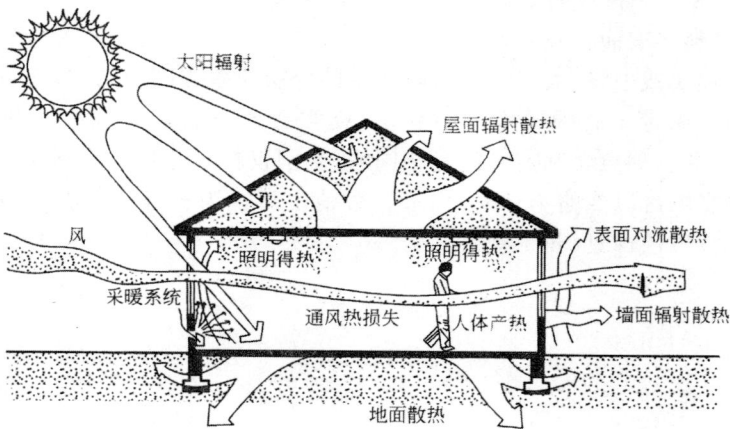

**图 2-1　冬季建筑物的得热和失热**

为了充分利用有利因素，避免不利因素，合理的建筑保温与节能设计，应考虑从太阳能利用、防止冷风、建筑规划设计及围护结构保温与节能设计等多个方面采取合理的设计策略。

### 2.1.1　充分利用太阳辐射得热

太阳辐射透过窗口射入室内直接供给室内所需部分热量,同时入射到墙体和屋顶等构件上也可以升高围护结构的温度。城区建筑因受建筑用地、周边环境、建筑体型及所用材料等诸多因素的影响,对太阳能的利用多数通过窗户直接辐射到室内。建筑开窗的朝向、窗型、窗玻璃及开窗面积等因素对冬季太阳能利用均具有很大影响。若想房间获得更多的太阳辐射,不仅应保证良好的建筑朝向,南向开设更大的窗及选择太阳辐射系数更大的玻璃外,而且还应保证适宜的建筑间距。尤其是,严寒和寒冷地区由于地理纬度相对较高,冬季日照显得更为可贵。因此,在节约城市用地的同时,建筑仍需保持适当的间距,以满足必须的日照要求。

### 2.1.2　增强建筑物的气密性,防止冷风渗透的不利影响

冷风对室内热环境的影响主要体现在两个方面,一方面是通过门窗缝隙进入室内,形成冷风渗透;另一方面是作用在围护结构外表面,使其对流换热系数增大,增加外表面的散热量。冷风渗透量越大,室温下降越多;外表面散热越多,房间的热损失就越多。因此,建筑保温与节能设计中,应尽量避免冷风的不利影响。具体可采取以下措施。

(1)应争取不使建筑大面积外表面朝向冬季主导风向

当受条件限制而不可能避开主导风向时,应在迎风面上尽量少开门窗或其他洞口。

(2)注意主要入口处的防风,减少竖向交通井的烟囱效应

建筑的主要出入口处尽量不要朝向冬季主导风向。在严寒和寒冷地区,入口处应设置门斗或其他防风措施。

楼梯、电梯及内天井等上下联系的空间,高度较大,其带来的烟囱效应能显著增加冷风渗透。尤其是高层建筑的竖向交通井,如果正对主入口布置,将大幅增加冷风渗透。因此,在布置竖向交通井时不要正对出入口。

(3)利用周围场地的地形、树木和其他建筑物挡风

建筑场地周围的树丛、小丘或其他建筑物等都可能成为拟建建筑物的挡风屏障,如图 2-2 所示。在寒冷地区,如能充分利用各种挡风屏障,可以节约较多的采暖费用,并提高建筑热舒适性。

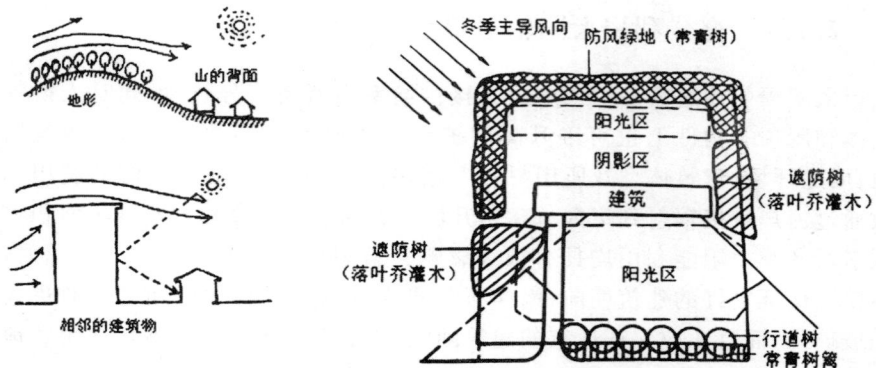

图 2-2 利用地形、树木和其他建筑物挡风

（4）提高门窗密封性

空气通过门窗缝隙适量渗透有助于室内换气，排除空气污染，保障人体健康。但是，过多渗透，会造成热量的大量散失。一般多层砖混结构通过空气渗透的热损耗占采暖能耗的 1/4～1/3。因此改善门窗的气密性对保温和节能有很大的作用。

### 2.1.3　合理的建筑与规划设计

合理的建筑与规划设计是建筑保温与节能设计的重要内容。考虑保温与节能的建筑和规划设计应考虑从建筑选址与分区、建筑与道路布局走向、建筑朝向、建筑体形、建筑间距、冬季主导风向、太阳辐射以及建筑外部空间环境构成等方面综合处理。合理的建筑与规划设计，应考虑利用有利的自然因素，避免不利因素，以创建既有利于保温与节能，又有利于身心健康的气候环境。

#### 1. 建筑选址宜向阳、避风，避免"霜冻效应"

一方面，建筑选址应争取良好日照，避免冬季冷风的侵袭，宜选在向阳、避风且不会受周围其他建筑严重遮挡的地段。若所选地段南低北高，将有利于在冬季争取到更多的太阳辐射，且防止西北风的冷风渗透，属于向阳避风地段。南低北高地段示意如图 2-3 所示。另一方面，建筑选址应避免布置在山谷、洼地、沟底等凹地。冬季冷气流在凹地里积聚，会形成对建筑保温与节能不利的"霜冻效应"。位于凹地的底层或半地下层建筑若保持所需的室内温度所消耗能量会相应增加。霜冻效应如图 2-4 所示。

北 ←——— 南

南低北高地段

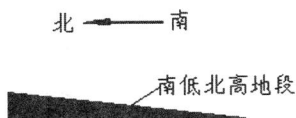

图 2-3　南低北高地段示意

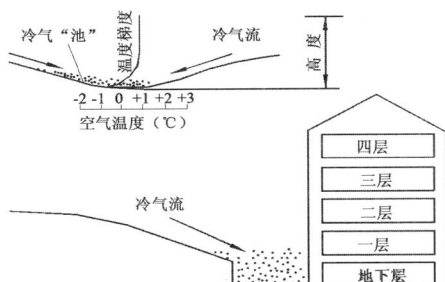

冷气"池"　冷气流　高度
温度梯度
-2 -1 0 +1 +2 +3
空气温度（℃）

冷气流

四层
三层
二层
一层
地下层

图 2-4　霜冻效应示意

## 2. 建筑布局

（1）布局与日照

建筑布局中要注意点、条组合布置,将点式建筑布置在朝向好的位置,条状建筑布置在其后,有利于利用空隙争取日照,如图 2-5 所示。

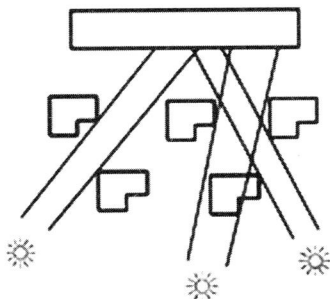

☼　☼　☼

图 2-5　点式与条形建筑结合布置

（2）布局与冷风

建筑布局时,应尽可能使道路走向平行于当地冬季主导风向,这样不仅可以使建筑主立面避开主导风向,还可以减少路面积雪。

建筑布局时,如果将高度相似的建筑排列在街道的两侧,并用宽度是其高度 2～3 倍的建筑与其组合,就会形成风漏斗现象,如图 2-6 所示。风漏斗会造成高速风(风速比原来提高 30％),从而加剧建筑物的热量损失,应尽力避免形成风漏斗。

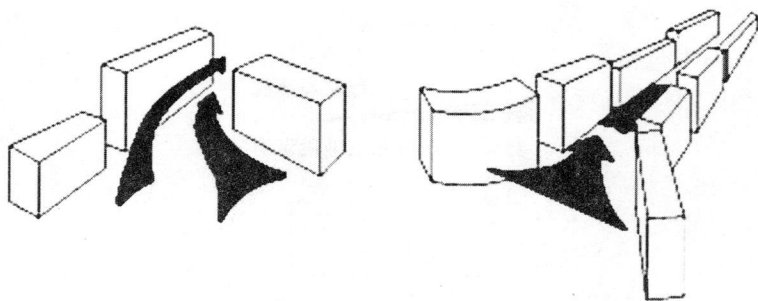

图 2-6　风漏斗改变风向与风速

（3）布局与气候防护

单元组团式布局时，尽量形成较封闭、完整的庭院空间，以充分利用和争取日照，同时避免冷风干扰，形成有效防护冬季恶劣气候的单元，能够改善建筑日照条件和风环境，从而达到冬季保温与节能的目的。气候防护单元布局见图 2-7。

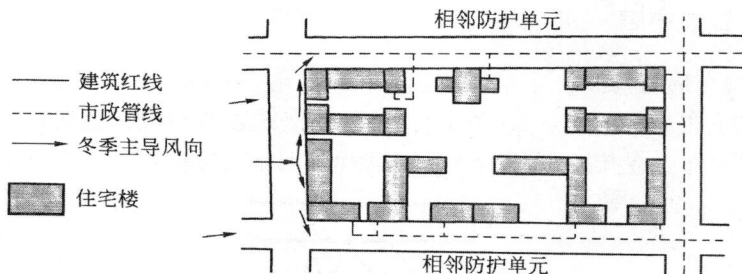

图 2-7　气候防护单元布局

### 3. 选择合理的建筑体形与平面形式

建筑体形与平面形式，对冬季保温质量和采暖费用产生很大影响。建筑师在处理体形与平面设计时，首先应该考虑功能要求、空间布局及交通流线等，若因只考虑体形上的造型艺术要求，致使外表面积过大，曲折凹凸过多，则对建筑冬季保温与节能极为不利。外表面积越大，热损失越多，不规则的外围护结构，往往又是冬季保温与节能的薄弱环节。因此必须正确处理好体形、平面形式和冬季保温与节能的关系，否则会增加冬季采暖费用，造成能源的极大浪费。

（1）建筑体形系数的概念及控制

相对于同样体积的建筑物，在各面外围护结构传热系数均相同的前提条件下，外围护结构的面积愈小，则散发出去的热量愈少。建筑上，用体形系数（$S$）来描述这一特征。体形系数可以表述为建筑物与室外接触的外表面积 $F_0$（不包括地面和不采暖楼梯间隔墙与户门面积）与其所包围的体积 $V_0$ 之比。体形系数越小,传热损失越少,越有利于冬季保温与节能。

建筑体形系数是衡量建筑热工性能的一项重要指标,其大小对建筑能耗具有显著影响。空间布局紧凑的建筑体形系数小,而空间布局分散的建筑体形系数大。建筑体形系数越小,单位建筑面积所对应的外围护结构表面积越小,通过外围护结构的冬季传热损失和夏季辐射得热量越少,冬季采暖和夏季制冷能耗也越少。我国大部分地区的建筑在极端气候条件下（冬夏两季）主要依靠设备来调节室内热环境,体形系数小对建筑节能（尤其是北方严寒和寒冷地区）有利,但体形系数过小会影响建筑平面布局、采光通风和造型。

在平面形式上,高度相同情况下,建筑平面的周长越小,体形系数越小。以基本几何形周长为例,就体形系数而言,圆形平面＜方形平面＜矩形平面。在立体形式上,球面的体形系数最小。在建筑层数上,相同建筑面积的单层建筑的体形系数大于多层建筑。

低层和单元数少的住宅建筑体形系数较大,对节能不利。对于高层住宅建筑,在建筑面积相近的条件下,高层塔式住宅耗热量指标高于高层板式住宅。建筑设计时,尽可能简化建筑体型,使其规整、简单,以减少外围护结构面积,降低建筑体形系数。适当增加建筑层数可以降低建筑体形系数,但当建筑层数增加到 8 层以上后,层数的增加对建筑节能量的增加作用就不明显。对于体型不宜控制的塔式建筑,可以采用组合体形式,用裙房连接多个塔式建筑,降低建筑体形系数。

（2）节能标准对建筑体形系数的规定

为了实现节能目标,最合理的体形设计需要综合考虑所在区域的热湿环境、太阳辐射量、风环境、体形系数及围护结构的热工性能等因素。

对于以冬季采暖为主的建筑,通过外围护结构（主要是窗户）获取的太阳辐射的热量小于通过外围护结构散失的热量。在这种情况下,通过建筑开窗获取太阳辐射热不应作为主要考虑因素,降低体形系数、减少开窗面积对建筑节能更为有利。我国严寒、寒冷地区对居住和公共建筑在节能标准上对体形系数做明确规定。

对于以夏季防热为主的建筑,一方面,减少建筑体形系数有利于建筑在夏季的太阳辐射热量,降低室内制冷能耗,但单纯降低体形系数有可能不利于组织自然通风;另一方面,通过调整建筑布局和朝向、采用反射外墙材料、设置遮阳等措施也可以减少建筑热量,实现建筑节能。由于夏热冬冷、夏热冬暖地区的室内外温差远不如严寒和寒冷地区,因此,节能标准仅对夏热冬冷地区居住建筑体形系数做出明确规定,而夏热冬暖地区的民用建筑(包括居住建筑和公共建筑)、夏热冬冷地区的公共建筑的节能标准没有对体形系数做出具体规定。

### 2.1.4 房间具有良好的热工特性,建筑具有整体保温和蓄热能力

#### 1. 房间热特性适合使用性质

围护结构应该为房间创建适宜的热特性。冬季全天使用的房间应具有较好的热稳定性,以防室外温度突然下降或间断供热时,室温波动太大。围护结构应具有较大的热惰性指标,房间内表面宜选用蓄热系数大的材料。对于只是白天使用的房间(如办公室)或间歇使用的房间(如影剧院的观众厅),要求在开始供热后,室温能较快地上升到所需标准,内表面可选用蓄热系数小的材料。

#### 2. 建筑具有整体保温和蓄热能力

建筑围护结构应当具有足够的保温性能,以控制房间的热损失。各热工设计分区的节能设计标准分别对建筑外围护结构(外墙、屋顶、直接接触室外空气的楼板、不采暖楼梯间的隔墙、外门窗、楼地面)部位的传热系数限值做出明确的规定。当围护结构某些部位的传热系数超过标准规定值,通过调整与减少围护结构其他部位传热系数,满足建筑整体的采暖耗热量指标达到规定值,以保证建筑具有整体的保温能力。

热稳定性是围护结构抵抗温度波动的能力,热惰性是影响围护结构热稳定性的主要因素。对于热稳定性要求高和持续供暖的房间,围护结构内侧材料应具有较好的蓄热性和较大的热惰性指标,即优先选用密度较大且蓄热系数较大的重质材料建造。对于热稳定性要求一般和间歇供暖的房间,围护结构内侧材料应优先选用密度较小且蓄热系数较小的轻质材料建造。

### 2.1.5 建筑保温系统科学、节点构造设计合理

建筑外墙、屋顶所选用保温材料与基层的粘结层,保温材料层、抹面层与饰面层等各层材料组成保温系统,如聚苯板(膨胀、挤塑)、玻璃面板、矿岩棉板和现场喷涂硬泡聚氨酯外墙外保温系统。各种保温系统的适用条件、施工技术、经济性价比各有不同,所以应结合建筑功能、规模及所在地区的气候条件确定科学合理的保温体系。建筑外围护结构中存在许多传热异常

部位(二维或三维传热),如外墙转角、内外墙交角、楼板或屋顶与外墙的交角、女儿墙、出挑阳台、雨蓬等构件。选用保温体系时,做好合理的系统节点构造,可以确保建筑保温与节能设计的科学性。建筑保温节能设计规范针对不同热工分区的建筑节能构造设计提出相应的要求。

## 2.2　非透明围护结构的保温与节能设计

随着我国建筑产业迅速发展和经济条件的逐步改善,建筑节能工作得以全面推进,从经济快速发展初期的建筑保温要求,到逐步推行的 30%、50% 和 65% 的建筑节能战略目标,不同时期节能标准对建筑外围护结构中非透明围护结构——外墙、屋顶、底面接触室外空气的架空或外挑楼板、非采暖楼梯间(房间)与采暖房间的隔墙或楼板、非透明幕墙、地面等部位的保温与节能设计提出对应的要求。

### 2.2.1　建筑保温与最小传热阻法

建筑保温设计是对建筑热工的最低要求,参照我国《热工规范》,保温设计是选取冬季阴天作为计算基准条件,建筑外围护结构的传热过程近似看作稳定传热。图 2-8 为某地冬季室外计算温度波动图。按照稳定传热的理论,传热阻是外墙、屋顶和门窗等保温性能优劣的特征指标。

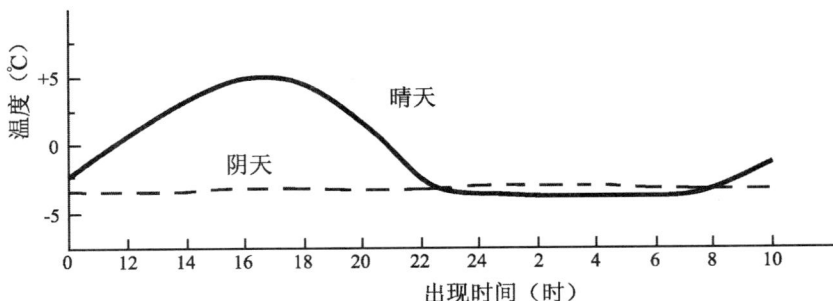

图 2-8　某地冬季室外计算温度波动图

最小传热阻指在建筑热工设计与计算时,建筑围护结构传热阻的允许最低值。引入最小传热阻的目的是为了限制通过围护结构的传热量过大,防止内表面结露,以及限制内表面与人体之间的辐射换热量过大而使人体受到冷辐射。不同室内热环境要求的建筑物,对围护结构的保温要求存在很大差异。我国北方采暖地区,设置集中采暖的建筑,其围护结构的保温性能应满足围护结构最小传热阻的要求,其计算方法详见《民用建筑热工设计规范》。

## 2.2.2 建筑节能设计方法

### 1. 建筑节能与传热系数限值

建筑节能是指在建筑中合理地使用和有效地利用能源,不断提高能源利用效率。我国《民用建筑热工设计规范》、不同热工设计分区的建筑节能设计标准均分别给出外围护结构(如外墙、屋顶和不采暖楼梯间隔墙等)传热系数限值。围护结构中大量存在保温性能远低于主体结构的热桥,其热损失比相同面积主体结构的热损失大得多。因此《民用建筑热工设计规范》、不同热工设计分区的建筑节能设计标准明确指出:外墙传热系数限值是指考虑周边热桥影响后的外墙平均传热系数,其计算方法参照《民用建筑热工设计规范》。

### 2. 建筑能耗控制与围护结构热工性能的权衡判断法

(1)居住建筑能耗控制法

建筑能耗控制是居住建筑节能设计与计算的基本方法。因此,居住建筑节能设计标准中,在控制不同部位外围护结构最大传热系数的前提下,以最终控制建筑物折合在单位建筑面积上的冬季采暖耗热量指标和夏季空调耗冷量指标为目标。

(2)公共建筑围护结构热工性能的权衡判断法

围护结构热工性能的权衡判断法是在控制建筑总能耗的基础上,综合考虑了公共建筑节能设计与计算的科学性和合理性。权衡判断法是一种性能化且可为建筑师创作提供充分自由的设计方法。权衡判断法完全不拘泥于公共建筑围护结构各个局部的热工性能,而是着眼于总体热工性能是否满足节能标准的要求。

## 2.2.3 优化围护结构保温构造方案

和建筑方案设计一样,为了实现建筑保温要求,可以选择多种保温构造方案。建筑保温设计时,本着因地制宜的原则,通过仔细地对比与分析后,最终选择适宜的方案。围护结构保温构造主要有自保温和复合保温两种类型。

(1)保温、承重合二为一(自保温)构造方案

自保温构造方案是指承重材料或构件本身具有足够的力学性能,同时具有足够的热阻值,即承重层与保温层能合二为一,如混凝土空心砌块、加

气混凝土砌块。一方面,该方案构造简单、施工方便,能保证保温构造与建筑同寿命,多用于低层或多层墙体承重的建筑。另一方面,这类构造传热阻一般不会很高,故不适宜在保温性能要求很高的严寒和寒冷地区。

(2)复合保温构造方案

承重层须采用强度高、力学性能好的材料或构件,但同时这些材料的导热系数较大,在结构要求厚度内,热阻远远不能满足保温要求。因此,需选用导热系数小的材料做保温层,铺设或粘贴在承重层上。由于保温层与承重层分开设置,保温材料的选择的灵活性较大。

从材质构造看,保温材料可分为多孔的、板块状和松散状三种类型。从化学成分看,有无机材料如岩棉、玻璃棉、膨胀珍珠岩、加气混凝土等和有机材料如木丝板、稻壳和软木等。常用保温材料性能比较见表2-1。

表 2-1　常用保温材料性能比较

| 类别 | 导热系数 [W/m·K] | 物理构成 | 特点 |
|---|---|---|---|
| 玻璃棉 | 0.045 | 卷筒、絮、毡片 | 防火性能好、潮湿后增加传热系数 |
| 岩棉 | 0.066 0.033 | 松散填充 硬板 | 价格便宜 |
| 珍珠岩 | 0.053 | 松散填充 | 防火性能非常好 |
| 聚苯乙烯 (膨胀) | 0.036 | 硬板 | 价格便宜、导热系数低、可燃、必须做防火和防晒处理 |
| 聚苯乙烯 (挤塑) | 0.028 | 硬板 | 防潮性能非常好、可用于地下、可燃、必须做防火和防晒处理、价格高于膨胀聚苯乙烯板、导热系数低于膨胀聚苯乙烯板 |
| 聚氨酯 | 0.023 | 现场发泡 | 导热系数很低、可燃、产生有毒气体、必须做防火和防潮处理、不规则和粗糙表面 |
| 反射铝箔 | 根据空气层厚度及热流方向取值 | 贴于空气间层一侧或两侧 | 夏季能有效减少热流进入室内、铝箔贴于高温侧、铝箔朝下以减少聚集灰尘 |

根据保温层位置的不同,复合保温构造方案可分为内保温(保温层在结

构层的内侧)、外保温(保温层在结构层的外侧)、夹芯保温(保温层在结构层的中间)三种方式。每种方式都有其特点,适用于不同场合,三种保温方式的技术性能比较见表 2-2。相对而言,外保温构造方案在防止热桥、避免内表面产生结露及减少围护结构热损失方面更为出色,因而对于保温要求较高的地区,应优先选用外保温构造方案。

表 2-2　三种保温方式的技术性能比较

| 技术类型 | 典型构造(由内至外) | 主要优点 | 主要缺点 |
| --- | --- | --- | --- |
| 内保温 | 结构层＋绝热层＋面层 | ① 对面层无耐候要求<br>②施工方便,不受气候影响<br>③造价适中 | ①存在热桥,很大程度上消弱结构绝热性,绝热效率较低<br>②结构易结露,若面层接缝不严,则绝热层处易结露<br>③减少有效使用面积<br>④室温波动较大 |
| 夹心保温 | ①现场施工:结构层中间加入绝热层<br>②预制复合板(钢筋混凝土中间嵌入绝热层) | ①施工较便利<br>②绝热性能优于内保温<br>③现场施工,造价不高 | ①存在热桥,一定程度上消弱结构绝热性,绝热效率较高<br>②结构较厚,对使用面积产生影响<br>③结构抗震性不够好<br>④预制复合板如接缝处理不当易发生渗漏 |
| 外保温 | ①现场施工:饰面层＋增强层＋绝热层＋结构层<br>②预制温板(带饰面),用粘挂法固定于结构层 | ①基本消除热桥,绝热效率很高<br>②结构不会结露<br>③不影响使用面积<br>④室温较稳定,热舒适性好<br>⑤既适用于新建筑,也适用于旧房改造,不影响使用 | ①冬季、雨季施工受到一定限制<br>②采用现场施工,对所用聚合物水泥砂浆及施工质量均有严格要求,否则面层易开裂<br>③采用预制板时,根据要求严格处理板缝,否则板缝处易渗漏<br>④造价较高 |

传统保温屋面是在保温层上面做防水层,一方面,防水层的蒸汽渗透阻很大,屋面易形成内部结露;另一方面,防水层直接暴露在大气中,受日晒、交替冻融作用,极易老化和破坏。倒置保温屋面不仅可有效消除内部结露,而且可以使防水层得到保护,大大提高耐久性。传统保温屋面与倒置保温屋面构造如图 2-9 与 2-10 所示。

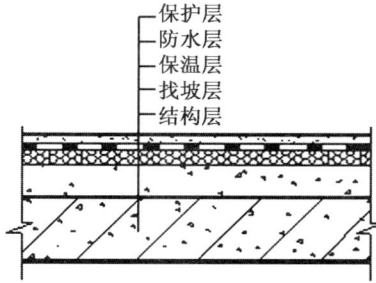

保护层
防水层
保温层
找坡层
结构层

**图 2-9　传统保温屋面构造**

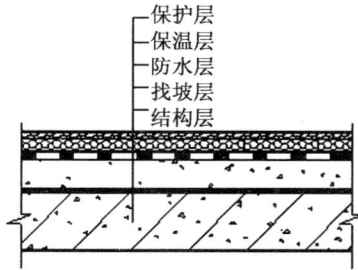

保护层
保温层
防水层
找坡层
结构层

**图 2-10　倒置保温屋面构造**

(3)优选保温构造方案

工程实践经验表明:极寒冷地区(采暖期度日数≥6000℃·d)建筑外墙采用夹心保温系统、屋顶采用外保温系统较为可行;严寒和寒冷地区,建筑外墙与屋顶均采用外保温系统较为科学;夏热冬冷地区,居住建筑围护结构采用内保温系统,公共建筑围护结构采用外保温系统较为合理;夏热冬暖地区,围护结构以保温与承重结合的自保温系统或内保温系统为主;温和地区非透明围护结构的保温构造对建筑节能的影响较小,应充分重视透明围护结构的遮阳与隔热处理。

## 2.2.4　地面保温与节能设计

地面热工性能对建筑室内热环境质量、对人体的热舒适度均有重要影响,应具有足够的保温能力,以保证地面温度并控制采暖耗热量。

地面与人脚直接接触,其传热具有特殊性。控制地面热阻只能起到控制地面温度的作用。人脚与地板直接接触的冷热感觉并不仅仅取决于地面温度。经验证明,即使木地面和水磨石地面的表面温度完全相同,人脚接触水磨石地面比接触木地面的感觉要凉得多。原因在于水磨石地面比木地面从人脚吸收的热量快。这种特性可以用地面的吸收系数 $B$ 描述,《民用建筑热工设计规范》用吸热指数 $B$ 作为评价地面热工质量的指标。$B$ 值越大,地面从人脚吸取的热量愈多愈快。根据 $B$ 值,将地面划分为三类,地面热工性能分类见表 2-3。按是否直接接触土壤,将地面分为两种类型:一类是直接接触土壤的地面;另一类是不直接接触土壤的地面(又称地板),又分成两种地板,接触室外空气的地板和不采暖地下室上部的地板。几种常用地面构造做法及热工性能见表 2-4。

表 2-3　地面热工性能分类

| 地面热工性能类别 | $B$ 值 $[W/(m^2 \cdot h^{-1/2} \cdot K)]$ | 适用建筑类型 |
| --- | --- | --- |
| Ⅰ | <17 | 高级居住建筑、托幼、医疗建筑 |
| Ⅱ | 17～23 | 一般居住建筑、办公楼、学校建筑 |
| Ⅲ | >23 | 临时逗留的房间及室温高于 23℃ 的采暖房间 |

表 2-4　常用地面构造做法及热工性能

| 名称 | 地面构造 | $B$ 值 | 热工性能类别 |
| --- | --- | --- | --- |
| 硬木地面 | 1. 硬木地板　2. 粘贴层　3. 水泥砂浆　4. 素混凝土 | 9.1 | Ⅰ |
| 厚层塑料地面 | 1. 聚氯乙烯地板　2. 粘贴层　3. 水泥砂浆　4. 素混凝土 | 8.6 | Ⅰ |
| 薄层塑料地面 | 1. 聚氯乙烯地面　2. 粘贴层　3. 水泥砂浆　4. 素混凝土 | 18.2 | Ⅱ |

续表

| 名称 | 地面构造 | B 值 | 热工性能类别 |
|---|---|---|---|
| 轻骨料混凝土垫层水泥砂浆地面 | 1. 水泥砂浆地面<br>2. 轻骨料混凝土<br>（$\rho_0 < 1500 \text{kg/m}^3$） | 20.5 | Ⅱ |
| 水泥砂浆地面 | 1. 水泥砂浆地面<br>2. 素混凝土 | 23.3 | Ⅲ |
| 水磨石地面 | 1. 水磨石地面<br>2. 水泥砂浆<br>3. 素混凝土 | 24.3 | Ⅲ |

实践研究证明,地面对人体热舒适影响最大的是厚度约为 3～4mm 的面层材料。对于水泥砂浆地面、混凝土地面等,可在地面装修时根据使用要求做浮石混凝土面层、珍珠岩砂浆面层或各种木地板,这种做法保温效果明显。

寒冷冬季,靠近外墙的地面下土壤受室外空气和周围低温土壤的影响较大,通过这些周边部位的散失的热量比房间中部大得多。相关规范将地面划分为周边地面和非周边地面,周边地面是指距外墙内表面 2m 以内的地面。各热工分区节能设计标准中对周边地面和非周边地面的热阻做出相应的限值。满足节能标准要求的地面保温构造见图 2-11。

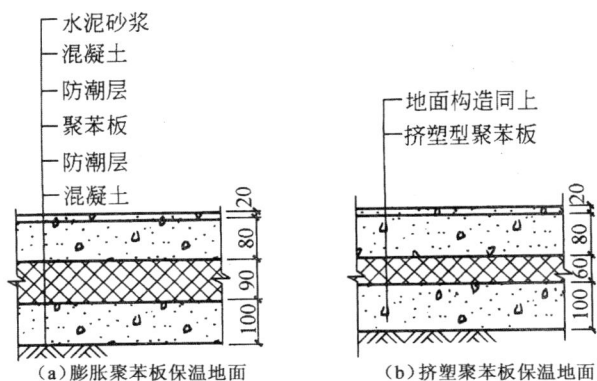

（a）膨胀聚苯板保温地面　　　（b）挤塑聚苯板保温地面

图 2-11　地面保温构造

# 2.3 透明围护结构的保温与节能设计

透明围护结构是指具有采光、通视功能的外窗、外门、透明玻璃幕墙和屋顶的透明部分,这些透明围护结构在外围护结构总面积中占有相当大的比例。从冬季室内热舒适而言,由于透明围护结构的传热系数大,导致其内表面温度低于外墙、屋面等非透明围护结构的内表面温度,极易形成人体冷辐射;从热工设计方法而言,由于它们的传热过程不同,应分别采取不同的保温措施;从冬季失热量来看,外窗、透明幕墙及外门的失热量要大于外墙和屋顶的失热量。因此,必须充分重视透明围护结构的保温与节能设计。

## 2.3.1 外窗与透明幕墙的保温与节能设计

外窗与透明幕墙既存在引进太阳辐射热的有利面,又有因传热损失和冷风渗透损失都比较大的不利面。就总体效果而言,仍是保温能力较低的构件。窗户保温性能低的主要原因,一是通过玻璃、窗框和窗樘等的传热引起热损失;二是通过缝隙的空气渗透引起热损失。表 2-5 为常用窗户的传热系数。从表 2-5 可以看出,单层窗的传热系数在 $4.7 \sim 6.4$ W/($m^2 \cdot$ K) 范围,约为普通实心砖 1 砖墙的 $2 \sim 3$ 倍,即使是单层双玻窗、双层窗、Low－E 中空窗,其传热系数也远远大于 1 砖墙的传热系数。

**表 2-5 常用窗户的传热系数**

| 窗框材料 | 窗户类型 | 空气层厚度 $d$ (mm) | 窗框窗洞面积比 $f$ (%) | 传热系数 $K$ [W/($m^2 \cdot$ K)] |
|---|---|---|---|---|
| 钢、铝合金 | 单层窗 | — | 20～30 | 6.4 |
| | 单框双玻窗 | 12 | | 3.9 |
| | | 16 | | 3.7 |
| | 双层窗 | 100～140 | | 3.0 |
| | Low－E 中空 | 9 | | 3.13 |
| | | 12 | | 2.85 |

续表

| 窗框材料 | 窗户类型 | 空气层厚度 d (mm) | 窗框窗洞面积比 f (%) | 传热系数 K [W/(m²·K)] |
|---|---|---|---|---|
| 断热铝合金 | 单层窗 | — | 25～40 | 5.38 |
| | 单框双玻窗 | 12 | | 3.44 |
| | | 16 | | 3.33 |
| | Low—E中空 | 9 | | 2.63 |
| | | 12 | | 2.38 |
| 木、塑料 | 单层窗 | — | 30～40 | 4.7 |
| | 单框双玻窗 | 12 | | 2.7 |
| | | 16 | | 2.6 |
| | 双层窗 | 100～140 | | 2.3 |
| | Low—E中空 | 9 | | 2.03 |
| | | 12 | | 1.79 |

为了有效地控制建筑采暖耗热值,建筑节能设计规范中严格要求控制外窗(包括透明幕墙)的面积,控制指标为窗墙面积比,指某一朝向的外窗洞口面积与同一朝向外墙面积之比。各热工设计分区的节能设计标准均对各朝向外墙窗墙面积比做出了明确规定。

外窗对建筑能耗的主要影响因素有温差传热、通过传入室内的太阳辐射、窗自身及窗口与墙体之间产生的空气渗透。为了提高外窗的保温性能,可采取以下措施做好外窗的保温设计。

(1)提高气密性,减少冷风渗透

国家标准《建筑外窗气密性能分级及检测方法》(GB/T7107—2002)和《建筑幕墙物理性能分级》(GB/T15225—94)分别对外窗、建筑幕墙开启部分气密性能分级做出相应规定。不同热工分区的建筑节能设计标准分别对不同建筑类型的外窗、透明幕墙的气密性做出相应要求。窗户密封示意见图2-12。

(2)提高窗框的保温性能

提高窗框的保温能力可以采取三种途径:一种是选择导热系数小的框材;第二种是采用导热系数小的材料隔断金属框型材的热桥,做成断桥窗框;第三种是利用框料内的空气腔室或利用空气层隔断金属框材的热桥。断热铝合金断面见图2-13。

提高玻璃幕墙的保温性能,通过采用隔热型材、隔热连接紧固件及隐框结构等措施,避免形成热桥。幕墙的非透明部分,应充分利用其背后空间设置封闭空气层或用高效、耐久、防水的保温材料进行保温构造处理。

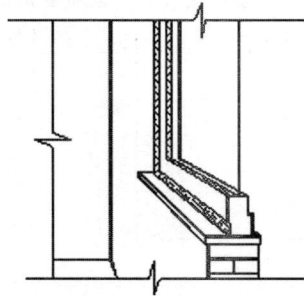

图 2-12　窗户密封示意

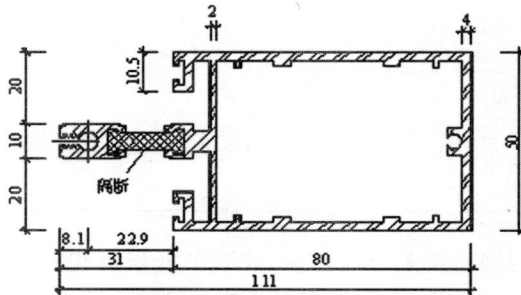

图 2-13　断热铝合金断面

（3）改善玻璃的保温能力

由于玻璃的厚度通常只有 3～6mm，玻璃本身的热阻很小。若要提高窗户的保温性能，降低传热系数。设封闭空气层和贴膜，来提高实体材料层热阻的做法同样适用于窗户。一方面，两层玻璃之间的空腔是窗户传热系数大幅降低的主要原因，可以增加两层玻璃之间的空腔厚度；另一方面，低辐射膜对提高窗热阻的作用和封闭空气层中贴铝箔作用相同，可以采用玻璃镀低辐射层的 Low－E 镀膜玻璃。以上两种措施都能够有效地提高窗户的热阻，并降低传热系数。单框双玻中空玻璃窗，中间形成良好密闭空气层，空气层厚度以 9～20mm 为宜，当厚度小于 9mm 时，传热系数明显增大；当大于 20mm 时，则造价提高，而保温能力并不提高。中空玻璃密封示意见图 2-14。镀膜中空玻璃示意见图 2-15。

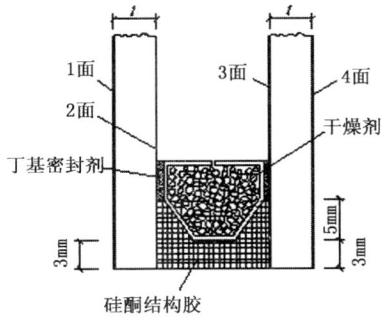

图 2-14　中空玻璃密封示意

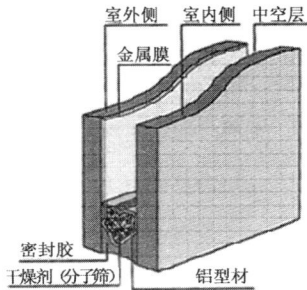

图 2-15　镀膜中空玻璃示意

　　不同 Low－E 玻璃对太阳光谱有着不同的透射和反射性能,一般分为冬季型、夏季型和遮阳型,见图 2-16。一般冬季型 Low－E 玻璃的可见光透射系比为 0.86,太阳辐射得热系数为 0.73;夏季型 Low－E 玻璃则对可见光有较高的透过特性,而对太阳光谱中的红外部分有较强的遮挡,又称"高透光型阳光控制 Low－E 玻璃";遮阳型 Low－E 玻璃的可见光透射比和太阳辐射得热系数都较低。因此,夏热冬暖地区可选用夏季型和遮阳型 Low－E 玻璃,其他地区慎用。不同类型玻璃光学特性对比见表 2-6。

　　从表中可以看出,冬季型 Low－E 玻璃的太阳辐射得热系数和可见光透射比均低于普通玻璃。冬季寒冷地区,单层 Low－E 玻璃窗并不比普通透明玻璃窗节能。只有利用 Low－E 玻璃低发射率特性,和普通玻璃组合成中空玻璃后,窗保温性能可得到极大提高,其节能优势才能发挥出来。和反射玻璃、吸热玻璃相比,冬季型 Low－E 玻璃高可见光透射比、高太阳辐射得热系数及低红外线透过率的特性使之成为理想的保温窗体材料。一方面,它可以保证玻璃的高透过率,满足室内采光和采暖要求;另一方面,可以有效阻断室内热量向外散失,提高窗户的保温性能。因此,当需要进一步提高窗户的保温能力时,可采用 Low－E 中空玻璃。

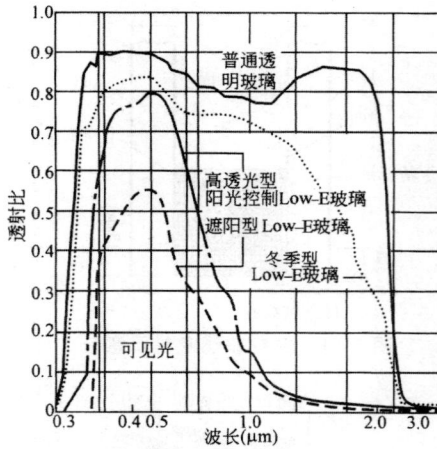

图 2-16 不同种类 Low－E 玻璃的透过特性曲线

表 2-6 不同类型玻璃光学特性对比

| 玻璃类型 | | 发射率 | 可见光特性 | | | 太阳辐射得热系数 | 遮阳系数 |
|---|---|---|---|---|---|---|---|
| | | | 透射比 | 反射比 | 吸收比 | SHGC | SC |
| 普通透明玻璃 | | 0.84 | 0.89 | 0.08 | 0.03 | 0.85 | 0.98 |
| 吸热玻璃 | | 0.84 | 0.55 | 0.06 | 0.39 | 0.67 | 0.77 |
| 反射玻璃 | | 0.60 | 0.38 | 0.30 | 0.32 | 0.55 | 0.63 |
| Low－E 玻璃 | 冬季型 | 0.08 | 0.86 | 0.08 | 0.06 | 0.73 | 0.84 |
| | 夏季型 | 0.05 | 0.74 | 0.12 | 0.14 | 0.45 | 0.52 |
| | 遮阳型 | 0.08 | 0.59 | 0.31 | 0.10 | 0.41 | 0.47 |

## 2.3.2 外门的保温与节能

外门主要包括户门(不采暖楼梯间)、单元门(采暖楼梯间)、阳台门以及与室外空气直接接触的其他各种门。门的传热系数一般比窗户小,却比外墙和屋顶的传热系数大,所以门也是建筑围护结构保温的薄弱环节。表 2-7 为常见门传热系数。从表 2-7 可以看出,不同种类的门的传热系数相差很大。建筑保温与节能设计时,应尽可能选择保温性能好的门。

表 2-7　常见门的传热系数

| 名称 | 传热系数 $K$ [W/(m² · K)] | 备注 |
|---|---|---|
| 木夹板门 | 2.7 | 双面三夹板 |
| 金属阳台门 | 6.4 | |
| 铝合金玻璃门 | 6.1～6.4 | |
| 不锈钢玻璃门 | 6.2～6.5 | |
| 保温门 | 1.70 | 内夹 30mm 厚轻质保温材料 |
| 加强保温门 | 1.30 | 内夹 40mm 厚轻质保温材料 |

## 2.3.3　透明围护结构的节点构造设计

透明围护结构如门窗和透明幕墙不仅要满足热工要求,而且还应满足构造设计要求,减少门窗、玻璃幕墙与墙体之间的热损失。全玻璃幕墙与隔墙和梁之间的间隙填充保温材料,不仅可以降低建筑物的窗墙面积比,而且可以有效减少建筑能耗。保温材料应选用防火性能良好的玻璃棉、岩棉。严寒地区门窗、玻璃幕墙的细部构造应符合下列设计要求。

①门窗、玻璃幕墙的面板缝隙应采取良好的密封措施。玻璃或非透明面板四周应采用弹性好、耐久的密封条或密封胶密封。

②开启扇应采用双道或多道密封,且采用弹性好、耐久的密封条。推拉窗开启扇四周采用中间带胶片毛条或橡胶密封条进行密封。

③门窗、玻璃幕墙周边与墙体或其他围护结构连接处应采用弹性构造,选用防潮型保温材料填塞,缝隙采用密封剂或密封胶密封。

# 第 3 章　建筑防潮设计

处于自然环境中的建筑,除受到热的作用和影响,潮湿是另一个重要的影响因素。在设计建筑围护结构时不仅必须考虑其保温性能,还要考虑其防潮性能。建筑防潮与提高建筑耐久性、保温性能、室内环境品质等有着密切联系。

舒适的室内热环境要求建筑室内空气中需要有适量的水蒸气,但是当水蒸气在围护结构表面及内部凝结时,将会对建筑产生不利的影响。一方面,建筑材料受潮后,可能导致强度降低、变形、腐烂和脱落,从而降低使用质量,影响建筑物的耐久性。另一方面,若围护结构中保温材料受潮,不仅会增大其导热系数,降低保温能力;而且潮湿的材料还会孳生霉菌和其他微生物,势必严重危害环境卫生和人体健康。

建筑设计时,除需考虑改善热环境和围护结构热状况外,还应注意改善建筑物的湿环境和围护结构的湿状况。热和湿状况既存在本质区别,又相互联系和影响,是研究和处理建筑热环境的不可分割的问题。

## 3.1　湿空气的概念

### 3.1.1　水蒸气分压力和饱和水蒸气分压力

湿空气是指含有水蒸气的空气。室内外的空气都是含有一定水分的湿空气。空气中所含的水分愈多,空气的水蒸气分压力愈大。根据空气中所容纳的水蒸气含量,空气可分为饱和空气和未饱和空气两种。其中饱和空气是指在一定的温度和压力下,一定容积的空气所能容纳的水蒸气含量达到限度的空气,其水蒸气所呈现的压力称为饱和水蒸气分压力,用 $P_s$ 表示;未饱和空气是指水蒸气含量尚未达到限度的空气,其水蒸气所呈现的压力称水蒸气分压力,用 $P$ 表示。饱和水蒸气分压力 $P_s$ 值随温度升高而变大,原因在于一定大气压下,湿空气的温度越高,一定容积内所容纳的水蒸气越多,因此水蒸气所呈现的压力也越大。

### 3.1.2　绝对湿度和相对湿度

**1. 绝对湿度**

绝对湿度是指每立方米的湿空气所含水蒸气的重量,用 $f$ 表示,单位为 $g/m^3$。饱和状态下的绝对湿度用饱和蒸汽量用 $f_{max}$ 表示。

绝对湿度只能说明湿空气在某一温度条件下实际所含水蒸气的重量,但是从室内热环境的要求看,绝对湿度并不能直接说明空气的干、湿程度。原因在于绝对湿度相同而温度不同的空气环境,对人体感觉的影响是不同的。因此,只有在相同温度条件下,才能依据绝对湿度来比较空气的潮湿程度。为了方便描述空气的干湿程度需要引入相对湿度的概念。

**2. 相对湿度**

相对湿度是指在一定温度及大气压力下,空气的绝对湿度与同温同压下的饱和空气的绝对湿度的百分比。相对湿度的计算见公式(3-1)。

$$\varphi = \frac{f}{f_{max}} \times 100\% \tag{3-1}$$

式中:$\varphi$——空气的相对湿度,%;

　　　$f$——空气的绝对湿度,$g/m^3$;

　　　$f_{max}$——同温同压下饱和空气的绝对湿度,$g/m^3$。

由于在一定温度条件下,未饱和空气中水蒸气含量 $f$ 与水蒸气分压力 $P$ 成正比;饱和空气的饱和水蒸气含量 $f_{max}$ 与饱和水蒸气分压力 $P_S$ 成正比。因此,相对湿度可以用公式(3-2)表示。

$$\varphi = \frac{P}{P_S} \times 100\% \tag{3-2}$$

式中:$\varphi$——空气的相对湿度,%;

　　　$P$——空气的水蒸气分压力,Pa;

　　　$P_S$——空气的饱和水蒸气分压力,Pa。

相对湿度 $\varphi$ 值小,表示空气干燥,吸收水分的能力强;$\varphi$ 值大,表示空气潮湿,吸收水分的能力弱。显然由相对湿度 $\varphi$ 值大小,可直接判断空气的干湿程度。在建筑热工设计中,相对湿度的应用更加广泛,原因在于相对湿度能直接说明湿空气对人体热舒适感、房间及围护结构湿状况的影响。表 3-1 为绝对湿度相同但相对湿度不同的两个居室。

表 3-1　绝对湿度相同但相对湿度不同的居室

| 房间名称 | 室内气温（$t$　℃） | 绝对湿度（$f$ g/m³） | 饱和蒸汽压（Pa） | 水蒸气分压（$P$ Pa） | 相对湿度（$\varphi$ %） | 舒适感觉 |
|---|---|---|---|---|---|---|
| A 室 | 18 | 9.4 | 2062.5 | 1261.0 | 61 | 正常 |
| B 室 | 10 | 9.4 | 1227.9 | 1226.4 | 99.9 | 潮湿 |

　　从表 3-1 可以看出，虽然两个居室绝对湿度完全相同，但 A 居室相对湿度为 61%，而 B 居室的相对湿度则为 99.9%。对于室内热环境而言，正常的湿度范围大致在 30%～60% 之间。因此，可以判定 A 室的湿度是正常的，而 B 室则极为潮湿。

### 3.1.3　露点温度

**1. 定义**

　　露点温度是指某一状态的空气，在含湿量不变的情况下，随着温度的逐步降低，其饱和蒸汽压逐步变小，相对湿度会逐渐增大，当空气冷却到其相对湿度达到 100% 时所对应的温度，用 $t_d$ 表示。如果继续降温，空气中的水蒸气就会有一部分水分液化析出，温度降得越低，析出的水分越多。这种温度降到露点温度以下，空气中水蒸气液化析出的现象称为结露或冷凝。

**2. 确定**

　　在已知室内空气温度 $t_i$ 和相对湿度 $\varphi$，如何求露点温度 $t_d$。查得室内空气温度 $t_i$ 所对应的饱和水蒸气分压力 $P_s$，根据相对湿度的定义（$\varphi = \dfrac{P}{P_s} \times 100\%$），求得所对应的水蒸气分压力 $P$；再利用露点温度的定义，令 $P_s = P$，查得此时 $P_s$ 所对应的室内空气温度 $t_i$ 即为露点温度 $t_d$。

## 3.2　围护结构的蒸汽渗透及冷凝设计

### 3.2.1　围护结构的蒸汽渗透

　　蒸汽渗透是指当室内外空气水蒸气含量不等时，外围护结构的两侧就会存在水蒸气分压力差，水蒸气分子将从分压力较高的一侧通过围护结构向较低的一侧渗透扩散。如果设计不当,水蒸气在通过围护结构时,就有可能在围护结构表面或内部形成凝结水,会导致材料受潮。

水蒸气在围护结构中的渗透与围护结构的传热有本质的区别,传湿属于物质的迁移,并伴随着形态的变换,而传热属于能量的传递。因此,传湿要比传热复杂得多。基于应用的角度,仅仅需讨论稳定条件下单纯的围护结构水蒸气渗透过程,计算方法与稳定传热的计算方法存在相似之处。

图 3-1 为三层平壁蒸汽渗透过程。当室内空气的水蒸气分压力大于室外空气时,水蒸气将从室内通过围护结构向室外渗透。单位时间内通过单位面积围护结构的蒸汽渗透量计算见公式(3-3)。

$$\omega = \frac{1}{H_0}(P_i - P_e) \qquad (3-3)$$

式中:$\omega$ ——蒸汽渗透量,又称蒸汽渗透强度,$g/(m^2 h)$;

$\quad H_0$ ——总蒸汽渗透阻,$m^2 \cdot h \cdot Pa/g$;

$\quad P_i$ ——室内空气的水蒸气分压力,$Pa$;

$\quad P_e$ ——室外空气的水蒸气分压力,$Pa$。

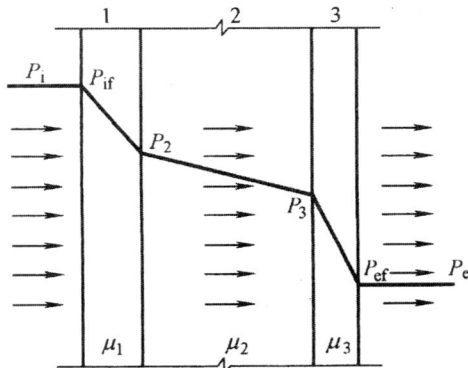

**图 3-1 围护结构的蒸汽渗透过程**

围护结构的总蒸汽渗透阻按公式(3-4)计算。

$$H_0 = H_1 + H_2 + \cdots + H_n = \sum_{i=1}^{n} \frac{d_i}{\mu_i} \qquad (3-4)$$

式中:$d_i$ ——材料厚度,$m$;

$\quad \mu_i$ ——材料蒸汽渗透系数,$g/(m \cdot h \cdot Pa)$。

蒸汽渗透系数 $\mu$ 表明材料的蒸汽渗透能力,指单位厚度物体,两侧水蒸气压力差为 $1Pa$ 时,单位时间内通过单位面积渗透的水蒸气量。蒸汽渗透表明材料的蒸汽渗透能力与材料的材质和密实程度有关。材料的孔隙率越大,透汽性越强,蒸汽渗透系数越大。

由于空气的蒸汽渗透系数很大,围护结构内、外表面的蒸汽渗透阻与材料层的蒸汽渗透阻本身相比甚小,所以在计算总蒸汽渗透阻时可忽略不计。这样,围护结构内、外表面的水蒸气分压力可近似取为 $P_i$ 和 $P_e$。

围护结构内任一层内界面上的水蒸气分压力可按公式(3-5)计算:

$$P_m = P_i - \frac{\sum_{j=1}^{m-1} H_j}{H_0}(P_i - P_e) \tag{3-5}$$

式中: $P_m$ ——围护结构内任一层内界面上的水蒸气分压力,Pa;

$\quad$ $H_0$ ——总蒸汽渗透阻,m² · h · Pa/g;

$\quad$ $P_i$ ——室内空气的水蒸气分压力,Pa;

$\quad$ $P_e$ ——室外空气的水蒸气分压力,Pa;

$\sum_{j=1}^{m-1} H_j$ ——室内侧算起,由第 1 层至第 $m-1$ 层的蒸汽渗透阻之和。

### 3.2.2 围护结构的冷凝设计

外围护结构因冷凝而受潮的情况,可分为表面冷凝和内部冷凝两种现象。其中表面冷凝是指当围护结构热工性能较差,出现围护结构内表面温度低于空气的露点温度的现象,水蒸气会在围护结构内表面形成冷凝水。而内部冷凝是指当围护结构热工性能不良或构造设计不当,出现围护结构内部各处温度低于该处露点温度的现象,水蒸气会在围护结构内部形成冷凝水。内部冷凝属于建筑防潮设计中最为不利的情况。建筑防潮设计的主要任务是通过合理地设计围护结构,尽可能避免空气中的水蒸气在围护结构内表面及内部产生冷凝。

#### 1. 围护结构内表面冷凝的检验与防止

1)围护结构内表面冷凝的检验

内表面冷凝是指当围护结构内表面温度低于附近空气的露点温度时,内表面会出现凝结水的现象。围护结构内表面是否产生冷凝的检验方法就是内表面温度是否低于空气露点温度。对于正常湿度的房间,如果围护结构按照最小传热阻法进行设计,则围护结构一般不会出现内表面冷凝现象。但是围护结构中热工薄弱部位的内表面冷凝问题需要认真地对待与处理。

判断围护结构内表面是否会出现冷凝现象,可按下述步骤进行。

① 计算室内空气的露点温度 $t_d$。

② 计算围护结构薄弱部位的热阻 $R$ ,并计算围护结构内表面温度 $\theta_i$。

③ 根据内表面温度 $\theta_i$ 和露点温度 $t_d$ 的大小判断是否出现内表面结露。

若 $\theta_i \geqslant t_d$ 不出现内表面冷凝。

2）防止和控制内表面冷凝的措施

表面冷凝产生的原因在于室内空气湿度过高或表面温度过低，这种现象不仅会出现在我国北方寒冷季节，而且出现在南方春夏之交的地面返潮现象。

（1）正常湿度的房间

正常湿度房间产生内表面冷凝的主要原因在于外围护结构保温性能不佳，导致内表面温度低于室内空气的露点温度。因此，要避免内表面冷凝现象，必须提高外围护结构传热阻，以保证其内表面温度不致过低。对于这类房间，若设计围护结构时已考虑围护结构传热阻应大于规范规定的最小传热阻，一般不会出现内表面冷凝现象。

（2）高湿房间

高湿房间是指冬季室内相对湿度高于 75%（相应的室内空气温度处于 18℃～20℃）的房间。为避免围护结构内部受潮，高湿房间围护结构的内表面应设防水层。对于短暂或间断处于高湿状态的房间，为避免冷凝水形成水滴，围护结构内表面可采用吸湿能力强又耐潮湿的饰面层。对于连续处于高湿状态的房间，围护结构内表面应设不透水的饰面层。为防止冷凝水滴落影响使用质量，应在构造上采取必要措施导流冷凝水，并有组织地排除。

（3）夏季结露现象

南方湿热地区夏季经常出现结露现象，常导致墙面返潮、地面淌水，底层地面尤为严重。出现夏季结露的原因在于差迟凝结，外界气温和湿度骤然变化，物体表面温度变化缓慢，从而造成表面结露。

①利用架空层或空气层防结露。利用地板架空对防止首层地面、墙面的夏季结露具有一定作用。利用空气层防潮技术可解决首层地板的夏季结露现象。空气层防结露地板构造如图 3-2 所示。

②有控制的通风防结露。一般而言，南方梅雨季节，通风越多，室内结露越严重。若通风是有控制的，则有利于防止结露。白天在夏季结露发生之前，紧闭门窗以限制通风；夜间室外气温降低后，门窗打开以充分通风，减少结露出现。

③材料层防结露。利用热容量小的材料装饰房间内表面尤其是地板表面（如木地板、三合土、黏土等地面材料），利于提高表面温度，减少夏季结露出现的可能性。

④呼吸防结露。利用多孔材料的对水分吸附冷凝原理和呼吸作用，可减少夏季结露的强度。如陶土防潮砖和防潮缸砖有呼吸防结露作用。

⑤空调防结露。利用空调器的抽湿降温作用,防止夏季结露十分有效。

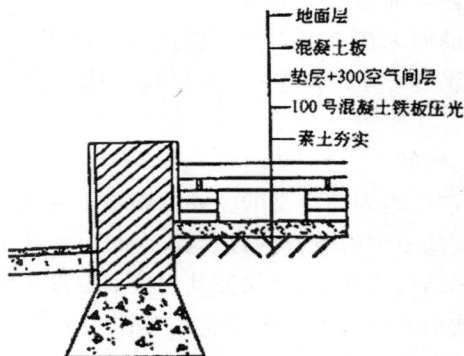

图 3-2　空气层防结露地板构造

## 2. 围护结构内部冷凝的检验与防止

1)围护结构内部冷凝的检验

围护结构内部是否会出现冷凝现象主要取决于内部各处温度是否低于该处的露点温度,可以根据水蒸气分压力是否高于该处温度所对应的饱和水蒸气分压力进行判定。

① 根据室内、外空气的温度 $t_i$、$t_e$ 和相对湿度 $\varphi_i$、$\varphi_e$,作出水蒸气分压力 $P$ 分布线。

② 根据室内、外空气的温度 $t_i$ 和 $t_e$,确定围护结构各层的温度,作出饱和水蒸气分压力 $P_s$ 分布线。

③ 根据 $P$ 线与 $P_s$ 线是否相交来判定围护结构内部是否会出现冷凝现象。如果 $P$ 线与 $P_s$ 线不相交,则围护结构内部不会出现冷凝,如图 3-3(a)所示;如果 $P$ 线与 $P_s$ 线相交,则围护结构内部会出现冷凝,如图 3-3(b)所示。

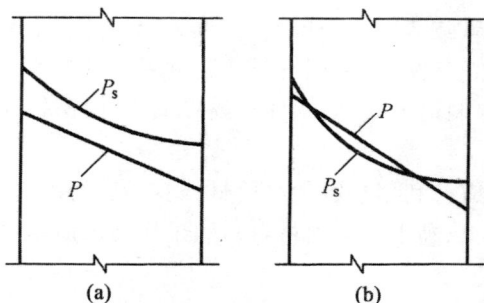

(a)　　　　　(b)

图 3-3　围护结构内部冷凝的判断

2)冷凝界面

"冷凝界面"是指最易出现冷凝且冷凝最严重的界面。冷凝界面位置如图 3-4 所示,其界面出现在保温材料与外侧密实材料交接处。围护结构蒸汽渗透的过程中,一方面,若材料的蒸汽渗透系数出现由大变小的情况,则该界面水蒸气将遇到较大阻碍,最容易发生冷凝现象;另一方面,当材料的导热系数出现由小变大的情况,则该界面内部温度分布线极易出现陡的降低,也容易出现内部冷凝。建筑设计时,根据冷凝界面的经验方法判断围护结构内部是否会出现冷凝现象。

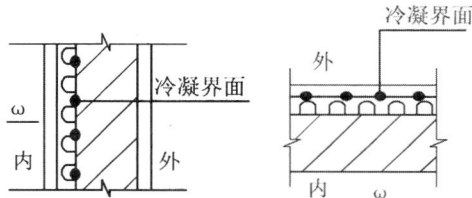

图 3-4    冷凝界面位置

3)防止和控制内部冷凝的措施

由于围护结构内部的传湿过程较为复杂且影响因素很多。尤为重要,结合实践经验,采取相应的构造措施来防止和控制内部冷凝。

(1)材料层次的布置应遵循"进难出易"的原则

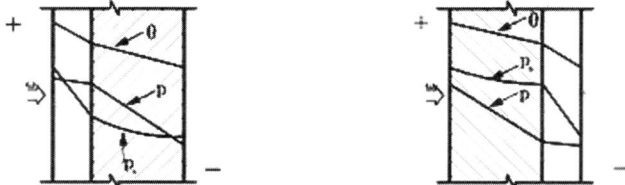

(a)内保温,进易出难,有内部冷凝    (b)外保温,进难出易,无内部冷凝

图 3-5    材料层次布置对内部冷凝的影响

围护结构保温层的位置对水蒸气的"进难出易"有很大的影响。围护结构采用相同材料,由于材料构造层次布置的不同,可能会产生不同的防潮效果。当材料的蒸汽渗透系数由大变小或材料的导热系数由小变大时,材料内部容易出现冷凝水。因此,避免内部冷凝就要改变材料的布置顺序,宜采用材料蒸汽渗透系数由小变大的布置方式。图 3-5 显示将导热系数 $\lambda$ 小、渗透系数 $\mu$ 大的材料分别布置于围护结构内外两侧的不同效果。图 3-5(a) 方案,由于第一层材料的导热系数 $\lambda$ 小,故材料层的温度变化大,饱和水蒸气分压力 $P_s$ 线下降快,但由于该层蒸汽渗透系数 $\mu$ 大,则水蒸气分压力 $P$ 线变化平缓;第二层的情况正好相反,使得 $P_s$ 与 $P$ 分布线易于相交,说明

易出现内部冷凝。图 3-5（b）方案，水蒸气进难出易，$P_s$ 与 $P$ 分布线不相交，则围护结构内部不会出现冷凝现象。因此，基于防止冷凝的角度，保温材料应尽量布置在围护结构的外侧，使水蒸气"进难出易"。

屋面构造设计时，传统屋面做法是在保温层上部做防水层，这种布置方式没有符合进难出易的原则，防水层的蒸汽渗透阻很大，则屋面内部易于产生冷凝水。倒置屋面构造如图 3-6 所示，屋面将防水层设在保温层之下，属于外保温，符合进难出易的原则，不仅避免内部结露，又保护了防水层。

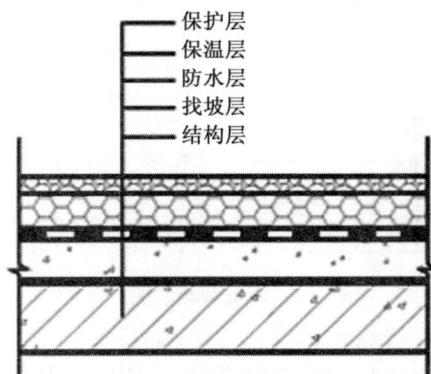

保护层
保温层
防水层
找坡层
结构层

图 3-6　倒置屋面构造

（2）蒸汽流入一侧设置隔汽层

设置隔汽层防止或控制内部冷凝是目前设计中应用最普遍的一种措施，适用于无法按照"进难出易"原则合理布置材料顺序的围护结构构造。为了消除或减弱围护结构内部的冷凝现象，通过在水蒸气流入一侧设置隔汽层，阻挡水蒸气进入材料内部。隔汽层须做得十分严密，可选用沥青、油毡卷材、铝箔等材料。必须注意的是，做隔汽层之前要严格控制各材料层尤其是保温材料的含湿量，尽量避免湿作业和雨季施工，以收到较好的效果。一般采暖房间，围护结构内部出现少量的冷凝水是允许的，这些冷凝水会在采暖季节从结构内部蒸发出去，可以不设隔汽层。

（3）围护结构内部设置通风间层或泄汽通道

虽然设置隔汽层能够改善围护结构内部的传湿情况，并不是最为稳妥的措施，原因在于隔汽层的隔汽质量在施工和使用过程中不易保证，设置隔汽层后，会影响房屋建成后结构的干燥速度，对高湿房间围护结构的防冷凝效果不佳。因此，对于一些湿度较大的房间，如纺织厂的外围护结构及卷材防水屋面的平屋顶结构，设置通风间层或泄汽通道是最为妥善的措施。

当围护结构外侧设置密实保护层或防水层时，通过在保温层与密实层间设置排汽通道，能够有效地排出水蒸气，防止围护结构内部出现冷凝现象。该构造做法因在保温层外侧设有通风间层,对于从室内渗入的水蒸气,带走不断与室外空气交换的气流,对保温层起到风干作用。有通风间层的围护结构见图 3-7。

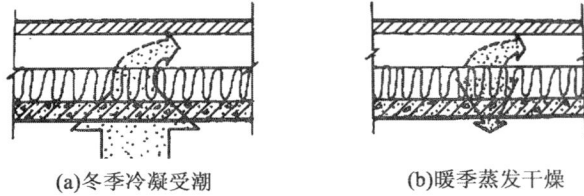

(a)冬季冷凝受潮　　　　　(b)暖季蒸发干燥

图 3-7　有通风间层的围护结构

图 3-8 为某建筑改造实例。该建筑外墙表面为玻璃板,改建前,在玻璃板与其内层的保温层之间有小间隙,保温材料内没有出现凝结水;改建后,玻璃板紧贴保温层,原起到排汽通道作用的小间隙消失,一年后保温材料内凝结严重,体积含湿量达到 50%。

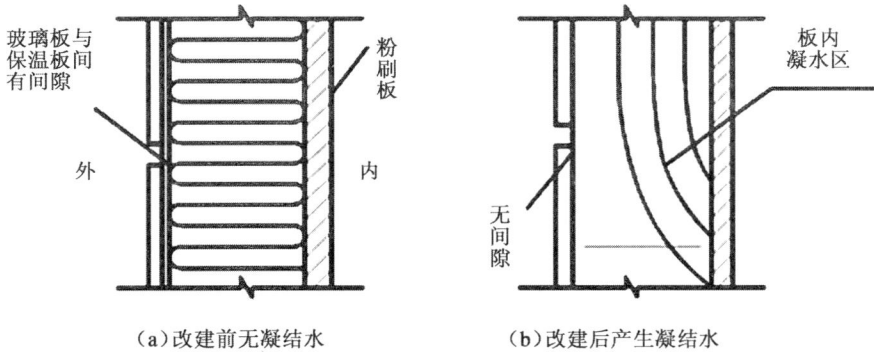

（a)改建前无凝结水　　　　　（b)改建后产生凝结水

图 3-8　某建筑墙体改建实例

# 第4章　建筑防热与节能设计

我国夏热冬冷地区和夏热冬暖地区,夏季炎热,容易造成室内过热;部分寒冷地区,夏季室内气温也较高,大大影响了室内热环境品质。我国《民用建筑热工设计规范》中要求:夏热冬暖地区必须充分满足夏季防热要求,夏热冬冷地区必须满足夏季防热要求,寒冷地区部分兼顾夏季防热。建筑防热设计的目的在于改善夏季室内热环境,降低空调制冷能耗。

## 4.1　建筑防热途径与设计原则

### 4.1.1　夏季室内过热的原因及防热途径

我国炎热地区集中了绝大部分人口,尤其是在东南部的湿热地区。这一地区经济相对比较发达,人们的生活水平较高。随着空调房间越来越多,以往通风散热等传统的隔热措施已经不能满足日益提高的生活品质要求,使得该地区的建筑物面临着建筑防热的任务。

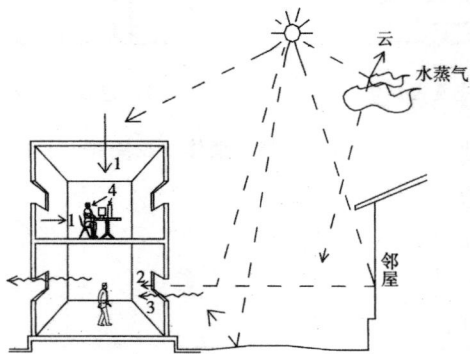

**图 4-1　夏季室内过热原因**

1—屋顶、墙体传热;2—窗口辐射;3—热空气进入;

4—室内余热量(包括人体散热)

#### 1. 夏季室内过热的原因

夏季造成室内过热的主要原因是室外气候因素的影响,图 4-1 分析了建筑物室内热量的主要来源,主要归纳为以下几个方面。

①通过围护结构传入的热量。在强烈的太阳辐射和室外高温的共同作用下,屋顶、外墙因受热而使外表面温度升高,并将热量传入室内,使得围护结构内表面及室内空气温度升高,是造成夏季室内过热的重要因素。

②太阳辐射热直接或外来长波辐射透过窗户传入室内。通过窗口直接进入的太阳辐射热,使部分地面、家具等吸热升温,并以长波辐射和对流换热方式加热室内空气。太阳辐射照射到建筑周围地面及其他物体,其中一部分反射到建筑墙面或直接通过窗口进入室内;另一部分被地面等吸收后,使其温度升高而向外辐射热量,也可通过窗口进入室内。

③室外高温空气通过室内外空气对流将热量传入室内。南方炎热地区室外高温空气通过通风换气进入室内,会使室内空气温度随之升高。

④室内生活、生产及设备产生的余热。室内人体散热,生产或生活中会散发一定的余热。

建筑防热设计的主要任务是尽可能地减弱不利的室外热作用的影响,改善室内热环境,使室外热量尽量少地传入室内,并使室内热量尽量快地散发出去,以免造成夏季室内过热。建筑防热设计应根据不同的气候特点,人们生活习惯和要求,房屋的使用情况,尽可能利用自然资源,并采取综合的防热措施,如图 4-2 所示。

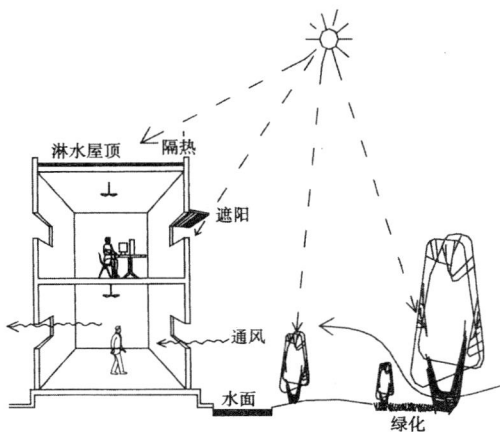

图 4-2 建筑综合防热措施

## 2. 建筑防热设计途径

结合造成夏季室内过热的原因,可通过以下途径做好建筑防热设计。

(1)减弱室外的热作用

首先,通过正确地选择建筑朝向和布局,尽量避免主要房间受到东、西向日晒。其次,利用环境绿化及水体等措施,降低周围环境的空气温度和辐射温度,对热风起冷却作用。最后,外围护结构表面选用浅色处理,减弱对太阳辐射的吸收,从而降低围护结构的传热量。

建筑各表面在夏季接受到的太阳辐射并不一样。图 4-3 是南京地区建筑物不同朝向及水平面在夏季的太阳辐射得热比较。可以看出:水平面的太阳辐射最强,西、东墙次之,而南向墙面的太阳辐射得热与北向相差不大,因此建筑体形设计时应尽量考虑南北朝向的长条形布局方式。东、西墙面上尽量不开窗。

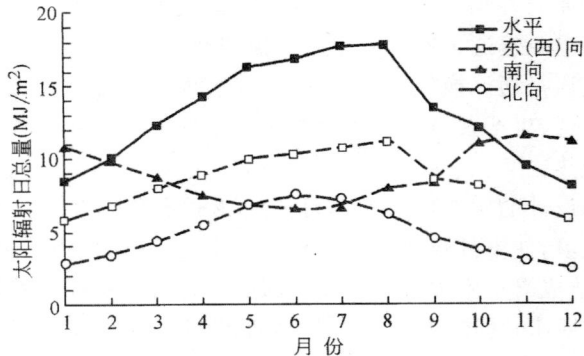

图 4-3　南京地区不同方位太阳辐射得热

(2)外围护结构的隔热和散热

外围护结构的隔热性能不仅影响内表面温度,也影响进入室内的热量和建筑制冷的能耗。屋顶、外墙(特别是西墙)等外围护结构良好的隔热性能可有效防止内表面温度过高而产生烘烤感。通过合理地选择屋顶与外墙的材料和构造形式,可有效地减少传入室内的热量和降低围护结构的内表面温度。隔热性能良好的围护结构除了要求具有较高的热阻外,还需要有良好的热稳定性。同时材料的布置顺序对隔热性能也有影响,当隔热层(保温层)放置在外侧,围护结构外表面温度升高较多,向周围散发的热量也会增多,因而传入室内的热量就会比隔热层放置在内侧时少。此外,当采用外侧隔热层构造时,可利用主体结构良好的蓄冷作用,有效保持室内冷量,室内温度波动相对较小。因此,将隔热层放置在外侧要比放置在内侧时更有利于建筑隔热。夜间室外气温常会低于室内,增强围护结构的通透性等散热措施将室内余热及时排出室外。围护结构最优化的构造方案是白天隔热好而夜间散热快。

(3)房间的自然通风

自然通风是排除室内余热、降低室内湿度,改善室内热舒适度的主要途径。良好的自然通风不仅可满足室内空气质量要求,还可延长过渡季的时间,缩短空调运行时间,有利于建筑节能。为了有效地组织房间的自然通风,利于房间的通风散热。建筑与规划设计时,一方面,保证建筑朝向接近夏季主导风向并合理地选择建筑组团布局形式;另一方面,正确地设计建筑物平面和剖面形式、建筑的开口位置和面积,并尽可能地采取必要的导风措施。

(4)建筑遮阳

强烈的太阳辐射是造成夏季室内过热的最主要的原因之一。太阳辐射主要通过两种途径进入室内影响室内热舒适度,一种是太阳辐射的直接作用即透过窗户进入室内并被室内表面所吸收,使室温升高;另一种是太阳辐射的间接作用即被建筑外围护结构表面吸收,热量通过围护结构的导热逐渐进入室内。其中透过窗户进入室内的太阳辐射对室温有直接而重要的影响。因此,建筑遮阳的目的在于不但要阻断直射阳光透过玻璃进入室内,还要防止阳光过分地照射和加热建筑围护结构。建筑遮阳是夏季隔热设计中最为有效的方法之一。

建筑遮阳的措施主要分为三类:利用绿化的遮阳;结合建筑构件处理的遮阳以及专门设置的遮阳。不同遮阳方式直接影响室内防热效果和建筑能耗的大小。在规划和建筑方案设计时,应在平面布置和立面处理上,考虑炎热季节避免直射阳光照射到房间内,还要充分利用遮阳绿化和建筑构件遮阳。如果这些措施还不能满足遮阳要求,就必须考虑设计专门的遮阳装置。太阳辐射包括直接辐射和间接辐射,我国南方炎热地区,间接辐射部分可占太阳总辐射的 50% 以上,传统的窗口遮阳往往仅注重对太阳直接辐射的遮挡,而忽略了间接辐射部分的影响。在建筑遮阳设计时除了要考虑遮挡直射阳光,还必须考虑遮挡间接辐射。

建筑防热设计是一个综合处理的过程,必须根据当地的气候特征及造成室内过热的各种因素的影响程度,采取有针对性的建筑措施,才能有效防止室内过热。

## 4.1.2　热气候特征与建筑设计原则

我国炎热地区主要分为湿热和干热两种气候类型。南方地区夏季大多属于湿热气候,西北地区夏季大多属于干热气候。结合各地区的气候特点,并参照上述建筑防热措施,可以总结出我国湿热地区和干热地区建筑的设计原则,如表 4-1 所示。

表 4-1　热气候特征与建筑设计原则

| 气候类型 | 湿热气候 | 干热气候 |
|---|---|---|
| 气候特点 | 温度日差较小,气温最高 38℃ 以下,温度日振幅 7℃ 以下。湿度大,相对湿度一般在 75% 以上,雨量大,吹和风,常有暴风雨 | 温度日差较大,气温常达到 38℃ 以上且日振幅常在 7℃ 以上。湿度小、干燥,降雨少,长吹热风并带沙 |
| 规划布局 | 选择通风良好的朝向,间距大,布局自由;防西晒;环境有绿化与水域,道路与广场有透水能力 | 布局密形成小巷道,间距密集,便于互相遮挡;要防热风,注重绿化 |
| 建筑平面 | 外部开敞,设内天井,关注庭院布置;设阳台;平面形式多条形或筒形;多设外廊或底层架空 | 外封闭、内开敞,多设内天井,平面形式多方块式、内廊式,进深较深;防热风,开小窗;防晒隔热 |
| 建筑措施 | 遮阳、隔热,防潮、防雨、防虫,利用自然通风 | 防热要求高,防热风和风沙,宜设地下室或半地下室以避暑 |
| 建筑形式 | 开敞通透 | 严密厚重,外闭内敞 |
| 材料选择 | 轻质隔热材料、铝箔、铝板及其复合材料 | 热容量大、外隔热、浅色外表面、混凝土、砖、石、土 |
| 被动技术利用 | 夜间通风、被动蒸发与长波辐射冷却 | 被动蒸发与长波辐射冷却、夜间通风、地冷空调 |

# 4.2　围护结构隔热设计

## 4.2.1　隔热设计理论及标准

### 1.隔热设计理论及指标

　　夏季,对建筑防热而言,最不利的情况是晴天,太阳辐射强度很大。白天,在强烈太阳照射下,围护结构外表面的温度远远高于室内空气温度,热量从围护结构外表面向室内传递。夜间,围护结构外表面温度迅速降低,由于受到天空长波辐射的影响,外表面温度低于室外空气温度。对多数无空调的建筑而言,夜间,热量从室内向室外传递。基于室外热作用的特点,夏季围护结构的传热应按以 24 小时为周期的周期性不稳定传热为理论基础。

夏季,围护结构内表面温度的高低关系到内表面与室内人体的辐射换热,控制内表面温度最高值,就会控制围护结构对人体辐射的最大值,能够有效地解决屋顶和西墙的烘烤感。内表面温度的高低反映了围护结构的隔热性能。因此,选取内表面温度最高值作为夏季隔热设计的指标。

### 2. 标准

按照《热工规范》规定,在自然通风情况下,建筑物的外围护结构如屋顶和东、西外墙的内表面最高温度,应满足公式(4-1)的要求。

$$\theta_{i,\max} \leqslant t_{e,\max} \tag{4-1}$$

式中:$\theta_{i,\max}$ ——围护结构内表面最高温度,℃,参照《热工规范》中规定的计算方法确定;

$t_{e,\max}$ ——夏季室外计算温度最高值,℃,参照《热工规范》取值。

## 4.2.2　室外综合温度

夏季围护结构外部主要受太阳辐射照度和室外气温这两个因素的影响。为了便于使用,将太阳辐射照度和室外气温对外围护结构的共同作用综合成一个单一的室外气象参数,这个假想的参数用“室外综合温度”表示,见公式(4-2)。

$$t_{sa} = t_e + \frac{I\alpha_s}{\alpha_e} \tag{4-2}$$

式中:$t_{sa}$ ——室外综合温度(℃);

$t_e$ ——室外空气温度(℃);

$I$ ——太阳辐射照度(W/m²);

$\alpha_s$ ——围护结构外表面的太阳辐射吸收系数,见表 4-2;

$\alpha_e$ ——外表面换热系数,对于夏季取 19.0W/(m²·K)。

其中,$\dfrac{I\alpha_s}{\alpha_e}$ 值称为太阳辐射热的“等效温度”或“当量温度”。

表 4-2　外表面对太阳辐射的吸收系数 $\alpha_s$

| 外表面材料 | 表面状况 | 色泽 | $\alpha_s$ |
|---|---|---|---|
| 红瓦屋面 | 旧 | 红褐色 | 0.70 |

| 外表面材料 | 表面状况 | 色泽 | $\alpha_s$ |
|---|---|---|---|
| 灰瓦屋面 | 旧 | 浅灰色 | 0.52 |
| 油毡屋面 | 旧、不光滑 | 黑色 | 0.85 |
| 水泥屋面及墙面 | | 青灰色 | 0.70 |
| 红砖墙面 | | 红褐色 | 0.75 |
| 硅酸盐墙面 | 不光滑 | 灰白色 | 0.50 |
| 石灰粉刷墙面 | 新、光滑 | 白色 | 0.48 |
| 浅色饰面砖及浅色涂料 | | 浅黄、浅绿色 | 0.50 |
| 水刷石墙面 | 旧、粗糙 | 灰白色 | 0.70 |
| 水泥粉刷墙面 | 新、光滑 | 浅蓝色 | 0.56 |
| 草坪 | 粗糙 | 绿色 | 0.80 |

室外综合温度在夏季和冬季对建筑的影响不同。夏季,白天太阳辐射强度大,特别是对屋顶和东西墙面的影响尤为突出,室外综合温度日变化很大。

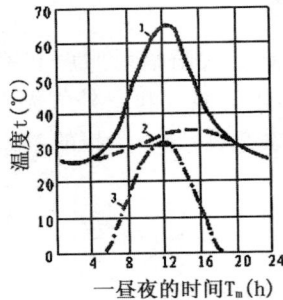

**图 4-4  夏季室外综合温度的组成**

1—水平面室外综合温度;2—室外空气温度;3—太阳辐射当量温度

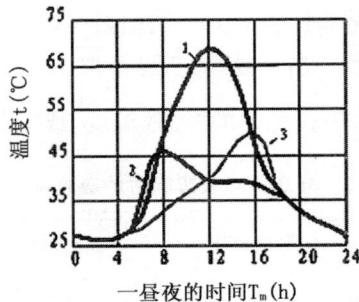

**图 4-5  不同朝向夏季室外综合温度**

1—水平面;2—东向垂直面;3—西向垂直面

图 4-4 为广州夏季某建筑室外综合温度的组成。图中可以看出:室外空气温度对不同朝向的外墙、屋顶的影响是相同的,而太阳辐射的影响是不同的且其等效温度是相当大的。因此,各朝向室外综合温度就不同。

图 4-5 为广州夏季某建筑的平屋顶和东西向墙的室外综合温度变化曲线。从图中可以看出:与东西向垂直面相比,水平面室外综合温度最高,而西向垂直面室外综合温度略高于东向垂直面西墙,说明南方夏季炎热地区,夏季隔热重点在屋顶,其次是西墙与东墙。

由此可见,建筑防热设计时,需要特别考虑夏季室外综合温度对建筑的不利影响。夏季室外综合温度具有如下特点。

① 室外综合温度以 24h 为周期波动。

② 同一天的同一时刻,同一建筑不同朝向围护结构的室外综合温度不同。其中,屋顶的室外综合温度最高,其次是西墙、东墙,再次是南墙、北墙。因此,对于有防热要求的建筑,对屋顶及东西墙必须进行隔热处理。

③ 太阳辐射当量温度对室外综合温度的影响很大。在影响太阳辐射当量温度的三个物理量 $I$、$\alpha_e$、$\alpha_s$ 中,只有围护结构外表面的太阳辐射热吸收系数 $\alpha_s$ 是人为可以控制的。因此,可以通过选用 $\alpha_s$ 较小的材料,来降低太阳辐射当量温度对建筑的不利影响。

## 4.2.3　围护结构隔热设计

### 1. 围护结构隔热设计原则

(1)围护结构隔热设计的重点是屋顶、西墙和东墙

对于低层建筑,如体育馆、别墅等,墙面面积相对较少,且往往设置挑檐、露台等,这些建筑构件对墙体起到一定的遮阳作用。然而,这类建筑屋顶所占面积较大,且日晒时数长、太阳辐射强度大,是建筑隔热设计的重点。

对于高层建筑,如高层办公楼、住宅楼等,墙面所占面积大,是建筑隔热设计的重点;屋顶面积相对较小,对整个建筑的隔热作用不是很大,但由于屋顶对顶楼住户影响很大,因此也必须做相应的隔热措施。

(2)围护结构外表面浅色处理

室外综合温度中,太阳辐射热当量温度表示围护结构外表面所吸收的太阳辐射热使室外热作用提高的程度。外表面颜色对于外表面吸收多少太阳辐射影响很大。太阳辐射间接影响所需的制冷能耗普遍高于室内外温差所需能耗,围护结构表面浅色处理后的当量温度大大低于深色表面,能够大大降低围护结构外表面温度。

（3）合理选择围护结构材料和优化布置顺序

减少室外热作用通过围护结构对室内的影响，不仅要降低太阳辐射的间接影响，更为重要的是提高围护结构自身的隔热性能。

隔热层热容量小，抗外界温度波动的能力差，但隔热层具有良好的绝热性能，可以有效减弱传递的热量。而热容量较大的重质材料虽抵抗外界温度波动的能力强，但由于热阻较小，仍有很多热量传入室内。因此单一的轻质材料或重质材料对建筑防热都是不利的。隔热层和热容量较大的主体结构形成的复合结构，既可抑制温度波动，又可减少传入室内的热量。隔热层的位置对围护结构的衰减倍数有很大影响。当隔热层布置在围护结构外侧时，围护结构的衰减倍数要大于其他位置情况。原因在于隔热层是热容量较小的轻质材料，受外界热作用后升温较快，其表面较高的温度有利于向室外通过对流和辐射形式散热，减少传向内侧主体材料的热量。

围护结构防热设计时，一方面要尽量采用轻质的隔热层和重质的结构层复合的构造方式；另一方面，应将隔热层布置在围护结构的外侧。提高围护结构的衰减倍数，降低内表面温度波动，减少传入室内的热量。

（4）设置通风间层、利用水的蒸发作用和植物对太阳光的转化作用

围护结构设置通风构造能利用自然通风的原理，带走室内或外围护结构外表面的热量，具有隔热好、散热快的特点，如通风屋顶、通风墙。

围护结构构造设计时，利用水的蒸发作用、植物叶面蒸腾作用和对太阳光的转化作用，吸收热量，从而降低建筑物的温度。

## 2. 建筑隔热设计措施

隔热设计对于改善建筑室内热环境、提高室内热舒适度，节约能耗具有重要意义。

（1）传统隔热设计

传统的隔热设计包括隔绝太阳辐射热和室外热空气两部分。隔绝太阳辐射热是建筑隔热的主要内容，其重点是屋顶和西墙。隔绝室外热空气需在围护结构中设置绝热层。

（2）考虑整体环境的绿色隔热设计

围护结构的外表面隔离太阳辐射热有两种途径。一是向环境转移热量，属于热转移型，如反射隔热、升温隔热（如遮阳）等；另一种是转化、化解热量，属于热消化型，如蒸发隔热、绿化隔热等。两种途径尽管隔热效果可以是一样的，但对环境的影响却是不同的。我国各地气候不尽相同，应根据当地的自然环境条件采取相应的措施：开阔、多风地区，环境散热能力强，外表面隔热可采用升温、反射等热转移技术；封闭、少风地区、环境散热能力

差,外表面隔热宜采用消化型技术,力求隔热、保温和环境三方面功效的统一。

### 3.屋顶隔热构造设计

屋顶隔热构造主要包括绝热层隔热屋顶、通风屋顶、蓄水隔热屋顶和植被隔热屋顶。

(1)绝热层隔热屋顶

绝热层隔热屋顶的工作原理是利用材料的隔热性能,减少进入室内的热量。根据绝热层材料分为实体材料隔热层屋顶和带有空气间层的隔热屋顶。该类屋顶的隔热能力取决于隔热的材料和厚度。为了提高屋顶的隔热能力,一方面,隔热层材料的热阻要大,导热系数要小。同时还要考虑蓄热系数、衰减倍数和延迟时间。另一方面,材料排列的顺序不同也会影响围护结构的衰减倍数的大小。实体屋顶的隔热构造如图 4-6 所示。不同构造方案隔热构造及性能对比见表 4-3。

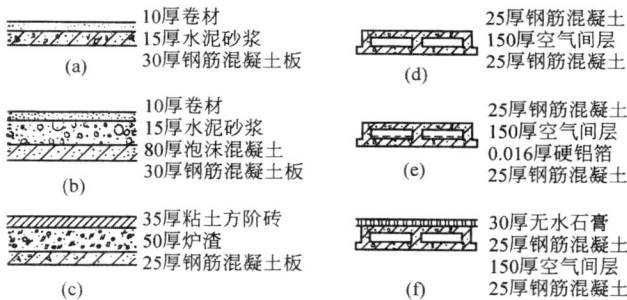

图 4-6　绝热层隔热屋顶

表 4-3　不同构造方案隔热构造及性能对比

| 方案类型 | 隔热层类型 | 构造特点 | 隔热效果 |
|---|---|---|---|
| 方案(a) | 无隔热层 | | 隔热性能差 |
| 方案(b) | 实体隔热层 | 8cm 泡沫混凝土、自重大 | 隔热效果较为显著,内表面最高温度比方案(a)降低19.8℃ |
| 方案(c) | 实体隔热层 | 5cm 炉渣＋蓄热层(粘土方砖或混凝土板)、自重大 | 增强了热稳定性,外表面最高温度比卷材屋面降低约20℃,但增加了屋顶自重 |

续表

| 方案类型 | 隔热层类型 | 构造特点 | 隔热效果 |
|---|---|---|---|
| 方案（d） | 带空气间层的隔热层 | 封闭空气间层、自重轻 | 屋顶内表面温度方案（e）比方案（d）降低了 7℃ |
| 方案（e） | 带空气间层的隔热层 | 封闭空气间层＋铝箔、方案（f） | |
| 方案（f） | 带空气间层的隔热层 | 封闭空气间层＋外表面浅色（白色的无水石膏）、自重轻 | 内表面温度比方案（d）降低了 12℃，甚至比铝箔方案（e）还降低了 5℃ |

（2）通风屋顶

通风屋顶在我国南方炎热多雨地区应用最为广泛，能够达到隔热和防雨的作用。通风屋顶由上、下两层屋面组成，下层屋面满足结构需要，上层屋面一般采用轻质材料如大阶砖、预制板和瓦材。上层屋面不仅保护防水层免受日晒和暴雨的冲刷，减少温度应力对下层屋面的破坏，而且在上、下层间创造出与室外相通的空气间层，通过间层内空气流动把传入间层的热量带走。夜间，室外气温低于室内气温时，间层内空气流动可以加强上下层间的对流换热，使室内热量通过屋面迅速向室外散发。典型通风屋顶构造如图 4-7 所示。

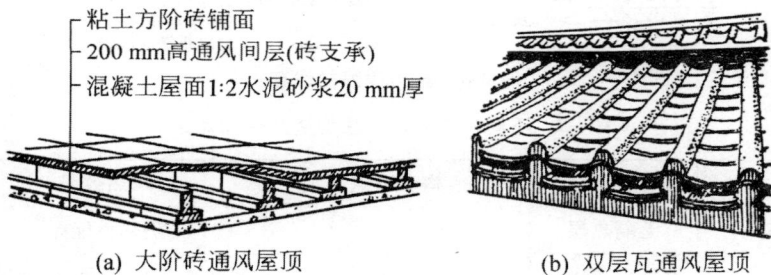

(a) 大阶砖通风屋顶　　　　(b) 双层瓦通风屋顶

图 4-7　典型通风屋顶面构造

通风隔热屋顶与实体隔热屋顶相比，通风屋面的隔热效果明显好于实体屋面。通风屋面与实体屋面隔热效果比较见表 4-4。从表中可以看出，通风屋顶的内表面温度无论是平均温度还是最高温度都低于实体屋面。就内表面最高温度出现的时间而言，通风屋面约延迟了 3h。显然通风屋面具有隔热好、散热快的特点。

表 4-4　通风屋面与实体屋面隔热效果对比

| 类别 | 实体屋面 | 通风屋面 | 相差值 |
|---|---|---|---|
| 内表面平均温度/℃ | 34.9 | 29.9 | 5.0 |
| 内表面最高温度/℃ | 39.4 | 31.1 | 8.3 |
| 室内气温平均值/℃ | 31.3 | 29.7 | 1.6 |
| 室内气温最高值/℃ | 32.7 | 30.2 | 2.5 |

通风屋面的隔热效果取决于空气间层的空气流动状况,间层内空气流动速度的大小是通风屋面隔热效果好坏的关键。通风屋面设计要点见表4-5。不同形式的通风屋顶如图 4-8 所示。空气间层通风气流组织方式见图 4-9。

表 4-5　通风屋面设计要点

| 类别 | 要求 |
|---|---|
| 屋面外表面颜色 | 应刷白或浅色 |
| 屋面保温层 | 应设置在下层屋面 |
| 空气间层高度 | 宜在 200~240mm 之间 |
| 空气间层风压差 | 增大,以提高间层内的空气流动速度 |
| 空气间层内气流方向 | 应与夏季主导风向一致,以获得较大的通风量 |

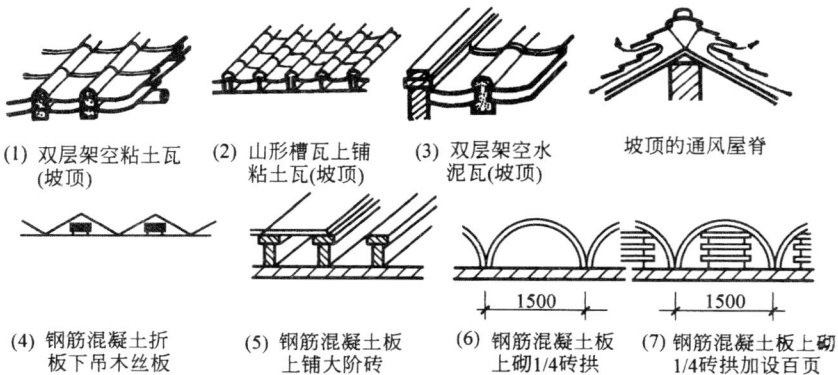

(1) 双层架空粘土瓦 (坡顶)　(2) 山形槽瓦上铺粘土瓦(坡顶)　(3) 双层架空水泥瓦(坡顶)　坡顶的通风屋脊

(4) 钢筋混凝土折板下吊木丝板　(5) 钢筋混凝土板上铺大阶砖　(6) 钢筋混凝土板上砌1/4砖拱　(7) 钢筋混凝土板上砌1/4砖拱加设百页

图 4-8　不同形式的通风屋顶

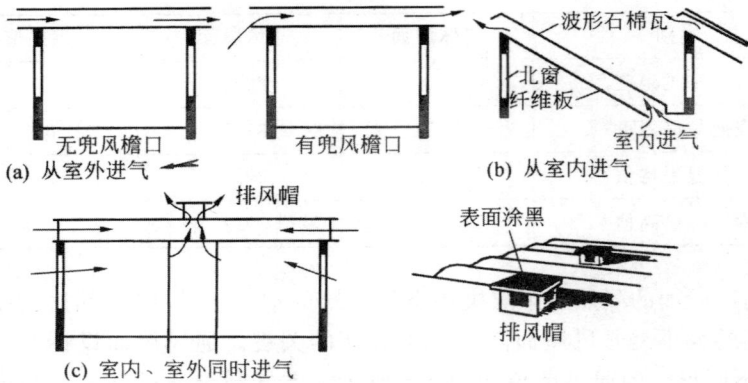

(a) 从室外进气　　　(b) 从室内进气

(c) 室内、室外同时进气

图 4-9　空气间层通风气流组织方式

（3）蓄水隔热屋顶

蓄水屋顶隔热的主要原理是利用水的蓄热容量大的特点（同质量的水温度升高 1℃,吸存的热量是同条件下一般建筑材料如砖、混凝土的 5 倍），同时水在太阳辐射作用下蒸发需吸收大量的汽化热,从而消耗到达屋面的太阳辐射热,有效地减弱经屋顶传入室内的热量,降低屋顶内表面温度。蓄水屋顶不宜在寒冷地区、地震地区和振动较大的建筑物上采用,蓄水屋顶用于平屋顶的构造如图 4-10 所示。

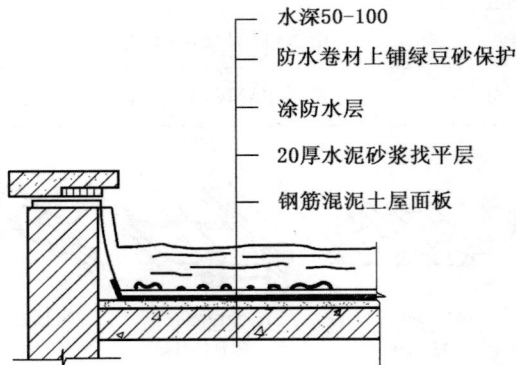

水深50-100

防水卷材上铺绿豆砂保护

涂防水层

20厚水泥砂浆找平层

钢筋混泥土屋面板

图 4-10　蓄水屋顶构造

（4）植被隔热屋顶

植被屋顶的隔热原理是利用植物叶面蒸腾作用和光合作用,吸收太阳辐射热,在屋顶上种植植物,阻隔太阳辐射对屋顶的热作用,从而达到夏季隔热降温的目的。植被隔热屋顶的隔热性能和植被的覆盖密度、培植基质的种类和厚度及基层构造等因素有关。植被隔热屋顶构造如图 4-11 所示。

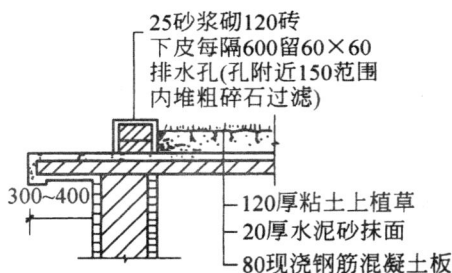

25砂浆砌120砖
下皮每隔600留60×60
排水孔(孔附近150范围
内堆粗碎石过滤)

300~400

—120厚粘土上植草
—20厚水泥砂抹面
—80现浇钢筋混凝土板

图 4-11　植被隔热屋顶构造

植被隔热屋面分为覆土植被和无土植被两种。覆土植被屋顶是在钢筋混凝土屋面上覆盖 100mm 左右土壤,种植草或其他绿色植物,其隔热性能优于通风屋顶。无土植被屋顶采用蛭石、木屑等代替土壤种植,具有自重轻、利于防水防渗的特点。与覆土植被屋面相比,无土植被屋面减轻了结构自重,提高了隔热性能。

（5）反射降温屋面

反射屋面是利用表面材料和光滑度对热辐射的反射作用,对平屋顶的隔热降温具有一定效果。如屋面采用淡色砾石铺面或用石灰水刷白具有反射降温的目的,适合于炎热地区。在通风隔热屋顶中的基层加一层铝箔,可利用其二次反射作用,进一步改善屋顶隔热效果。带铝箔的通风屋顶反射降温示意见图 4-12。

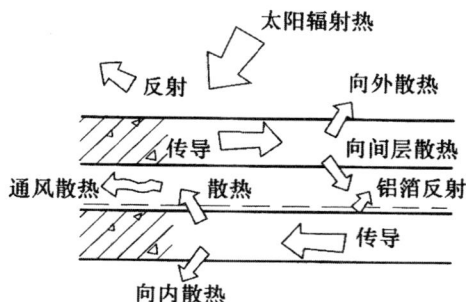

太阳辐射热
反射　　　　　　向外散热
传导　　　　向间层散热
通风散热　　散热　　　铝箔反射
传导
向内散热

图 4-12　带铝箔的通风屋顶反射降温示意

（6）蒸发降温屋面

蒸发降温屋面包括淋水屋面和喷雾屋面。

淋水屋面的隔热原理是通过在屋面屋脊处装设水管,白天温度高时向屋面浇水,形成一层流水层。利用流水层的反射吸收和蒸发,以及流水的排泄降低屋面温度。淋水屋面散热原理见图 4-13。

喷雾屋面的隔热原理是在屋面上系统地安装排水管和喷嘴,夏季喷出的水在屋面上空形成细小的水雾层。雾结成水滴落下,在屋面上形成一层流水层。一方面,水滴落下时,从周围空气中吸收热量,同时进行蒸发,降低屋面上空的气温和提高湿度。另一方面,雾状水滴能吸收和反射少量太阳辐射热。水滴落到屋面后,与淋水屋面相同,从屋面上吸取热量流走,进一步降低屋面温度。因此,喷雾屋面的隔热降温效果优于淋水屋面。

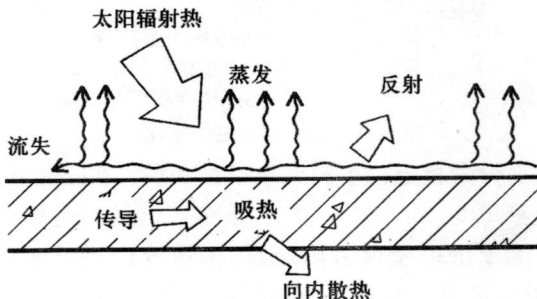

图 4-13　淋水屋面散热原理

## 4. 外墙隔热构造设计

外墙隔热主要针对西墙,其隔热构造主要包括通风墙和通风遮阳墙。

(1)通风墙

通风墙隔热降温原理是利用空斗墙或空心圆孔墙板之类的墙体,在墙的上下部分分别开设排风口和进风口,利用热压和风压的共同作用,使间层内的空气流动,带走在墙体中传递的热量。其构造如图 4-14 所示。

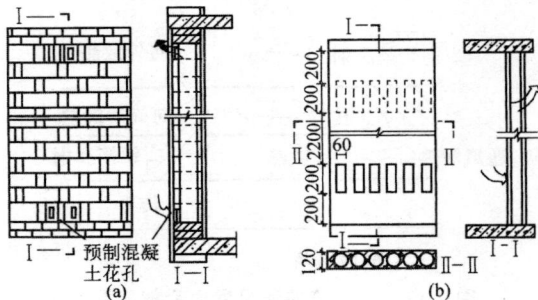

图 4-14　通风墙体构造

(2)通风遮阳墙

在通风墙外设置遮阳构件,使墙体减少日辐射的吸收,以加强通风墙的降温作用。遮阳构件可以在砌筑墙体时用砖或砌块砌成,也可用混凝土浇制或陶土烧制的花格砌成多孔花格墙。

# 4.3　建筑自然通风

自然通风是指不依赖机械辅助措施,而依靠室外风力造成的风压和室内外空气温度差造成的热压,促使空气流动而实现通风。而机械通风是指大型公共建筑如体育馆、商业建筑,由于通风路径长,流动阻力大,单纯依靠风压、热压通风很难实现自然通风,须依赖一定的机械辅助措施。

自然通风是一种与建筑设计密切相关的经济且有效的通风方式,建筑师需要重点关注的通风方式。建筑物中的自然通风是由于建筑物的开口处(门、窗、过道等)存在着空气压力差而产生空气流动。利用室内外气流的交换,降低室温和排除湿气,保持房间具有新鲜洁净的空气。同时,房间内一定的空气流动,增强人体的对流和蒸发散热,提高室内热舒适度,有助于改善室内热环境。

## 4.3.1　自然通风的原理

根据气流形成原因的不同,自然通风可分为风压通风和热压通风两种方式。

### 1. 风压通风

风压通风是指风作用在建筑物上产生风压差。当风吹到建筑物时,在迎风面上空气流动受阻,速度减小,使建筑物迎风面上的风压力大于大气压,形成正压区。在建筑物的背风面、屋顶和两侧,由于气流绕行,这些面上的风压小于大气压,形成负压区。如果在建筑物的正、负压区设有开口,气流就会从正压区流向室内,再从室内流到负压区,形成室内空气的流动。风压通风的原理如图 4-15 所示。

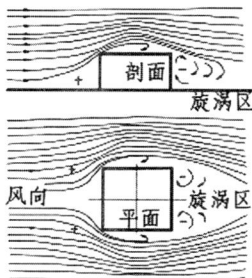

图 4-15　风在建筑周边形成正、负风压区

建筑物利用风压实现自然通风,必须具备两个条件,二者缺一不可。首先,建筑周围存在理想的外部风环境,洁净和新鲜的自然风且具有一定的风速。其次,房间进深较浅,进深以 14m 为宜,以利于形成有效的穿堂风。建筑最好采用单廊式,房间里隔墙尽量少,以最大程度地获取通风。但实际上对于多数公共建筑而言,进深方向超过一间房间且多采用内廊式布局,迎风面的房间会遮挡背风面房间的通风。图 4-16 表示不同类型房间穿堂风的组织策略。对于厨房、浴室等产生气味、热量或湿气的空间应有单独的通风路径,或布置在下风口。

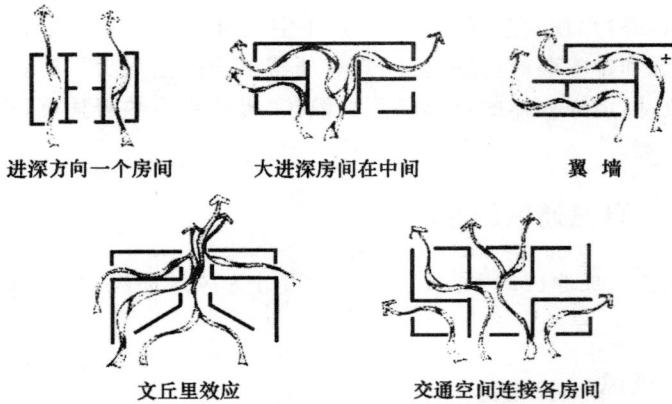

| 进深方向一个房间 | 大进深房间在中间 | 翼 墙 |

| 文丘里效应 | 交通空间连接各房间 |

图 4-16　不同类型房间穿堂风的组织策略

当建筑物采用简单、开敞的长方形平面时,尽量使建筑长向的前后两墙的窗户垂直于当地夏季主导风向,属于通风效果最好的平面形式。当建筑必须朝向东西向或当地夏季主导风向是东西向时,既要减少东西晒,又要基本朝向夏季主导风向,可以采取锯齿形平面,最好做法是通过将东西墙做成锯齿状,窗口朝南或南偏东(西)。利用锯齿形平面导风如图 4-17 所示。湿热地区,采用外廊式或回廊式平面既可组织自然通风又可起到遮阳作用。为了保持房间干燥和通风,可以把底层楼板抬高架空。

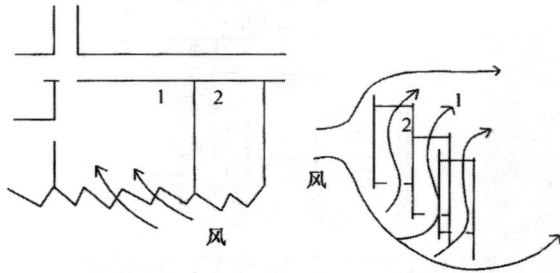

图 4-17　利用锯齿形平面导风

## 2. 热压通风

热压通风是指当室内空气温度升高时,空气密度会减小,空气气流将上升;而空气温度降低时,空气密度会增大,空气气流将下降。当室内气温高于室外时,较轻的室内空气可能会从建筑物上部的开口排出,而室外密度较大的空气则会通过建筑物下部的开口流入室内,继而被加热上升。室内空气不断流出并由室外空气进行补充的过程,形成室内空气自下而上流动的现象。这种现象又被称为"烟囱效应",其原理如图 4-18 所示。建筑物要形成热压通风,必须具备两个条件,缺一不可,一是室内、外空气要有温度差;二是建筑物的进、排气口要有足够高差。

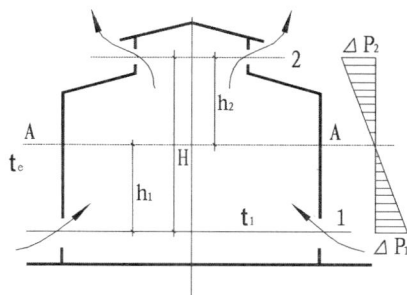

图 4-18　热压通风的原理

风压通风和热压通风的动力因素对不同建筑物的作用是不同的,随着地区的不同、地形的变化、建筑物的布局和周边环境状况的差异、室内的不同使用情况将产生大的差别。

民用建筑设计时,当房间进深较浅,室内、外温差不大,进、出口高度相近,难以形成有效的热压通风,主要靠风压原理组织自然通风,如图 4-19(a)所示。当建筑中设有中庭、边庭或阳光间时,可以利用热压通风,或者设置通风管道,利用"烟囱效应"原理组织自然通风,如图 4-19(b)所示。

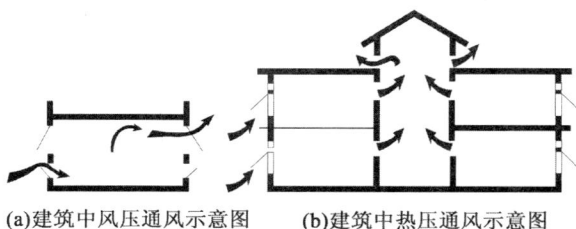

(a)建筑中风压通风示意图　　(b)建筑中热压通风示意图

图 4-19　建筑中的自然通风

## 4.3.2 规划与建筑设计中自然通风的组织

建筑师要善于利用自然通风的原理,做好建筑布局和单体建筑设计,尤其是建筑中开口设置,并采取有效的构造措施,使自然通风成为改善室内热环境的有利因素。为了更好地组织自然通风,规划与建筑设计时,正确地选择建筑朝向和间距,合理地布置建筑群,恰当地选择建筑平面与剖面形式;合理地确定开口面积与位置、门窗装置方式及通风构造措施。

### 1. 建筑朝向、间距及建筑群的布局

(1)建筑朝向的选择

由于建筑物迎风面上最大风压是与风向垂直面上,为了更好地组织自然通风,建筑朝向应使建筑长向尽量垂直于夏季主导风向。选择建筑朝向时,首先要争取自然通风,同时综合考虑防止太阳辐射和夏季暴雨的袭击。图 4-20 为广州地区各朝向太阳辐射、风向和暴雨袭击方向的范围。可以看出:从防太阳辐射角度来看,以正南向为最佳;但从通风角度来看,以偏于东南向为佳。因此,综合考虑以争取自然通风为主,并兼顾防止太阳辐射及避免暴风雨袭击,认为广州地区建筑朝向以南偏西 5°至南偏东 10°最佳,南偏东 10°~20°适宜。

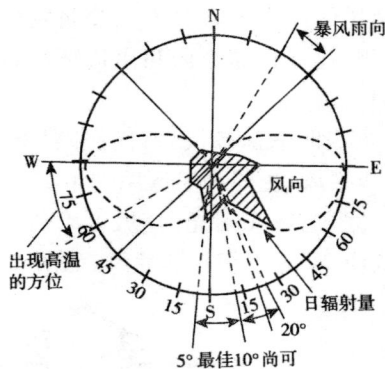

**图 4-20 广州地区建筑朝向选择**

(2)建筑间距的确定

风在建筑物背后会出现涡流区,涡流区在地面上的投影称风影区。风影区内风力减弱、风速降低且风向不稳。如果后栋建筑处于前栋建筑风影区内,则难以形成有效的风压通风。在规划布局层面,紧凑密集型布局的建筑群内部的风速会显著低于松散布局的建筑群。

　　风影区的大小主要受风向投射角、建筑进深、建筑长度和建筑高度的影响。风向投射角是指风向投射线与房屋外墙法线的夹角,如图 4-21 所示。从室内通风而言,风向投射角越小,对房间通风越有利。风向投射角对风速与流场的影响见表 4-6。可以看出:随着风向投射角的增大,房屋背后风影区长度不断减小,室内风速有所降低。风影区长度的减小,能够使后面的建筑避开风影区,有利于组织自然通风。这样做有利于缩短建筑间距,节省用地。但是风向投射角太大,又会降低室内风速。

表 4-6 风向投射角对风速与流场的影响

| 风向<br>投射角 α | 室内风速<br>降低值(%) | 屋后风<br>影区长度 | 风向<br>投射角 α | 室内风速<br>降低值(%) | 屋后风<br>影区长度 |
|---|---|---|---|---|---|
| 0° | 0 | 3.75H | 45° | 30 | 1.5H |
| 30° | 13 | 3H | 30° | 50 | 1.5H |

注:H 为前幢房屋高度,m;本表的建筑模型为平屋顶,其高、宽、长比为 1:2:8。

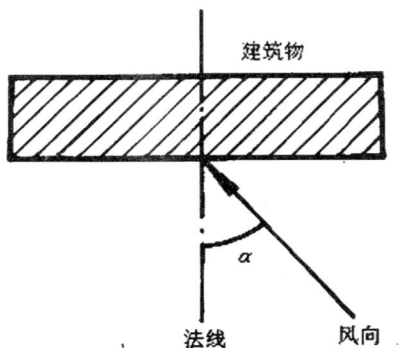

图 4-21 风向投射角

　　风影区长度随建筑长度和建筑高度的增加而增加;随着建筑进深的增加而减少,建筑尺寸对涡流区的影响见图 4-22。建筑进深越小、高度越大和迎风面水平长度越长,风影区长度越大。风影区长度越大,对组织夏季自然通风越不利,但对冬季防风有利。因此需要在充分分析建筑通风和防风需求的基础上,有效地控制建筑物的体型关系及其与风向的角度关系。

　　建筑物要想获得良好的自然通风,周围建筑物尤其是前幢建筑物的阻挡状况起决定因素,结合风向投射角对室内风环境的影响程度,合理地选择建筑间距。同时综合考虑风向投射角与房间风速、气流场和风影区的关系,风向投射角约 45° 较恰当,建筑间距以(0.7~1.1)H 为适宜。

131

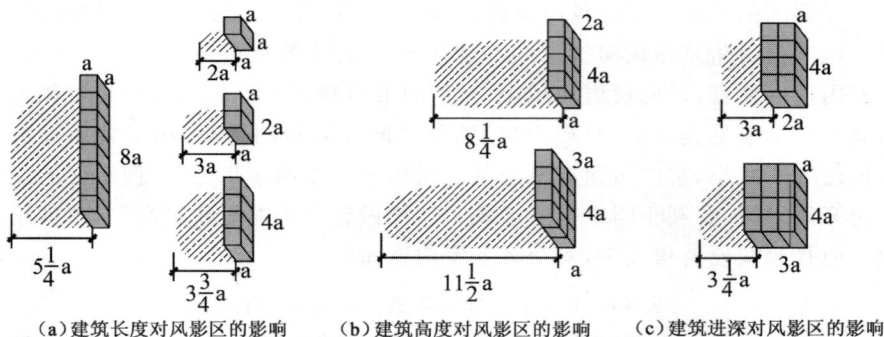

（a）建筑长度对风影区的影响　　　（b）建筑高度对风影区的影响　　　（c）建筑进深对风影区的影响

**图 4-22　建筑物尺寸对涡流区范围的影响**

（3）建筑群的布局

建筑群的合理布局,既可以有效地组织自然通风,又可以缩小建筑间距,进而达到节约用地的目的。建筑群平面布局主要有行列式、周边式和自由式等 3 种方式,其中行列式又分为并列式、错列式和斜列式 3 种,如图 4-23 所示。不同的建筑布局方式对周边环境的影响有所不同。周边式布局由于封闭、不利于导风入室,而且使更多的房间受到强烈的东、西晒阳光直射,因此,我国南方地区不宜采用。当受地形限制时,多采用自由式布局。基于建筑防热的角度,行列式和自由式均能争取到好朝向,使得大多数房间能够获得良好的自然通风和日照,其中又以错列式和斜列式的布局更为有利。

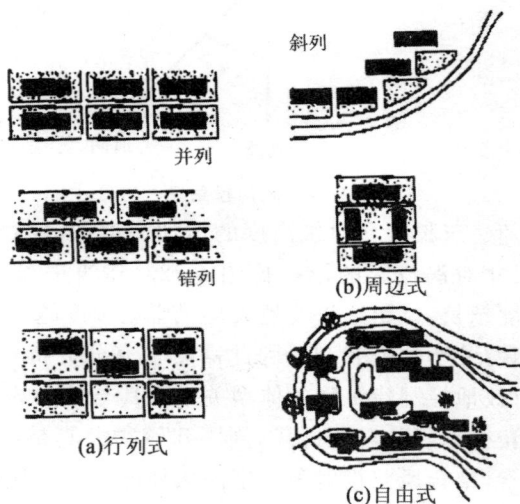

斜列

并列

错列

(b)周边式

(a)行列式

(c)自由式

**图 4-23　建筑群不同布置方式**

建筑群空间布局设计时,需要考虑不同高度建筑组合时可能对风环境的影响。当建筑按前高后低的方式布置时,前幢高层建筑会形成较大的涡

流区而使得后幢较矮的建筑风环境变差。高层建筑周边空气流动状况见图
4-24。在高层建筑的前方有低层建筑时,会在建筑间造成很强的旋风,风速
增大,风向多变,易吹起地面污染物,影响周围空气质量。其相互影响见图
4-25。

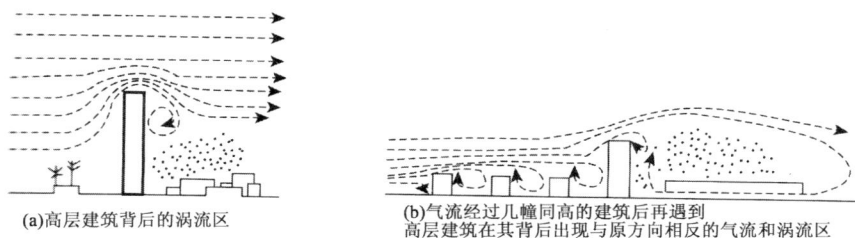

(a)高层建筑背后的涡流区　　(b)气流经过几幢同高的建筑后再遇到
高层建筑在其背后出现与原方向相反的气流和涡流区

图 4-24　高层建筑周边空气流动状况

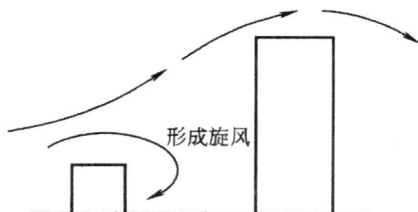

形成旋风

图 4-25　低层与高层建筑间的相互影响

　　建筑周围风环境的影响因素有很多,各因素间相互影响且颇为复杂。
如果想深入掌握建筑朝向、间距及布局等因素对风环境的影响,需要借助于
风环境模拟软件进行定量分析与评价。

## 2.建筑平面布置与剖面设计

　　建筑平面和剖面设计应尽量利于自然通风,组织自然通风的建筑手段
如图 4-26 所示。

　　①采用交错排列、前低后高或前后逐层加高的建筑布局方式。

　　②采用合理的平面组合形式,将主要房间布置在夏季迎风面上,辅助房
间布置在背风面。当进风口不能正对着夏季主导风向时,可采取台阶式的
平面组合方式,或设挡风板等引风入室。

　　③利用中庭、边庭、天井和楼梯间等增加建筑物内部的开口面积,并利
用内部开口引导气流并有效地组织自然通风。

　　④建筑平面与剖面上的开口位置应尽量使空气流场分布均匀,并力求
使风吹过房间的主要使用部位。

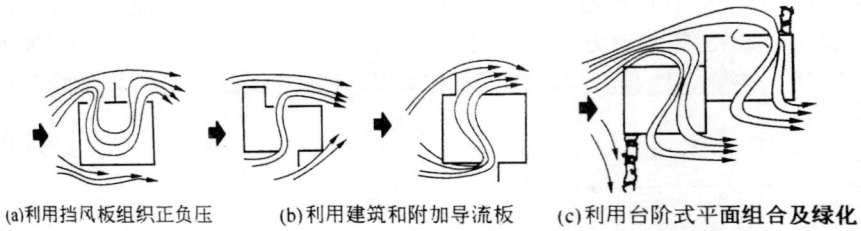

(a)利用挡风板组织正负压　　(b)利用建筑和附加导流板　　(c)利用台阶式平面组合及绿化

**图 4-26　组织自然通风的建筑手段**

### 3.房间的开口和通风构造

选择合理的建筑朝向、间距和建筑群布局,并不等于就能够组织良好的自然通风,还需要建筑师对房间的门窗开口与通风构造进行合理的设置。

1)房间开口位置与面积

(1)房间开口位置与通风

恰当地设置房间开口的位置和面积,可以保证室内气流达到一定速度且空气流场更为均匀。

建筑平面设计时,开口位置与气流路线关系见图4-27,其中图(a)中进、出风口位置错开且互为对角,气流在室内经过路径会长一些,影响区域会大些。图(b)中进风口正对着出风口,气流通畅,但是房间其他区域很难受到气流的影响。图(c)中进、出风口相距太近,就会使气流偏向一侧,室内通风效果不佳。图(d)中进、出风口均设在负压区墙面一侧或整个房间只有一个开口,则室内通风状态较差。

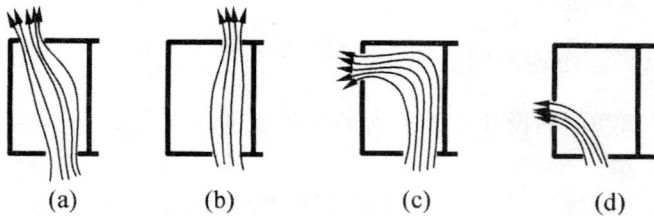

(a)　　　　(b)　　　　(c)　　　　(d)

**图 4-27　开口位置与气流路线关系**

房间开口位置的高与低直接影响到室内的通风效果。建筑剖面设计时,出口位置高低对室内风速的影响见图4-28,其中(a)、(d)高进、低出或高出即进风口设在高处时,气流贴着天花板流动,无法吹到人体活动区域。(b)、(c)低进、低出或高出是指进风口设在较低的地方,气流能够吹到人体活动区域。而出风口的位置会对风速产生一定影响,出风口低些,室内气流速度会大些,如图4-29 所示。

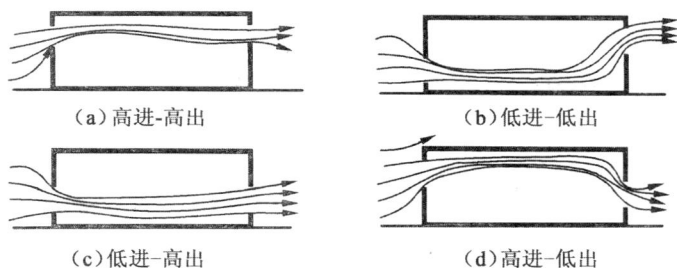

(a)高进-高出　　　　　　　　　(b)低进-低出

(c)低进-高出　　　　　　　　　(d)高进-低出

**图 4-28　开口高低与气流路线关系**

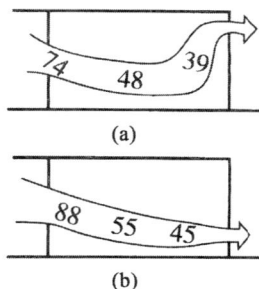

**图 4-29　出口位置高低对室内风速的影响**

（2）开口面积与通风

资料显示：当房间开口宽度为开间宽度的 1/3～2/3 时，开口面积为地板面积 15%～25% 时，通风效率最佳。如图 4-30 所示，当进风口大于出风口，气流速度会下降，而当进风口小于出风口，气流速度会增加。气流速度对人体热舒适感影响最大，所以若通风口朝向夏季主导风向，出风口面积应大于进风口，加快室内风速。

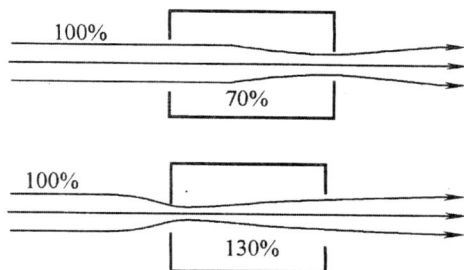

**图 4-30　进出风口对室内风速**

2）门窗装置与通风构造

门窗装置对室内自然通风有很大影响，窗扇开启起到挡风或导风作用，装置适宜，则会增加通风效果。一般而言，建筑设计窗扇向外开启 90°，当风向投射角较大时,该开启方式会使风受到很大的阻挡,见图4-31(a)。如果增大开启角度,会改善室内通风效果,见图4-31(b)。

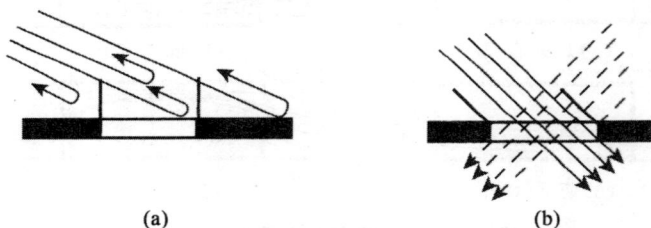

**(a)**                    **(b)**

**图4-31  窗扇的导风作用**

挑檐和悬窗的导风作用见图4-32。当挑檐挑出尺寸过小而窗户的位置很高时风很难进入室内,见图4-32(a)。加大挑檐宽度能导风入室,但室内流场靠近上方,见图4-32(b)。若再用内开悬窗导流,使得气流向下通过,有利于工作面的通风,图4-32(c)。其通风效果接近于窗位较低时的通风效果,见图4-32(d)。

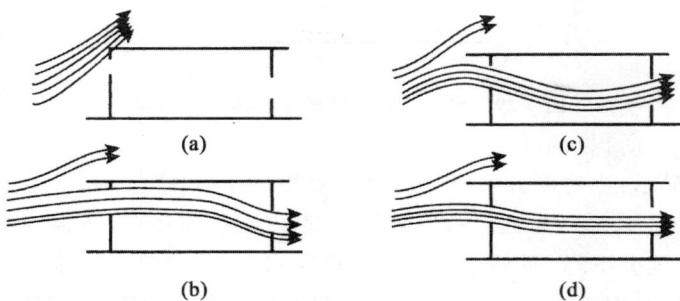

**(a)**                    **(c)**

**(b)**                    **(d)**

**图4-32  挑檐和悬窗的导风作用**

3)建筑开口的导风设计——多孔隙导风建筑

多孔隙围护结构在古代主要有草、竹、木(植物性有机材料),很难用于现代建筑;但现代建筑多孔隙建筑语汇如气窗、栏板、格栅、水泥空心砖、花格砖、穿孔钢板等,创造优良的通风效果。展现在阳台、台度、栏杆、楼梯间、走廊、户外隔墙等中介空间,形成丰富阴影变化的建筑风貌。水平导风板为屋顶、阳台、遮阳板等强烈的水平元素。

4)利用绿化组织通风

建筑物周围进行绿化,可以显著降低周围空气温度及减少太阳辐射热作用。如果绿化设置恰当,可以对建筑周围的气流起到导流或阻挡的作用。由于绿化环境的降温作用,被导入室内的空气温度会有所降低,更有利于防热降温。绿化的导风作用见图4-33。

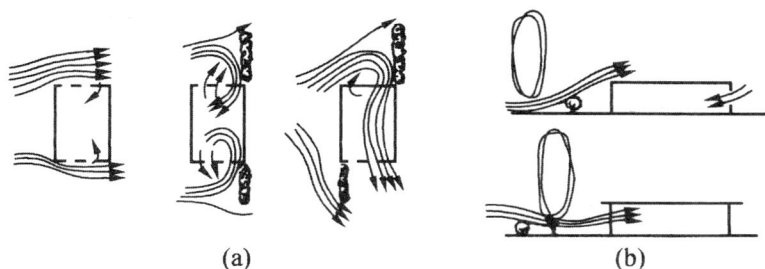

(a) (b)

图 4-33　绿化的导风作用

### 4.3.3　经典案例分析

#### 1. 风压通风

利用风压通风的典范是伦佐·皮亚诺设计的位于澳大利亚东部的 Tji-bou 文化中心。一方面,该地区气候炎热潮湿且常年多风,如何最大限度地利用自然通风降温,成为适应当地气候的适宜技术。另一方面,从当地传统棚屋中提炼出曲线形木肋条结构,将十个木桁架和木肋条组装成的曲线形构筑物一字排开,形成三个村落。其原理是采用双层外墙结构,使空气可自由地在外部的弓形表面与内部的垂直表面间流动。棚屋背向夏季主导风向,在下风向处产生强大吸力;棚屋背面开口处形成正压,从而使建筑内部产生空气流动。针对不同风速和风向,通过调节百页开合和不同方向上百页配合来控制室内气流,从而实现被动式的自然通风。文化中心效果见图4-34。

图 4-34　文化中心效果

### 2. 热压通风——烟囱效应

当室内气温高于室外时,较轻的室内空气会从建筑物上部的开口排出,而室外密度较大的空气则会通过建筑物下部的开口流入室内,形成室内空气自下而上的流动。当室外风速较小,室内外温差较大时,基于热压通风的原理,利用中庭、通风管道(风井)、阳光间和烟囱,形成烟囱效应,从而达到自然通风的目的。利用烟囱效应通风的房间布置见图 4-35。利用收集的太阳能加热烟囱中的空气,增大进出风口的温度差,起到增强通风的效果。这种现象称为太阳能烟囱。太阳能烟囱通风示意见图 4-36。

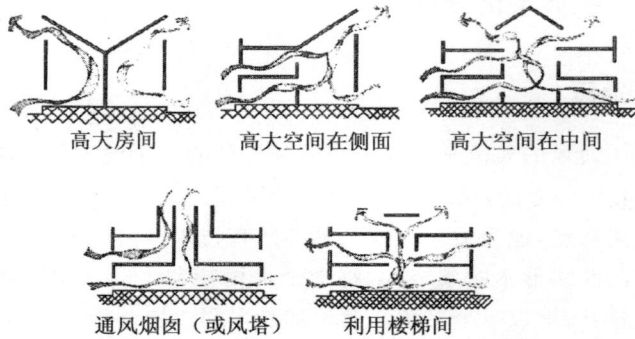

高大房间　　　高大空间在侧面　　　高大空间在中间

通风烟囱(或风塔)　　　利用楼梯间

图 4-35　利用烟囱效应通风的房间布置

图 4-36　太阳能烟囱通风示意

### (1)捕风塔

西亚和北非如巴基斯坦、伊朗、伊拉克、埃及等地区建筑密集,窗户的通风作用已明显降低;而捕风塔高矗于建筑主体之上,体量小且更易于调整高度而不致互相遮挡,通风效果优于开窗通风。利用水蒸发原理来创造浮力对流,同时利用中庭与喷泉水池作为引导气流的出路。风塔内摆设水罐或潮湿的格栅,利用水分的蒸发冷却作用,让通过的气流变成湿润的凉风,以改善当地的干热气候。捕风塔的塔顶捕风口应朝向盛行风,空气经过装满水的陶罐和潮湿的木炭格栅层后冷却降温,由靠近室内地板的出风口引入室内。因此,捕风塔成为西亚和北非地区的一种建筑构件,是干热气候(中东地区)最典型表现,特别适用于昼夜温差较大的地区,对人口密度大的城市及多层住宅可结合楼梯间设置风井。捕风塔剖面、具有不同方向风道的捕风塔及捕风塔效果图分别见图 4-37～4-39。

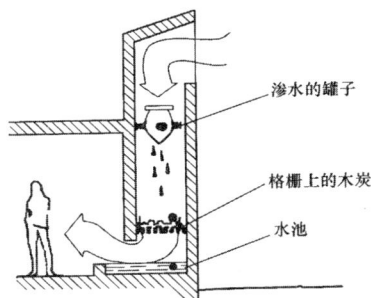

图 4-37　捕风塔剖面示意

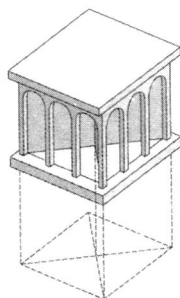

图 4-38　具有不同方向风道的捕风塔

图 4-39　捕风塔效果图

捕风塔建造在建筑顶部且连通室内外,夏季清晨,由于捕风塔经过夜间冷却,塔内空气温度较低,空气下沉,塔内形成负压,将外面的新鲜空气吸入室内,形成舒适的空气流动。当室内温度上升时,由于室内热空气密度小,向上运动由建筑物上部开口排出,室内形成负压,室内新鲜的冷空气从庭院倒灌而入。

(2)中庭通风

诺曼·福斯特的德国法兰克福商业银行总部是利用高层建筑中庭拔风,实现内部热压通风的典范案例。同时利用垂直面上环绕错落布置的空中花园通风口,解决高层建筑内部风速过大,易发生紊流的问题。图 4-40 为高层建筑中庭通风分析。

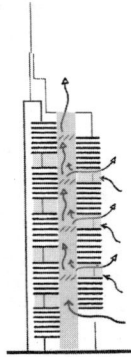

图 4-40　高层建筑中庭通风分析

（3）太阳能烟囱

山东建筑大学生态学生公寓是利用太阳能烟囱实现热压通风，如图 4-41 所示。

图 4-41　山东建筑大学生态学生公寓

迈克尔·霍普金斯所设计的英国国内税务中心，将一组顶帽可升降的圆柱形玻璃通风塔作为建筑入口和楼梯间。玻璃通风塔能够最大限度地吸收太阳辐射，提高塔内空气温度，进一步加强烟囱效应，带动各楼层空气流动，从而实现自然通风。冬季，可将顶帽降下以封闭排气口，该塔成为玻璃暖房，利于节省采暖能耗。如图 4-42 所示。

图 4-42　英国国内税务中心

### 3. 风压与热压通风的综合作用

肖特·福特及合伙人的英国蒙特福德大学机械馆,建筑师通过将大体量建筑分解成若干个小体量,以利于自然通风的组织。其中指状部分的实验室、办公室进深较小,利用风压组织通风;而中央部分的报告厅、大厅依靠"烟囱效应",利用热压组织通风。如图 4-43 所示。

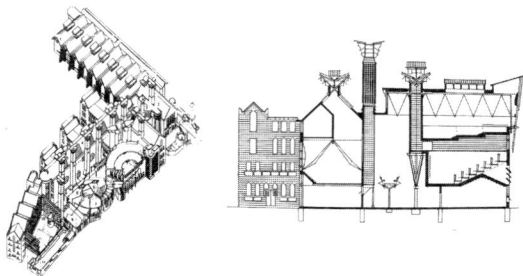

图 4-43 英国蒙特福德大学机械馆

## 4.4 建筑遮阳设计

强烈的太阳辐射是造成室内过热的最主要原因之一。太阳辐射主要通过两个途径进入室内影响其热舒适。一是"太阳辐射的直接作用",指太阳辐射透过窗户进入室内并被室内表面吸收,升高室温;二是"太阳辐射的间接作用",指太阳辐射被建筑的外围护结构表面吸收,其中一部分热量通过围护结构热传导逐渐进入室内。建筑外墙和屋顶的隔热和蓄热作用在一定程度上稳定了室内温度变化,而透过窗户进入室内的太阳辐射对室温有直接而重要的影响。因此,建筑遮阳设计的目的在于不仅要阻断直射阳光透过玻璃进入室内,而且要防止阳光过分照射和加热围护结构。建筑遮阳是夏季防热设计中最为有效的方法之一。

建筑遮阳措施主要有结合构件处理的遮阳、专门设置的遮阳及绿化遮阳。不同的遮阳方式直接影响室内防热效果。建筑平面布置和立面处理时,夏季为避免直射阳光照射到室内,应充分考虑利用建筑构件和绿化实现遮阳。若仍无法满足遮阳要求,才设置专门的遮阳措施。

### 4.4.1 窗口遮阳措施

强烈的太阳辐射是造成夏季室内过热最为主要的原因之一。炎热季节室内气温较高,若再受到太阳直接照射,室内热舒适度很差。采取窗口遮阳,可以防止直射阳光进入室内而引起室内过热。窗口遮阳是建筑防热的主要措施之一。

### 1. 遮阳的作用与效果

窗口设置遮阳后,能够阻挡大量的太阳辐射热量进入室内,降低室内气温,但也会对室内采光和通风造成一定影响。

(1)遮阳对太阳辐射热的遮挡作用

遮阳对减少太阳辐射具有显著作用。通常采用遮阳系数作为衡量遮阳效果的指标。遮阳系数是指在直射阳光照射的时间内,透进有遮阳窗口的太阳辐射量与透进没有遮阳窗口的太阳辐射量的比值。遮阳系数越小,透过窗户进入室内的太阳辐射量越小,防热效果越好。遮阳系数的大小主要与遮阳形式、构造处理、安装位置、材料与颜色等因素有关。

(2)遮阳对防止室内气温上升的作用

图 4-44 为广州西向房间遮阳对室内气温的影响。一方面,开窗情况下,窗口有无遮阳设施,室内气温最大差值可达 1.2℃,平均差值为 1℃,对改善夏季室内热环境具有一定意义。另一方面,闭窗情况下,有无遮阳设施,室内气温最大差值可达 2℃,平均差值为 1.4℃。窗口设置遮阳设施,室内空气温度的波幅较小,高温出现时间出现延迟,房间温度场分布更加均匀。对比可以看出:闭窗且有遮阳的房间,防止室内温度上升的作用更为明显。

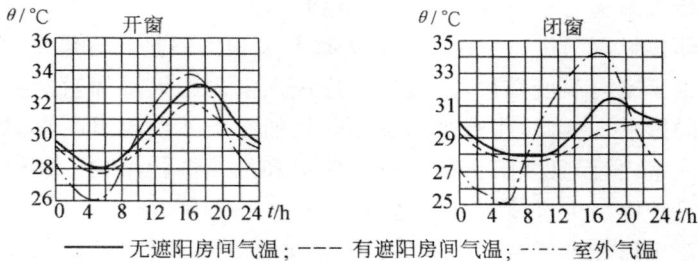

图 4-44　遮阳对室内气温的影响

(3)遮阳对室内采光的影响

一方面,遮阳设施阻挡了阳光直射室内,防止眩光产生;另一方面,遮阳对光线的遮挡会降低室内照度。一般会降低照度 53%～73%,但是照度分布较为均匀。

(4)遮阳对室内通风的影响

遮阳设施的设置会对进入室内的气流起导向作用,若设置得当,可改变室内流场。一般而言,遮阳板的设置会使室内的气流受到阻挡,使室内风速降低。遮阳设施对室内通风的影响与遮阳构造有直接关系。因此,建筑遮阳设计时,应充分注重遮阳构造设计。几种遮阳设施对室内空气流场的影响如图 4-45 所示。

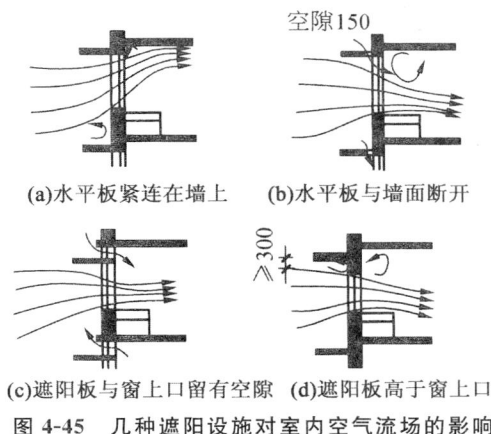

(a)水平板紧连在墙上     (b)水平板与墙面断开

(c)遮阳板与窗上口留有空隙  (d)遮阳板高于窗上口

**图 4-45   几种遮阳设施对室内空气流场的影响**

### 2. 遮阳的形式

窗口遮阳形式主要有结合建筑构件处理的遮阳和专门设置的遮阳两种。一般情况,应充分考虑利用构件实现遮阳,无法实现构件遮阳时,才设置专门的遮阳措施。结合建筑构件的构造遮阳手法包括加宽挑檐,设置百叶挑檐、外廊、凹廊、阳台及悬窗。

根据遮阳板的安装、使用方法,专门遮阳装置分为固定式和活动式遮阳。固定式遮阳是在建筑立面设置铝板、混凝土等永久性遮阳板。为满足不同季节,不同气候状况下的使用要求,可将遮阳板做成活动式遮阳。活动遮阳控制方式可手动,也可以根据室内外温度及日照强度自动调节。

根据遮阳板的安放位置,专门遮阳装置分为内遮阳、中间遮阳和外遮阳三种方式。内遮阳和外遮阳是遮阳装置分别设于围护结构内侧和外侧。中间遮阳是遮阳装置设于两层玻璃间或双层玻璃幕墙间的形式,多采用浅色电动百叶帘。由于玻璃的"透短留长"特性,使内遮阳装置的热量难以向室外散发,且热量多留在室内。而外遮阳装置升温后通过空气流动带走大部分热量,仅有小部分热量传入室内。因此,与内遮阳相比,外遮阳的遮阳效果尤为突出。

1)玻璃自遮阳

镜片玻璃、吸热玻璃和反射玻璃的隔热效果分别如图 4-46～4-48 所示。玻璃自遮阳利用玻璃自身的遮阳性能,阻断部分太阳辐射阳光进入室内。采用玻璃遮阳系数作为衡量遮阳效果的指标,玻璃遮阳系数是指实际透过窗玻璃的太阳辐射量与透过 3mm 透明玻璃的太阳辐射量的比值。遮阳系数越小,玻璃的遮阳性能越好。常见玻璃的遮阳系数见表 4-7。

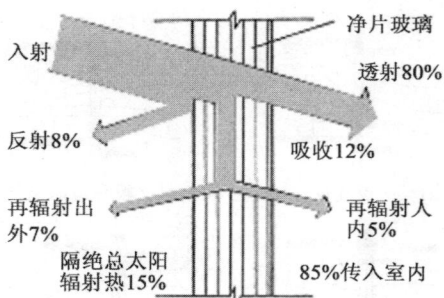

图 4-46 镜片玻璃隔热效果

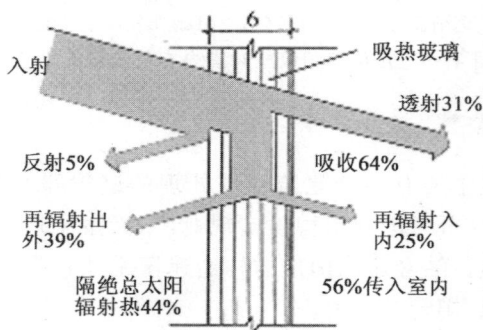

图 4-47 吸热玻璃隔热效果

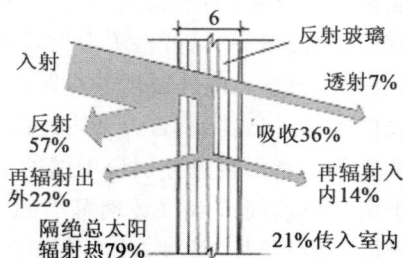

图 4-48 反射玻璃隔热效果

表 4-7　常用玻璃的遮阳系数

| 玻璃品种及规格(mm) | | 遮阳系数 | 玻璃品种及规格(mm) | | 遮阳系数 |
|---|---|---|---|---|---|
| 透明玻璃 | 3mm | 1.00 | 中空玻璃 | 6 透明＋12A＋6 透明 | 0.86 |
| | 6mm | 0.93 | | 6 中透热反射＋12A＋6 透明 | 0.34 |
| | 6 高透型 | 0.64 | | 6 高透 Low－E＋12A＋6 透明 | 0.62 |
| 热反射玻璃 | 6 中透型 | 0.49 | | 6 中透 Low－E＋12A＋6 透明 | 0.50 |
| | 6 低透型 | 0.30 | | 6 低透 Low－E＋12A＋6 透明 | 0.30 |

2）固定外遮阳

固定外遮阳常常结合建筑立面设计，是建筑物不可分割和变动的组成部分。根据固定遮阳构造的形式，可以分为水平式、垂直式、综合式和挡板式四种形式。如图 4-49 所示。

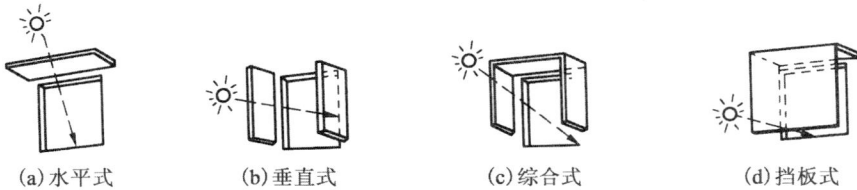

(a)水平式　　(b)垂直式　　(c)综合式　　(d)挡板式

图 4-49　固定外遮阳的基本形式

（1）水平遮阳

由于水平遮阳能够有效地遮挡太阳高度角较大，从窗户上方照射下来的阳光，因此水平遮阳是南向窗口遮阳的最适宜选择。与实体挑檐相比，水平百叶遮阳的优越体现在既能减少遮阳构件结构荷载，又能减少挑板下窗户处聚集的热空气。

（2）垂直遮阳

垂直遮阳是在窗口两侧设置垂直于墙体或与墙体成一定角度的竖向遮阳构件，能够有效地遮挡太阳高度角较小、从窗口两侧斜射下来的阳光。因此，垂直遮阳适合于东北、西北及北向窗口遮阳。

（3）综合遮阳

综合遮阳是由水平遮阳与垂直遮阳综合而成的遮阳方式，能够有效地遮挡从窗口前侧斜向射入，太阳高度角中等的直射阳光。因此，综合遮阳适用于东南、西南窗口遮阳。

（4）挡板遮阳

挡板遮阳能够有效地遮挡太阳高度角较低、正射窗口的阳光。挡板遮阳适合于东向、西向的窗口遮阳,但是,在其他季节会对室内天然采光和自然通风带来不利影响。

## 4.4.2 外围护结构非透明体遮阳

外围护结构非透明体遮阳主要包括屋顶和墙体的遮阳。由于夏季太阳高度角大,屋顶接收到的太阳辐射热最多。在低纬度地区,采取适当的遮阳措施控制屋顶的太阳辐射,可减少顶层房间近70%的空调制冷能耗,防热效果十分显著。

### 1.架空屋顶

架空屋顶是在屋顶上设置一个漏空的棚架或再增加一层屋顶,形成架空层。一方面,起遮阳和导风的作用,另一方面,提供一个屋面活动空间。架空通风屋顶形式多样,棚架隔片可置于不同的角度,或可根据太阳运行轨迹自动调节。架空屋顶能够有效地遮挡水平太阳辐射,极大改善顶层房间的热环境。架空屋顶构造见图4-50。

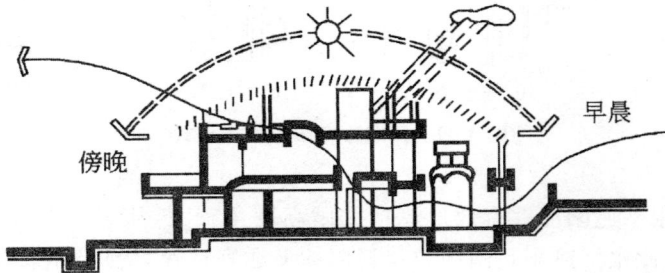

图 4-50 架空屋顶构造

### 2.屋顶和墙体绿化遮阳

1)绿化遮阳的方式

外围护结构绿化遮阳主要有垂直绿化和屋顶绿化两种方式。

(1)垂直绿化

垂直绿化是指在有限的小地段内进行垂直面的大面积绿化,适用范围广泛。图4-51表示常见的垂直绿化形式。垂直绿化主要有三种形式:一是爬攀植物直接攀爬在墙面上,如图4-51(a)所示;二是爬攀植物种植在墙前构架上,如图4-51(b)所示;第三种是在一定高度设置种植槽,槽内种植垂吊或爬攀植物,如阳台上摆放盆栽植物。东西墙体绿化一般结合攀援植物的运用实现,夏季植物枝叶繁茂,可以遮挡烈日,冬季叶落后,不影响对阳光的吸收。绿化层是墙面的保护层,能阻挡风雨,减轻墙面受骤变的冷热作用。

爬攀植物直接攀爬在墙面上的形式,虽然可以遮挡阳光直射墙面,并且通过叶面蒸发带走一部分热量、通过光合作用转化一部分能量,但减弱了墙体自身的散热性能。因此宜将植物与墙体分开,如图 4-51(c)所示;留出一定的间隔利用墙体散热。重庆天奇花园住宅设计时,在西山墙上设计了由柱子和圈梁组成的构架,并设置种植槽和集中喷灌系统,在绿化和墙面之间形成约 300mm 宽的间层。夏季,当植物垂吊在构架上时,构架与墙面之间的间层形成良好的通风井,从而加强西墙的散热性能,避免了直接种植的弊端。实测结果表明,该建筑西墙种植绿色植物,植被遮蔽 90% 的状况下,外墙表面温度可降低 8.2℃。常见垂直绿化形式见图 4-51。

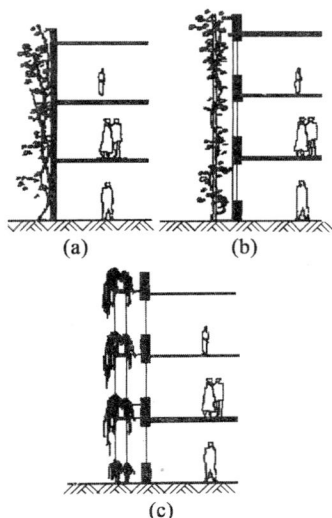

图 4-51　常见垂直绿化形式

(2)屋顶绿化

屋顶绿化是改善顶层房间热环境和景观功能的有效措施,布置形式主要有三种做法,一是整片式,平屋顶上几乎种满绿色植物;二是周边式,沿平屋顶四周修筑绿化花坛;三是自由式,既有花坛,又有活动场地的屋顶花园。

2)绿化遮阳的效果

外围护结构绿化遮阳能够有效地降低室外热作用。植物叶面层层遮蔽且中间可通风,同时植物通过叶面蒸腾作用蒸发水分,能够降低表面辐射温度,遮阳效果明显高于遮阳板。相关资料显示:屋顶绿化可使屋顶外表面温度降低达 15℃,屋顶下室内温度可降低 2.0℃~2.3℃;而西墙绿化可以使建筑室内气温较室外气温降低达 3℃~9℃,可减少空调负荷约 12.7%;中午高温时刻,峰值温降作用更为明显,可以达到 6℃,减少空调负荷 20%。

因此,绿化遮阳是一种经济而有效的措施,特别适合于低层建筑。绿化遮阳不但能达到建筑遮阳的目的,而且还能改善室外微气候,美化室外环境。日本福冈阶梯花园如图 4-52 所示。

图 4-52　日本福冈的"建筑山"

## 4.4.3　遮阳构造设计

在需要遮阳的地区,首先应考虑利用绿化和结合建筑建筑构件的处理来解决建筑遮阳问题,在这些办法都不能满足遮阳要求时,才采取专门的遮阳措施。对于需专门采取遮阳措施的房间,特别要注意不同朝向的房间要选择适合于该朝向的遮阳形式。同时还需注意遮阳的构造设计问题。

### 1. 遮阳板面的组合与构造

在满足阻挡直射阳光的前提下,遮阳板可采用不同的板面组合,形成对采光、通风、视野和构造等更为有利的形式。遮阳板面组合形式见图 4-53,遮阳板面构造形式见图 4-54。考虑方便热空气的散逸,减少对通风、采光的影响,遮阳板面通常有三种处理措施,第一种是将全部做成百叶,如图 4-54(a)所示;第二种是部分做成百叶形式,如图 4-54(b)所示;第三种是部分做成百叶并在前面加上吸热玻璃挡板的形式,如图 4-54(c)所示,这种做法对隔热、通风、采光及防雨均较为有利。

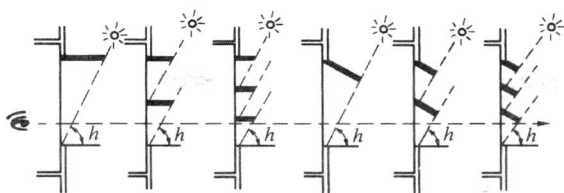

图 4-53　遮阳板面组合形式

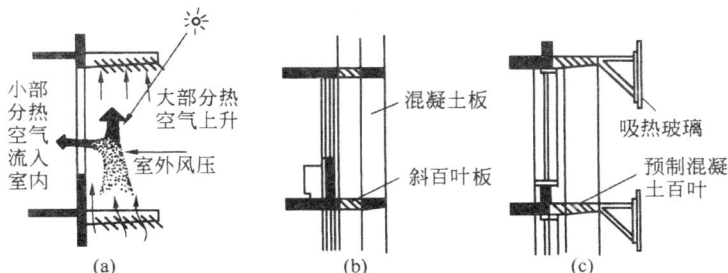

图 4-54　遮阳板面构造形式

## 2. 遮阳板的安装位置

遮阳板的位置安装正确与否,对房间的热环境及通风的影响较大。水平遮阳板受太阳照射后,会使热空气上升,为避免室外热空气被导入室内,遮阳板应离开墙面一定距离进行安装,使大部分热空气能沿墙面排走,如图 4-55(a)、(b)所示。遮阳板的安装还应尽量减少挡风,最好兼导风板的作用。设置遮阳设施时,应注意其所吸收的太阳辐射热会向周围环境释放,所以宜安装在室外,以减少室内气温的影响,如图 4-55(c)、(d)所示。

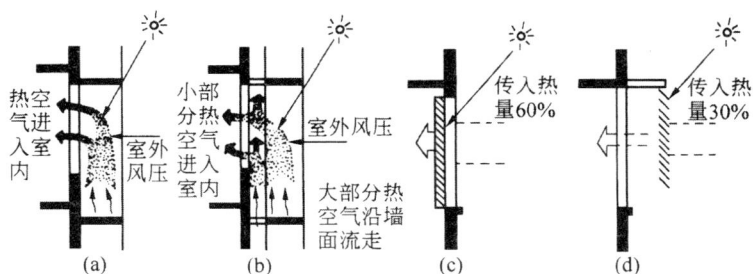

图 4-55　遮阳板安装位置

## 3. 遮阳板的材料与颜色

考虑到遮阳设施属于暴露在室外的构件且易损坏,因此,遮阳构件应选择坚固耐用的材料;同时,为了减轻结构自重,遮阳构件宜采用轻质材料。遮阳构件外表面对太阳辐射的吸收系数要小,而内表面辐射系数要小。与深色表面相比而言,浅色表面对太阳辐射的吸收系数更小。因此,为减少遮阳构件对太阳辐射热的吸收,遮阳板外表面应采用有光泽的浅色,内表面应采用无光泽的暗色,以避免产生眩光。

### 4. 注意遮阳的建筑艺术处理

建筑遮阳设计时,必须注意遮阳与建筑造型的协调统一,可以利用遮阳构件表现建筑的韵律美与尺寸感、虚实对比与凹凸变化、层次感与光影效果,使遮阳设施除满足功能需求外,更是一种装饰手段。

# 第5章 建筑日照设计

## 5.1 建筑日照基础

### 5.1.1 日照的作用与建筑对日照的要求

#### 1. 建筑日照的作用

建筑日照是指太阳光直接照射到建筑地段、建筑物外围护结构表面及房间内部的现象。日照将对建筑产生有利和不利的影响。

日照有利一面体现在适当的日照可以增进人们身心健康,改善冬季室内热舒适度并减少冬季采暖能耗。日照不利一面体现在过量的太阳辐射,容易造成夏季室内过热,对人体夏季热舒适度产生极为不利的影响,并导致夏季空调能耗的增加。此外,太阳光直射会使建筑室内工作面产生眩光或引起室内物品产生化学反应,容易降低人们的工作效率。

#### 2. 建筑对日照的要求

建筑日照设计中,应当重点考虑的问题是如何利用日照的有利因素,控制与防止日照的不利影响。

建筑对日照的要求需要根据建筑使用性质的不同而定。需要争取日照的建筑大致分为两类:一是要求高的居住建筑如病房、幼儿活动室,要求正午前后充足的阳光;二是一般要求的居住建筑如住宅,则要求一定的日照,目的在使室内有良好的卫生条件以及在冬季能使房间获得太阳辐射热而提高室温。需要避免日照的建筑大致两类:一是防止室内过热,主要是在炎热地区,夏季一般建筑都需要避免过量的直射阳光进入室内。另一类是避免眩光和防止起化学作用的建筑,如展览馆、博物馆、绘图室以及阅览室,都需要限制太阳光直射到工作面和物体上。

因此,建筑日照设计的主要目的是结合建筑不同的使用功能,采取必要的设计措施,使房间内部获得适当而又不过量的太阳直射光。建筑日照设计是规划和建筑设计中必须考虑的重要因素之一,同时,随着城市化进程和建筑业的快速发展、人们对环境质量要求的提高,其研究意义将更为深远。

## 5.1.2 建筑日照基础

### 1.地球绕太阳运行规律

掌握地球绕太阳运行规律，以做好建筑日照设计。黄道面是指地球公转的轨道平面，地球在绕地轴自转和绕太阳公转的运动中，其地轴始终与黄道面保持 66°33′ 的夹角，使太阳光线直射地球上的范围，在南、北纬度 23°27′间作周期性变化，从而形成地球上春、夏、秋、冬四季的更替。地球气候在一年中的变化过程，要经历春分、夏至、秋分和冬至四个重要节气。地球绕太阳运行规律如图 5-1 所示。

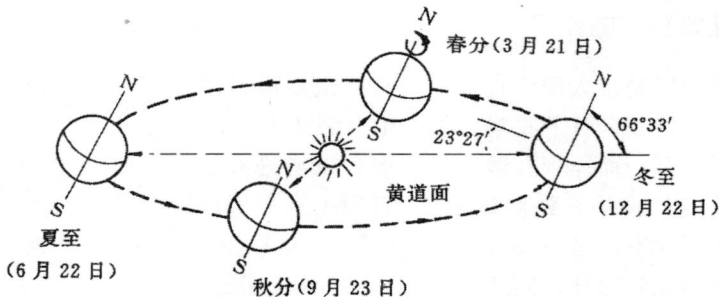

图 5-1 地球绕太阳运行的规律

### 2.太阳赤纬角和时角

为了说明地球公转过程中太阳光直射地球的变动范围，需要引入太阳赤纬角。赤纬角是指太阳光线与地球赤道面所形成的夹角，用符号 $\delta$ 表示。地球赤道面为通过地心且垂直于地轴的平面与地球表面相交而形成的圆。地球绕太阳公转一年的过程中，不同季节有不同的太阳赤纬角。全年中主要季节的太阳赤纬角如表 5-1 所示。主要季节与建筑设计密切相关，是建筑日照设计的依据。

表 5-1 主要季节的太阳赤纬角

| 节气 | 日期 | 赤纬角 $\delta$ | 日期 | 节气 |
| --- | --- | --- | --- | --- |
| 夏至 | 6 月 21 或 22 日 | +23°27′ | | |
| 小满 | 5 月 21 左右 | +20°00′ | 7 月 21 左右 | 大暑 |
| 立夏 | 5 月 6 左右 | +15°00′ | 8 月 8 左右 | 立秋 |
| 谷雨 | 4 月 21 左右 | +11°00′ | 8 月 21 左右 | 处暑 |

| 节气 | 日期 | 赤纬角δ | 日期 | 节气 |
|---|---|---|---|---|
| 春分 | 3月21或22日 | 0° | 9月22或23日 | 秋分 |
| 雨水 | 2月21左右 | −11°00′ | 10月21左右 | 霜降 |
| 立春 | 2月4左右 | −15°00′ | 11月7左右 | 立冬 |
| 大寒 | 1月21左右 | −20°00′ | 11月21左右 | 小雪 |
|  |  | −23°27′ | 12月22或23日 | 冬至 |

　　为了表征不同时间的太阳方位,需要引入时角,时角是指太阳所在位置与南向位置所形成的夹角,用符号 $\Omega$ 表示。不同的时间对应不同的时角 $\Omega$,地球自转一周 360° 需要 24h,因此每小时所对应的时角为 15°,则时角计算可按公式(5-1)。

$$\Omega = 15(t - 12) \tag{5-1}$$

　　式中:$\Omega$——地方太阳时对应的时角,deg,正午 12 点为零,上午、下午对称,下午为正值,上午为负值;

　　　　　$t$——地方太阳时,h。

　　太阳赤纬角与时角示意如图 5-2 所示。

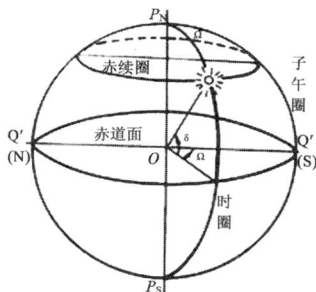

图 5-2　赤纬角与时角(赤道坐标系)

## 3. 地方太阳时

　　时间的测定是以地球自转为依据的。建筑日照设计所选用的时间是地方太阳时,地方太阳时与时钟所指示的标准时间存在差值,故而需要进行换算。所谓地方太阳时是以太阳通过当地子午线为正午 12h 所推算出的时间。1884 年经过国际协议,以经过英国格林尼治天文台的经线为本初子午线,该处的地方太阳时为世界时间的标准。将整个世界按地理经度划分成 24 个时区,每个时区包含地理经度 15°,本初子午线东西各 7.5° 为零区,向东分 12 个时区,向西亦分 12 个时区。

在我国为方便使用,统一采用东经 120°的地方太阳时作为全国标准时间,称"北京时间"。

根据天文学有关公式,标准时间与地方太阳时的近似换算见公式(5-2)。

$$T_0 = T_m + 4(L_0 - L_m) \qquad (5\text{-}2)$$

式中:$T_0$——标准时间,h:min;

$T_m$——地方太阳时,h:min;

$L_0$——标准时间子午线的经度,(°);

$L_m$——当地时间子午线的经度,(°);

4——换算系数,地球自转一周为 24h,地球的经度为 360°,则每转经度 1°为 4min。

### 4. 太阳高度角和方位角

为了确定太阳位置,需要引入太阳高度角和方位角。所谓太阳高度角是指太阳光线与地平面所形成的夹角,用符号 $h_s$ 表示。太阳方位角是指太阳光线在地平面上的投影线与地平面正南方向所形成的夹角,用符号 $A_s$ 表示。太阳高度角和方位角示意如图 5-3 所示。

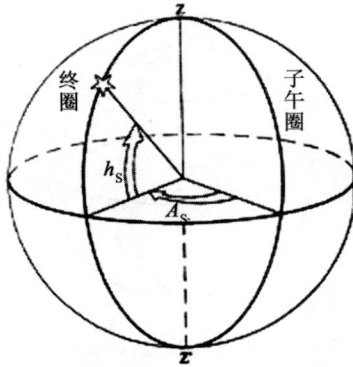

图 5-3  太阳高度角与方位角(地平坐标系)

太阳高度角 $h_s$ 和太阳方位角 $A_s$ 的计算可以用公式(5-3)和公式(5-4)。

$$\sin h_s = \sin\varphi \cdot \sin\delta + \cos\varphi \cdot \cos\delta \cdot \cos\Omega \qquad (5\text{-}3)$$

$$\cos A_s = \frac{\sin h_s \cdot \sin\varphi - \sin\delta}{\cos h_s \cdot \cos\varphi} \qquad (5\text{-}4)$$

式中:$h_s$——太阳高度角,(°);

$A_s$——太阳方位角,(°);

$\varphi$——观察点的地理纬度,(°);

$\delta$ —— 赤纬角,(°);

$\Omega$ —— 时角,(°)。

(1)日出日落出现时刻和方位角

因日出、日没时太阳高度角 $h_s = 0$,则其时角和方位角计算见公式(5-5)和公式(5-6)。

$$\cos\Omega = -\tan\varphi \cdot \tan\delta \tag{5-5}$$

$$\cos A_s = -\frac{\sin\delta}{\cos\varphi} \tag{5-6}$$

(2)正午太阳高度角

因正午时时角 $\Omega = 0$,则正午太阳高度角计算见公式(5-7)~(5-9)。

$$\sin h_s = \cos(\varphi - \delta) \tag{5-7}$$

则

$$当 \varphi > \delta 时, h_s = 90 - \varphi + \delta \tag{5-8}$$

$$当 \varphi < \delta 时, h_s = 90 + \varphi - \delta \tag{5-9}$$

## 5.2　建筑日照设计

规划与建筑设计中,如何协调日照间距与建筑密度、建筑用地之间的矛盾,是建筑设计面临的难题之一。因此,要求建筑师掌握日照规律,明确日照间距与建筑布局的关系,这也是采取有效措施,平衡矛盾,创造得体建筑群的前提。

### 5.2.1　建筑日照间距标准

日照对建筑尤其是居住建筑的布局如建筑日照间距控制、建筑朝向的选择等具有重要的影响。在不同的自然地理气候条件下,为满足建筑室内卫生、采光和获得舒适热环境的需要,建筑对日照的需求有较大区别。严寒和寒冷地区冬季需要获得尽可能多的日照,以降低采暖能耗;而夏热冬暖地区夏季则需要采取遮阳措施避免获取较强的日照,以降低制冷能耗。对于夏热冬冷地区,需要综合考虑日照和遮阳的矛盾。

居住建筑的日照标准采用日照时数和日照质量进行度量,日照时数是指太阳照射地面的实际小时数。为满足居住建筑获得最低限度日照的要求,一般住宅建筑底层居室窗台获得的日照时数为标准。国家标准《城市居住区规划设计规范》(GB50180—93)(2002 版)中,将冬至日(12 月 22 日)或大寒日(1 月 22 日)确定为居住建筑日照标准日,以保证其室内正午前后有不少于 1h、2h 或 3h 的日照时间来确定。规定每套住宅至少应有一个居住空间(卧室)能获得符合要求的日照标准要求。表 5-2 列出住宅建筑日照标准。老年人住宅不应低于冬至日日照 2h 的要求。旧区改建的项目内新建住宅日照标准可酌情降低,但不应低于大寒日日照 1h 的要求。

表 5-2 住宅建筑日照标准

| 建筑气候区划 | Ⅰ、Ⅱ、Ⅲ、Ⅶ气候区 | | Ⅳ气候区 | | Ⅴ、Ⅵ气候区 |
|---|---|---|---|---|---|
| | 大城市 | 中小城市 | 大城市 | 中小城市 | |
| 日照标准日 | 大寒日 | | | 冬至日 | |
| 日照时数(h) | ≥2 | ≥3 | | | ≥1 |
| 有效日照时间带(h) | 8~16 | | | 9~15 | |
| 日照时数计算起点 | 底层窗台面 | | | | |

对于非南向的无其他日照遮挡的平行布置条式住宅,其日照间距可采用表 5-3 所示的折减系数。

表 5-3 不同方位间距折减系数

| 方位 | 0°~15° | 15°~30° | 0°~15° | 0°~15° | 0°~15° |
|---|---|---|---|---|---|
| 折减系数 | 1.0L | 0.9L | 0.8L | 0.9L | 0.95L |

## 5.2.2 建筑日照间距计算

建筑尤其是居住建筑间应有足够的间距满足基本日照标准要求。日照间距是指建筑物长轴之间的外墙距离,其受建筑地形、建筑朝向、建筑物高度及长度、当地地理纬度及日照标准等因素的影响。

居住区住宅建筑布局中,根据前后两幢建筑朝向及外形尺寸及建筑所在地区的地理纬度,可以计算出满足规定的日照标准所需的日照间距,计算点选取在后栋建筑物底层窗台位置。建筑日照间距的计算见公式(5-10),日照间距示意如图 5-4 所示。

$$D_0 = H_0 \, \text{ctg} h_S \cos\gamma \tag{5-10}$$

式中:$D_0$——建筑所需的日照间距,m;

$H_0$——前栋建筑计算高度,即前栋建筑总高度减去后栋建筑底层窗台高度,m;

$h_S$——太阳高度角,(°);

$\gamma$——后栋建筑墙面法线与太阳方位角的夹角,度(°),即太阳方位角与墙面方位角之差,其计算见公式(5-11)。

156

$$\gamma = A_S - \alpha \tag{5-11}$$

式中：$A_S$——太阳方位角，(°)；

$\alpha$——墙面法线与正南方向的夹角，(°)，以南偏西为正，偏东为负。

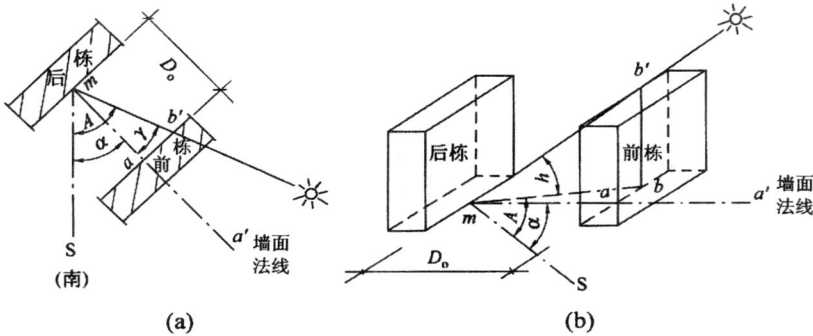

图 5-4　日照间距示意图

案例分析：北京地区有一组住宅建筑，室外地面的高度相同，设其朝向为正南，后栋建筑底层窗台高 1.5m（距室外地面），前栋建筑总高 15m（从室外地面至檐口），要求后栋建筑在大寒日正午前后有 2h 日照，试确定必需的建筑间距。若将朝向改为南偏东 15°，再确定必需的建筑间距。条件：北京纬度 $\varphi = 40°$。查表 5-1 可得大寒日（1 月 22 日）赤纬角 $\delta = -20Z°$。

（1）建筑正南北向布局时日照间距

当建筑正南北向布局时，正午前后的日照情况以正午 12 时为中心对称，所以可计算 10 时、11 时和 12 时的间距。这三个时刻的时角分别为 $-30°$、$-15°$ 和 $0°$，每小时相差 15°。利用公式(5-3)与公式(5-4)分别计算出这三个时刻的太阳高度角与方位角如下。再利用公式(5-9)计算出相应的日照间距。其中建筑高度应设为 $H_0 = 15 - 1.5 = 13.5m$，建筑墙面法线与正南方向的夹角 $\alpha = 0°$。

10 时：$h_s = 23.8°$，$A_s = -30.9°$，$D_0 = 26.3m$

11 时：$h_s = 28.4°$，$A_s = -16.0°$，$D_0 = 24.0m$

12 时：$h_s = 30.0°$，$A_s = 0°$，$D_0 = 23.4m$

从上述数据可以看出，建筑间距至少 24m，则从上午 11 时到下午 13 时，后栋建筑可以获得 2h 日照。

（2）建筑南偏东 15°布局时日照间距

此时建筑墙面法线与正南方向的夹角 $\alpha = -15°$，其他条件不变。计算上午 10 时到下午 14 时的间距，即时角 $\Omega$ 从 $-30°$ 到 30°的数据，每隔 1h 变化 15°。

$10$ 时：$h_s = 23.8°$，$A_s = -30.9°$，$D_0 = 29.4\text{m}$

$11$ 时：$h_s = 28.4°$，$A_s = -16.0°$，$D_0 = 25.0\text{m}$

$12$ 时：$h_s = 30.0°$，$A_s = 0°$，$D_0 = 22.6\text{m}$

$13$ 时：$h_s = 28.4°$，$A_s = 16.0°$，$D_0 = 21.4\text{m}$

$14$ 时：$h_s = 23.8°$，$A_s = 30.9°$，$D_0 = 21.3\text{m}$

从上述数据可以看出，建筑间距至少 22.6m，可以保证 12 时至 14 时两小时的日照。结果表明，在保证正午前后两小时日照的条件下，如果将建筑朝向从正南向变化到南偏东 15°，建筑间距可以减少 1.4m。

## 5.2.3 建筑日照设计

在城市居住区住宅建筑布局时，满足住宅日照间距要求通常与提高建筑密度、节约用地存在一定的矛盾。因此，规划和建筑设计时，利用掌握的日照规律，采取灵活的处理手法，既能够满足日照要求，又能够提高建筑密度。

### 1. 调整建筑朝向

由 5.2.2 节可以看出：建筑朝向从正南向变化到南偏东 15°，建筑间距可以减少 1.4m。资料显示：建筑朝向在南偏东或偏西 15°的范围内对建筑冬季太阳辐射得热量有很小的影响；而建筑朝向在南偏东或偏西 15°～30°的范围内，建筑仍能获得较好的冬季太阳辐射热；但是建筑朝向若超过南偏东或偏西 30°及以上，将不利于建筑日照需求。因此，可以适当调整建筑朝向，建筑朝向从正南北调整为南偏东或偏西 30°范围内，使日照时间偏于上午或下午时间段，以缩小建筑间距，提高建筑密度。

### 2. 调整与优化建筑布局

（1）调整建筑布局

建筑布局由南北向行列式布置调整为南北向错排或交叉错排行列式，可以利用上下午的斜向日照，改善日照时间和日照质量，在满足日照标准的基础上，能显著缩小建筑间距，提高建筑密度。图 5-5 所示的南北向错排行列式或交叉错排行列式，比起南北向对齐的行列式，更加有利于争取日照。

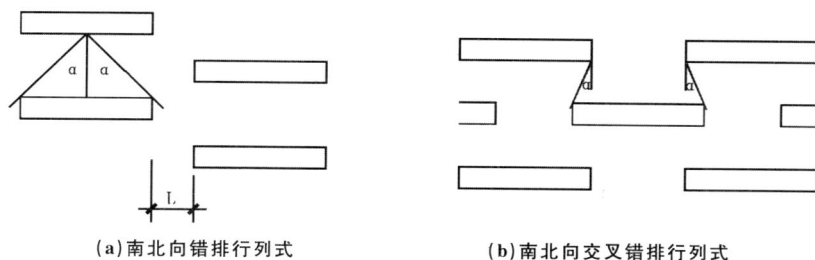

(a)南北向错排行列式      (b)南北向交叉错排行列式

图 5-5 利于争取日照的建筑布局

（2）优化建筑布局

居住区规划布局时,常常采用点式与条形建筑相组合的方式,将点式建筑布置在朝向好的南向位置,条形建筑布置在北向位置,利用建筑空隙空间争取更多的日照时间,从而缩短建筑日照间距,提高建筑密度。点式和条形建筑组合布局如图 5-6 所示。

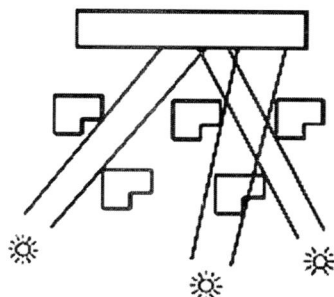

图 5-6 点式和条形建筑组合布局

### 3. 调整建筑外形

通过调整建筑形体,优化建筑单体的日照设计,利用退台式设计手法,使得建筑群的空间关系趋于合理,来适应建筑日照需求,进一步改善建筑日照环境。

退台式是指利用减法原则,将建筑顶部的一部分房间和体量从整个形体中减去,结合太阳直射光的高度角和方位角的变化规律,使建筑群体布置更趋合理,缩短建筑间距,从而达到提高建筑密度的目的。

建筑设计中,常采用降低建筑顶部一些部分的高度或采用坡屋顶的方法,以较少的建筑面积损失来换取建筑间距的缩小,同时为建筑提供一个屋顶花园,构建立体绿化,从而形成北侧退台式、北侧大坡屋顶和东西侧退台式处理手法。

图 5-7（a）所示为南北向行列式建筑布局中,若合理地将前栋建筑的顶

层北侧去掉一角,成为北侧退台式。建筑北向退台处理,可利用太阳高度角,将日照时间从冬至日的 1h 增加为 2h,达到缩短日照间距的目的。北侧错台原理图如图 5-7(b)。还可以将前栋建筑的顶层做成北侧斜大屋顶,以利于争取斜向日照。北侧坡屋顶原理同北侧错台式。北侧错台和大屋顶示意见图 5-8。

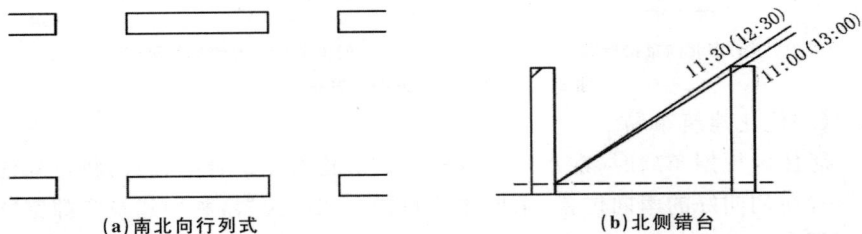

(a)南北向行列式     (b)北侧错台

图 5-7 南北向行列布置北侧错台

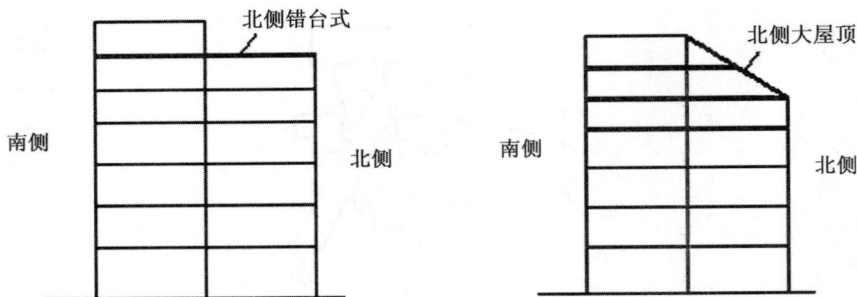

图 5-8 北侧退台和大屋顶示意

若将前栋建筑的顶层东西侧去掉部分房间,形成屋顶花园,成为东西侧退台式,形成顶层东西间隔退台。利用建筑空隙间太阳方位角,将会增加日照时间,从而改善建筑日照环境。东西侧错台式示意见图 5-9。

建筑单体设计时,采用退台式设计策略,不仅能改善日照环境和提高建筑密度,而且可塑造出丰富的建筑形象。但是退台式设计会增加建筑单体的体型系数,不利于建筑节能。因此,复杂的退台处理不太适于我国北方冬季能耗高的地区。

尽管存在一定的缺点,但是退台式设计手法存在增加日照、节约土地、丰富建筑体型和增加顶层住户趣味性的优势。因此,错台式手法仍然会在居住区规划中得到充分的利用,并在建筑日照环境优化设计中发挥更大的作用。

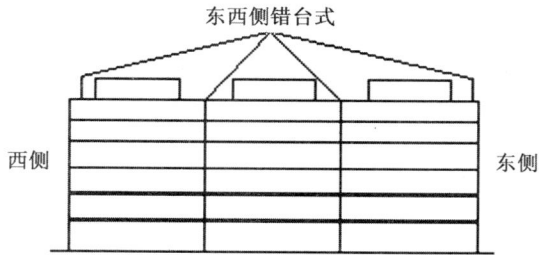

**图 5-9 东西侧错台式示意**

各地区城市规划行政主管部门依照规范规定,并结合住宅朝向制定出本地区不同方向的"住宅日照间距系数"。对于建筑平面布置不规则、体型复杂、板式住宅长度较长或高层点式住宅布置较密的居住区,需要借助于日照模拟软件进行定量分析,以保证建筑物间的日照时间,进而判定是否满足日照标准要求。

# 第6章 被动式太阳能建筑设计

## 6.1 我国太阳能资源状况

我国2/3以上地区太阳能资源比较丰富,尤其在西藏和西北地区,太阳能辐射强度大,日照时间长,尤其适合利用太阳能。根据年日照时数和年辐射照度,我国的太阳能资源可分为四个资源带,见图6-1。我国的太阳能资源分布见表6-1。

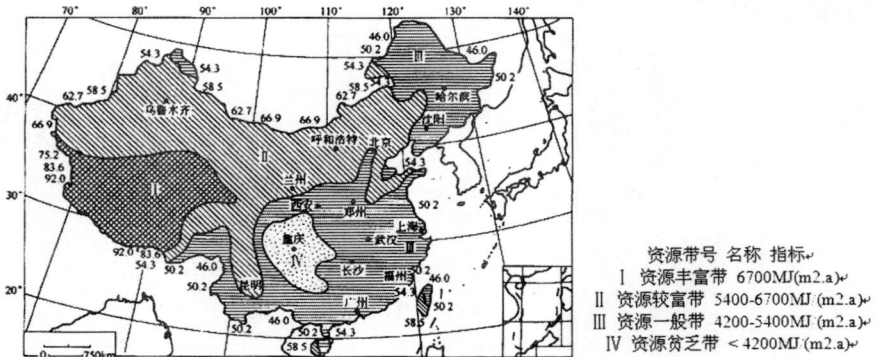

图 6-1　中国太阳能资源分布图

资源带号　名称　指标
Ⅰ　资源丰富带　6700MJ·(m2.a)
Ⅱ　资源较富带　5400-6700MJ·(m2.a)
Ⅲ　资源一般带　4200-5400MJ·(m2.a)
Ⅳ　资源贫乏带　<4200MJ·(m2.a)

表 6-1　中国太阳能资源分布

| 太阳能资源带 | 地区 | 年总辐射量 [(kW·h)/(m²·a)] | 年日照时数(h) |
|---|---|---|---|
| 资源丰富带 | 内蒙古、新疆塔里木、青藏高原 | >1740 | >3300 |
| 资源较丰富带 | 新疆北部 | 1510~1740 | 2800~3000 |
| | 东北西部、内蒙东部、华北、陕北、宁夏、甘肃部分 | 1510~1740 | 2600~3000 |

| 太阳能资源带 | 地区 | 年总辐射量<br>$[(kW \cdot h)/(m^2 \cdot a)]$ | 年日照时数(h) |
|---|---|---|---|
| 资源一般带 | 东北、内蒙 | 1200～1500 | ～2600 |
| | 黄河、长江中下游及东南沿海、云、藏、川的一部分 | 1280～1510 | 2000～2500 |
| 资源贫乏带 | 川、贵、桂、湘、赣部分地区 | 930～1280 | <180 |

太阳能作为可再生能源,将其引入建筑中不仅有利于节约常规能源,而且太阳辐射中的短波具有强烈的杀菌作用,室内有充足的日照有利于人体健康。

## 6.2　被动式太阳能利用

被动式太阳能利用不采用机电设备,力求以自然的方式获取能量,结构相对简单,造价较低。主要依靠建筑本身构造和材料的热工性能,冬季采集和储存太阳能,为建筑提供采暖;夏季遮挡太阳辐射,散发室内热量,降低建筑温度。被动式太阳能利用主要体现在建筑朝向的选择和运用于围护结构或空间。

### 6.2.1　建筑朝向

建筑朝向是指建筑物正立面墙面法线与正南方向之间的夹角。选择适宜的建筑朝向,可使建筑充分利用源于太阳能的光、热、风等自然环境条件,有利于冬季日照与夏季自然通风,从而达到建筑节能的目的,是绿色建筑得以实现的重要基础。

建筑设计时,通常会选择日照最充分的朝向(如朝向赤道方向),即北半球的南向,南半球的北向,作为建筑的主要朝向,可以获得更多的日照,充分利用太阳的光能、热能,降低建筑采暖能耗。对于寒冷和夏热冬冷地区,主导朝向对建筑能耗属于双刃剑。该地区冬季需要吸收和蓄积更多的太阳辐射加热内部空间,降低采暖能耗;而在炎热夏季,则需要采取遮阳和反射装置减少对太阳辐射的吸收,降低制冷能耗。一般情况而言,考虑朝向的理想建筑几何形态是长条形,长边采取南北或接近南北。实际设计中,影响建筑朝向的因素很多,可以综合考虑以下方面。

①寒冷冬季需要充分且质量较高的阳光照射到室内。

②炎热夏季尽可能采用遮阳和反射装置,减少太阳辐射进入室内或阳光长时间照射建筑外墙面。

③夏季应组织良好的自然通风,冬季应避免冷风侵袭。

④充分利用场地地形,节约用地。

不同地区、不同季节,同一朝向的建筑日照时数和日照面积不同。由于冬季和夏季太阳高度角和方位角存在较大差异,建筑不同朝向的外墙面获得的日照时间和太阳辐射照度也存在很大差别。分析室内日照条件和朝向的关系,应选择在最冷月有较长的日照时间和日照面积,而在最热月有较少的日照时间和日照面积的建筑朝向。以北京为例,一方面,冬季各朝向墙面上接收的太阳直接辐射量以南向最高,东南和西南向次之,东、西向较少,而在北偏东或偏西30°朝向范围内冬季接收不到太阳直接辐射。另一方面,夏季,东、西向太阳直接辐射最多,南向次之,北向最少。由于太阳直接辐射照度一般上午低、下午高,所以无论冬夏偏,西比偏东朝向建筑墙面受太阳直接辐射略高。

综合考虑以上因素,作为设计时建筑朝向选择参考,我国不同热工分区建筑朝向建议值见表6-2～6-5。

表6-2　严寒地区部分城市建筑朝向建议值

| 地区 | 最佳朝向 | 适宜朝向 | 不宜朝向 |
|---|---|---|---|
| 哈尔滨 | 南偏东15°～20° | 南～南偏东15°;南～南偏西15° | 西、西北、北 |
| 长春 | 南偏西10°～南偏东15° | 南偏东15°～45°;南偏西10°～45° | 东北、西北、北 |
| 沈阳 | 南～南偏东20° | 南偏东20°～东;南～南偏西45° | 东北西～西北西 |
| 乌鲁木齐 | 南偏东40°～南偏西30° | 南偏东40°～东;南偏西30°～西 | 西北、北 |
| 呼和浩特 | 南偏东30°～南偏西30° | 南偏东300°～东;南偏西30°～西 | 北、西北 |
| 大连 | 南偏西15°～南偏东10° | 南偏西15°～45°;南偏东10°～45° | 北、东北、西北 |
| 银川 | 南偏西10°～南偏东25° | 南偏西10°～30°;南偏东25°～45° | 西、西北 |

表 6-3　寒冷地区部分城市建筑朝向建议值

| 地区 | 最佳朝向 | 适宜朝向 | 不宜朝向 |
|---|---|---|---|
| 北京 | 南偏西 30°～南偏东 30° | 南偏西 30°～45°；南偏东 30°～45° | 北、西北 |
| 石家庄 | 南偏西 10°～南偏东 20° | 南偏东 20°～45° | 西、北 |
| 太原 | 南偏西 10°～南偏东 20° | 南偏东 20°～45° | 西、北 |
| 济南 | 南～南偏东 20° | 南偏东 20°～45° | 西、西北 |
| 郑州 | 南～南偏东 10° | 南偏东 10°～30° | 西北 |
| 西安 | 南～南偏东 10° | 南～南偏西 35° | 西、西北 |
| 拉萨 | 南偏西 15°～南偏东 15° | 南偏西 15°～30°；南偏东 15°～30° | 西、北 |

表 6-4　夏热冬冷地区部分城市建筑朝向建议值

| 地区 | 最佳朝向 | 适宜朝向 | 不宜朝向 |
|---|---|---|---|
| 上海 | 南～南偏东 15° | 南偏东 15°～30°；南～南偏西 30° | 北、西北 |
| 南京 | 南～南偏东 15° | 南偏东 15°～30°；南～南偏西 15° | 西、北 |
| 杭州 | 南～南偏东 15° | 南偏东 15°～30° | 西、北 |
| 合肥 | 南偏东 5°～15° | 南偏东 15°～35°；南～南偏西 15° | 西 |
| 武汉 | 南～南偏东 10° | 南偏东 15°～35°；南偏西 10°～30° | 西、西北 |
| 长沙 | 南偏东 10°～南偏西 10° | 南～南偏西 10° | 西、西北 |
| 南昌 | 南～南偏东 15° | 南偏东 15°～25°；南～南偏西 10° | 西、西北 |
| 重庆 | 南偏东 10°～南偏西 10° | 南偏东 10°～30°；南偏西 10°～20° | 西、东 |
| 成都 | 南偏东 10°～南偏西 20° | 南偏东 10°～30°；南偏西 20°～45° | 西、东、北 |

表 6-5　夏热冬暖地区部分城市建筑朝向建议值

| 地区 | 最佳朝向 | 适宜朝向 | 不宜朝向 |
|---|---|---|---|
| 厦门 | 南～南偏东 15° | 南～南偏西 10°；南偏东 15°～30° | 西南、西、西北 |
| 福州 | 南～南偏东 10° | 南偏东 10°～30° | 西 |
| 广州 | 南偏西 5°～南偏东 15° | 南偏西 5°～30°；南偏东 15°～30° | 西 |
| 南宁 | 南～南偏东 15° | 南偏东 15°～25°；南～南偏西 10° | 东、西 |

## 6.2.2　建筑围护结构或空间中利用

被动式太阳能在建筑围护结构或空间中利用,以适应不同季节、不同气候条件。其主要包括直接受益式、集热蓄热墙体式、附加阳光间式、蓄热屋顶式和对流环路式。被动式太阳能利用如图 6-2 所示。

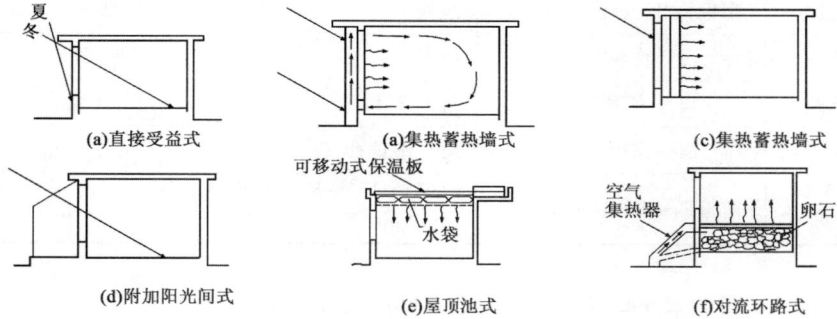

图 6-2　被动式太阳能利用

### 1. 直接受益窗

直接受益窗是被动式太阳能利用中最简单且常用的一种,其外形与一般建筑无很大差异,利用南窗接受太阳辐射。工作原理是在冬季使阳光透过宽大的南向窗户直接进入采暖房间,利用楼板、墙体及家具等作为吸热和蓄热体,使它们温度升高,储蓄热量,在夜晚或阴天室温降低时逐渐释放这些热量,维持房间温度,昼夜工作原理见图 6-3。围护结构应具有良好的保温性能。集热窗应采取有效的保温隔热措施,如设置保温窗帘。合理设计窗口遮阳板,冬天使阳光尽可能多的进入室内,夏季则尽可能避免太阳光的射入,冬夏工作原理见图 6-4。

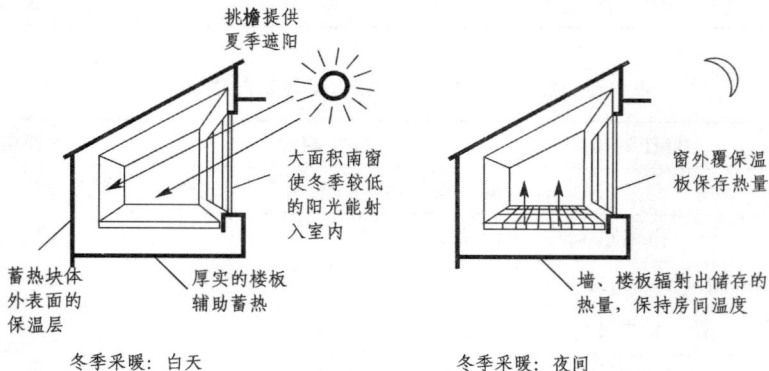

图 6-3　直接受益太阳能利用昼夜工作原理

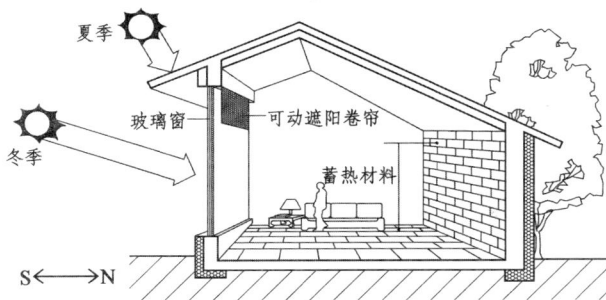

图 6-4　直接受益窗太阳能利用冬夏工作原理

### 2. 集热蓄热墙体

集热蓄热墙体又称特朗伯集热墙,指太阳直接照射在集热墙上,通过对流、辐射等方式向室内传递热量。集热蓄热墙通常选用混凝土、砖、土坯或储水装置等蓄热系数大的材料,为了有效地吸收热量,墙体外表面常涂成黑色。墙体向阳面外侧应安装玻璃或透明塑料板,并留有 15cm 以上间层,玻璃宜选中空玻璃,透明塑料板宜选双层结构。

按照蓄热墙上是否设通风口,通常有两种做法。一种是在蓄热墙上下部设通风口,热量全部由蓄热墙逐渐传入室内。另一种是在墙体的上、下部分别设有通向室内的进、出风口。一方面,由蓄热墙体在白天吸收和储存太阳辐射热,再向室内辐射、传导热量;另一方面,玻璃与蓄热墙之间的空气白天被蓄热墙体外表面加热成热空气,热空气通过墙体上风口送入室内,室内冷空气则通过下风口进入空气层,形成向室内连续传送热空气的对流循环;夜间则关闭上下通风口,停止工作。

夏季,特朗伯墙通过两种方式降温,一是利用墙体储热性能吸收室内热量,二是利用烟囱效应强化自然通风。特朗伯集热墙在冬夏工作原理如图 6-5 所示。

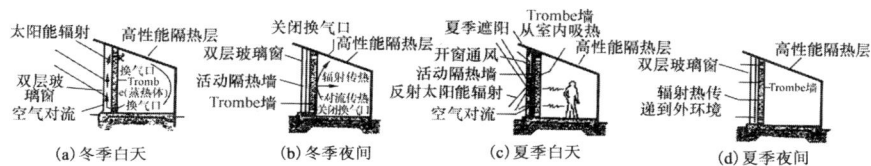

图 6-5　特朗伯集热墙在冬夏工作原理

### 3. 附加阳光间

附加阳光间是直接受益式太阳房和集热蓄热墙体的混合产物,即在房间南侧附建一个阳光间,中间用混凝土或砖等重质密实材料墙隔开。隔墙上部和下部设置可开关的通气孔。顶部设置采光窗,窗玻璃应采用双层中空玻璃,并设置活动遮阳。阳光间内地面和墙面应为深色。在冬季白天,阳光透过阳光间,一部分直接进入采暖房间,另一部分被地面、重质隔墙吸收,通过热空气循环和墙的传导进入采暖房间。阳光间既能够提供给室内太阳能,同时又可以作为缓冲区,从而减少房间的热量损失。

### 4. 蓄热屋顶

蓄热屋顶兼具冬季采暖和夏季降温双重功效,适宜于冬季不太寒冷而夏季较为炎热地区。其屋顶由作为蓄热体的贮水密封袋、其下的金属薄板顶棚及顶部可移动的保温盖板组成。冬季,白天拉开保温板,水袋暴露于阳光下,以充分吸收太阳辐射热;夜晚关闭保温板,使水袋与外界隔离,水袋所蓄热量由金属顶棚通过辐射、对流的方式向室内提供热量。夏季,保温板开闭情况正好与冬季相反,夜间拉开保温板,让水袋内的温度降低;白天关闭保温板,隔绝阳光辐射,同时夜间冷却的水袋可以吸收下方房间的热量,降低室内温度,其工作原理见图 6-6。

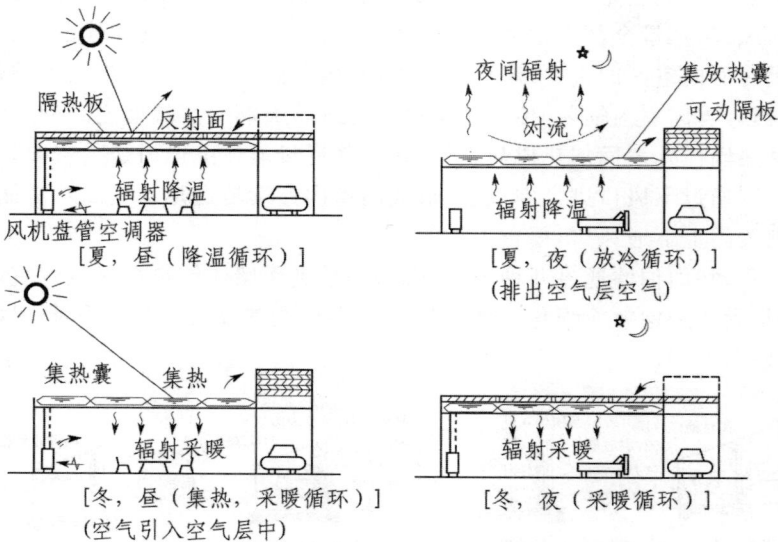

**图 6-6  蓄热屋顶太阳能利用的工作原理**

### 5. 对流环路

对流环路又称为热虹吸,是指利用附加在建筑南向的空气集热器向建筑内部提供热量,借助于温差产生的热压原理,被太阳辐射加热的空气从集热器流到设于地板下的卵石床内,空气的热量逐渐被卵石吸收而变冷,冷却后的空气又从下部进入集热器再次加热,如此反复循环,蓄热后的卵石床在夜间或冬季通过地面向室内提供热量。

# 第2篇  光环境的绿色设计

　　建筑光环境设计是研究天然光和人工光在建筑中的合理利用,创造良好的光环境,满足人们工作、生活、审美和保护视力等要求。舒适的光环境是指良好的亮度分布、工作面上有足够的照度且照度均匀分布以及眩光得到有效地控制。建筑师应当掌握如何合理而巧妙地运用建筑光环境的设计与表现手法,建筑光环境设计已经成为建筑创作的重要手段。

　　天然光不仅是取之不尽,用之不竭的绿色能源,而且还是现代建筑设计中的一个重要元素。因此,建筑设计时,始终贯彻"以人为本"的指导思想,选择良好的建筑布局与朝向,争取获得更多的日照,尽量利用天然采光,巧妙地获得良好的室内光环境并产生奇妙的光影效果。建筑设计中,为最大限度地获取天然光源,可以采用侧窗、天窗及各种新型采光等多元化方式。通过合理地选择人工照明方式、照明配电系统和照明灯具等技术措施,弥补天然采光的不足之处,也是创造良好的室内光环境的重要设计手法。因此,绿色建筑设计中,充分利用自然采光具有提高视觉舒适性,降低建筑照明能耗,进而达到改善居住环境与工作环境,提高生活品质与工作效率的目的。

　　良好的建筑光环境设计可以通过三个层面的设计得以实现,第一层面是对建筑的几何处理和墙面颜色处理,第二层面是自然光的设计策略,第三层面才是电气照明。第二层面的天然光设计是光环境设计的重要内容。光环境的绿色设计是指建筑设计中如何充分利用天然光和人工光环境,提升建筑的光环境品质,进而改善绿色建筑中的物理环境品质。

# 第1章  光与视度

　　光是一种能产生视觉的电磁辐射。建筑光学或照明工程中所指的可见光,往往指的是波长在380nm～780nm之间的电磁波。为了进行光环境设计,应当对人眼的视觉特性、光的度量及材料的光学性质进行必要的了解。

# 1.1　人眼与视觉特性

## 1.1.1　视网膜与感光细胞

视网膜是眼睛的感光部分,类似于照相机中的胶卷,由无数感光细胞组成。感光细胞分为锥状细胞和杆状细胞两种。锥状细胞密集在视网膜中心部位与视轴焦点的中央窝附近,具有最高的分辨能力。中心窝处几乎没有杆状细胞,广泛地分布在其以外部位。感光细胞的分布情况见图 1-1。

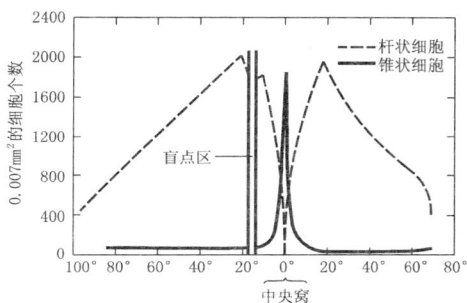

图 1-1　感光细胞的分布情况

两种感光细胞具有各自的功能特征。锥状细胞在明亮环境下对色觉和视觉灵敏度起决定作用,能辨认物体细节和分辨颜色,并对环境的明暗变化做出迅速的反应。而杆状细胞在黑暗环境中对明暗感觉起决定作用,但不能分辨其细节和颜色,对明暗变化的反应缓慢。

## 1.1.2　人眼的视觉特性

由于感光细胞的分布及特点,人眼的视觉活动具有以下特点:

### 1. 视野、中心视场和视觉清楚区域

受到感光细胞在视网膜上的分布状态以及眼眉和脸颊的影响,人眼视野具有一定的范围。当人头不动时,人眼的视看范围为水平面 $180°$,垂直面 $130°$,上方为 $60°$,下方为 $70°$。

因中央窝密集大量的锥状细胞,其具有最高的视觉敏锐度,能分辨出微小的细部,所对应的角度约为 $2°$,称为"中心视场"。中央窝处几乎没有杆状细胞,所以黑暗环境中不会产生视觉。从中心视场往外直到 $30°$ 范围内称为"视觉清楚区域",属于观看物件总体时最为有利的位置。通常站在距

离被观察物高度 1.5～2 倍的位置,能使所观看物体处于视觉清楚区域内。视野、中心视场和视觉清楚区域如图 1-2 所示。

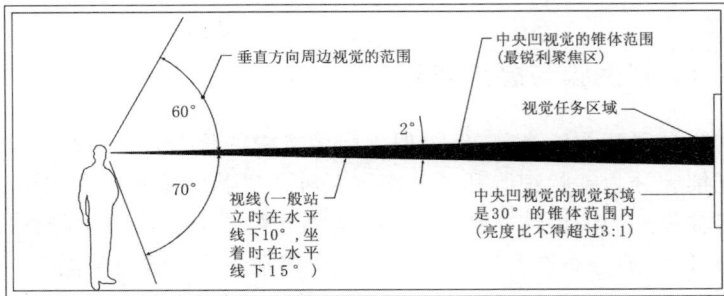

**图 1-2  视野、中心视场和视觉清楚区域**

## 2. 明适应与暗适应

(1)明视觉与暗视觉

明视觉是指亮度水平在 $3cd/m^2$ 以上的明亮环境,由视网膜中心窝处的锥状细胞起作用的视觉。明视觉能辨认颜色和微小的物体细节,对外界亮度变化的适应能力强。所有的室内照明设计都是按照明视觉条件设计的。

暗视觉是指亮度水平约为 $10^{-6}$～$0.03cd/m^2$ 的黑暗环境,在眼睛能够感光的亮度域限内,由视网膜中心窝外的杆状细胞起作用的视觉。暗视觉只有明暗感觉而无颜色感觉,无法辨别物体的细节,对外界亮度变化的适应能力差。

(2)明适应与暗适应

适应是指在视野范围内,人眼为适应所观察物体的亮度而进行调整的过程。视网膜上的锥状细胞和杆状细胞需要花一段时间才能达到最佳敏感度。眼睛从明视觉到暗视觉的适应过程称为暗适应,需要时间较长;眼睛从暗视觉到明视觉的适应过程称为明适应,需要时间较短,明适应与暗适应如图 1-3 所示。建筑设计中,应考虑人员行进过程中可能出现的视适应问题,尤其是需要时间较长的暗适应过程。设计中出现环境亮度变化过大的暗适应情况,应当考虑设置必要的过渡空间,以确保人眼有足够的时间去适应。

## 3. 光谱光视效率

人眼观看同样功率的辐射,不同波长时所感觉到的明亮程度是不一样的。明视觉时,人眼对 555nm 的黄绿光最为敏感,暗视觉时对 507nm 的蓝绿光最为敏感。人眼对不同波长光的视觉效须引入光谱光视效率 $V(\lambda)$,光谱光视效率是指为了获得相同视觉感觉时,波长 $\lambda_m$ 和波长 $\lambda$ 的单色光辐射通量的比值。$\lambda_m$ 在明视觉时为 555nm(黄绿光),暗视觉时为 507nm(蓝绿光)。光谱光视效率($V(\lambda)$)曲线如图 1-4 所示,用公示(1-1)表达。

$$V(\lambda) = \frac{\varphi_{e,\lambda_m}}{\varphi_{e,\lambda}} \tag{1-1}$$

式中:$V(\lambda)$ ——光谱光视效率;

$\varphi_{e,\lambda_m}$,$\varphi_{e,\lambda}$ ——分别为波长 $\lambda_m$ 和 $\lambda$ 的辐射通量,W。

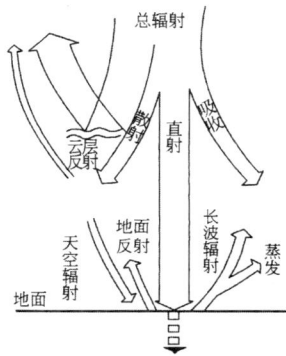

图 1-3　明适应与暗适应

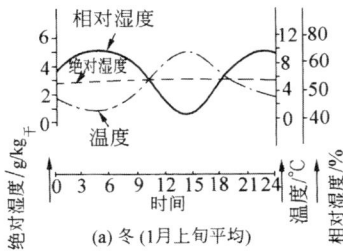

(a) 冬(1月上旬平均)

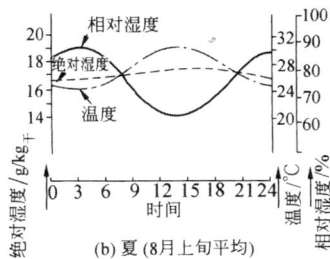

(b) 夏(8月上旬平均)

图 1-4　光谱光视效率曲线

# 1.2　基本光度量

基本光度量包括光通量、发光强度、照度和亮度,见图1-5。

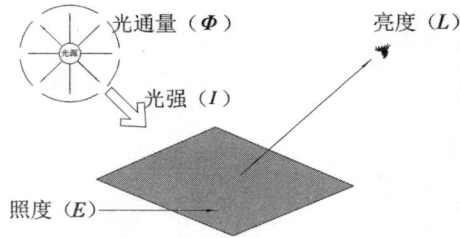

图1-5　基本光量度

## 1.2.1　光通量

因为人眼对不同波长的电磁波具有不同的灵敏度,所以不能直接用光源的辐射通量或辐射功率来衡量光能量,所以必须引入以人眼对光的感觉量为基准的光通量进行度量。光通量用符号 $\Phi$ 表示,单位是流明(lm)。光通量是指光源单位时间内向周围空间辐射出去的并使人眼产生光感的能量。

建筑光环境中,光通量是光源的一个基本参数,用于表达光源发出光能的多少。如100W普通白炽灯发出1250lm的光通量,40W日光色荧光灯发出2200lm的光通量。光通量用公式(1-2)表示。

$$\Phi_\lambda = K_m \sum \Phi_{e,\lambda} V(\lambda) \tag{1-2}$$

式中:$\Phi$ ——光通量,lm;

$\Phi_{e,\lambda}$ ——波长为 $\lambda$ 的单色辐射通量,W;

$V(\lambda)$ ——光谱光视效率,可由图1-4查得;

$K_m$ ——最大光谱光视效能,在明视觉时为683lm/W。

## 1.2.2　发光强度

不同光源发出的光通量在空间的分布是不同的。如悬吊在桌面上方的100W白炽灯,发出1250lm光通量。当加上灯罩后,往上的光被向下反射,使得向下的光通量有所增加,会感觉到桌面上亮些。说明仅仅用光通量表示光源远远不够,还需要引入发光强度的概念,表述光通量在空间的分布状况。

如图1-6所示为一空心球体,球面上 $abcd$ 所形成的面 $A$ 对球心形成的角称为立体角,用符号 $\Omega$ 表示,单位是球面度(sr)。立体角是以 $A$ 的面积和球的半径 $r$ 平方之比来度量。用公式(1-3)表达。

$$\Omega = \frac{A}{r^2} \qquad (1\text{-}3)$$

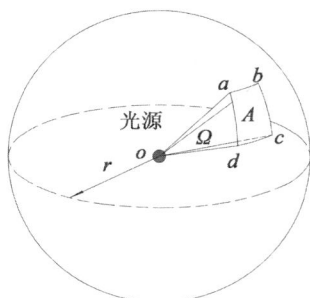

**图 1-6  立体角示意**

发光强度指光源光通量的空间分布密度,用符号 $I$ 表示,单位是坎德拉(cd)。点光源在某方向上无限小的立体角 $d\Omega$ 内发出的光通量为 $d\Phi$,则该方向上的发光强度 $I_a$ 用公式(1-4)表达。

$$I_a = \frac{d\Phi}{d\Omega} \qquad (1\text{-}4)$$

40W 白炽灯泡正下方具有约 30cd 的发光强度,若加上一个不透明的搪瓷伞形罩,向上的光通量除少量被吸收外,都被灯罩朝下面反射,因此,向下的光通量增加,而灯罩下方立体角未变,故光通量的空间密度加大,向下的发光强度由 30cd 增加到 73cd。

## 1.2.3  照度

照度是指被照面上光通量的密度,对被照面而言,用落在其单位面积上的光通量来衡量其被照射的程度,用符号 $E$ 表示,单位是勒克斯(lx)。当光通量 $\Phi$ 均匀分布在被照表面 $A$ 上时,则被照面的照度用公式(1-5)表达。

$$E = \frac{\Phi}{A} \qquad (1\text{-}5)$$

举例说明对照度单位的实际概念。

①在 40W 白炽灯下 1m 处的照度约为 30lx。

②加一搪瓷伞形罩后照度就增加到 73lx。

③阴天中午室外照度为 8000～20000lx。

④晴天中午在阳光下的室外照度可高达 80000～120000lx。

## 1.2.4 亮度

房间内同一位置,放置有黑和白两物体,虽然其照度完全相同,但在人眼中引起不同的视觉感觉,白色物体看起来亮得多。说明物体表面的照度并不能直接表明人眼对物体的视觉感觉。必须引入亮度的概念表明人眼的视觉感觉。

由于一个发光(或反光)物体在人眼的视网膜上的成像,其视觉感觉与视网膜上的物像的照度成正比,而视网膜上物像的照度是由物像的面积(与发光物体的面积有关)和发光体在视网膜上物像方向的发光强度所决定。因此,亮度是指视网膜上物像的照度,其和发光体在视线方向的投影面积 $A\cos\alpha$ 成反比,与发光体在视线方向的发光强度 $I_\alpha$ 成正比,用符号 $L_\alpha$ 表示,亮度如图 1-7 所示。用公式(1-6)表示。

$$L_\alpha = \frac{I_\alpha}{A\cos\alpha} \tag{1-6}$$

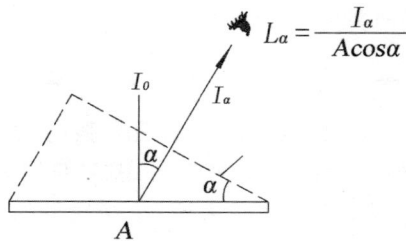

图 1-7 亮度

亮度的常用单位为坎德拉每平方米(cd/m²),有时用较大单位熙提(符号为 sb,1sb=104cd/m²)。

常见物体亮度值如下,白炽灯灯丝:300~500sb,荧光灯管表面:0.8~0.9sb。

## 1.2.5 发光强度和照度的关系

### 1. 距离平方反比定理

当光线垂直入射到被照面,如图 1-8(a)所示,照度与发光强度的关系可用距离平方反比定理表示,并用公式(1-7)表达。

$$E = \frac{I_\alpha}{r^2} \tag{1-7}$$

### 2. 余弦定律

当光线以一定角度入射到被照面,如图 1-8(b)所示,照度与发光强度的关系可用余弦定律表示,并用公式(1-8)表达。

$$E = \frac{I_a}{r^2}\cos\alpha \qquad (1\text{-}8)$$

式中:$E$ ——被照面的照度,lx;

$\quad\quad I_a$ ——点光源的发光强度,cd;

$\quad\quad r$ ——被照面 P 点与光源的距离,m;

$\quad\quad \alpha$ ——被照面的法线与光线的夹角。

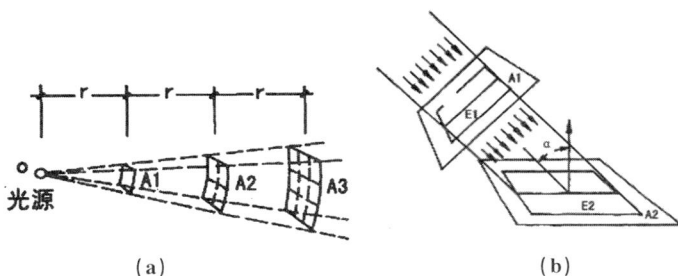

图 1-8　点光源产生的照度概念

公式(1-7)和(1-8)适用于点光源,点光源是指光源尺寸小于至被照面距离的 1/5 时的光源。可以看出,距离平方反比定律是余弦定律($\alpha = 90°$)的特殊情况。

### 1.2.6　照度和亮度的关系

亮度为 $L_a$ 的发光面在被照面上形成的照度等于该发光表面的亮度 $L_a$ 与该发光面在被照面上形成的立体角 $\Omega$ 的投影($\Omega\cos\theta$)的乘积,用立体角投影定律表示,亮度为 $L_a$ 的面光源 $A$ 在被照 P 点产生的照度可以用公式(1-9)表达,。照度与亮度的关系如图 1-9 所示。该定律适用面光源,面光源是指光源尺寸与其到被照面距离相比大得多的光源。

$$E = L_a\Omega\cos\theta \qquad (1\text{-}9)$$

式中:$L_a$ ——面光源的亮度,cd/m²;

$\quad\quad \Omega$ ——发光面在 $P$ 点上形成的立体角,$\Omega = \dfrac{A\cos\alpha}{r^2}$;

$\quad\quad A$ ——面光源面积,m²;

$\quad\quad r$ ——面光源与被照面的距离;

$\quad\quad \alpha$ ——入射光线与发光面法线夹角;

— 177 —

$\theta$——入射光线与被照面法线夹角；

E——被照面 P 点的照度，1x。

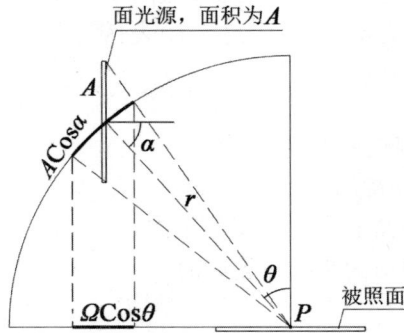

图 1-9　照度与亮度的关系

# 1.3　建筑材料的光学性质

　　人们通常所看到的光线是经过材料的反射或透射的光。不同的材料会产生不同的光效果。只有了解材料的光学性质，才能将其合理地运用到不同的建筑场合，并创造良好的建筑光环境。

　　光在传播的过程中，当遇到某种介质（如玻璃、空气及墙等）时，入射光通量（$\Phi$）中一部分光线被反射（$\Phi_\rho$），一部分光线被吸收（$\Phi_a$），还有一部分光线透过介质进入另一侧空间（$\Phi_\tau$），如图 1-10 所示。

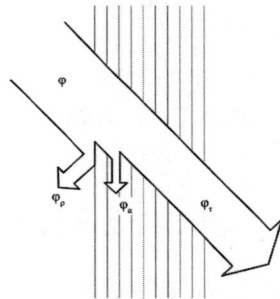

图 1-10　光的反射、吸收和透射

　　根据能量守恒定律，三部分光线光通量之和应等于入射光通量，用公式（1-10）表示。

$$\Phi = \Phi_\rho + \Phi_a + \Phi_\tau \tag{1-10}$$

　　反射、吸收和透射光通量与入射光通量之比，分别称为光反射比 $\rho$、光吸收比 $\alpha$ 和光透射比 $\tau$。可以用公示（1-11）、（1-12）和（1-13）表示。三者间关系用公式（1-14）表示。

$$\rho = \frac{\Phi_\rho}{\Phi} \tag{1-11}$$

$$\alpha = \frac{\Phi_\alpha}{\Phi} \qquad\qquad (1\text{-}12)$$

$$\tau = \frac{\Phi_\tau}{\Phi} \qquad\qquad (1\text{-}13)$$

$$\rho + \alpha + \tau = 1 \qquad\qquad (1\text{-}14)$$

　　光的反射和透射是建筑材料的基本光学特性。建筑采光和照明设计时,必须了解两个基本问题,一是建筑材料光反射比、光透射比;二是经介质反射和透射后,光通量 $\Phi$ 发生了什么变化。表 1-1 和表 1-2 分别列出常用建筑材料的光反射比和光透射比,以便于建筑采光设计时使用。

　　光线经过介质的反射和透射后,其分布变化取决于材料表面的光滑程度和材料内部分子结构。反光和透光材料可以分为两类,一类是定向材料,光线经过反射和透射后,光分布的立体角 $\Omega$ 没有改变,如镜面和透明玻璃;另一类是扩散材料,光线经过反射和透射后,光分布的立体角 $\Omega$ 增大,如粉刷墙面和磨砂玻璃。

表 1-1　饰面材料的光反射比 $\rho$ 值

| 材料 | $\rho$ 值 | 材料 | $\rho$ 值 | 材料 | $\rho$ 值 |
|---|---|---|---|---|---|
| 石膏 | 0.91 | 混凝土地面 | 0.20 | 深咖啡色 | 0.20 |
| 大白粉刷 | 0.75 | 沥青地面 | 0.10 | 普通玻璃 | 0.08 |
| 水泥砂浆抹面 | 0.32 | 铸铁、钢板地面 | 0.15 | 大理石 | |
| 白水泥 | 0.75 | | | 白色 | 0.60 |
| 白色乳胶漆 | 0.84 | 瓷釉面砖 | | 乳色间绿色 | 0.39 |
| 调和漆 | | 白色 | 0.80 | 红色 | 0.32 |
| 白色和米黄色 | 0.70 | 黄绿色 | 0.62 | 黑色 | 0.08 |
| 中黄色 | 0.57 | 粉色 | 0.65 | | |
| | | 天蓝色 | 0.55 | 水磨石 | |
| 红砖 | 0.33 | 黑色 | 0.08 | 白色 | 0.70 |
| 灰砖 | 0.23 | | | 白色间灰黑色 | 0.52 |
| | | 无釉陶土地砖 | | 白色间绿色 | 0.66 |
| 塑料墙纸 | | 土黄色 | 0.53 | 黑灰色 | 0.10 |
| 黄白色 | 0.72 | 朱砂 | 0.19 | | |
| 蓝白色 | 0.61 | | | | |
| 浅粉白色 | 0.65 | | | 塑料贴面板 | |
| 胶合板 | 0.58 | 马赛克地砖 | | 浅黄色木纹 | 0.36 |
| 广漆地板 | 0.10 | 白色 | 0.59 | 中黄色木纹 | 0.30 |
| | | 浅蓝色 | 0.42 | 深棕色木纹 | 0.12 |
| | | 浅咖啡色 | 0.31 | | |
| 菱苦土地面 | 0.15 | 绿色 | 0.25 | | |

表 1-2　采光材料的光透射比 $\tau$ 值

| 材料 | | 颜色 | 厚度/mm | $\tau$ 值 | 材料 | 颜色 | 厚度/mm | $\tau$ 值 |
|---|---|---|---|---|---|---|---|---|
| 普通玻璃 | | 无 | 3～6 | 0.78～0.82 | 聚脂玻璃钢板 | 本色 | 3～4 层布 | 0.73～0.77 |
| 钢化玻璃 | | 无 | 5～6 | 0.78 | | 绿 | 3～4 层布 | 0.62～0.67 |
| 磨砂玻璃（花纹深密） | | 无 | 3～6 | 0.55～0.60 | 小波玻璃钢瓦 | 绿 | — | 0.38 |
| 压花玻璃 | 花纹深密 | 无 | 3 | 0.57 | 大波玻璃钢瓦 | 绿 | — | 0.48 |
| | 花纹浅稀 | 无 | 3 | 0.71 | 玻璃钢罩 | 本色 | 3～4 层布 | 0.72～0.74 |
| 夹丝玻璃 | | 无 | 6 | 0.76 | 钢窗纱 | 绿 | — | 0.70 |
| 压花夹丝玻璃（花纹浅稀） | | 无 | 6 | 0.66 | 镀锌铁丝网（孔 20mm×20mm） | — | — | 0.89 |
| 夹层安全玻璃 | | 无 | 3＋3 | 0.78 | 茶色玻璃 | 茶色 | 3～6 | 0.08～0.50 |
| 双层隔热玻璃（空气层厚度 5mm） | | 无 | 3＋5＋3 | 0.64 | 中空玻璃 | 无 | 3＋3 | 0.81 |
| 吸热玻璃 | | 蓝 | 3～5 | 0.52～0.64 | 安全玻璃 | 无 | 3＋3 | 0.84 |
| 乳白玻璃 | | 乳白 | 3 | 0.60 | 镀膜玻璃 | 金色 | 5 | 0.10 |
| 有机玻璃 | | 无 | 2～6 | 0.85 | | 银色 | 5 | 0.14 |
| 乳白有机玻璃 | | 乳白 | 3 | 0.20 | | 宝石蓝 | 5 | 0.20 |
| 聚苯乙烯板 | | 无 | 3 | 0.78 | | 宝石绿 | 5 | 0.08 |
| 聚氯乙烯板 | | 本色 | 2 | 0.60 | | 茶色 | 5 | 0.14 |
| 聚碳酸脂板 | | 无 | 3 | 0.74 | | | | |

## 1.3.1　定向反射和透射

定向反射是指光线照射到表面很光滑的不透明材料上出现的反射，又称镜面反射。玻璃镜、磨得很光的金属表面具有定向反射的特性,遵循反射定律,能够在光的反射方向上很清晰地看到光源的形象。定向反射如图 1-11 所示。

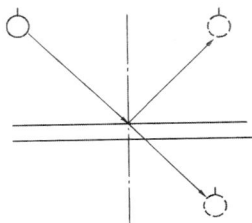

图 1-11　定向反射和透射

通过眼睛或光滑表面稍微移动到另一位置,不处于反射方向,就看不到光源形象。避免受定向反射影响的办法如图 1-12 所示,人在 A 处,能清楚地看到自己的形象,看不见灯的反射形象。

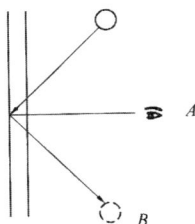

图 1-12　避免受定向反射影响的办法

一方面,采光设计时,可以用镜面反射材料引导光线进入室内;另一方面,照明工程中常利用镜面反射进行精确控光,如制造各种曲率的镜面反光罩获得需要的光强分布,提高灯具效率,如图 1-13 所示。

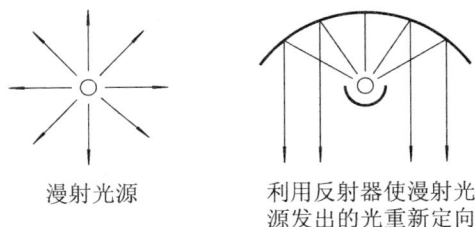

漫射光源　　　利用反射器使漫射光源发出的光重新定向

图 1-13　利用镜面反射光罩提高灯具效率

定向透射是指光线照射到表面光滑的透明材料上出现的透射。透明玻璃、有机玻璃具有定向透射的特性,能够在光的透射方向上清晰地看到光源的形象。定向透射如图 1-11 所示。

光源经材料的反射或透射后的亮度,会比原来有所降低,其亮度可以用公式(1-15)和(1-16)表示。

对于定向反射材料：$\qquad L_\rho = L \cdot \rho$ $\qquad\qquad$ (1-15)

对于定向透射材料：$\qquad L_\tau = L \cdot \tau$ $\qquad\qquad$ (1-16)

式中：$L$ —— 光源原有亮度，$cd/m^2$；

$\qquad L_\rho$ —— 经过反射后光源的亮度，$cd/m^2$；

$\qquad L_\tau$ —— 经过透射后光源的亮度，$cd/m^2$；

$\qquad \rho$ —— 材料的反射比；

$\qquad \tau$ —— 材料的透射比。

如果玻璃的两表面相互平行，则透过材料的光线方向和入射方向保持一致，隔着质量好的透明玻璃就能很清楚地看到另一侧的景物。

如果玻璃的两表面不平行，各处厚薄不均匀，则各处的折射角不同，透射光线会偏离原入射方向，使光源影像模糊或变形。因此，建筑采光设计中，使用压花玻璃、玻璃砖等，不仅能保证室内采光效果，而且又避免室内活动从室外一览无余。建筑照明工程中，利用透镜控制亮度及定向光线，如图1-14所示。

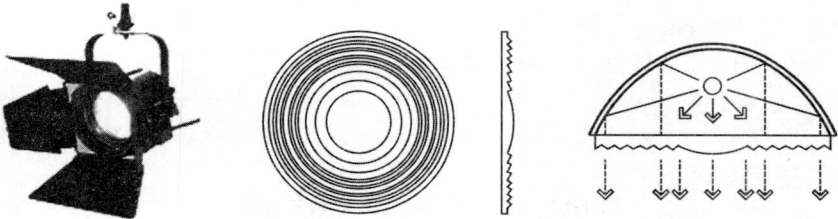

图 1-14 灯具利用透镜控制光线分布

## 1.3.2 扩散反射和透射

扩散反射是指光线照射到表面粗糙的不透明材料，使入射光线发生扩散反射；而扩散透射是指光线照射到半透明材料使入射光线发生扩散透射。扩散反射和透射均使光线分布在更大的立体角范围内。按照扩散程度的不同，可以分为均匀扩散和定向扩散两种材料。

### 1. 均匀扩散材料

均匀扩散材料是指入射光线均匀地向四面八方反射或透射的材料。从各个角度看，亮度完全相同，因此，看不到光源形象。均匀扩散反射和透射如图1-15所示。

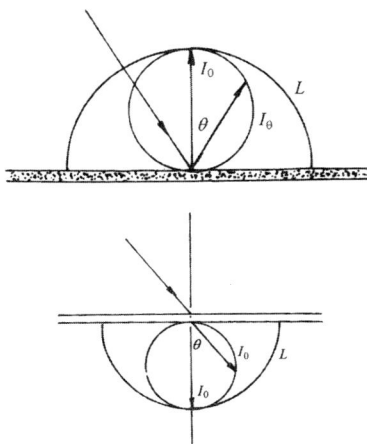

图 1-15　均匀扩散反射和透射

均匀扩散反射材料又称漫反射材料,主要是指氧化镁和石膏,大部分无光泽、粗糙的饰面材料如乳胶漆、砖墙等均可近似地看成漫反射材料,不会造成眩光,高反射比材料还可提高室内明亮程度。

均匀扩散透射材料又称漫透射材料,主要是指乳白玻璃和半透明塑料。乳白玻璃具有漫透射的特性,透光面亮度均匀,看不到光源形象,只能看见材料本色和亮度上的变化,对光源具有良好的遮蔽性。常用作灯罩、发光顶棚和室内隔断。

均匀扩散材料表面的亮度可以用公式(1-17)和(1-18)表示。

对于均匀扩散反射材料:　$L = \dfrac{E \cdot \rho}{\pi}$　　　　　　　　(1-17)

对于均匀扩散透射材料:　$L = \dfrac{E \cdot \tau}{\pi}$　　　　　　　　(1-18)

式中:$L$ ——均匀扩散材料表面亮度,cd/m²;

　　　$E$ ——均匀扩散材料表面的照度,lx;

　　　$\rho$ ——材料反射比;

　　　$\tau$ ——材料反射比。

## 2. 定向扩散材料

定向扩散材料是指同时具有定向和扩散两种性质的材料,在定向反射方向,具有最大的亮度,而其他方向也有一定亮度。定向扩散反射材料主要有光滑的纸张、较粗糙的金属表面、深色油漆表面,能够在反射方向看到光源的大致形象,但是轮廓不像定向反射那么清晰。定向扩散透射材料主要有磨砂玻璃,透过材料可以看到光源的大致形象,但是并不清晰。定向扩散反射和透射如图 1-16 所示。

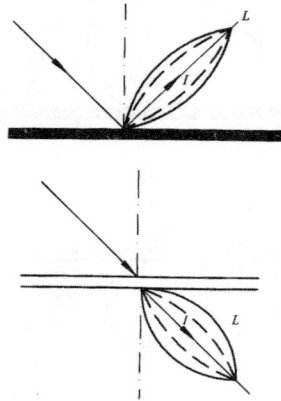

**图 1-16　定向扩散反射和透射**

图 1-17 为不同桌面材料的光效果。图 1-17(a)为办公室桌面选用深色油漆表面,材料具有定向扩散反射性能,能够在桌面上看到两条明显的荧光灯反射形象,但边缘不是特别清楚。而图 1-17(b)为浅色油漆表面,具有均匀扩散反射性能,亮度较为均匀,看不见荧光灯反射形象。

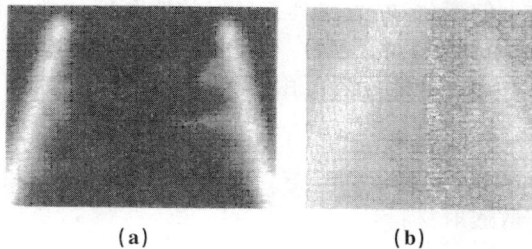

(a)　　　　　　　　(b)

**图 1-17　不同桌面材料的光效果**

# 1.4　视度及其影响因素

视度是指看物体的清楚程度。影响视度的主要因素是物体的物理特征及其所处的物理环境。

## 1.4.1　物件尺寸

物件尺寸、眼睛至物件的距离都影响人们观看物件的清楚程度,对大而近的物件看得清楚,反之视度下降。物件尺寸 $d$、眼睛至物件的距离 $l$ 形成的视角 $\alpha$,可以用公式(1-19)表达。视角的定义如图 1-18 所示。

$$\alpha = 3400\frac{d}{l} \tag{1-19}$$

式中:$\alpha$——视角,单位(′);

　　$d$——物件尺寸,m;

　　$l$——眼睛至物件的距离,m。

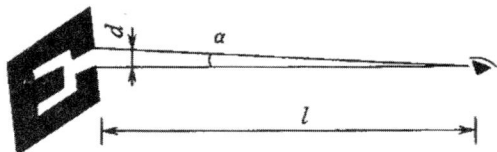

图 1-18　视角的定义

## 1.4.2　物体亮度及亮度对比

### 1. 物体亮度

人们能看见的最低亮度(称"最低亮度阈")为 0.1cd/m²。亮度愈大,看得愈清楚,视度愈大。

西欧一些研究人员在办公室和工业生产操作场所等工作房间内,调查在各种照度条件下,感到"满意"的人所占的百分数。随着照度的增加,感到"满意"的人数百分数也增加,最大百分比在 1500～3000lx 之间。照度超过此数值,对照度"满意"的人反而减少,说明照度(亮度)要适量。人们感到"满意"的照度值见图 1-19。

若亮度过大,超出眼睛的适应范围,易引起人眼疲劳,眼睛的灵敏度会下降。夏日在室外看书,人眼会感觉到刺眼,不能长久地坚持看书。一般而言,当物体亮度超过 16sb,人们就感到刺眼,不能坚持工作。

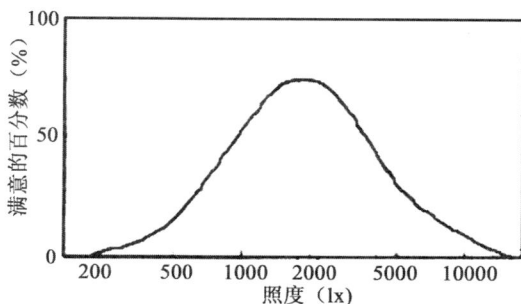

图 1-19　人们感到"满意"的照度值

## 2.亮度对比

亮度对比是指观看对象和其背景之间的亮度差异,差异越大,视度越高,如图 1-20 所示。

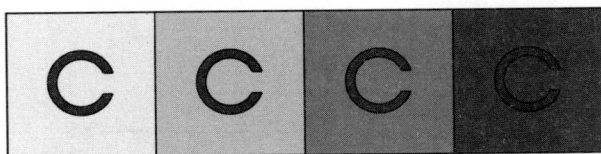

**图 1-20　亮度对比与视度的关系**

亮度对比是视野中目标和背景的亮度差与背景亮度之比,记作 $C$,用公式(1-20)表示。

$$C = \frac{L_t - L_b}{L_b} \qquad (1\text{-}20)$$

式中:$L_t$——目标亮度,cd/m²;

　　　$L_b$——背景亮度,cd/m²。

视觉功效实验表明:物体亮度(与照度成正比),视角大小和亮度对比三个因素对视度的影响是相互有关的。图 1-21 所示为辨别几率为 95％(即正确辨别视看对象的次数为总辨别次数的 95％)时,三个因素之间的关系。

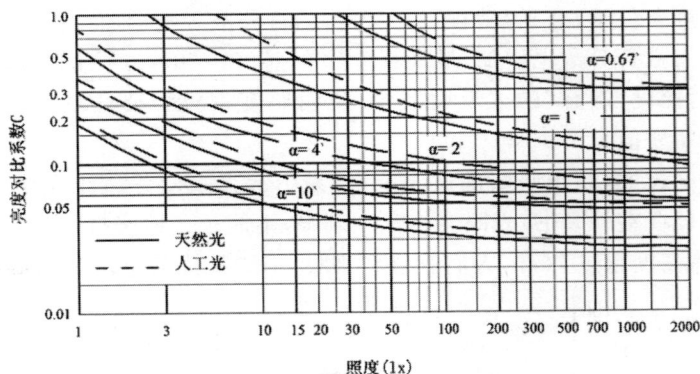

**图 1-21　视觉功效曲线**

从视觉效曲线可以看出:

①同一曲线看(视角不变),如对比下降,则需增加照度才能保持相同的视度。

②不同曲线(视角不同),目标愈小(视角愈小),需要的照度愈高。

③天然光(实线)比人工光(虚线)更有利于视度的提高。

### 1.4.3 识别时间

当眼睛在观看物体时,只有在该物体发出足够的光能,并形成一定刺激时,才能产生视觉感觉。在一定条件下,亮度与时间的乘积为常数,可以看出,呈现时间越少,越需要更高的亮度才能引起视感觉。物体越亮,感觉到物体所需用的时间就越短。因此,照明标准中规定,当识别对象在活动面上,由于识别时间短而辩认困难时,要求采用照度标准值范围内的高值。看物件所用的识别时间与背景亮度间的关系如图 1-22 所示。

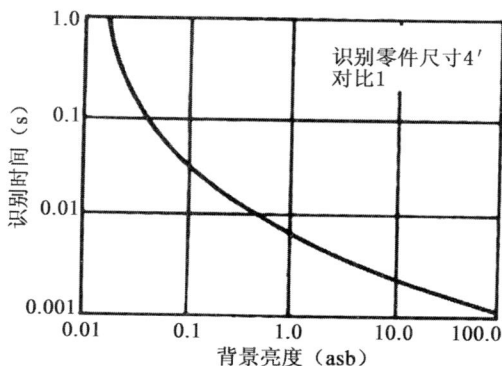

图 1-22 识别时间与背景亮度间的关系

### 1.4.4 避免眩光

眩光是指在视野内存在亮度分布或范围不适宜,或在空间或时间上存在极端的亮度对比,以致于引起视觉上的不舒适或降低物体视度。

按照眩光对视觉的影响程度,可以分为失能眩光和不舒适眩光。失能眩光是指会降低视觉功效和视度的眩光。不舒适眩光是指会引起不舒适感,但是并不一定会降低视觉功效或视度的眩光。

从眩光形成的原因来看,可以将眩光分为直接眩光和反射眩光两种情况。直接眩光是指由于明亮的窗口或高亮度光源存在视野内,引起视觉上不舒适现象;反射眩光是指由于镜面反射的作用,引起视觉上的不舒适现象。直接眩光和反射眩光如图 1-23 所示。在很多情况下,眩光会干扰视觉信息的获取,建筑光环境设计中,应合理地处理建筑室内工作面上产生的眩光。

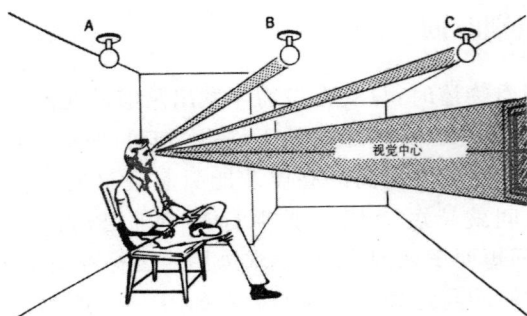

(a)直接眩光

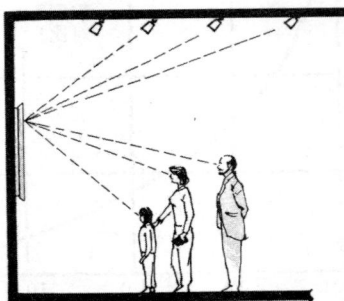

(b)反射眩光

(c)直接眩光与一次反射、二次反射眩光

图 1-23　直接眩光与反射眩光

# 第 2 章　天然采光设计

人眼只有在良好的光照条件下才能有效且合理地进行室内视觉工作。人眼视觉功效曲线显示表明,人眼在天然光环境下比人工光环境时具有更高的视觉功效,并感到舒适和有益于身心健康。因此,天然采光是绿色建筑的重要组成部分。

我国大部分地区天然光资源丰富,为设计中充分利用天然光提供了有利条件。建筑师在建筑设计时,如何充分利用天然光,节约照明用电,将有助于资源节约和保护环境。在国家实施可持续发展战略的背景下,做好天然光环境设计将带来巨大的生态效益、环境效益和经济效益。

## 2.1　光气候和采光标准

### 2.1.1　光气候

在采用天然光的室内环境里,室内的光线会随着室外天气的变化而改变。因此,要做好室内采光设计,必须对所在地的室外照度状况及影响其变化的气象因素有所了解,以便在设计中采取相应的措施,来保证采光需要。所谓光气候就是由太阳直射光、天空扩散光和地面反射光形成的天然光平均状况。

**1. 天然光的组成**

(1)太阳直射光

太阳直射光是指太阳光穿过大气层时,透过大气直接照射到地面上的光线。太阳直射光在地面上形成的照度大,并具有一定方向,在被照射物体的背后会出现明显的阴影。

(2)天空扩散光

天空扩散光又称天空漫射光,是指太阳光线经大气层中的空气分子、灰尘、水蒸气等微粒的多次反射而形成的光线。天空扩散光使天空具有一定亮度,地面上形成的照度较低,没有一定方向,不能形成阴影。

(3)地面反射光

地面反射光是指太阳直射光和天空扩散光射到地面后,经地面反射,并在地面与天空之间发生多次反射的光线。地面反射光会使地面照度和天空亮度都有所增加。在进行建筑采光计算时,一般可以不用考虑地面反射光的影响。

### 2. 天空状况及特点

影响室外天然光的因素主要有太阳高度角、云量、云状、日照率、大气透明度、地面反射能力等。按照不同天空云量来说明室外光气候的变化情况。

(1)晴天

晴天指天空无云或很少云的天空状况。晴天时,地面照度是由太阳直射光和天空扩射光两部分组成。晴天室外照度变化情况见图 2-1,可以看出:直射光照度在总照度中占有很大的比重。

晴天时,建筑朝向对室内采光具有很大的影响。朝阳房间如朝南面对的是高亮度天空,室内照度高;背阳房间如朝北面对的是低亮度天空,室内照度比朝阳房间低得多。在朝阳房间中,太阳直射光照射处具有很高的照度,而其他地方的照度由天空漫射光形成,照度低得多。

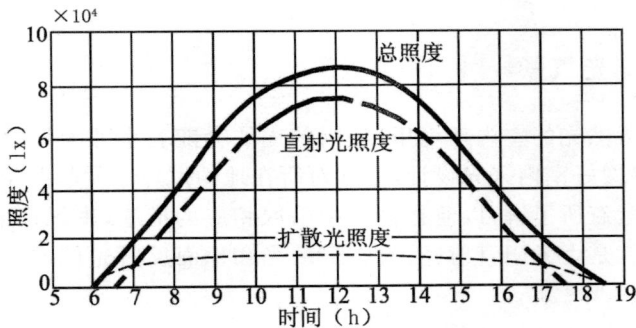

图 2-1　晴天室外照度变化情况

(2)全云天

全云天是指天空云很多或全云的情况。全云天时,天空全部为云层所遮盖,看不到太阳,室外天然光全部由天空漫射光组成,物体后面没有阴影出现。

由于全云天的天空亮度较低,室内照度也较低,因此,天空亮度分布相对稳定,建筑朝向对室内照度影响小,照度分布也较稳定。目前多采用国际照明协会(CIE)推荐的全云天作为采光设计的依据。

### 2.1.2　采光标准

我国于 2013 年 5 月 1 日起实施的《建筑采光设计标准》(GB/T 50033—

2013)(以下简称采光标准),代替《建筑采光设计标准》(GB/T 50033—
2001),作为我国进行建筑采光设计的依据。

**1. 光气候分区**

我国地域辽阔,同一时刻南、北方的太阳高度相差很大。从日照率来
看,由北、西北往东南方向逐渐减少,以四川盆地最低。从云量来看,大致是
自北向南逐渐增多,新疆南部最少,华北、东北少,长江中下游较多,华南最
多,四川盆地特多。从云状来看,南方以低云为主,向北逐渐以高、中云为
主。这些特点说明,北方和西北以太阳直射光为主,南方以天空扩射光照度
为主。图 2-2 为我国年平均总照度分布情况。

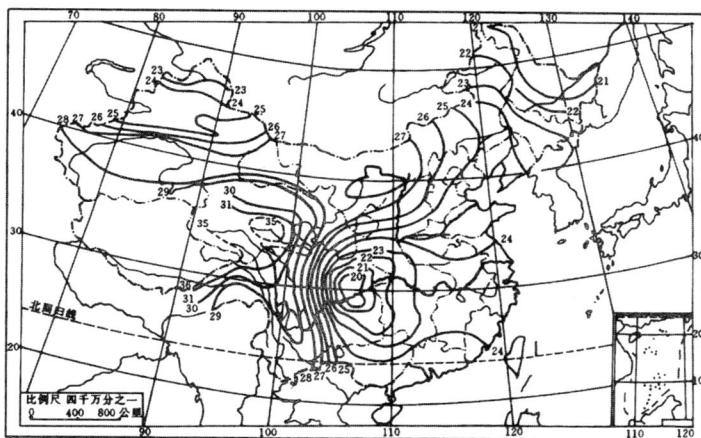

图 2-2　全国年平均总照度分布图

我国各地光气候差别很大,采用同一采光系数标准值是不合理的。采
光标准根据我国天然光分布情况,将全国分为 I～V 个光气候分区,按图 2-
3 确定。

图 2-3　光气候分区

不同光气候区的光气候系数值与室外天然光设计照度值可以按表 2-1
选用。室外天然光设计照度是指室内全部利用天然光时的室外天然光最低
照度。所在地区的采光系数标准值应乘以相应地区的光气候系数。

表 2-1　光气候系数 $K$ 值与室外天然光设计照度值

| 光气候区 | I | II | III | IV | V |
|---|---|---|---|---|---|
| $K$ 值 | 0.85 | 0.90 | 1.00 | 1.10 | 1.20 |
| 室外天然光设计照度值(lx) | 18000 | 165000 | 15000 | 135000 | 12000 |

新版《采光标准》以采光系数和室内天然光照度作为采光设计的评价指标。

## 2. 采光系数

建筑方案设计时,常常采用窗地面积比对天然采光进行估算。但是实际上,天然采光除与窗洞口有关,还与诸多因素有关,如室内表面白色房间比装修前的采光系数会高出 1 倍。

由于室外天然光受到各种气象条件的影响,天然光照度在一天中有很大的变化,将影响室内光线的变化,因此,采光设计时,不能采用固定值来衡量室内的采光效果。《采光标准》选用采光系数这一相对值作为采光设计的数量指标。引入采光系数作为采光设计评价指标,比窗地面积比作为评价指标更客观、准确地反映建筑采光状况。

采光系数是指在室内参考平面上的一点,由直接或间接地接收来自假定和已知天空亮度分布的天空漫射光而产生的照度与同一时刻该天空半球在室外无遮挡水平面上产生的天空漫射光照度之比。用符号 $C$ 表示,按公式(2-1)计算。

$$C = \frac{E_n}{E_w} \times 100\% \tag{2-1}$$

式中:$E_n$——室内照度,lx;

　　　$E_w$——室外照度,lx。

## 3. 采光系数标准值

旧版《采光标准》侧面采光是以采光系数最低值作为标准值,而顶部采光采用平均值作为标准值;新版《采光标准》不再区分侧面和顶部采光,而是统一选取采光系数平均值作为标准值。采光系数标准值是指在规定的室外天然光设计照度下,满足视觉功能要求所对应的采光系数值。

《采光标准》按识别对象的最小尺寸划分了视觉作业分类、采光等级、室内天然光临界照度值和不同采光等级相应的采光系数标准值。《采光标准》规定的采光系数标准值和室内天然光照度标准值为参考面上的平均值。各采光等级参考平面上的采光标准值应符合表 2-2 的规定。

表 2-2　各采光等级参考平面上的采光标准值

| 采光等级 | 视觉作业分类 | | 侧面采光 | | 顶部采光 | |
|---|---|---|---|---|---|---|
| | 作业精细度 | 识别对象的最小尺寸 $d$(min) | 采光系数标准值(%) | 室内天然光照度标准值(lx) | 采光系数标准值(%) | 室内天然光照度标准值(lx) |
| Ⅰ | 特别精细 | $d\leqslant0.15$ | 5 | 750 | 5 | 750 |
| Ⅱ | 很精细 | $0.15\ d\leqslant0.3$ | 4 | 600 | 3 | 450 |
| Ⅲ | 精细 | $0.3\ d\leqslant1.0$ | 3 | 450 | 2 | 300 |
| Ⅳ | 一般 | $1.0\ d\leqslant5$ | 2 | 300 | 1 | 150 |
| Ⅴ | 粗糙 | $d\ 5.0$ | 1 | 150 | 0.5 | 75 |

注:1. 工业建筑参考平面取距地面 1m,民用建筑取距地面 0.75m,公用场所取地面。

2. 表中所列采光系数标准值适用于我国Ⅲ类光气候区,采光系数标准值是按室外设计照度值 15000lx 制定的。

3. 采光标准的上限值不宜高于上一采光等级的级差,采光系数值不宜高于 7%。

### 4. 采光质量

①照度均匀度。视野内照度分布不均,易使人眼疲乏,视功能下降,影响工作效率。因此,房间内的照度分布应有一定的均匀度。采光标准以采光系数的最低值和平均值之比表示均匀度。新版《采光标准》提出,顶部采光时,Ⅰ~Ⅳ级视觉工作等级的室内照度均匀度不宜小于 0.7。为保证采光均匀度的要求,相邻两天窗中线间的距离不宜大于参考平面至天窗下沿高度的 1.5 倍。

②眩光的限制。建筑采光设计时,应采取如下措施减少窗的不舒适眩光。

(a)作业区应减少或避免直射阳光。

(b)工作人员的视觉背景不宜为窗口。

(c)可采用室外遮挡设施。

(d)窗结构的内表面或窗周围的内墙面,宜采用浅色饰面。

③合适的光反射比。对于办公、图书馆、学校等建筑的房间,其室内各表面的光反射比宜符合表 2-3 的规定。

表 2-3　光反射比

| 表面名称 | 反射比 |
|---|---|
| 顶棚 | 0.60～0.90 |
| 墙面 | 0.30～0.80 |
| 地面 | 0.10～0.50 |
| 桌面、工作台面、设备表面 | 0.20～0.60 |

④建筑采光设计时,应注意光的方向性,应避免对工作产生遮挡和不利的影响。

⑤需补充人工照明的场所,照明光源宜选择接近天然光色温的光源。

⑥需识别颜色的场所,应采用不改变天然光光色的采光材料。

⑦博物馆建筑的天然采光设计,对光有特殊要求的场所,宜消除紫外辐射、限制天然光照度值和减少曝光时间。陈列室不应有直射阳光进入。

## 2.2　采光口

建筑外围护结构中的透光部分可以引入太阳光,在白天为室内提供天然的照明。通常将这些装有透光材料的孔洞统称为采光口。随着新材料和新工艺的应用,采光口设计已超越了传统的采光口的设计。采光口的形式已成为建筑师设计的活跃元素,建筑师采用各种技术将自然光引进室内并避免阳光的直接照射。

按所处位置的不同,采光口可分为侧窗和天窗两种。建筑利用侧窗采光,称侧面采光;利用天窗采光,称顶部采光;兼有侧窗和天窗,则称混合采光。采光口的尺寸、位置和细部设计等因素决定了室内空间天然采光的照明效果。

### 2.2.1　侧窗

侧窗是在房间的一侧或两侧墙上开的采光口,一种最常见的采光形式,如图 2-4 所示。侧窗由于构造简单、布置方便、造价低廉;光线具有明确的方向性,有利于形成阴影,特别适合观看立体物件;可提供景观和扩大视野;不受建筑物层数的限制,故普遍使用。

侧窗一般放置在 1m 左右高度。有时为争取更多的可用墙面,或提高房间深处照度,其他原因,将窗台提高到 2m 以上,称为高侧窗(图 2-4(b)右侧窗口)。高侧窗常用于展览建筑,以争取更多的展出墙面;用于厂房以提高深处照度;用于仓库以增加贮存空间。

　　(a)单侧窗　　　　　　　　　　(b)双侧窗

图 2-4　侧窗的几种采光方式

　　侧窗采光系数变化曲线如图 2-5 所示,单侧窗采光时,室内照度不均匀,近窗处照度很高,沿房间进深方向下降很快。

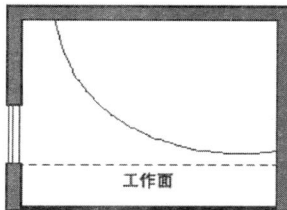

图 2-5　侧窗采光系数变化曲线

## 1. 侧窗采光质量的影响因素

　　(1)窗口形状对室内采光量和照度均匀性的影响

　　就室内采光量而言,当采光口面积相等、窗台高度相同时,正方形是采光量最高的窗口形式,竖长方形居中,横长方形最少。

　　就照度的均匀性而言,房间开间方向,横长方形侧窗均匀性好;房进深方向,竖长方形均匀性好,不同形状侧窗的光线分布见图 2-6。窗口形状应结合房间形状进行选择,宽而浅的房间宜选用横长方形窗口形式,窄而深的房间宜选用竖长方形窗口形式。

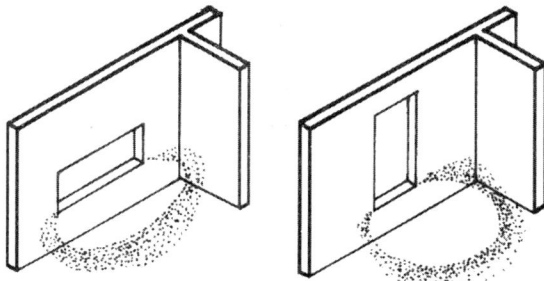

图 2-6　不同形状侧窗的光线分布

（2）窗口高度位置和窗间墙对室内照度均匀性的影响

侧窗位置对室内照度分布的影响见图2-7。上图为房间横剖图，表示房间平面的采光系数分布图，同一条曲线上的采光系数相同；下图为房间纵剖图，表示工作面上不同点的采光系数分布图。

影响房间进深方向采光均匀性的主要因素为窗位置的高低。图2-7（a）、（b）表示当窗面积相同但位置高低不同时，室内采光系数分布的差异。可以看出，窗口位置较低时（图2-7（a）），靠近窗口处采光系数很高，内墙处采光系数很低，沿房间进深方向照度下降很快；当窗的位置提高后（图2-7（b）），虽然靠近窗口处照度下降，但离窗口远的地方照度却有所提高，室内照度均匀性得到很大改善。

影响房间横向采光均匀性的主要因素是窗间墙，窗间墙愈宽，横向照度均匀性愈差，特别是靠近外墙区域。图2-7（c）是有窗间墙的侧窗，其窗面积和图2-7中（a）、（b）相同，由于窗间墙的存在，靠墙处照度很不均匀。图2-7中（a）、（b）两种情况是通长窗，靠墙区域的采光系数不高，但均匀性好。因此，当需沿外墙布置连续的工作面时，应尽可能缩小窗间墙的宽度，以减少横向采光的不均匀性。

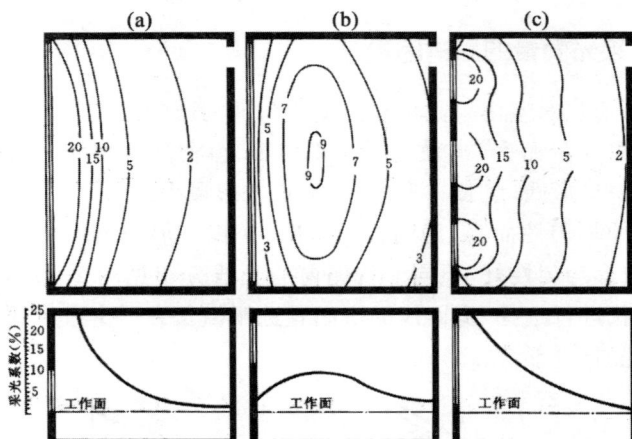

图2-7　窗口的高度位置和窗间墙对室内采光的影响

（3）窗口尺寸对室内照度均匀性的影响

窗面积的减少，肯定会减少室内的采光量，但不同的减少方式，对室内采光状况带来不同的影响。图2-8表示保持窗口宽度和上沿高度不变，用提高窗台来减少面积。随着窗台的提高，室内深处的照度变化不大，但近窗处照度明显下降，而且拐点（空心圈，表示照度从最高处开始下降的转折点）内移。

图 2-9 表示保持窗口宽度和窗台高度不变,窗上沿高度变化对室内采光的影响。随着窗上沿高度的降低,近窗处照度变小,但不像图 2-8 变化大,而且未出现拐点,但离窗远处照度下降逐渐明显。

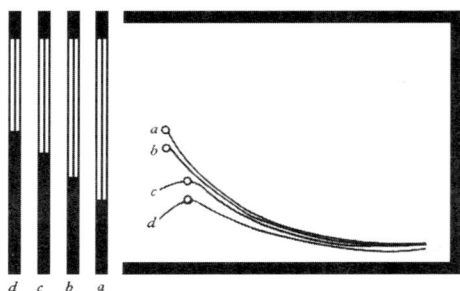

**图 2-8　窗台高度变化对室内采光的影响**

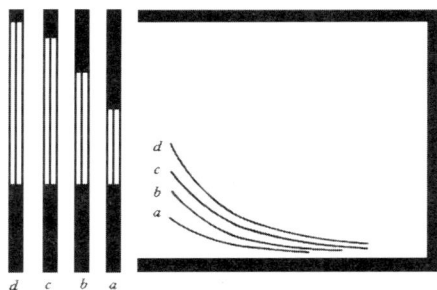

**图 2-9　窗口上沿高度变化对室内采光的影响**

图 2-10 表示保持窗高不变,改变窗宽度使窗面积减少。随着窗宽的减小,墙角处的暗角面积增大。

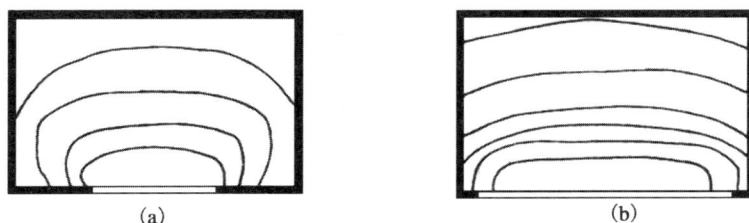

(a)　　　　　　　　　　　　　　　(b)

**图 2-10　窗口宽度的变化对室内采光的影响**

(4)窗口朝向对室内采光的影响

上述分析属于阴天的情况,这时窗口朝向对室内采光状况无影响。但晴天时室内采光不仅受窗口形状、位置和尺寸的影响,还受窗口朝向的影响。图 2-11 表示单侧窗采光时,同一房间在阴天(曲线 b)、晴天窗口朝阳(曲线 a)和窗口背阳(曲线 c)时的室内照度分布。晴天窗口朝阳(南向)时,室内照度高;但若晴天窗口背阳(北向),室内照度反而比阴天时还低。这是由于远离太阳的晴天天空亮度往往低于阴天的天空亮度。

直接照射的阳光对自然采光较为有用,因此朝南的方向通常是进行自然光照明的最佳方向。自然光利用的第二个最佳方向是北方,原因在于北向光线较稳定,质量较高。在炎热气候区,朝北比朝南更为受欢迎。最不好的朝向是东面和西面,这两个方向不仅每天有一半时间被太阳照射,而且在夏季这两个方向的日照强度最大且还会带来严重的眩光。

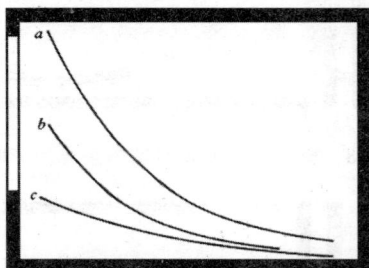

图 2-11　天空状况对室内采光的影响

双侧窗采光情况下,晴天时,两侧窗口朝向亮度不同的天空,朝阳侧的照度高得多,如图 2-12 中 *a* 所示;阴天时,两侧窗口虽朝向不同,但由于天空亮度一致,室内照度呈中间对称分布,如图 2-12 中 *b* 所示。可见,晴天时窗口朝向对室内采光的影响很大。当太阳光进入室内,不论室内照度绝对值的变化,还是照度的变化梯度都将大大加剧。因此在晴天多的地区进行采光设计时,应考虑窗口的朝向问题。

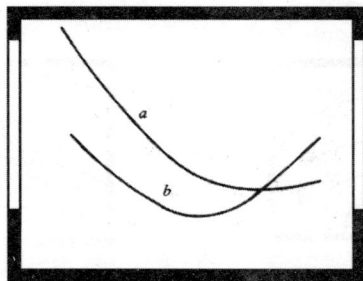

*a*—晴天;*b*—阴天

图 2-12　不同天空状况下双侧窗的室内照度分布情况

## 2. 侧窗采光质量的改进措施

(1)室内照度分布均匀性的改善

前述分析可知,侧窗的采光特点是照度沿进深下降很快,分布很不均匀。因此侧面采光只能保证有限进深房间的采光要求。一般房间进深不宜超过窗高的 2 倍,侧面采光适宜的房间进深范围如图 2-13 所示。如果房间进深太大,房间深处需采用人工照明补充。

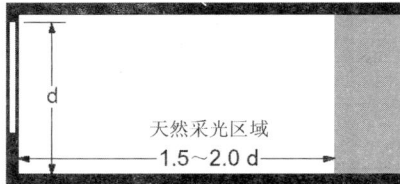

**图 2-13　侧面采光适宜的房间进深范围**

　　为提高房间深处照度,改善侧面采光室内照度均匀性,一方面,窗口的透光部分可采用扩散透光材料(如乳白玻璃、玻璃砖等)或折光材料(如折光玻璃)。这些材料能在一定程度上提高房间深处的照度,利于加大房间进深,降低造价。图 2-14 为侧窗上分别采用普通玻璃、扩散玻璃和定向折光玻璃时,室内采光系数变化情况,以及能够达到规定采光系数的进深范围。

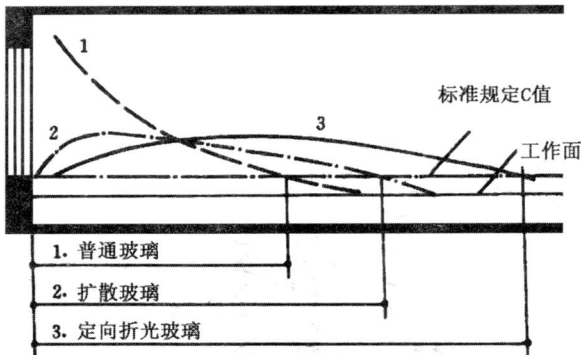

**图 2-14　不同玻璃的采光效果**

　　另一方面,在窗口上部设置水平反光板、倾斜顶棚或在顶棚近窗处铺设反光材料等措施,可提高顶棚亮度,并将太阳光反射到房间深处,使顶棚成为照射房间深处的第二光源,改善室内照度分布。图 2-15 是一大进深办公大楼采用倾斜顶棚的实例。当建筑所在地区晴天多时,可以沿外墙设置室内水平反光板,朝南外墙设置室外水平反光板。通过设置反光板使更多的光线反射到顶棚。

　　(2)避免眩光

　　由于侧窗的位置一般较低,易形成眩光。特别是医院、教室、展馆等建筑,可采用《采光标准》中推荐的方法,如利用水平挡板、百叶、窗帘、绿化等加以遮挡,减少侧窗形成的眩光。

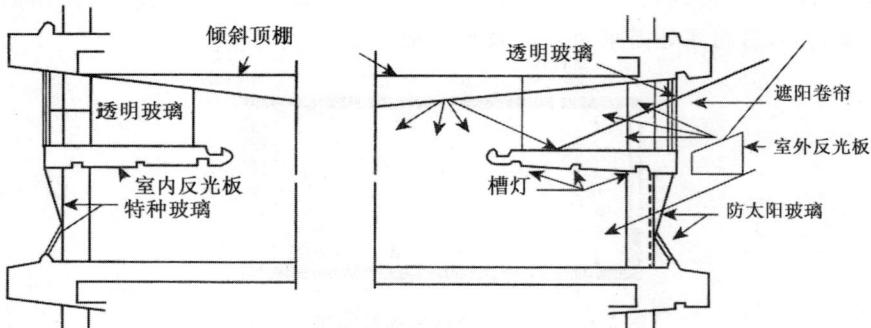

图 2-15　某办公室采光方案

(3)利用外界反光面增加室内照度

在多晴天地区,当朝北房间采光不足,可将对面建筑(南向)立面处理成浅色,太阳光在南向垂直面形成的高照度可以使该墙面成为一个高亮度的反射光源,可以增加朝北房间的采光量。

(4)避免室外物体的遮挡

由于侧窗位置低,容易受周围物体的遮挡(如对面房屋、树木等),有时会严重影响侧窗的采光作用,因此,设计时应保持窗口与可能的遮挡物之间的适当距离。

## 2.2.2　天窗

天窗主要用于单层建筑或多层建筑顶层大进深房间的顶部采光,如展览建筑或厂房;用来弥补单侧窗采光时采光量和均匀性不足。与侧窗相比,天窗窗口所处位置高,一般在视野范围之外,因此,不易形成眩光及受到周围物体的遮挡。

天窗采光系数变化曲线如图 2-16 所示,与侧窗采光相比,能够提高均匀的照度。

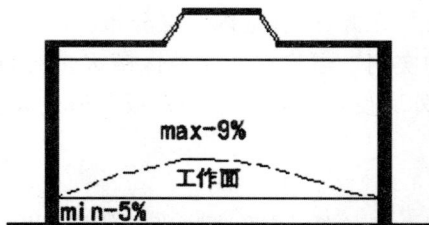

图 2-16　天窗采光系数变化曲线

## 1. 矩形天窗

矩形天窗是由安装在屋架上的天窗架和天窗架上的窗扇组成,是一种常见的天窗形式。由于天窗安装在屋顶上,本质上看,矩形天窗相当于提高位置的高侧窗,其采光特性与高侧窗相似。矩形天窗的室内照度分布如图2-17所示,采光系数最高值一般在跨中,最低值在结构柱处。为了避免直射阳光,天窗玻璃面最好朝向南北,这样阳光直射室内时间最少,易于遮挡。因此,选用纵向天窗的建筑长轴宜为东西向。

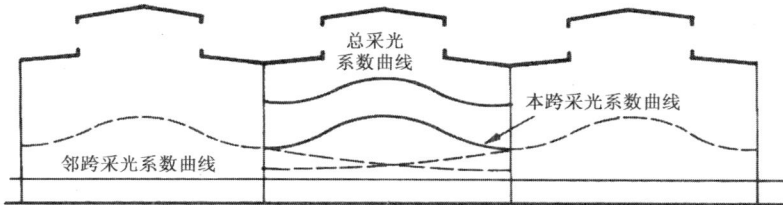

图 2-17　矩形天窗采光系数曲线

为了增加室内采光量,可以采用梯形天窗,与矩形天窗相比,其玻璃面是倾斜的。矩形天窗和梯形天窗采光对比如图2-18所示,玻璃面倾角60°的梯形天窗,室内采光量比矩形天窗增加约60%,但是其照度的均匀性明显下降。由于梯形天窗玻璃面倾斜且易积尘,加上构造复杂及阳光易直射室内等因素,应慎重选用。

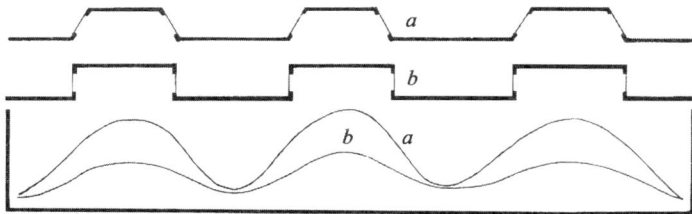

a—梯形天窗采光;b—矩形天窗采光

图 2-18　矩形天窗和梯形天窗的采光比较

## 2. 横向天窗

横向天窗是将部分屋面板放置在屋架下弦,利用露出的屋架安装窗扇的天窗形式。与矩形天窗相比,横向天窗玻璃方向与矩形天窗垂直,横向天窗省去了天窗架,降低了建筑高度,降低造价约38%,两者的采光效果相差不多。横向天窗如图2-19所示。为了避免直射阳光,天窗玻璃面最好朝向南北,这样阳光直射室内时间最少,易于遮挡。因此,选用横向天窗的建筑长轴宜为南北向。

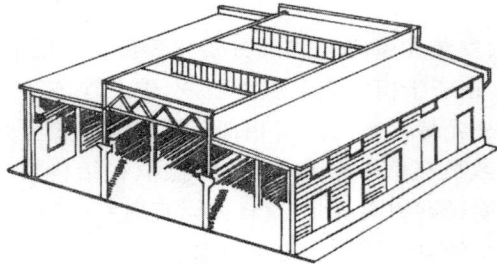

图 2-19　横向天窗

### 3. 锯齿形天窗

锯齿形天窗属于单侧顶部采光，具有单侧高窗的采光效果。其玻璃可为垂直面和倾斜面，但很少采用倾斜面。这种天窗由于有倾斜顶棚作为反射面增加反射光，光线分布比高侧窗采光更均匀，采光效率比矩形天窗高。因此，当采光要求相同时，锯齿形天窗的玻璃面积可小于矩形天窗。

由于是单侧采光，晴天时窗口朝向对室内天然光分布有很大影响，如图2-20 所示。晴天窗口背阳（如北向），如图 2-20 中 c 所示，可避免直射阳光进入室内，室内照度更均匀，且不影响室内的温湿度调节，常用于需要控制温湿度的厂房，如纺织厂的纺纱、织布、印染等车间。晴天窗口朝阳（如南向），如图 2-20 中 a 所示，太阳光线具有很强的方向性。

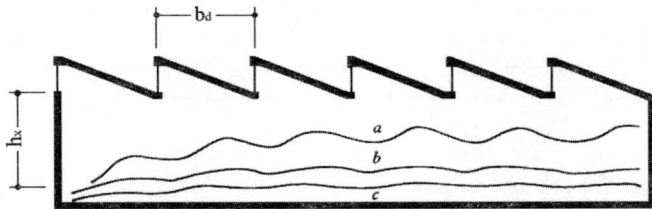

a—晴天窗口朝阳；b—阴天；c—晴天窗口背阳

图 2-20　锯齿形天窗天空状况及朝向对室内采光的影响

### 4. 平天窗

平天窗是在屋面直接开洞，铺上透光材料如钢化玻璃、夹丝玻璃、玻璃钢及透明塑料等实现采光的形式。由于平天窗不需特殊的天窗架，降低了建筑高度，简化结构且施工方便，造价约为矩形天窗的 20%～40%。形式上，平天窗可以做成采光板（图 2-21(a)）、采光罩（图 2-21(b)）或采光带（图2-21(c)）。

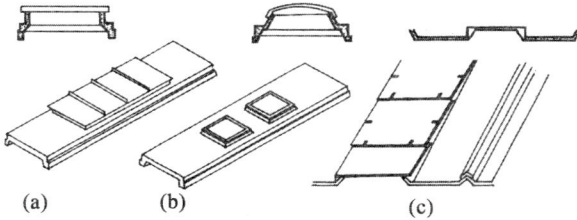

图 2-21　平天窗的不同构造

由于平天窗玻璃面接近于水平,相同面积的平天窗和矩形天窗,平天窗的水平投影面积 $S_b$ 较矩形天窗的水平投影面积 $S_a$ 大,如图 2-22 所示。在相同天空条件下,根据立体角投影定律,平天窗在水平面上的照度值比矩形天窗高,故平天窗的采光效率比矩形天窗高。

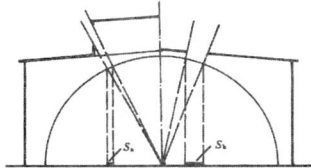

图 2-22　平天窗和矩形天窗采光效率比较

图 2-23 列出了几种常用天窗在平、剖面相同,且采光系数最低值均为 5% 时所需的窗地比和采光系数分布。从图中可以看出:分散布置的平天窗(图 2-23(b))所需窗面积最小,说明其采光效率最高。但从均匀度看,集中布置的平天窗均匀度最差。

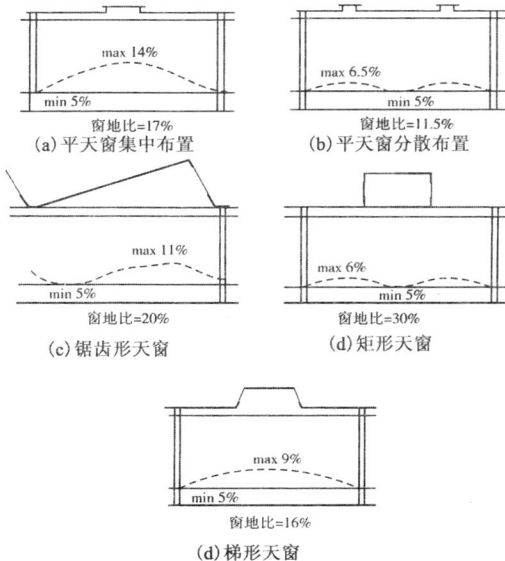

(a)平天窗集中布置　　　　　　(b)平天窗分散布置

(c)锯齿形天窗　　　　　　　　(d)矩形天窗

(d)梯形天窗

图 2-23　几种天窗的采光效率比较

由于没有天窗架的限制,平天窗可以根据需要灵活地布置和控制相关尺寸,以获得均匀的照度。图 2-24 中 a 为集中布置的平天窗(天窗间距 $d_c$ 很小),较其他几种天窗形式均匀度最差。图 2-24 中 b 为布置在屋面中部偏屋脊,采光系数具有较好的平均值和均匀性。因此,控制天窗间距 $d_c$ 对采光均匀性具有较大的影响,宜控制在天窗位置高度 $h_x$ 的 2.5 倍以内。

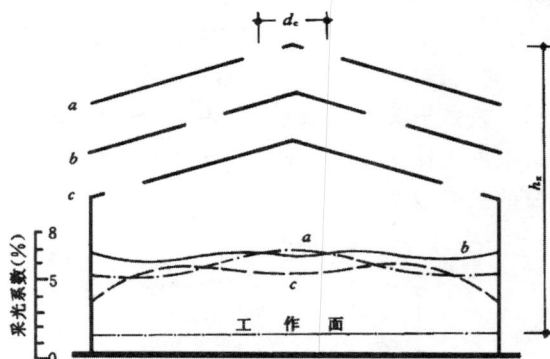

图 2-24　平天窗在屋面不同位置对室内采光的影响

由于防水和安装采光罩的需要,平天窗开口周围需设置井壁,具有一定高度的肋。井壁尺寸和开口大小对窗口采光效率有很大影响,可以通过开大洞口、降低井壁高度、提高井壁表面光反射比来提高窗口采光效率。若井壁较高,可将井壁做成喇叭口以增加透光量、改善采光均匀度。图 2-25 为井壁倾斜对采光的影响。

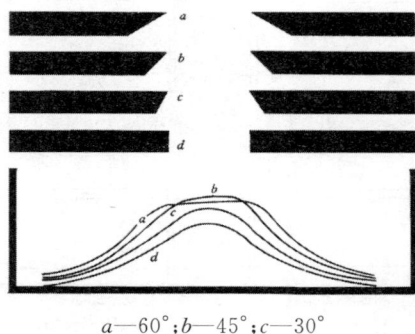

$a$—$60°$;$b$—$45°$;$c$—$30°$

图 2-25　井壁倾斜对室内采光的影响

采用平天窗采光时,直射阳光很容易进入室内,室内照度分布很不均匀。图 2-26 表示平天窗采光时的室内天然光分布。阴天时,其最高点在窗下;晴天时,有两个高值点,1 点是直射阳光经井壁反射所致,2 点是直射阳光直接照射区,此处照度很高,极易形成眩光,并引起过热。故在晴天多的地区使用平天窗时,应采取相应的措施,遮挡直射阳光或使其扩散。

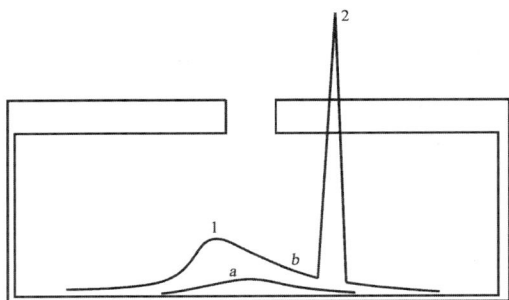

**图 2-26　平天窗采光时室内天然光分布**

平天窗的玻璃面接近水平向,较垂直窗更容易积尘,特别是在西北多沙尘地区。平天窗的窗扇出于防水考虑一般不可开启。如需另设通风口,通风口位置应适当远离采光口,以减少通风口排出气流中的灰尘对玻璃的污染。但是在雨水充沛地区,利用雨水的冲刷作用,会使平天窗水平玻璃面上的积尘比其他类型天窗少。参照《采光标准》,多雨地区平天窗的污染系数可提高一级,可选取倾斜天窗的污染系数值。

北方寒冷地区的冬季,玻璃内表面可能出现冷凝水,特别是在室内湿度较大的房间里。冷凝水会在玻璃内表面形成很大的水滴,累积到一定量就会滴下,影响室内的正常使用。因此,平天窗的玻璃应倾斜成一定角度,使水滴沿玻璃面流至窗下沿特别设置的水槽中;也可采取中空玻璃等保温措施,提高玻璃内表面温度,既可避免冷凝水,又可减少热损耗。

建筑设计实践中,由于不同的建筑功能对天然采光有各种特殊要求,并非都是直接采用以上某一种采光口和采光形式就能满足,往往需要将一些窗口形式加以改造,利用各种采光口的采光特性,设计出最适宜的采光形式。

## 2.3　采光设计

采光设计的目的是将天然光引入建筑,在白天起到天然采光作用,并避免可能带来的不良影响。采光设计涉及建筑设计与采光技术两方面。前者是通过建筑的体形、平剖面和采光口形式等设计,创造理想的天然采光条件;后者是借助其它构件或设备系统,如遮阳、导光管、天然光收集器、反射装置等引入更多有效的天然光。设计师应首先考虑通过建筑设计解决问题,再考虑引入技术因素作为建筑采光方案的补充和提高。因此,采光设计的核心是从建筑设计的角度探讨天然采光的设计问题。

采光设计的任务在于根据视觉工作特点的各项要求,正确地选择采光口形式;确定必要的采光口面积及其位置,使室内获得良好的光环境,保证视觉工作有效顺利进行。

采光口不仅起到采光和通风作用,同时还应使人们对所处光环境感觉愉悦和舒适,有时还起到泄爆等作用。这就需要在考虑采光要求的同时,综合考虑各种问题,并加以妥善解决。

## 2.3.1 建筑的采光设计和技术的采光设计

建筑的采光设计一般指与利用自然光直接相关的建筑总体布局、建筑物的形式、体量、建筑平、剖面及室内设计。技术的采光设计是指为了有效利用自然光所选择的利用、调节、过滤及控制技术;因此,一幢建筑物采光设计并不只是解决一个技术问题,而是一个建筑技术问题。

采光设计首先通过建筑设计手段解决问题,其次选用适宜的技术措施,把建筑设计和技术措施结合起来;将建筑设计和技术的结合贯穿于设计全过程,一方面最大限度地扩展了建筑设计对自然光的潜力;另一方面则可利用技术手段为建筑设计提供新的创作元素。对于不同类型的建筑,建筑的采光设计和技术的采光设计应当有不同的侧重面。良好的建筑设计一般无法遮盖技术的采光设计缺陷,但良好的技术采光设计可以弥补建筑设计的不足。表 2-4 是对北半球气候区工作场所技术的采光设计建议。适宜的采光设计不仅要以适当的玻璃和遮阳控制自然光,而且需适当地控制空间表面装修和人工照明。表中所列遮阳设施可用光电池控制,以求得到适宜的自然光并避免眩光;所列人工照明方式是按从最适合到较适合的顺序。

### 表 2-4 北半球气候区工作场所技术的采光设计建议

| 窗种类及朝向 | | 控制方法 | 表面反射比 | | 合适的人工照明 | 注意事项 |
| --- | --- | --- | --- | --- | --- | --- |
| | | | 墙 | 顶棚 | | |
| 采光顶 | 北 | 中等透射比的玻璃(0.3~0.5) | 中等至浅色(0.3~0.5) | 很浅色(0.9) | 间接半间接直接/间接 | 避免小、间隔的开口依一天里的使用时间确定最佳朝向 |
| | 东 | 建筑挡光板或百叶(室外) | | | | |
| | 西 | 建筑的收退设计 | | | | |
| | 南 | 建筑的外挑设计 | | | | |

续表

| 窗种类及朝向 | | 控制方法 | 表面反射比 | | 合适的人工照明 | 注意事项 |
|---|---|---|---|---|---|---|
| | | | 墙 | 顶棚 | | |
| 高侧窗 | 北 | 等透射比的玻璃(0.3～0.5) | 中等至浅色(0.3～0.5) | 很浅色(0.9) | 间接半间接直接/间接 | 避免小、间隔的开口依一天里的使用时间确定最佳朝向 |
| | 东 | 建筑挡光板或百叶(室外) | | | | |
| | 西 | 建筑的收退设计 | | | | |
| | 南 | 建筑的外挑设计浅色搁板(室内或室外) | | | | |
| 天窗(限斜屋面可控) | 北 | 透射比很低的玻璃(0.02～0.1)建筑挡光板或百叶(室外) | 中等(0.3) | 很浅色(0.9) | 间接半间接直接/间接直接 | 避免大面积的浅开口依一天里的使用时间确定最佳朝向 |
| | 东 | 深的天井 | | | | |
| | 西 | 熔块图案玻璃 | | | | |
| | 南 | 遮阳、百叶窗 | | | | |
| 侧窗 | 北 | 低透射比的玻璃(0.05～0.15) | 浅色(0.5) | 浅至很浅色(0.9) | 间接半间接直接/间接直接 | 避免小、间隔的开口依一天里的使用时间确定最佳朝向 |
| | 东 | 显著的外挑设计 | | | | |
| | 西 | 建筑挡光板或百叶(室外) | | | | |
| | 南 | 熔块图案玻璃遮阳、百叶窗 | | | | |

## 2.3.2　技术的采光设计步骤

### 1. 了解设计要求

(1)视觉作业种类和精度

同一房间里会有不同种类和精度的视觉作业,设计时应着重了解大多数的视觉作业种类及需要识别的最精细物件,如织布车间的纱线,而不是整幅布。参照表 2-2 确定视觉工作分级及采光系数标准值。

(2)工作面位置

水平、垂直或倾斜的工作面,直接关系到采光口形式和位置的选择。

(3)视看对象的表面状况

视看对象是平面或立体、是光滑或粗糙,这都关系到窗位置。

(4)视觉作业区域是否允许有直射阳光

这种可能引起眩光和导致室内过热的因素直接关系到采光口形式、朝向和材料等的选择。

(5)其他影响技术的采光设计因素

采光口与作业空间采暖、通风、建筑节能的关系,空间泄爆要求等;建筑采光设计中已确定的条件和限制,如建筑物所处的周围环境、朝向、间距、单体建筑的平剖面及围护结构等,这些都与选择采光口形式、确定影响采光的一些系数值有关。

**2. 选择确定采光口**

根据视觉作业要求和建筑的采光设计选择合适的采光口形式,如侧窗或天窗,可能开设的窗口面积。按作业要求和拟选用的采光口形式及位置,建筑方案设计时,对Ⅲ类光气候区的采光,窗地面积比和采光有效进深可按表 2-5 进行估算,其他光气候区的窗地面积比应乘以相应的光气候系数 $K$。根据窗地比和室内地面面积的乘积,获得的开窗面积仅是估算值,产生的采光效果随具体情况会有很大的差别。因此不能把估算值作为最终确定的开窗面积。

由于侧窗建造方便、造价低廉、维护使用方便,尽可能选用侧面采光。按侧面采光查出其窗地比,得到所需开窗面积,然后根据墙面开窗的可能来布置侧窗,不足之处用天窗来补充。

估算出需要的采光口面积,确定了窗的高、宽尺寸后,就可进一步确定窗的位置。不仅考虑采光需要,而且还应考虑通风、日照和美观等要求,拟定出几个方案进行比较,选出最佳方案。由于是估算的采光口面积、位置不一定合适,因此还需进行采光计算,以便最后确定是否满足采光标准各项要求。

表 2-5　窗地面积比和采光有效进深

| 采光等级 | 侧面采光 | | 顶部采光 |
| --- | --- | --- | --- |
| | 窗地面积比( $\frac{A_c}{A_d}$ ) | 采光有效进深( $\frac{b}{h_s}$ ) | 窗地面积比( $\frac{A_c}{A_d}$ ) |
| Ⅰ | 1/3 | 1.8 | 1/6 |
| Ⅱ | 1/4 | 2.0 | 1/8 |
| Ⅲ | 1/5 | 2.5 | 1/10 |
| Ⅳ | 1/6 | 3.0 | 1/13 |
| Ⅴ | 1/3 | 4.0 | 1/23 |

注:1.窗墙面积比计算条件:窗的总透射比 $\tau$ 取 0.6;室内各表面材料反射比的加权平均值:Ⅰ～Ⅲ $\rho_j$ 取 0.5;Ⅳ $\rho_j$ 取 0.4;Ⅴ $\rho_j$ 取 0.3。

2.顶部采光指平天窗采光,锯齿形天窗和矩形天窗可分别按平天窗的 1.5 倍和 2 倍窗地面积比进行估算。

### 2.3.3　采光设计示例

#### 1.中小学教室采光设计

1)采光要求

教室的光环境应保证学生能看得清楚、舒适,在长时间阅读的情况下不易产生疲劳,因此需满足以下条件。

(1)足够照度且分布较均匀

教室内各个位置上的学生应具有相近的光照条件,同时,为了将学生注意力集中到黑板上,黑板处应有较高的照度。表 2-6 为《采光标准》给出的教育建筑采光标准值。各类教室、实验室的采光系数最低值不应低于 3%,窗地比不应小于 1/5。窗户应尽量采用断面小的窗框材料,窗口上沿尽可能靠近顶棚。

在工作区域内照度差别宜限制在 1∶3 之内,在整个教室内则不超过 1∶10。这样可避免视线移动时,为了适应不同亮度而引起的视觉疲劳。

表 2-6　教育建筑采光标准值

| 采光等级 | 场所名称 | 侧面采光 | |
|---|---|---|---|
| | | 采 光 系 数 标 准值(%) | 室内天然光照度标准值(lx) |
| Ⅲ | 专用教室、实验室、阶梯教室、教师办公室 | 3.0 | 450 |
| Ⅴ | 走道、楼梯间、卫生间 | 1.0 | 150 |

(2)合适的光线方向,避免阴影的不利影响

正确选择教室黑板位置,使光线最好从左侧上方射来。单侧采光时,应将侧窗设置在座位左侧;双侧采光时,将主要采光窗设在左侧,以免在书写时,右手遮挡光线,产生阴影,影响视看效果。

(3)合理安排亮度分布,消除眩光

保证正常的视力工作环境,减少疲劳,提高学习效率。但在教室内各处保持亮度完全一致,不仅很难实现,而且没有必要。在某些情况下,适当的不均匀亮度分布还有助于集中注意力,如在讲台和黑板附近适当提高照度,有助于学生听课时集中注意力。

教室内最易产生的眩光源是窗口。当窗口处于视野范围内,若窗间墙和天空亮度对比过大,会感到很刺眼。晴天时,室内阳光直射处会产生极高

的亮度。当这些高亮度区域处于视野内时,就形成眩光。若阳光直射在黑板或课桌上,则眩光更加严重。

教室中采用背面涂刷黑色或暗绿色油漆的磨砂玻璃黑板代替黑色油漆黑板,既可提高光反射比,又可避免或减弱反射眩光。但各种无光泽表面在光线入射角大于 70°时,仍可能由于定向扩散反射引起眩光。侧窗采光时,最易产生反射眩光的是离黑板端墙 1.0～1.5m 范围内的一段窗(图 2-27(a))。此段范围内最好不开窗,或采取遮挡措施(如窗帘、百叶等)降低窗的亮度。黑板也可作成微曲面或折面(图 2-27(b)、(c)),改变光线入射角,使反射光不致射入学生眼中,但这种方法使黑板制作比较困难。如果将黑板顶部向前倾斜放置,与墙面成 10°～20°夹角,不仅可将反射眩光减少到最低程度,也使黑板书写方便,制作上也比曲、折面黑板更方便。还可利用天窗或人工照明来增加黑板照度,减轻明亮窗口在黑板上的反射影像的明显程度。

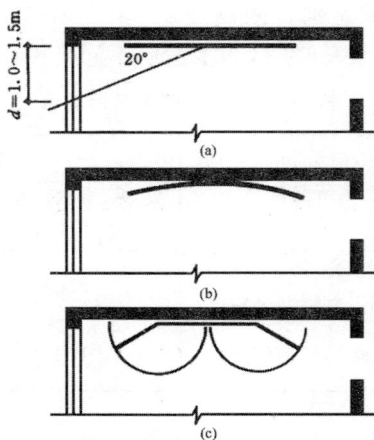

图 2-27　可能出现镜面反射的区域及防止措施

2)采光形式和剖面形式

(1)侧窗采光

教室采用侧窗采光时,除采用前面提到的一些措施,还可以通过合理的剖面设计来改善其采光不均匀的缺点。

①加宽窗口横挡,设置在窗的中间偏低处。可将近窗处的光线适当遮挡,使照度下降,有利于增加整个房间的照度均匀度(图 2-28(a))。

②横挡上部窗口使用扩散光玻璃(如压花玻璃、磨砂玻璃等),使射向顶棚的光线增加,提高室内深处的照度(图 2-28(b))。

③横挡上部窗口使用指向性玻璃(如折光玻璃),使光线折射向顶棚,对

提高室内深处的照度效果更好(图 2-28(c))。

④在另一侧开窗,左边为主要采光窗,右边增设一排高窗,且最好使用指向性玻璃或扩散光玻璃,最大限度地提高窗下的照度(图 2-28(d))。

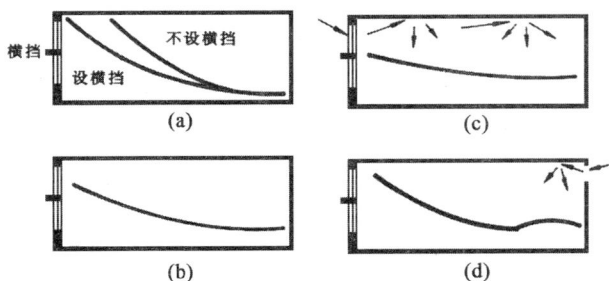

图 2-28  改善侧窗采光的措施

(2)天窗采光

单独使用侧窗,虽然可采取一定的措施改善其采光效果,但仍受其采光特性的限制,不能作到照度分布很均匀,故有时使用天窗改善采光。

最简单的采光天窗是将部分屋面作成透光的。它的采光效率最高,但有强烈眩光。夏季时,由于阳光直接射入室内容易引起室内过热,影响学习。因此,可在透光屋面下作扩散光顶棚(图 2-29(a)),防止阳光直接射入,并使室内光线均匀,采光系数值很高。设置北向的单侧天窗,可彻底解决直射阳光问题(图 2-29(b))。

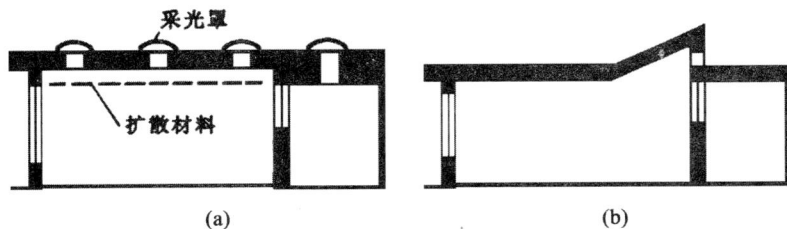

图 2-29  教室利用天窗采光

(3)不同剖面形式的采光效果比较

如图 2-30 所示,(a)为改造前的教室。左侧为连续玻璃窗,右侧有一补充采光的高侧窗,由于两侧窗口上均有挑檐,高侧窗的采光效率低,减弱了近墙处的照度,房间右侧的采光系数最低值仅 0.4%～0.6%。(b)为改造后的教室,它保持了左侧的连续带状玻璃窗,增加右侧净高,并增设了天窗。此时,室内工作区域内各点采光系数都在 2% 以上,照度均匀性也获得很大改善。

— 211 —

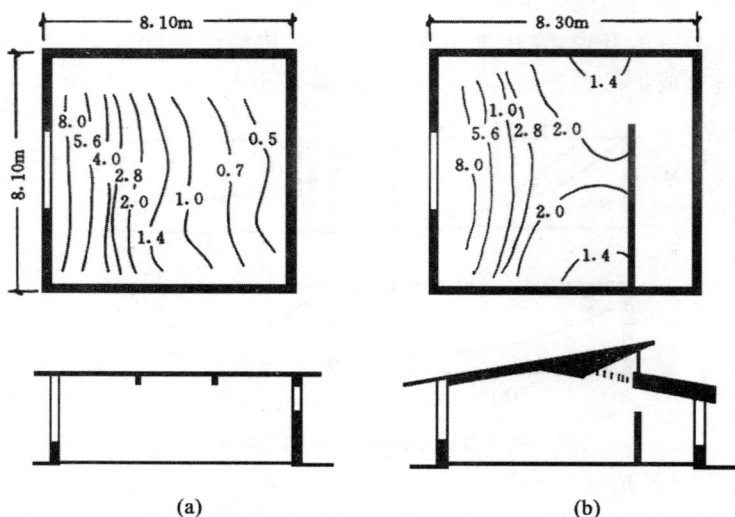

图 2-30　两种采光方案的采光比较

图 2-31 是国际照明委员会(CIE)推荐的学校教室采光方案和剖面形式。图 2-31(a)是将开窗一侧的净空加高,使侧窗窗高增大,保证室内深处充足的采光,但应注意朝向,一般以北向为宜。

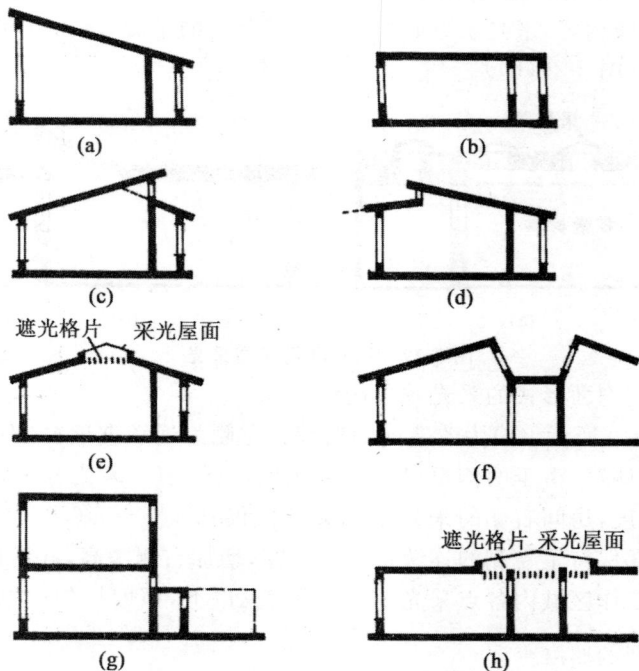

图 2-31　CIE 推荐的教室采光方案

图 2-31(b)是将主要采光窗(左侧)直接对外,走廊一侧增开补充窗。但应注意走廊窗的隔声性能,以防嘈杂的走廊噪声影响教学秩序,且宜采用压花玻璃或磨砂玻璃遮挡视线,使过道活动不致分散学生注意力。

图 2-31(c)、(d)、(e)、(f)、(h)为侧面采光和天窗采光结合。天窗采光应根据需要设置遮光格片防止阳光直接射入室内。(f)方案具有两个朝向的天窗,一般朝向南、北。(h)方案是用一个采光天窗同时解决两个教室和过道的补充采光。这时应注意遮光格片与采光天窗之间的隔声处理,避免它成为传声通道。

### 2.美术展览馆采光设计

1)采光要求

表 2-7 为《采光标准》给出的展览建筑采光标准值最低值。

表 2-7　展览建筑采光标准值

| 采光等级 | 场所名称 | 侧面采光 | | 顶部采光 | |
|---|---|---|---|---|---|
| | | 采光系数标准值(%) | 采光系数标准值(%) | 采光系数标准值(%) | 室内天然光照度标准值(lx) |
| Ⅲ | 展厅(单层及顶层) | 3.0 | 450 | 2.0 | 300 |
| Ⅳ | 登录厅、连接通道 | 2.0 | 300 | 1.0 | 150 |
| Ⅴ | 库房、楼梯间、卫生间 | 1.0 | 150 | 0.5 | 75 |

(1)适宜的照度

在展品表面上适当的照度是保证观众正确识别展品颜色和辨别细部的基本条件。但美术展品中不乏光敏物质,如水彩、彩色印刷品、纸张等在长期光照下,特别是在含有紫外线成分的光线作用下,很容易褪色、变脆。为了长期保存展品,需适当控制照度。

采光标准中规定,针对光敏感的展品(如纺织品、壁纸、水彩画、水粉画、素描、染色皮革等)展厅侧面采光时其照度不应高于 50lx(采光系数最低值不应高于 1%),顶部采光时其照度不应高于 75lx(采光系数平均值不应高于 1.5%);对光一般敏感(如油画、壁画、天然皮革、角制品、骨制品、木制品等)或不敏感的展品(如金属、石材、陶瓷、珠宝等)展厅采光等级宜分别提高一级和二级。

(2)合理的照度分布

美术展览馆内除了保证悬挂美术品的墙面上有足够的垂直照度外,还要求一幅画面上不出现显著的明暗差别。一般认为全幅画上的照度最大值和最小值之比应在 3：1 以内，而整个展出墙面上的照度最大值和最小值之比应在 10：1 之内。

就整幢美术馆而言，可按展览路线来控制各房间的照度水平，以便观众适应。例如观众从室外进入陈列室之前，最好先经过一些照度逐渐降低的过厅，使眼睛从室外明亮环境逐渐适应室内照度较低的环境，不致产生昏暗的感觉。

（3）避免直接眩光

明亮的窗口和较暗的展品之间亮度差别很大，易形成眩光。根据人水平前视时的视野范围，当眩光源与视线的夹角大于 30°时，眩光影响迅速减弱。一般要求眼睛到窗口边沿和画面边沿的夹角大于 14°即可，如图 2-32 所示。

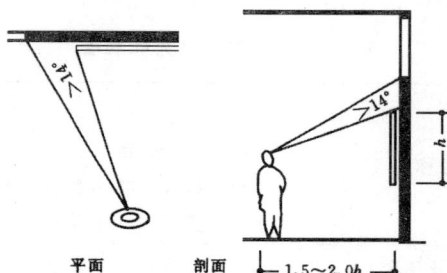

图 2-32　避免直接眩光的窗口位置

（4）避免一、二次反射眩光

由于画面本身或它的保护装置具有镜面反射特性，光源（灯或明亮的窗口）经其反射进入观众眼中。这时，展品上出现光源的的反射形象，影响观赏，此为一次反射眩光。按照镜面反射法则，只要光源处于观众视线与画面法线夹角对称位置以外，观众就不会看到光源的反射形象。因此，将窗口位置提高或将画面稍加倾斜，就可避免一次反射眩光，见图 2-33。

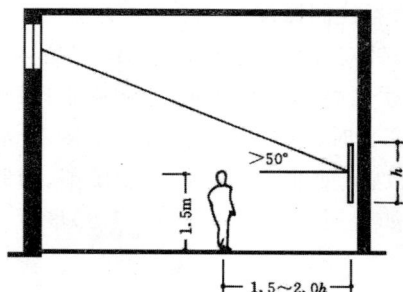

图 2-33　避免一次反射眩光的窗口位置

当观众本身或室内其它物件的亮度高于展品表面亮度,它们经展品表面反射的形象进入视线内,此为二次反射眩光。这可从控制反射形象进入观众视线(原理同防止一次反射眩光),或减弱二次反射形象的亮度两个方面来消除。后一项措施要求展品表面亮度(照度)高于室内一般照度。

(5)适宜的环境亮度和色彩

陈列室内的墙壁是展品的背景,如果它的亮度和彩度过高,不仅喧宾夺主,且它的反射光还会歪曲展品的本来色彩。因此,墙面宜选用中性色调,其亮度应略低于展品本身,光反射比一般取 0.3 左右为宜。

(6)避免阳光直射展品

阳光直接进入室内,不仅会形成强烈的亮度对比,而且阳光中的紫外线和红外线对展品的保存非常不利。

2)采光形式

以上采光要求的实现,很大程度上取决于采光形式的选择和建筑剖面的设计。

(1)侧窗采光

侧窗采光用于展览馆中有下列严重缺点:

a. 室内照度分布很不均匀,特别在沿房间的进深方向。

b. 窗口占用部分展出墙面,限制展品布置的面积和灵活性。

c. 直接眩光和反射眩光很难避免。

由于侧窗占用了一定展墙面积,往往需在房间内另设展墙,增加展出面积。根据经验,以窗口中心为顶点,与外墙成 30°～60°夹角范围是采光效果较好的区域。如果将墙面稍向内倾斜也可增加展墙上的照度及均匀度。如图 2-34 所示。

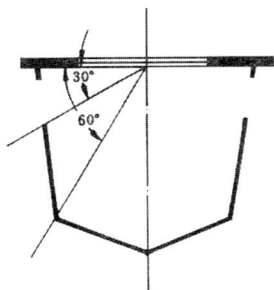

图 2-34　展厅设置展墙的良好范围

由于上述缺点,侧窗采光仅适用于进深不大的小型展室或以展出雕塑为主的展室。

(2)高侧窗采光

高侧窗窗口不占用展出墙面,增加了展出面积;照度分布的均匀性、直接眩光和一次反射眩光都较低侧窗有所改善。但在单侧高窗采光时,室内窗下展出区光线很暗,而观众所处位置的照度较高,易导致明显的二次反射眩光。

高侧窗常用在美术展览馆中,以增加展出墙面,内墙(常在墙面上布置展品)的墙面照度对展出的效果有影响。随着内墙面与窗口距离的增加,内墙面的照度降低,且照度分布有变化。离窗口愈远,照度愈低,照度最高点(圆圈)下移,照度变化趋于平缓,如图 2-35 所示。可以通过调整窗洞高低位置,使照度最高值处于画面中心,如图 2-36 所示。

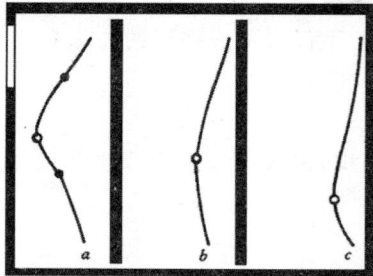

图 2-35　侧窗时内墙墙面照度变化

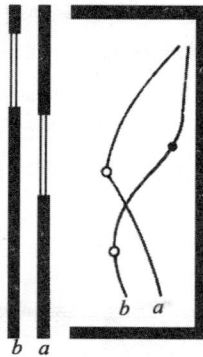

图 2-36　侧窗位置对内墙墙面照度分布的影响

(3)顶部采光

顶部采光的采光效率高,室内照度分布均匀,易于防止直接眩光;可供展品布置的墙面面积大,展品布置灵活。

在确定天窗位置时,要注意避免形成反射眩光,并使整个墙面的照度均匀,这就要求窗口到墙面各点的立体角(图 2-37 中的 $\Omega$ 角)大致相等。设计作图时,将展室的宽 $b$ 定为基数(通常取 11m 较为合适),天窗宽定为室宽 $b$ 的 1/3,室高为室宽 $b$ 的 5/7,就可满足均匀照度的要求。在满足防止一次反射眩光的要求,顶部采光与高侧窗相比,可降低层高,利于节省建筑造价(图 2-38)。

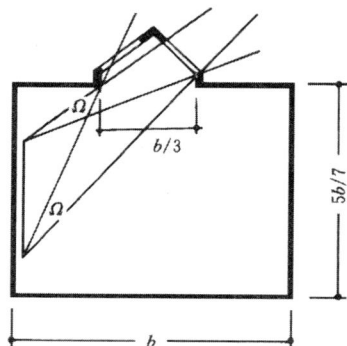

图 2-37　顶部采光展室的适宜尺寸

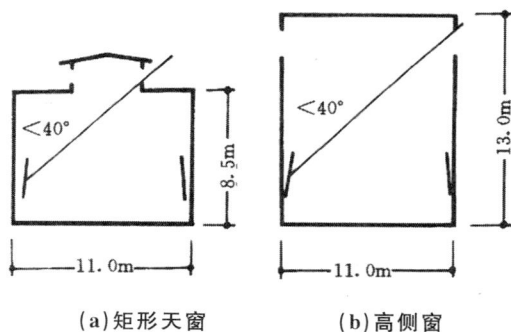

（a）矩形天窗　　　　（b）高侧窗

图 2-38　不同采光方案对层高的影响

顶部采光时,水平面照度比垂直面照度高,而水平面的照度在房间中间（天窗下）比两旁高。因此,观众所处位置(一般在展室中部)的照度高,在画面上可能出现二次反射眩光。为了降低房间中部的照度,一般可在天窗下设不透明或半透明的挡板,如图 2-39 所示。

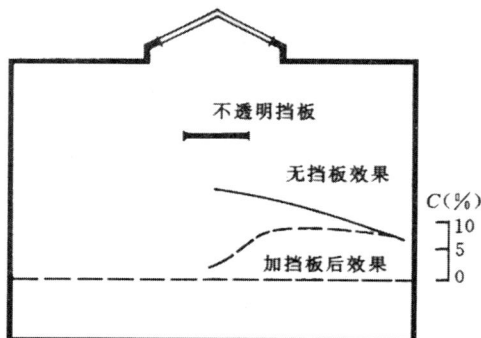

图 2-39　顶部采光的改善措施

可利用天窗与挡板间的空间,如将中间部分屋面降低,形成垂直或倾斜的采光口(图 2-40)。此时层高较使用高侧窗时有所降低,采光系数分布也更合理。但是这种天窗剖面形式构造比较复杂,应处理好中间下凹部分的排水、积雪等问题。

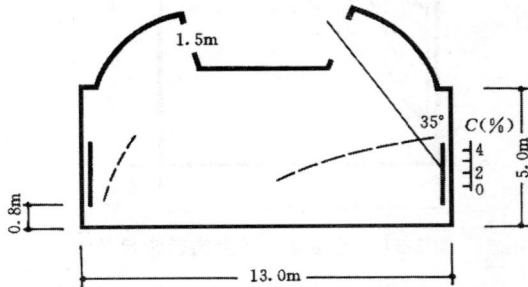

图 2-40 适合于美术馆的顶部采光形式

## 2.3.4 经典案例分析

### 1. 金贝尔艺术博物馆

路易斯·康设计的金贝尔艺术博物馆是采光设计与空间造型相结合的经典范例。博物馆坐落于美国得克萨斯州,由若干个外形相似的长条圆拱形建筑组成,统一的形式下容纳了不同的功能空间。博物馆利用设置在拱顶空间连续的天窗进行顶部采光,其对自然光的利用是采用缝隙式光导反射系统,由外部的采光装置把自然光导入室内,但是进入室内后是通过特殊反射装置把光反射到天花顶面,再漫射到室内。这种辅助系统可用于气候、地理或其它原因限制开洞的建筑地上部分。无论是晴天或者是阴雨天,完全利用自然光为室内提供充分的天然采光,且不需配电装置和传导路线,能够有效地节约资源。基于当地夏季炎热气候,博物馆长筒状的建筑仅留有少量的外窗,以减少外部热量的侵入。

为了利用自然光,建筑师在建筑顶部开了一道缝隙式天窗,天窗的入射口有一凸弧形截面的采光装置,既允许自然光进入又滤去紫外线。在天窗内部装有一套反射板,把入射光反射到拱顶,再由拱顶漫射到室内空间。这套系统作为天窗最重要的元素,选择弧形铝框聚碳酸酯制品作为反射板。厚厚的混凝土外壳是一层恒久的绝热屏障,把室内从外部的高温中隔开,对自然环境和资源的深刻理解,创造出了独有的光反射器系统。

圆形拱顶剖面显示了天然采光的设计细节,如图 2-41 所示。经由天窗进入的直射光线,被穿孔铝质曲面反射板阻隔,半透明的反射板将大部分光线向拱顶的侧面反射,同时允许少部分光线透过铝板,使反射板底部不致太暗。整个拱顶形成了一个发光的面光源,散发着柔和的光线。在展厅的曲面反射板中部有局部不透明,见图 2-42(a),目的是遮挡直射的阳光;在其他功能区域(如门厅、阅览室等),整个铝板都作穿孔处理,见图 2-42(b),需要满足不同的照度要求时,可在穿孔板上覆盖不透明的帘幕。该天窗反射装置还与电气照明的轨道系统相集成,可实现不同功能空间相应的人工照明方式,见图 2-42 和图 2-43。同时,设计师充分利用拱顶结构,在两面端墙与拱顶交接处设置玻璃槽,使空间变得生动明亮的同时不产生眩光。

　　为了避免阳光照射展品可能产生的不良影响,金贝尔艺术博物馆仅是利用低照度的天然光形成环境光,再运用人工照明来强调所展示的艺术品,将观众的注意力吸引到艺术品上,使其成为视觉中心。

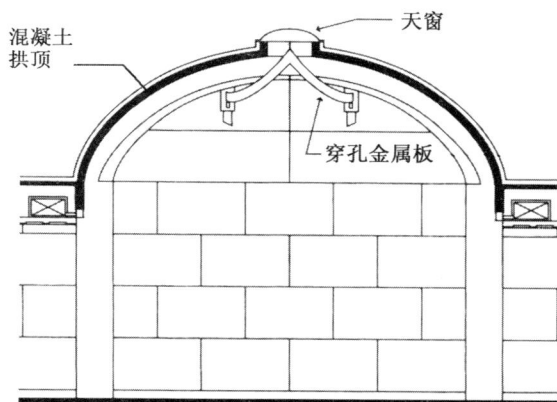

图 2-41　展厅拱顶剖面

(a)　　　　　　　　　　　　　　(b)

图 2-42　展厅和门厅室内

图 2-43　图书室室内

### 2. 加拿大国立美术馆

加拿大国立美术馆属于光导照明系统在地下室展示空间中的最成功的案例。光导照明系统原理是通过采光罩高效采集自然光线导入系统内重新分配,再经过特殊制作的导光管传输和强化后由系统底部的漫射装置把自然光均匀高效的照射到室内,特别适合建筑的地下层。

美术馆坐落于加拿大渥太华,是加拿大的标志性建筑物之一。自然采光是设计团队的首要任务。让自然采光进入地下室空间的想法催生了一种独特的天窗设计——光导天窗。光导天窗示意见图 2-44。光导天窗宽度仅限于1.83m的天窗,热量损失很小,窗玻璃由三个组件组成,除了金属框架,半透明的

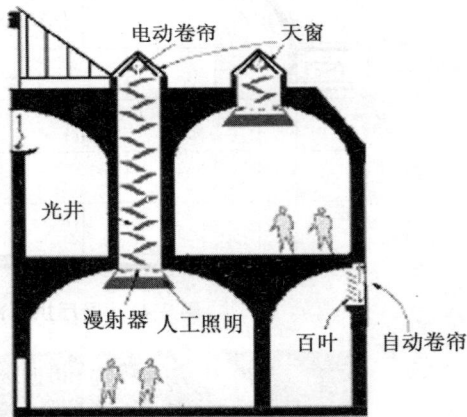

图 2-44　加拿大国立美术馆采光设计示意图

漫射夹层和透明隔热玻璃形成一件低辐射外衣,在寒冷的冬天有效减少热量损失。宽度为 1.83m 的管井从屋顶到底层延伸 7.6m,利用井壁的镜像作用把光引入底层室内。此外,展厅上部每个天窗的内部都装有布质卷轴电动窗帘,窗台下装有感应器,可随时调节窗帘轴以维持展厅内部所需的照明水平。弧形的天花板墙通过反射均匀照度,15min 延迟天窗控制程序增加光影变化,整个展厅的照明被演绎得无懈可击。1988 年开业时,加拿大国家美术馆成功展示了由中庭、天井和光导天窗组合的舒适迷人的环境。

### 3. 西维·通布利画廊

当采光设计以天然光作为主要光源时,需要相关技术来控制光照所产生的不良影响,如紫外线过滤、遮阳装置、艺术品旋转等。相应地,顶部采光口的尺寸也可增大。在伦佐·皮亚诺设计的西维·通布利画廊中,采用了全玻璃式的顶部采光设计,整个屋顶就是一个巨大的采光口,阳光经过一系列遮阳百叶、窗体和织物帘幕透射进来,如图 2-45 所示,变得十分柔和。与金贝尔艺术博物馆相比,画廊在艺术品与展览空间之间采用了相对均匀的光照分配方式,营造纯净平和的空间氛围。

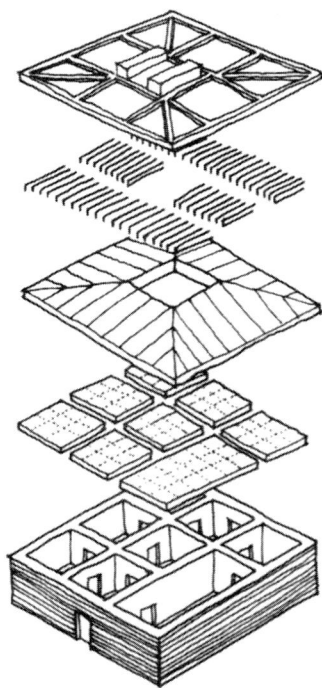

图 2-45　画廊分层轴侧图

### 4. 泰特美术馆新馆

图 2-46 是英国泰特美术馆新馆屋顶剖面,天窗上面布置了相互垂直的两层铝质百叶。百叶的倾斜角是由安置在室内的感光元件控制。根据室外照度变化,百叶可从垂直位置调节到水平位置,以保证室内照度稳定。在夜间或闭馆期间,则将百叶调到关闭状态(水平),使展室处于黑暗,有利于展品的保存,而且减少热量交换,有利于节能。

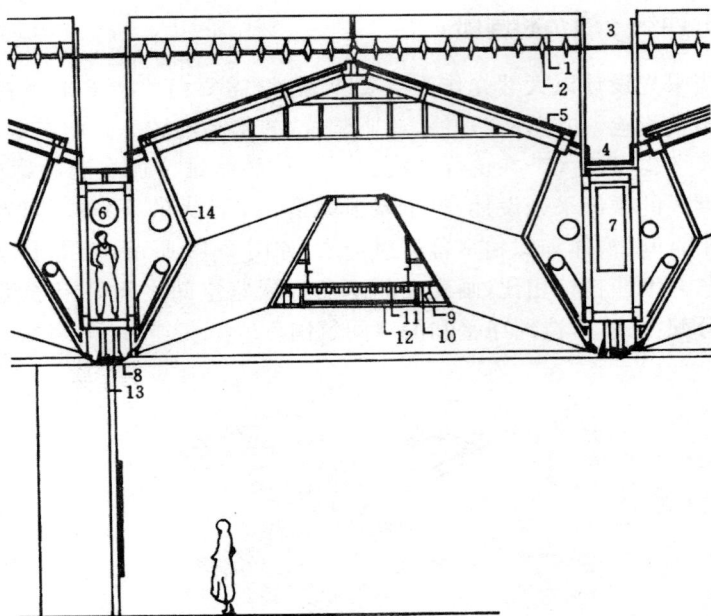

**图 2-46　屋顶构造**

1—上层百页;2—下层百页;3—人行通道;4—检修通道;5—有紫外滤波器的双层玻璃;
6—送风管道;7—排风管道;8—送风和排风口;9—重点照明导轨灯具;10—展品(绘画)
照明灯具导轨;11—建筑照明;12—双层扩散透光板;13—可折装的隔断;14—感光元件

## 2.4　采光计算

### 2.4.1　侧面采光计算

侧面采光示意图见图 2-47,按公式(2-2)进行计算。典型条件下的采光系数平均值可按《采光标准》附录 C 中表 C.0.1 取值。

$$C_{\mathrm{av}} = \frac{A_{\mathrm{c}}\tau\theta}{A_{\mathrm{z}}(1-\rho_{\mathrm{j}}^{2})} \tag{2-2}$$

$$\tau = \tau_{0} \cdot \tau_{\mathrm{c}} \cdot \tau_{\mathrm{w}} \tag{2-3}$$

$$\rho_{\mathrm{j}} = \frac{\sum \rho_{\mathrm{i}} A_{\mathrm{i}}}{\sum A_{\mathrm{i}}} = \frac{\sum \rho_{\mathrm{i}} A_{\mathrm{i}}}{A_{\mathrm{z}}} \tag{2-4}$$

$$\theta = \arctan\left(\frac{D_{\mathrm{d}}}{H_{\mathrm{d}}}\right) \tag{2-5}$$

$$A_{\mathrm{c}} = \frac{C_{\mathrm{av}} A_{\mathrm{z}}(1-\rho_{\mathrm{j}}^{2})}{\tau\theta} \tag{2-6}$$

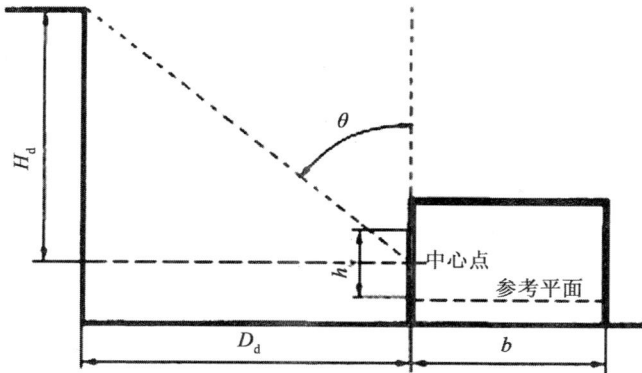

图 2-47　侧面采光示意图

式中:$\tau$——窗的总透射比;

$A_c$——窗洞口面积($m^2$);

$A_z$——室内表面总面积($m^2$);

$\rho_j$——室内各表面反射比的加权平均值;

$\theta$——从窗中心点计算的垂直可见天空的角度值,无室外遮挡 $\theta$ 为 $90°$;

$\tau_0$——采光材料的透射比,可按《采光标准》附录 D 表 D.0.1 和附表 D.0.2 取值;

$\tau_c$——窗结构的挡光折减系数,可按《采光标准》附录 D 表 D.0.6 取值;

$\tau_w$——窗玻璃的污染折减系数,可按《采光标准》附录 D 表 D.0.7 取值;

$\rho_i$——顶棚、墙面、地面饰面材料和普通玻璃窗的反射比,可按《采光标准》附录 D 表 D.0.5 取值;

$A_i$——与 $\rho_i$ 对应的各表面面积;

$D_d$——窗对面遮挡物与窗的距离(m);

$H_d$——窗对面遮挡物距离中心的平均高度(m)。

## 2.4.2　顶面采光计算

顶部采光示意图见图 2-48,按公式(2-7)进行计算。典型条件下的采光系数平均值可按《采光标准》附录 C 中表 C.0.1 取值。

$$C_{av} = \tau \cdot CU \cdot \frac{A_c}{A_d} \qquad (2-7)$$

式中:$C_{av}$——采光系数平均值(%);

$\tau$ ——窗的总透射比；

$CU$ ——利用系数,按《采光标准》表 6.0.2 取值；

$\dfrac{A_c}{A_d}$ ——窗地面积比。

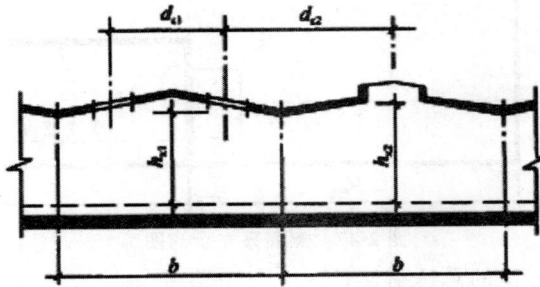

图 2-48　顶部采光示意图

室空间比 $RCR$ 可按公式(2-8)计算。

$$RCR = \frac{5h_x(l+b)}{l \cdot b} \qquad (2\text{-}8)$$

式中：$h_x$ ——窗下沿距参考平面的高度(m)；

　　　$l$ ——房间长度(m)；

　　　$b$ ——房间进深(m)。

窗洞口面积 $A_c$ 可按公式(2-9)计算。

$$A_c = C_{av} \cdot \frac{A'_c}{C} \cdot \frac{0.6}{\tau} \qquad (2\text{-}9)$$

式中：$C'$ ——典型条件下的平均采光系数,取值为 1%；

　　　$A'_c$ ——典型条件下的开窗面积,可按《采光标准》附录 C 图 C.0.2—1 和图 C.0.2—2 取值。

注：1. 当需要考虑室内构建遮挡时,室内构件的挡光折减系数可按表 D.0.8 取值；

2. 当采用采光罩采光时,应考虑采光罩井壁的挡光折减系数( $K_j$ ),可按《采光标准》附录 D 图 D.0.9 和表 D.0.10 取值。

对采光形式复杂的建筑,应利用计算机模拟或缩尺模型进行采光计算分析。

# 第3章　建筑照明设计

利用自然光是建筑设计中需要充分考虑的重要内容,同时照明设计也是建筑与环境设计中的重要的组成部分。不但在夜间需要人工照明,即使在白天,某些环境如地下空间也需要人工照明作为主要的照明手段,或是作为对自然光的辅助与补充。总之,照明对建筑环境有两方面重要作用:一是功能需要,即创造安全、合理、舒适的照明条件,满足生活、生产的需要;二是艺术表现的需要,如对建筑与环境的形象、氛围的塑造与烘托等。室内照明能耗在整个建筑能耗中所占比例较高,在满足室内光环境要求前提下最大限度地降低照明能耗,对建筑的节能减排具有重要意义。天然光是清洁能源,充分利用天然采光可以减少电光源照明能耗,有助于节约能源和保护环境。冬季利用采光引入太阳辐射热提高室内温度,降低采暖能耗;夏季利用可调节遮阳设施,降低空调能耗。对于必须采取电光源照明的时段或空间,应尽可能采取绿色照明系统。

《全国一级注册建筑师执业资格考试大纲》要求根据设计标准合理选用光源、灯具和照明方式,创造出照度合理,具有满意色彩的室内光环境,以满足视觉、功能及室内装饰要求。

我国于 2014 年 6 月 4 日起实施的《建筑照明设计标准》(GB 50034—2013)(以下简称照明标准)是我国进行建筑照明设计的依据。

## 3.1　电光源

### 3.1.1　光源的光电特性

现代生活中,用于建筑与环境照明的电光源基本上多为将电能转换为光能的电光源。选择电光源时,主要考虑光源的光电特性如发光效能、色温和显色性。

**1. 发光效能**

发光效能是指光源发出的光通量 $\Phi$ 除以光源功率 $P$ 所得之商,简称光效。记作 $\eta$,计算见公式(3-1),单位为流明每瓦(lm/W)。

$$\eta = \frac{\Phi}{P} \tag{3-1}$$

### 2. 色温或相关色温

一般用色温或相关色温来表示光源发出光的表观颜色。当光源的色品与某一温度下黑体的光色完全相同时，称该黑体的绝对温度为该光源的色温，单位为开（K）。

当光源的色品点不在黑体轨迹上，且光源的色品与某一温度下的黑体的色品最接近时，该黑体的绝对温度为此光源的色温，称相关色温。

光源色表特征及适用场所宜符合表 3-1 的规定。

表 3-1 光源色特征及适用场所

| 相关色温（K） | 色表特征 | 适用场所 |
| --- | --- | --- |
| ＜3300 | 暖 | 客房、卧室、病房、酒吧 |
| 3300～5300 | 中间 | 办公室、教室、阅览室、商场、诊室、检验室、实验室、控制室、机加工车间、仪表装配 |
| ＞5300 | 冷 | 热加工车间、高照度场所 |

### 3. 显色性及显色指数

显色性是指与参考标准光源比较，光源显现物体颜色的特性。光源显色性用显示指数进行度量，是指以被测光源下物体颜色和参考标准光源下物体颜色的符合程度。用符号 $R_a$ 表示。

$R_a$ 值在 0～100 之间，一般认为 $R_a$ 在 100～80 之间，显色性优良；$R_a$ 在 79～50 之间，显色性一般；$R_a$ 低于 50，则显色性较差。

《照明标准》规定，长期工作或停留的房间或场所，照明光源的显色指数 $R_a$ 不应小于 80。在灯具安装高度大于 8m 的工业建筑场所，$R_a$ 可低于 80，但是必须能够辨别安全色。

### 3.1.2 电光源的分类

根据发光原理，电光源可分为三大类：热辐射光源、气体放电光源和电致发光光源。如图 3-1 所示。

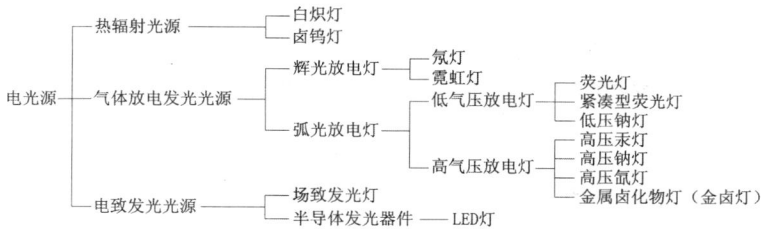

图 3-1　电光源的分类

## 1.热辐射光源

当金属被加热到 1000K 以上时,就发出可见光。利用这个原理制造的光源称为热辐射光源。目前常用的主要有普通白炽灯与卤钨灯。

(1)白炽灯

白炽灯一般采用金属钨丝作为发光体。金属钨高电阻、高熔点(3680K),电流通过时会产生很高的温度,从而发出可见光。图 3-2 为白炽灯型制示例,灯旁字母表示不同的灯泡型制。

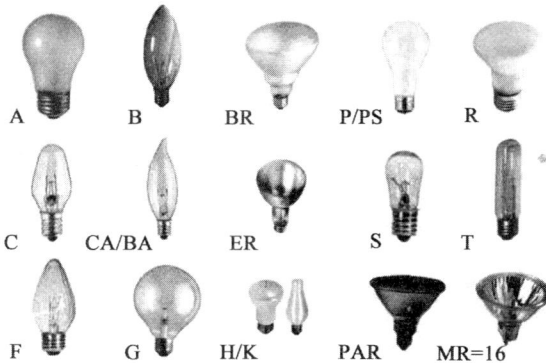

图 3-2　白炽灯型制示例

因为发光体需要被加热到非常高的温度,所耗电能中绝大部分被转换为热能损失掉,所以白炽灯的发光效能较低,容易提高周围环境温度。

(2)卤钨灯

高温下钨丝易挥发,钨蒸汽在灯壳上受冷凝结,使灯壳发黑,降低灯泡的光效与寿命。如果在白炽灯壳里充入卤素元素(碘、溴),则卤素会与钨蒸汽结合,结合物在高温的钨丝附近分解,将钨元素带回钨丝,形成卤素循环。利用这个原理改进的白炽灯称为卤钨灯。相比于普通白炽灯,卤钨灯的灯丝温度可以进一步提高,有利于改善光色、提高光效、延长寿命。图 3-3 为卤钨灯常见形式。

227

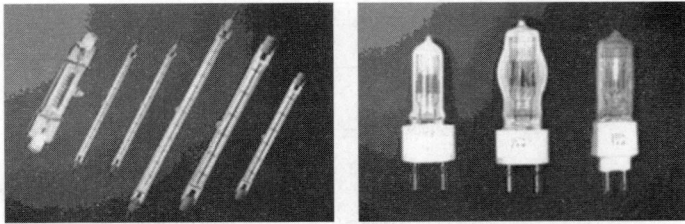

**图 3-3　卤钨灯常见形式**

卤钨灯存在如下不足:一是温度很高,其表面非常烫,对周边环境有一定影响;二是不方便调光,因为温度过低会阻碍其发光流程;三是若表面沾染污渍,石英玻壳在高温时易受热不均而破裂。

卤钨灯使用过程中,为避免卤素在一端积聚,应注意保持灯管与水平面的倾角不大于 4°;应避免震动,不适于工厂照明。

### 2. 气体放电光源

气体放电光源是由气体、金属蒸气或几种气体与金属蒸气的混合放电而发出光源,利用某些元素的原子被电子激发而发出可见光的原理。

(1)荧光灯

荧光灯是一种低压汞蒸气放电光源,普通荧光灯具有长条形灯管。灯管内水银蒸汽的原子在放电时发出紫外线。灯管壁上的荧光粉在紫外线激发下发出可见光。紧凑型荧光灯(又称节能灯),发光原理与普通荧光灯相同,实现了灯与镇流器一体化、体积小、结构紧凑、使用方便,采用的三基色荧光粉能够抵抗高强度的紫外辐射,其发光效率提高不少,光色也有所改善。

(2)荧光高压汞灯

荧光高压汞灯的发光原理与荧光灯一样,只是构造不同,管中的气压高达 1~5 个大气压。灯管分内管与外管。内管为放电管,发出紫外线,激发涂在玻璃外壳内壁的荧光物质,使其发出可见光。光效和寿命都较荧光灯有改善,但光色差,主要发绿、蓝色光。

(3)金属卤化物灯

金属卤化物灯的构造和发光原理与荧光高压汞灯相似,是在荧光高压汞灯的基础上发展起来的高效光源,区别在于荧光高压汞灯管内添加了某些金属卤化物,从而提高了光效、改变光色。

(4)钠灯

钠灯是钠蒸气放电而发光的放电光源。根据钠灯灯泡内钠蒸汽放电时的压强高低,分为高压钠灯与低压钠灯两类。

228

　　高压钠灯是利用高压钠蒸汽放电时辐射出可见光制成的,其辐射光的波长主要集中在人眼最敏感的黄绿色光范围内。低压钠灯是在低压钠蒸汽中放电,钠原子被激发而产生主要是 589nm 的黄色光。低压钠灯虽然透雾能力强,但是显色性差,极少用于室内照明。

　　(5)氙灯

　　氙灯是利用在氙气中高电压放电时,发出强烈连续光谱的特性制成的。其光谱和太阳光谱极为相似。由于它功率与光通量大,且放出较强紫外线,故安装高度不宜低于 20m。

　　(6)冷阴极荧光灯

　　冷阴极荧光灯的工作原理与普通荧光灯(热阴极)相似,冷阴极荧光灯是辉光放电,热阴极荧光灯是弧光放电。冷阴极荧光灯体积小、光效高,可作为轮廓照明灯具。

### 3. 电致发光光源

　　电致发光光源是指物质在一定的电场作用下被电能激发而发光、将电能直接转化为光能,利用此工作原理制成的光源如建筑中常用发光二极管。

　　发光二极管(Light Emitting Diode,简称 LED)是有两个电极的半导体发光器件,基本结构是一块电致发光的半导体材料,置于有引线的架子上,四周用环氧树脂密封。当处于正向工作状态时(即两端加上正向电压),电流从 LED 阳极流向阴极,半导体晶体就会发光。LED 运用冷光源,热辐射少,使用中不产生有害物质。工作电压低,采用直流驱动方式,超低功耗(单管 0.03～0.06W),电光功率转换接近 100%,在相同照明效果下比传统光源节能 80% 以上。属于典型的绿色照明光源。发光二极管主要用于室内空间展示照明、建筑物外观照明、娱乐场所及舞台照明、道路与景观照明。

　　综上所述,可以看出:光效高的光源,往往单灯功率大,光通量很大,很难运用于小空间。

## 3.2　灯具

　　灯具是指光源、灯罩及其附件的总称。灯具作用主要体现在将光源发出的光通重新分配、使光合理利用、造就舒适的光环境及防止眩光。

### 3.2.1　灯具的特性

#### 1.光强体与配光曲线

光强体是指将灯具各个方向的发光强度在三维空间用矢量表示出来，把矢量的终端连接起来，所构成的封闭体。配光曲线是指当光强体被通过 Z 轴线的平面截割时，在平面上获得一封闭的交线。此交线以极坐标形式绘制在平面图上所形成的曲线。光强体与配光曲线如图 3-4 所示。图 3-5 所示为灯具与配光曲线。通常配光曲线按光源发出的光通量为 1000lm 进行绘制。在实际光源发出光通量不是 1000lm 时，配光曲线进行照度计算时，应根据灯具实际光通量与 1000lm 之比值，对查出的发光强度进行修正。

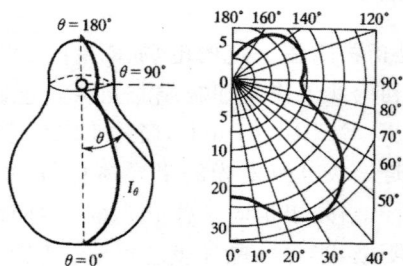

图 3-4　光强体与配光曲线

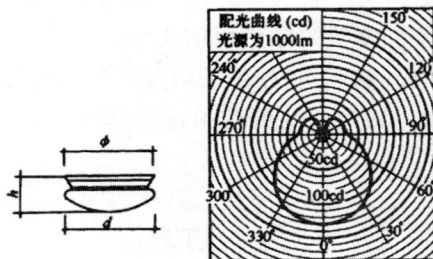

图 3-5　灯具与配光曲线

#### 2.灯具效率

灯具效率是指在相同使用条件下，灯具发出的光通量与灯具内全部光源发出的总光通量之比。计算见公式(3-2)。

$$\eta = \frac{\Phi}{\Phi_0} \tag{3-2}$$

式中：$\eta$——灯具效率；

　　　$\Phi_0$——灯具中全部光源发出的总光通量，lm；

　　　$\Phi$——从灯具中发出的光通量，lm。

显然灯具效率 $\eta$ 小于 1，其取决于灯罩开口大小、灯具材料的光反射比与光透射比。

### 3. 遮光角 $\gamma$

当光源亮度超过 16 熙提时，人眼就不能忍受，为降低或消除高亮度表面对眼睛造成的眩光，可以给光源罩上一个灯罩。引入遮光角来评价遮光效果。遮光角是指光源的下端与灯具下缘连线同水平线之间的夹角。光源入射光与水平视线的夹角越大越不易产生眩光，遮光角是这一夹角的最小值，因此遮光角具有限制直射眩光的作用。遮光的格栅如图 3-6 所示。

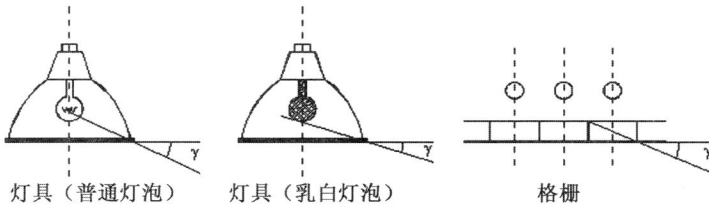

图 3-6　灯具与格栅的遮光角

遮光角的大小根据光源亮度和照明眩光限制质量等级确定。光源亮度愈高，照明质量等级愈高，灯具遮光角要求越大。

## 3.2.2　灯具的分类

灯具在不同场合有不同分类方法。国际照明委员会（CIE）按光通量在上、下半球的分布情况，将灯具划分为五类，直接型、半直接型、均匀扩散型、半间接型及间接型灯具。不同种类配光灯具的光照特性及使用场所见表 3-2。

表 3-2　不同类型灯具的光照特性及适用场所

| 灯具类型 | 直接型 | 半直接型 | 均匀扩散型 | 半间接型 | 间接型 |
|---|---|---|---|---|---|
| 灯具光分布示意 |  |  |  |  |  |

| 灯具类型 | 直接型 | 半直接型 | 均匀扩散型 | 半间接型 | 间接型 |
|---|---|---|---|---|---|
| 上半球光通 | 0%～10% | 10%～40% | 40%～60% | 60%～90% | 90%～100% |
| 下半球光通 | 100%～90% | 90%～60% | 60%～40% | 40%～10% | 10%～0% |
| 灯罩材料 | 不透光材料如搪瓷、铝和镜面 | 半透明材料制成开口 | 扩散透光材料制成封闭如乳白玻璃 | 上半部透明或敞开，下半部扩散透光材料 | 不透光材料、开口向上 |
| 光照特性 | 效率高，阴影浓重，室内亮度分布不匀，室内表面反射比对照度影响小，设备投资少，维护使用费用少 | 效率中等，阴影稍淡，室内亮度分布较好，室内表面光反射比对照度影响中等，设备投资中等，维护使用费用中等 | 效率低，无阴影，室内亮度分布均匀，室内表面反射比对照度影响大，设备投资多，维护使用费用多 | | |
| 适用场所 | 要求照明经济性好、效率高的场所 | 需要创造环境气氛、要求照明经济性的场所 | | | 以创造环境气氛为主、照明经济性为次要的场所 |

# 3.3　室内工作照明设计

冈那·伯凯利兹说："没有光就不存在空间。"光不仅是室内照明的条件，而且是表达空间形态、营造环境气氛的基本元素。室内照明是室内环境设计的重要组成部分，室内照明设计的目的是满足人们生活、工作和学习需要。

以满足视觉工作要求为主的室内工作照明，主要从功能方面来考虑，如工厂、学校等场所的照明。以艺术环境观感为主的室内环境照明设计，为人们提供舒适的休息和娱乐场所的照明，如大型公共建筑门厅、休息厅，除满足视觉功能需求外，还应强调艺术效果。

### 3.3.1　照明方式

用于工作照明的方式可分为一般照明、分区一般照明、局部照明和混合照明,如图 3-7 所示。

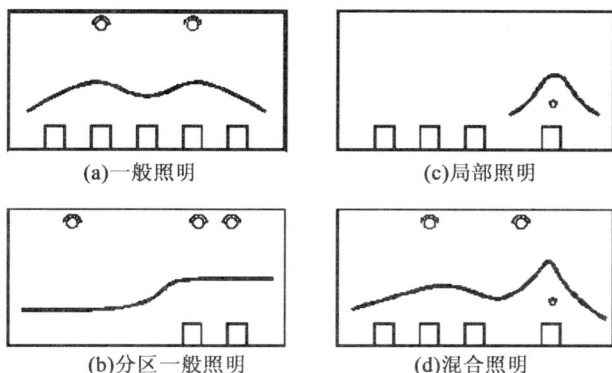

图 3-7　工作照明的几种基本方式

（1）一般照明

一般照明是指当工作场所中不考虑特殊局部需要,为照亮整个场所而设置的照明方式。将灯具均匀分布在被照场所上空,所以在工作面上能够形成均匀的照度,如图 3-7(a)所示。这种照明方式,适合于对光的投射方向没有特殊要求、在工作面内没有特别需要提高视度的工作点、工作点很密或不固定的场所。当房间高度大、照度要求又高时,单独采用一般照明,会造成灯具过多,功率很大,导致投资和使用经费偏高,是很不经济的做法。

（2）分区一般照明

分区一般照明是指对某一特定区域,如进行工作的地点,设计成不同的照度来照亮该区域的一般照明,如图 3-7(b)所示。开放式办公室中的办公区与休息区,具有不同的照度要求。

（3）局部照明或重点照明

局部照明是指在工作点附近,专门为照亮工作点而设置的照明装置,如图 3-7(c)所示。为特定视觉工作用的、为照亮某个局部的特殊需求而设置的照明。在一个工作场所内,不应只采用局部照明,会造成工作点和周围环境之间的亮度对比,影响视觉工作。

重点照明是指为强调某一特别目标物,或视野中某一部分的方向性照明。在商场建筑、博物馆建筑、美术馆建筑等场所,需要突出显示某些特定的目标,采用重点照明提高该目标照度。

（4）混合照明

混合照明是指由一般照明和局部照明组成的照明。在同一工作场所，既设有一般照明，以解决整个工作面的均匀照明；又设有局部照明，以满足工作点的高照度和光方向的要求，如图 3-7（d）所示。在高照度时，混合照明是较为经济的方式，也是目前工业建筑和照度要求较高的民用建筑中大量采用的照明方式。

### 3.3.2 照明设计标准

根据工作对象的视觉特征、工作面在房间的分布密度等条件，确定照明方式后，应结合识别对象的最小尺寸、识别对象与背景亮度对比等特征来考虑房间照明的数量和质量问题，依照国家现行《照明标准》，从照明数量和照明质量两方面进行综合考虑。

#### 1. 照明数量

照度水平不是越高越好，主要考虑满足三方面要求，视觉功效、视觉满意度和照明的经济性与节能。基于视觉功效的角度，一般在照度水平低时，提高照度水平有助于提高功效，但是当照度水平非常高时，进一步提高照度对功效的影响就不再显著了。而对于不同的场所，视觉满意度的要求也不同。如与工作区相比，交通区与休息区的照度更体现对舒适的关注。对不同区域的照度水平进行仔细设计，使之尽可能具有良好的经济性能、节约照明能耗也是确定照度数量的重要因素。

照度标准值按 0.5lx、1lx、2lx、3lx、5lx、10lx、15lx、20lx、30lx、50lx、75lx、100lx、150lx、200lx、300lx、500lx、750lx、1000lx、1500lx、2000lx、3000lx、5000lx 分级。《照明标准》分别给出了我国居住建筑（住宅建筑及其他居住建筑）、公共建筑（图书馆、办公、商店、观演、旅馆、医疗、教育、博览、会展、交通、金融及体育建筑）和工业建筑的照度标准值，表 3-3 为住宅建筑照度标准值，其他建筑照度标准值详见《照明标准》。

表 3-3 住宅建筑照明标准值

| 房间或场所 | | 参考平面及其高度 | 照度标准值(lx) | $R_a$ |
|---|---|---|---|---|
| 起居室 | 一般活动 | 0.75m 水平面 | 100 | 80 |
| | 书写、阅读 | | 300* | |

续表

| 房间或场所 | | 参考平面及其高度 | 照度标准值(lx) | $R_a$ |
|---|---|---|---|---|
| 卧室 | 一般活动 | 0.75m 水平面 | 75 | 80 |
| | 床头、阅读 | | 150* | |
| 餐厅 | | 0.75m 餐桌面 | 150 | 80 |
| 厨房 | 一般活动 | 0.75m 水平面 | 100 | 80 |
| | 操作台 | 台面 | 150* | |
| 卫生间 | | 0.75m 水平面 | 100 | 80 |
| 电梯前厅 | | 地面 | 75 | 60 |
| 走道、楼梯间 | | 地面 | 50 | 60 |
| 车库 | | 地面 | 30 | 60 |

注：* 宜用混合照明照度。

凡是符合下列一项或多项条件，作业面或参考平面的照度标准值可按照度标准值分级提高一级：

①视觉要求高的精细作业场所，眼睛至识别对象的距离大于 500mm。

②连续长时间紧张的视觉作业，对视觉器官有不良影响。

③识别移动对象，要求识别时间短促而辨认困难。

④视觉作业对操作安全有重要影响。

⑤识别对象与背景辨认困难。

⑥作业精度要求高，且产生差错会造成很大损失。

⑦视觉能力显著低于正常能力。

⑧建筑等级和功能要求高。

凡是符合下列一项或多项条件，作业面或参考平面的照度标准值可按照度标准值分级降低一级：

①进行很短时间的作业。

②作业精度或速度无关紧要。

③建筑等级和功能要求较低。

作业面邻近周围照度可低于作业面照度，但不宜低于表 3-4 的数值。作业面背景区域一般照明的照度不宜低于作业面邻近周围照度的 1/3。设计照度与照度标准值的偏差不应超过±10%。作业面区域、作业面邻近周围区域、作业面的背景区域关系见图 3-8。

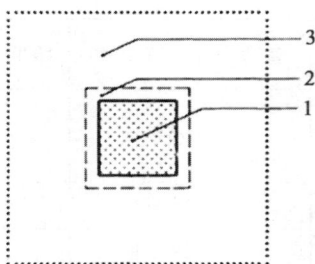

图 3-8　作业面区域、作业面邻近周围区域、作业面的背景区域关系
1—作业面区域；2—作业面邻近周围区域；3—作业面的背景区域

表 3-4　作业面邻近周围照度

| 作业面照度(lx) | 作业面邻近周围照度(lx) |
|---|---|
| ≥750 | 500 |
| 500 | 300 |
| 300 | 200 |
| ≤200 | 与作业面照度相同 |

注：1. 作业面邻近周围指作业面外宽度小于 0.5m 的区域。

　　2. 作业面邻近周围区域外宽度不小于 3m 的区域。

## 2. 照明质量

（1）照度均匀度

在保证照明数量的同时，室内照度水平分布要均匀，避免过于悬殊的照度差异。公共建筑的工作房间和工业建筑作业区域内的一般照明照度均匀度（最小照度与平均照度之比）不应小于 0.7，而作业面邻近周围的照度均匀度不应小于 0.5；房间或场所内的通道和其他非作业区域的一般照明的照度值不宜低于作业区域的 1/3；在车间内采用混合照明时，按规定，一般照明的照度为该级总照度的 5%～15%，并不得低于 30lx（采用高强气体放电灯时，不宜低于 50lx）。

（2）避免眩光的不利影响

图 3-9 显示了人眼对来自不同入射角的可接受亮度。眩光光源与水平视线之间的交角越大，视觉不舒适感越小。

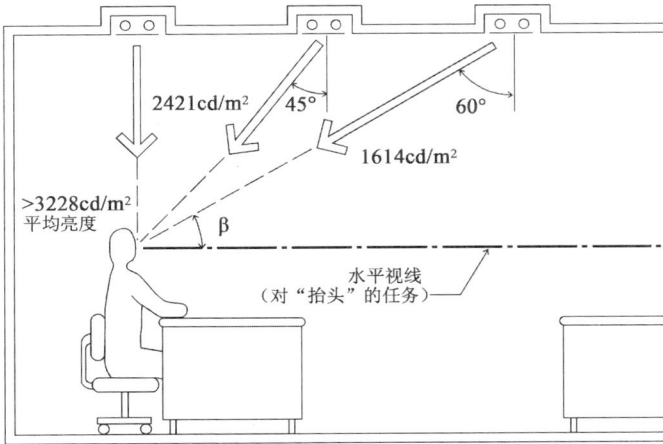

**图 3-9    来自不同方向的眩光效应不同**

对有视觉显示终端的工作场所照明应限制和灯具中垂线的角度等于和大于 65°的亮度,灯具在该范围内的平均亮度限值不宜超过表 3-5 的规定。

**表 3-5    灯具平均亮度限值(cd/m²)**

| 屏幕亮度　　屏幕分类 | 高亮度屏幕　　L>200 | 中亮度屏幕　　L≤200 |
|---|---|---|
| 暗底亮图像 | ≤3000 | ≤1500 |
| 亮底暗图像 | ≤1500 | ≤1000 |

为限制视野内过高亮度或亮度对比引起的直接眩光,使灯具或其高亮度的出光口尽量不出现在对眩光敏感的视野范围内可通过控制灯具的遮光角来实现。直接型灯具的遮光角不应小于表 3-6 中的值。同时还可以采用增大眩光源的仰角,即提高灯具悬挂高度的办法,限制直接眩光的影响。

**表 3-6    直接型灯具的遮光角**

| 光源平均亮度(kcd/m²) | 遮光角/(°) | 光源平均亮度(kcd/m²) | 遮光角/(°) |
|---|---|---|---|
| 1~20 | 10 | 50~500 | 20 |
| 20~50 | 15 | ≥500 | 30 |

由特定表面产生的反射而引起的眩光,通常称为光幕反射和反射眩光。将会改变作业面的可见度,往往是有害的,可采取以下的措施来减少光幕反射和反射眩光。

①从灯具和作业面的布置方面考虑,避免将灯具安装在易形成眩光的区内。

②从房间表面装饰方面考虑,采用低光泽度的表面装饰材料。

③从限制眩光的方面考虑,应限制灯具表面亮度不宜过高。

④为了得到合适的室内亮度分布,同时避免因为过分考虑节能或使用LED照明系统而造成的室内亮度分布的过于集中,对墙面和顶棚的平均照度有所要求。

(3)合适的亮度分布

室内的亮度分布是由照度分布和表面反射比决定的。视野内过大的亮度差异会产生眩光。与作业面相邻的环境亮度应低于作业面亮度,但不应小于作业面亮度的1/3。房间的主要界面顶棚、墙和地面亮度差异不宜过大。然而亮度也不是要处处均匀,有时为了突出空间或结构的形象特征,渲染环境气氛或是强调某种装饰效果,在保证视觉舒适的前提下,亮度的分布未必受上述比例约束。

(4)合适的光反射比

长时间工作,工作房间内表面的反射比宜按表3-7选取,表3-7给出房间各个表面反射比,目的在于创造良好的室内光环境。

表3-7 工作房间内表面的反射比

| 表面名称 | 反射比 |
| --- | --- |
| 顶棚 | 0.6～0.9 |
| 墙面 | 0.3～0.8 |
| 地面 | 0.1～0.5 |

(5)光色与显色性

光源的颜色外貌是指灯发射的光的表现颜色(灯的色品),即光源的色表,用光源的相关色温来表示。色表的选择与心理学、美学问题相关,它取决于照度、室内各表面和家具的颜色、气候环境和应用场所条件等因素。通常在低照度场所宜用暖色表,中等照度用中间色表,高照度用冷色表;另外在温暖气候条件下喜欢冷色表;而在寒冷条件下喜欢暖色表;一般情况下,采用中间色表。

光源光色的选择应考虑两个因素:环境气氛和环境照度。低色温暖色调光在低照度时使人感到舒适、温馨,能创造亲切轻松的气氛,适用于住宅、旅馆、餐厅等生活空间;但在高照度时使人感到燥热、紧张。而高色温冷光源在高照度时令人感到舒适、爽朗,较适用于严肃、活跃、精神振奋的会议、办公以及多数厂房空间;而在低照度时令人感到昏暗、寒冷。

### 3.3.3　照明设计示例

#### 1. 学校教室照明设计

学生在学校里的大部分时间是在白天,但是在阴雨天或冬季的部分上课时间内,白天的室外照度可能会低于临界照度,在教室中仅靠天然光不能满足学习要求,应采用人工照明补充。夜间学习活动需要人工照明。因此设计学校教室照明时,不仅要注意天然光采光,还应进行电光源照明设计。

1)照明数量

为了保证在工作面上形成视度所需的亮度和亮度对比,教育建筑照明标准值见表 3-8。教室、阅览室课桌面上的平均照度值不应低于 300lx,照度均匀度(照度最低值/照度平均值)不应低于 0.7。教室黑板应设局部照明灯,其平均垂直面照度不应低于 500lx,照度均匀度应当高于 0.7。

表 3-8　教育建筑照明照度标准值

| 房间或场所 | 参考平面及其高度 | 照度标准值/ lx | $R_a$ |
|---|---|---|---|
| 教室、阅览室 | 课桌面 | 300 | 80 |
| 实验室 | 实验桌面 | 300 | 80 |
| 美术教室 | 桌面 | 500 | 90 |
| 多媒体教室 | 0.75m 水平面 | 300 | 80 |
| 电子信息机房 | 0.75m 水平面 | 500 | 80 |
| 计算机教室、电子阅览室 | 0.75m 水平面 | 500 | 80 |
| 楼梯间 | 地面 | 100 | 80 |
| 教室黑板 | 黑板面 | 500 * | 80 |
| 学生宿舍 | 地面 | 150 | 80 |

注:* 指混合照明照度

2)照明质量

照明质量决定视觉舒适程度,并在很大程度上影响视度。

(1)亮度分布

为了视觉舒适和减少视疲劳,要求大面积表面之间的亮度比不超过视看对象和其邻近表面之间 3∶1(如书本和课桌表面);视看对象和远处较暗表面之间 3∶1(如书本和地面);远处较亮表面和视看对象之间 5∶1(如窗口和书本之间)。

(2)色温与显色性

采用冷色,接近日光的光源可以使人精神较为振奋,注意力更加集中,有利于营造良好的学习气氛。从表 3-8 可以看出,教室、阅览室照明选用显色指数 $R_a$ = 80 的显色性好的光源。

(3)投光方向

照明设计时,注意灯具的布置,使得阅读与书写时不会受到落在课桌面上的阴影影响。

(4)眩光控制

直接眩光:当学生视野内出现高亮度(明亮的窗、裸灯泡),就会产生不舒适感,甚至降低视度。目前主要眩光源是裸露灯泡,这不但使光通量利用率低,而且产生严重的直接眩光。荧光灯管表面亮度虽不太高,但是面积大,因此应装灯罩。

反射眩光:主要来自黑漆黑板和某些深色油漆课桌表面,通过改变饰面材料(如在黑板多用背面涂成黑色或墨绿色的磨砂玻璃)和合理安排灯和窗口位置来解决。

光幕反射:随着书籍纸张的改善,出现光幕反射的情况日益增加,应引起重视。可通过改变纸质如用有质地感的纸张,或调整光线到工作面的角度如使光线从侧面而来加以控制。

3)注意事项

(1)照明方式

因为课桌一般均匀布置在教室内,占据教室的大部分空间,采用一般照明方式;需要黑板处加强局部照明,所以教室通常采用一般加局部照明的方式。

(2)光源与灯具的选择与布置

光源的选择:目前多使用荧光灯作为教室光源。荧光灯具有发光效率高、寿命长、表面亮度低、光色好等优点。虽然安装时附件较多,一次投资费用较高,但用电量少,换灯次数少,运行费低,投资很快可收回。因此应取代白炽灯。

灯具的选择:为进一步消除眩光和控光,需控制灯具的遮光角。蝙蝠翼配光灯具(BYGG4-1)属于适合教室使用的灯具,其最大发光强度位于与垂直线成 30°的方向上,并具有相当大的遮光角,能大大降低阅读时出现的光幕反射现象。

灯具布置方向:灯具方向对照度和均匀度的影响较小,主要影响其照明质量。教室内一般照明时,将灯管长轴垂直于黑板布置,产生的直接眩光较小,而且光线方向与窗口一致,避免产生手的阴影。教室照明布置如图 3-10 所示。如条件不允许纵向布灯,可采用横向布置的不对称配光灯具。这样,光线从学生背后射向工作面,可完全防止直接眩光。

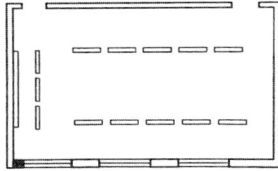

图 3-10　教室照明布置

（3）黑板照明

要求黑板有充足的垂直照度,照度分布均匀,灯具反射形象不出现或不射入学生眼中,灯具不对教师形成直接眩光。黑板处局部照明时,将灯管水平于黑板布置。黑板照明灯具的位置可参考图 3-11 所列尺寸。这时灯具最大发光强度应对准黑板的中间部分。

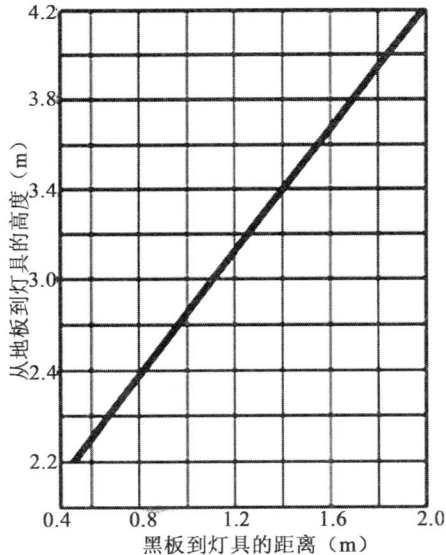

图 3-11　黑板照明灯具位置

## 2. 商店照明设计

商店是人们物色、挑选、购买自己所需物品的场所。这就要求照明不仅使顾客能看清商品,还应使商品,以至整个商店更加光彩夺目、富于魅力,显出商店特色,吸引顾客,激起其购买欲望,达到销售商品的目的。

商店照明设计需要考虑:顾客对象,周围环境;空间构成,商品构成,陈列布局;商店性质,内部装修;商店形象,整体气氛;照明与建筑、内装修、家具等相呼应;照明方式和所选用的灯具;降低运行费用,维护简便,易于操作。

1）照明效果

从店前经过的行人都可能是顾客,应设法使他们停下来,并吸引他们进入商店,直至购买商品。这就要求从铺面到店内、从单个商品直至整个商店,都具有表现力。照明在显示商品的效果上占主导地位。它应按商店不同部位,给以恰当的照明,产生需要的效果。如表 3-9 所示。

表 3-9　商店各部分对照明要求的效果

| 部位 ＼ 效果 | 引人注目 | 展品鲜明 | 看的清楚 | 整体效果 |
|---|---|---|---|---|
| 外立面、外观 | ◎ | | | ◎ |
| 铺面 | ○ | ◎ | | ○ |
| 橱窗 | ○ | ◎ | | ○ |
| 店内核心部位 | | ◎ | ○ | |
| 店内一般部位 | | | ◎ | ○ |
| 综合 | | ○ | | ◎ |

注:◎ 主要效果;○ 需要考虑的效果。

对照明的表现效果可从以下几方面来考虑:

（1）光色

采用低色温光源,会产生安静的气氛;采用中等色温光源可获得明朗开阔的气氛;采用高色温光源则形成凉爽活泼的气氛。也可采用不同光源的混光达到特殊效果。

（2）显色性

光源的光谱组成不同,商品的色彩效果也有差异。如采用高显色指数的光源,可如实地表现商品原有颜色。也可利用光源强烈发出某一波长的光,鲜明地强调商品特定颜色,产生特殊效果,如肉类、鲜鱼、苹果等,用红色成分多的光源照射,就显得更加新鲜。但不宜采用单色光源,那样会过分强调某一色调,效果也不好。

（3）立体感

商店内不少商品都具有三维性质,照明设计应考虑一定的投射角和适当的阴影分布,使之轮廓清晰,立体感强。适当的明暗变化是必要的,若表面照度均匀,商品就显得平淡无味,缺乏吸引力。光的投射方向也有影响。人们习惯于天然光的照射形象,所以光线从斜上方射来就可获得较满意的效果。而不同方向的光投射到玻璃和陶瓷用品上也会产生不同效果。从上面照射可得完整的自然感觉;从下面照射,则有轻、漂浮的感觉,用这种特异的气氛也可获得引人注目的效果;横向照射,则强调立体感和表面光泽;从背面照射,强调透明度和轮廓美,但表面颜色和底部显得不够明亮。

2)照度

根据商品特性、顾客对象、商店所处地区、规模、经营方针等条件的不同而定,同时考虑投资和节电效果。商店建筑照明的照度标准值见表 3-10。设计应根据建筑功能要求和使用条件,从中选取适当的标准值。

表 3-10　商店建筑照明的照度标准值

| 房间或场所 | 参考平面及其高度 | 照度标准值/ lx |
|---|---|---|
| 一般商店营业厅 | 0.75m 水平面 | 300 |
| 一般室内商业街 | 地面 | 200 |
| 高档商店营业厅 | 0.75m 水平面 | 500 |
| 高档室内商业街 | 地面 | 300 |
| 一般超市营业厅 | 0.75m 水平面 | 300 |
| 高档超市营业厅 | 0.75m 水平面 | 500 |
| 仓储式超市 | 0.75m 水平面 | 300 |
| 专卖店营业厅 | 0.75m 水平面 | 300 |
| 农贸市场 | 0.75m 水平面 | 200 |
| 收款台 | 台面 | 500 ＊ |

注:＊指混合照明照度

3)照度分布

根据商店类型,商店的照度分布可分为三种形式:①单向型,展柜特别亮,适用于钟表店、首饰店;②双向型,店内深处及其正面特别亮,适于服装店;③中央型,店内特别明亮,适于食品店。另外,为了提高商品的展示效果,应特别注意陈列柜、货架等垂直面照度应高于水平面照度。

4)照明方式

商店照明方式主要有一般照明和重点照明两种。

(1)一般照明

它是使店内整体或各部位获得基本亮度的照明。一般是将灯具均匀地分布在整个顶棚上,使营业厅获得均匀照度。

（2）重点照明

重点照明是把主要商品或主要部位作为重点，加以效果性照明以加强感染力。应与基本照明相配合，根据商品特点，选择适当的光源和灯具，以突出商品的立体感、颜色和质地。现常用导轨式小型投光灯，根据商品布置情况，选择适当位置将光线投射到重点展品上。

### 3.3.4 室内照明计算

室内照明计算的主要内容是照度计算。根据照度要求以及选定的光源与灯具类型，求出需要的光源功率，或者在室内对设定的光源与灯具布置，计算照度水平。

利用系数法是常用的室内照度计算方法。利用系数 $C_u$ 表示室内灯具投射到工作面上的光通量（包括直射光通量和经房间界面反射的光通量）与灯具中光源发出的总光通量的比值。用公式（3-3）表示。

$$C_u = \frac{\Phi_u}{N\Phi} \tag{3-3}$$

式中：$C_u$——利用系数；

$\Phi_u$——投射到工作面上的光通量，lm；

$\Phi$——所有灯具发出的总光通量，lm。

则工作平面上的平均照度 $E$ 可以用公式（3-4）表示。

$$E = \frac{\Phi_u}{A} = \frac{C_u N\Phi}{A} \tag{3-4}$$

反之，如果确定了工作面的照度需求，则可以根据公式（3-5）计算出需要的光源光通量。

$$\Phi = \frac{AE}{NC_u} \tag{3-5}$$

式中：$N$——灯具个数；

$\Phi$——单个灯具内光源发出的光通量，lm；

$A$——工作面的面积，m²。

灯具在使用过程中，因污染和光源老化等原因，光通量会逐渐衰减，所以照度计算中，需将照度初始值提高，照度需要值除以一个维护系数 $K$。则利用系数的照明计算公式用（3-6）表示。表 3-11 给出若干情况下的维护系数 $K$ 值。

$$\Phi = \frac{AE}{NC_u K} \tag{3-6}$$

表 3-11　维护系数值 $K$

| 环境污染特征 | | 房间或场所举例 | 灯具最少擦拭次数（次/年） | 维护系数值 |
|---|---|---|---|---|
| 室内 | 清洁 | 卧室、办公室、影院、剧场、餐厅、阅览室、教室、病房、客房、仪器仪表装配间，电子元器件装配间、检验室、商店营业厅、体育馆、体育场等 | 2 | 0.80 |
| | 一般 | 机场候机厅、候车室、机械加工车间、机械装配车间、农贸市场等 | 2 | 0.70 |
| | 污染严重 | 公用厨房、锻工车间、铸工车间、水泥车间等 | 3 | 0.60 |
| 开敞空间 | | 雨篷、站台 | 2 | 0.65 |

利用系数 $C_u$ 与以下几个因素有关。

（1）灯具类型与照明方式

直接型灯具会给工作面带来大量的直射光，从这个意义来说，直接型的灯具更可能具有较高的利用系数。

（2）灯具效率

灯具效率越高，光源发出的光通量越能够贡献于室内照明，其中到达工作面的光通量也越多。

（3）空间参量

工作面上的照度与房间的空间状态有关，包括灯具与工作面在房间中的位置。

如图 3-12 所示，房间可以被划分为 3 个空间：灯具上方的顶棚空间、工作面下方的地板空间以及灯具下方与工作面上方的室空间。其中室空间和顶棚空间的大小对工作面照度的影响较为重要，可分别用室空间比 $RCR$ 和顶棚空间比 $CCR$ 表示，分别见公式（3-7）和（3-8）。

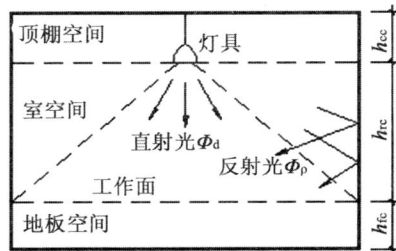

图 3-12　空间状态对照度的影响

$$RCR = \frac{5h_{rc}(l+b)}{lb} \tag{3-7}$$

$$CCR = \frac{5h_{cc}(l+b)}{lb} \tag{3-8}$$

式中：$l$、$b$——分别为工作面的长度与宽度；

$h_{rc}$、$h_{cc}$——分别为室空间、顶棚空间的高度，m。

（4）房间界面反射

工作面上除了来自灯具的直射光，还有来自房间界面的反射光。房间界面的反射比越高，则利用系数越高。房间界面反射主要来自室内墙面与顶棚空间。

室内墙面的平均光反射比 $\rho_w$ 的计算按面积加权平均的方法。

顶棚有效光反射比曲线见图 3-13，可以看出顶棚空间的有效光反射比 $\rho_{cc}$ 与顶棚空间比 $CCR$、顶棚空间内的天花反射比 $\rho_c$ 与顶棚空间内墙面的反射比 $\rho_w$ 有关。

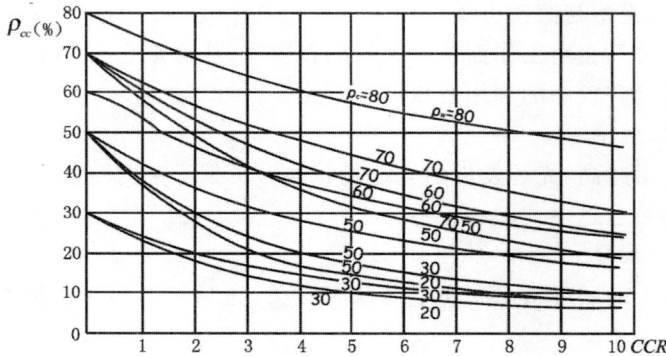

图 3-13　顶棚有效光反射比曲线

# 3.4　环境照明设计

建筑物、城市广场及道路等的夜间照明，使城市构成与白天完全不同的景象，在美化城市、丰富城市生活中，占有很重要的地位。因此，在城市规划和一些重要的建筑物单体设计中，建筑师应能配合电气专业人员考虑室外环境照明设计。

## 3.4.1　室内环境照明设计

建筑照明是建筑环境整体的有机组成部分。照明设计必须充分估计光的表现能力，结合建筑物的使用要求、空间尺度及结构形式等实际条件，对光的分布、明暗构图、装修的颜色和质量做出统一规划,营造舒适宜人的光环境。

图 3-14 是一个教堂照明改装前后的效果。图 3-14(a)是照明改装前的情况。孤立设置的灯具发出的光"自由"地分布各处,将柱子分成明、暗不同的几段,破坏了其整体感。顶棚很暗,看不出它的装饰效果。整个空间形象支离破碎。改装后如图 3-14(b)所示,用柱头上的反光带照亮顶棚,不但充分展现了美丽的顶棚装饰物,而且使整个大厅获得柔和的反射光,柱子也得到充分而完整的表现。空间整体显现出庄严华丽的风貌。这说明照明对室内建筑艺术表现及气氛营造有很大的影响。

(a)　　　　　　　　　　　　　(b)

图 3-14　照明对室内建筑艺术表现的影响

对灯具做各种处理和"建筑化"大面积照明艺术处理是两种常用的照明设计手法。

## 1. 灯具的处理手法

将灯具进行艺术处理,使之具有各种形式,以满足人们对美的要求。

1)装饰性灯具

(1)吊灯

吊灯是最常见的装饰性灯具。图 3-15 是几种吊灯的形式。多数吊灯是由几个单灯组合而成,又在灯架上加以艺术处理,故尺度较大,适用于层高较高的厅堂。

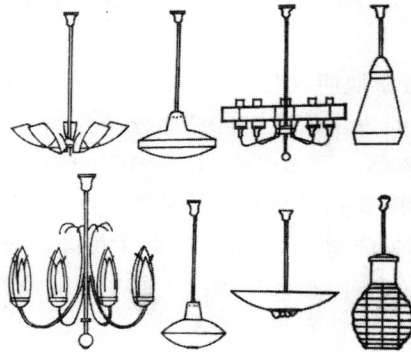

图 3-15　几种吊灯的形式

（2）暗灯和吸顶灯

在较矮的房间里，吊灯往往显得太大而不适合，常采用其他灯具，如暗灯。暗灯是将灯具放在顶棚里，而将灯具紧贴在顶棚上则称吸顶灯。暗灯的开口处于顶棚平面，直射光无法射到顶棚，故顶棚较暗。而吸顶灯由于突出于顶棚，部分光通量直接射向它，增加了顶棚亮度，减弱了灯和顶棚间的亮度差，有利于协调整个房间的亮度对比。顶棚上可以作一些线脚和装饰处理，与灯具相互配合，构成各种图案，可形成装饰性很强的照明环境。如北京人民大会堂宴会厅的照明采用吸顶灯组成图案，并和顶棚上的建筑装修结合在一起，形成一个非常美观的整体。

（3）壁灯

壁灯安装在墙上用来提高部分墙面亮度，主要以本身的亮度和灯具附近表面的亮度，在墙上形成亮斑，以打破一大片墙的单调气氛，对室内照度的增加不起什么作用，常用在一大片平坦的墙面上，也用于镜子的两侧或上面，既照亮人又防止反射眩光。

2）图案化的灯具布置

用多个简单而风格统一的灯具排列成有规律的图案，通过灯具和建筑的有机配合取得装饰效果。

图 3-16 为门厅照明实例。这里顶棚被划分成正方形的图案，方形的照明灯具镶嵌在其中。灯具本身装饰较为简洁，但由于采用几何图案的布置方式，获得整齐、大方的装饰效果，并和铺地相统一。这种照明方式安装方便，光线直接射出，损失很小，其技术合理性和经济性是很明显的，已成为公共建筑中常用的一种艺术处理方式，特别是在一些面积大、高度小的空间里，效果很好。

图 3-16　门厅照明实例

## 2."建筑化"大面积照明艺术处理

这是将光源隐蔽在建筑构件之中,并和建筑构件(顶棚、墙、梁、柱等)或家具合成一体的一种照明形式。分为两大类:一类是透光的发光顶棚、光梁、光带等;另一类是反光的光檐、光龛、反光假梁等。其共同特点如下:

①发光体不再是分散的点光源,而扩大为发光带或发光面,因此能在保持发光表面亮度较低的条件下,在室内获得较高的照度。

②光线扩散性极好,整个空间照度十分均匀,光线柔和,阴影浅淡,甚至完全没有阴影。

③消除了直接眩光,大大减弱了反射眩光。

(1)发光顶棚

它是由天窗发展而来。为了保持稳定的照明条件,模仿天然采光的效果,在玻璃吊顶至天窗间的夹层里装灯,便构成发光顶棚。图 3-17 为常见的一种与采光窗合用的发光顶棚。

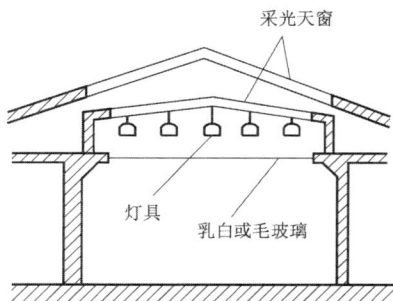

图 3-17　发光顶棚与采光天窗合用

发光顶棚的构造方法是把灯直接安装在平整的楼板下表面,然后用钢框架做成吊顶棚的骨架,再铺上某种扩散透光材料,如图 3-18(a)所示;为了提高光效率,也可以使用反光罩,使光线更集中地投到发光顶棚的透光面上，如图 3-18(b)所示。也可把顶棚上面分为若干小空间，它本身既是反光罩，又兼作空调设备的送风或回风口。这样做有利于有效地利用反射光。无论何种方案，都应满足三个基本要求，即效率高，发光表面亮度均匀且维修、清扫方便。

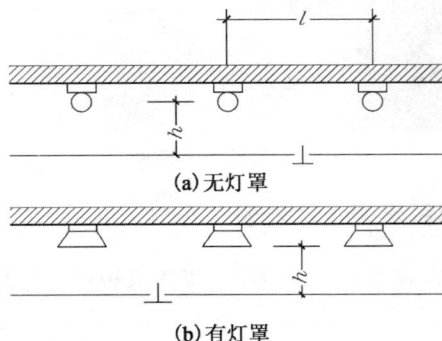

(a) 无灯罩

(b) 有灯罩

图 3-18　发光顶棚作法

　　发光顶棚效率的高低，取决于透光材料的光透射比和灯具结构。可采取下列措施来提高效率：加反光罩，使光通量全部投射到透光面上；顶棚上设备层内表面(包括设备表面)保持高的光反射比，同时还要避免设备管道挡光；降低设备层层高(即提高顶棚)，使灯靠近透光面。发光顶棚的效率一般为 0.5，高的可达 0.8。

　　发光表面的亮度应均匀，亮度不均匀的发光表面严重影响美观。亮度比(即表面亮度最小值与最大值之比)宜在 1/1～1/1.4 之间，超出此界限人眼即能觉察出亮度不均匀，为此应使灯的间距 $l$ 和它至顶棚表面的距离 $h$ 之比($l/h$)保持在一定范围内。适宜的 $l/h$ 值见表 3-12。但发光顶棚的亮度均匀很容易失之于单调，故需要在选用材料、分格形状和尺度，甚至颜色上与房间的功能、尺度相协调，力求避免雷同和单调。

表 3-12　各种情况下适宜的 $l/h$ 比

| 灯 具 类 型 | $\dfrac{L_{max}}{L_{min}}=1.4$ | $\dfrac{L_{max}}{L_{min}}\approx1.0$ |
|---|---|---|
| 窄配光的镜面灯 | 0.9 | 0.7 |
| 点光源余弦配光灯具 | 1.5 | 1.0 |
| 点光源均匀配光和线光源余弦配光灯具 | 1.8 | 1.2 |
| 线光源均匀配光灯具(荧光灯管) | 2.4 | 1.4 |

　　从表 3-12 中可看出，为了使发光表面亮度均匀，需要把灯装得很密或者离透光面远些。当室内对照度要求不高时，需要的光源数量减少，此时选

用小功率灯泡或加大灯的间距(为了照顾透光面亮度均匀,需抬高灯的位置)会降低效率,在经济上是不合理的,因此这种照明方式,只适用于照度较高的情况。在低照度时,可采用光梁或光带。

(2)光梁和光带

光梁和光带是指将发光顶棚的宽度缩小为带状发光面。光带的发光表面与顶棚表面平齐,如图 3-19(a)和(b)所示;光梁则凸出于顶棚表面,如图 3-19(c)和(d)所示。光梁和光带的光学特性与发光顶棚相似。

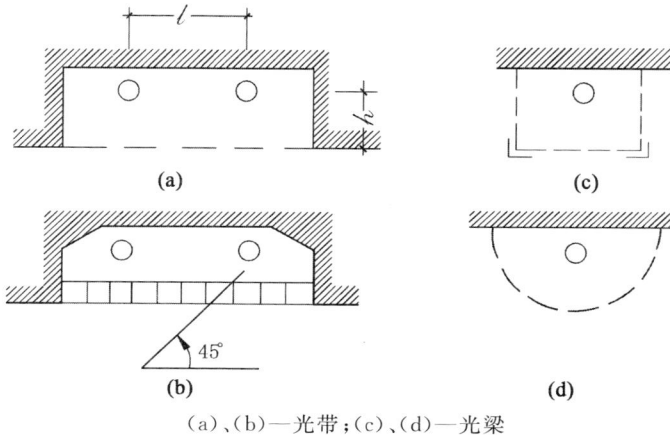

(a)、(b)—光带;(c)、(d)—光梁

**图 3-19　光梁和光带的构造简图**

光带的轴线最好与外墙平行布置,并且使第一排光带尽量靠近窗子,这样人工光和天然光线方向一致,减少出现不利的阴影和不舒适眩光的可能。光带的间距,以不超过发光表面到工作面距离的 1.3 倍为宜,以保持照度均匀。至于发光面的亮度均匀度,同发光顶棚一样,是由灯的间距($l$)和灯至透光表面的高度($h$)之比值确定的。白炽灯泡的 $l/h$ 值约为 2.5,荧光灯管为 2.0。由于空间小,一般不加灯罩。

光带由于面积小、灯密,因此表面亮度容易达到均匀。从提高效率的观点来看,采取缩小光带断面高度,并将断面做成平滑曲线,反射面保持高的光反射比,透光面有高的光透射比等措施是有利的。

光带的缺点在于由于发光面和顶棚处于同一平面,无直射光射到顶棚上,使二者的亮度相差较大。为了改善这种状况,把发光面降低,使之突出于顶棚,这就形成光梁。光梁有部分光直射到顶棚上,降低了顶棚和灯具间的亮度对比。

(3)格片式发光顶棚

前述发光顶棚、光带和光梁,都存在表面亮度较大的问题,随着室内照度值的提高,就要求按比例地增加发光面的亮度。虽然在同等照度时与点光源比发光面亮度相对还是比较低的,几种照明形式的光源表面亮度比较见图 3-20。但是如果达到几百勒克斯以上的照度,发光面将有相当高的亮度,易引起眩光。最常用的解决办法是格片式发光顶棚。

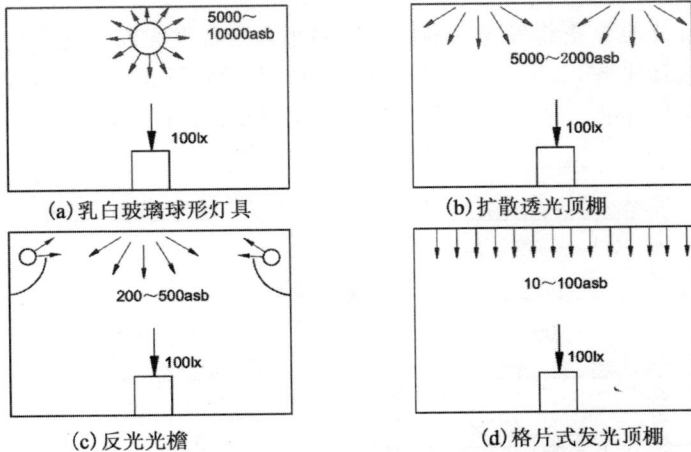

(a)乳白玻璃球形灯具　　　　　　(b)扩散透光顶棚

(c)反光光檐　　　　　　　(d)格片式发光顶棚

图 3-20　几种照明形式的光源表面亮度比较

格片发光顶棚的格片是用金属薄板或塑料板组成的网状结构。其光效率取决于格片所用材料的光学性能和遮光角 $\gamma$。格片上方的光源,把一部分光直射到工作面上,另一部分则经过格片反射(不透光材料)或反射兼透射(扩散透光材料)后进入室内。因此,格片顶棚除反射光外,还有一定数量的直射光,即使格片表面涂黑(表面亮度接近于零),室内仍有一定照度。遮光角 $\gamma$,由格片的高($h'$)和宽($b$)形成。格片的遮光角常常做成 $30°\sim45°$。遮光角不仅影响格片式发光顶棚的透光效率(愈小,透光愈多),而且影响它的配光。随着遮光角的增大,配光也由宽变窄。

格片顶棚表面亮度的均匀性,也是由其上表面照度的均匀性来决定的,随灯泡的间距($l$)和离格片的距离($h$)而变。

格片顶棚除了亮度较低并可根据不同材料和剖面形式来控制表面亮度的优点外,它还具有另外一些优点,如很容易通过调节格片与水平面的倾角,得到指向性的照度分布;直立格片比平放的发光顶棚积尘机会少;外观比透光材料做成的发光顶棚生动;亮度对比小等,所以格片顶棚照明形式在现代建筑中应用广泛。

格片顶棚多采用工厂预制,现场拼装的办法,使用方便。格片多以塑料、铝板为原材料,制成不同高、宽,不同孔形的组件,形成不同的遮光角和不同的表面亮度及不同的艺术效果,还可以用不同的表面加工处理,获得不同的颜色效果。图 3-21 表示几种不同孔洞的方案,其中方案(b)由于采用抛物面,使光线向下反射,因此与垂直轴成 45°以上的方向亮度很低,形成直接眩光的可能性很小。

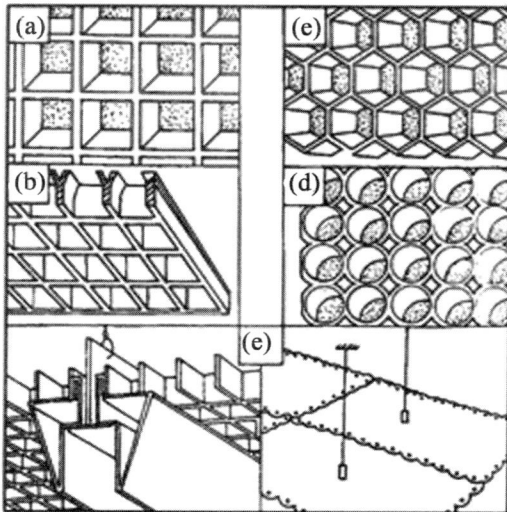

(a)—方格状;(b)—抛物面剖面;(c)—蜂窝状;(d)—圆柱状;(e)—安装方式

**图 3-21　格片板材的几种形式及安装方法**

(4)反光顶棚

发光顶棚是将光源隐藏在灯槽内,利用顶棚或其他表面(如墙面)做为反光面的一种照明方式,具有间接型灯具的特点,又是大面积光源,所以,光的扩散性好,可使室内完全消除阴影和眩光。由于光源的面积大,若布置方法正确,就可取得预期的效果。光效率比单个间接型灯具高一些。反光顶棚的构造及位置处理原则如图 3-22 所示。

设计反光顶棚时,须注意灯槽位置、断面选择、反光面具有高的光反射比等。这些因素不仅影响反光顶棚的光效率,而且影响其外观。影响外观的另一主要因素是反光面的亮度均匀性,由反光面反射比与照度的均匀性决定。后者与光源的配光情况和光源与反光面的距离有关,即由灯槽和反光面的相对位置所决定。因此,灯槽至反光面的高度($h$)不能太小,应与反光面的宽($l$)成一定比例,合适比例见表 3-13。此外,光源到墙面的距离 $a$ 不能太小,如荧光灯管,应不小于 $10\sim15$cm,荧光灯管最好首尾相错。

图 3-23 为几种反光顶棚的实例。房间面积较大时,为了保持反光面亮度均匀,要求灯槽距顶棚较远,故要求房间层高较大。对于层高较低的房间,很难保证必要的遮光角和均匀的亮度,一般是中间部分照度不足。为了弥补缺陷,可以在中间加吊灯,也可以将顶棚划分为若干小格,$l$ 变小,从而

$h$ 可小些,以达到降低层高的目的,如图 3-23(d)所示。

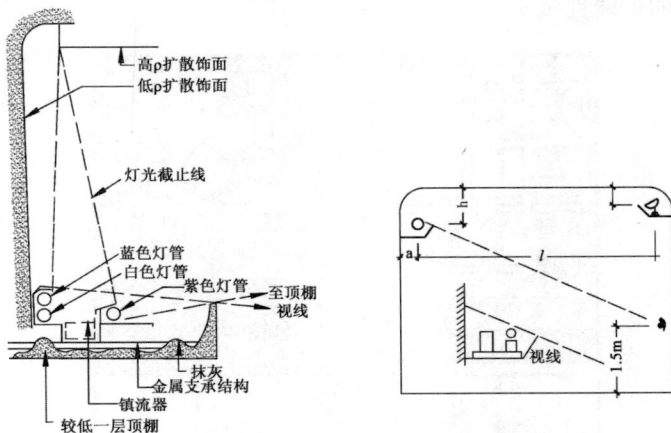

**图 3-22 反光顶棚的构造及位置**

表 3-13 反光顶棚的 $\dfrac{l}{h}$

| 光檐形式 | 灯具类型 | | |
|---|---|---|---|
| | 无反光罩 | 扩散反光罩 | 投光灯 |
| 单边光檐 | 1.7~2.5 | 2.5~4.0 | 4.0~6.0 |
| 双边光檐 | 4.0~6.0 | 6.0~9.0 | 9.0~15.0 |
| 四边光檐 | 6.0~9.0 | 9.0~12.0 | 15.0~20.0 |

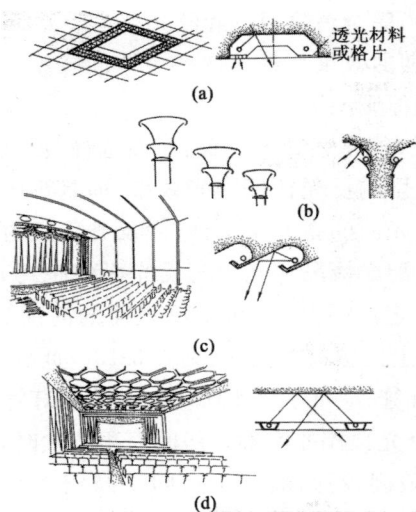

**图 3-23 几种反光顶棚实例**

### 3.4.2　室外环境照明设计

室外环境照明主要包括建筑物、城市广场与道路照明,并使城市构成与白天完全不同的景象。室外环境照明在美化城市、丰富和促进城市生活中占有重要地位。因此,城市规划和一些重要的建筑单体设计中,建筑师应配合电气专业设计人员考虑室外环境照明设计。

**1. 建筑物照明**

夜间的光环境条件与白天完全不同。白天,明亮的天空是一个扩散光源,将建筑物均匀照亮,整个建筑立面具有相同亮度。太阳是另一天然光源,太阳光具有强烈的方向性,使整个建筑立面具有相当高的亮度和明显的阴影,而且随着太阳在天空中位置的移动,阴影的方向和强度也随之改变。夜间,天空漆黑一片,是一暗背景,建筑物立面只要稍微亮一些,就和漆黑的夜空形成明显对比,显现出来,因而夜间的建筑立面就不需要形成白天那样高的亮度。建筑物的阴影,也不需要做到与白天一样,因为那样需要将灯具放置在很高的位置上,实际上也难以办到。应根据夜间条件,结合建筑物本身特点,在物质条件允许的情况下,给建筑物一个良好的夜间形象。

建筑立面可以采取轮廓照明、泛光照明和透光照明三种照明方式,一幢建筑物上可同时采用一种、二种,甚至三种照明方式可同时存在。

1)轮廓照明

轮廓照明是以黑暗夜空为背景,利用沿建筑物周边布置的灯具,直接勾画出建筑物或构造物轮廓的照明方式。适用于具有丰富的轮廓线的建筑如我国古建筑,由于其丰富的轮廓线,能在夜空中勾出美丽的图形,以获得良好的夜景效果。

轮廓照明一般利用冷阴极荧光灯、霓虹灯、LED 灯或 9～13W 紧凑型荧光灯沿建筑物轮廓线安装。为了达到连续光带效果,灯距一般为 30～50cm。外面加设防止雨水等外界侵袭的玻璃罩。

2)泛光照明

泛光照明用于那些体形较大,轮廓不突出的建筑物,用灯光将整个建筑物或建筑物某些突出部位均匀照亮,以其不同的亮度层次、各种阴影或不同光色变化,在黑暗中获得动人的夜景效果。

泛光照明设计的基本问题是选择合适的光线投射角和在表面上形成适当的亮度。光线投射角影响表面质感。泛光照明所需的照度取决于建筑物的重要性、建筑物所处环境(明或暗的程度)和建筑物表面的反光特性。建筑物泛光照明照度值可参考表 3-14 中所列值。

表 3-14　建筑物泛光照明照度建议值

| 建筑物立面材料 | 光反射比 | 照度建议值/lx | |
|---|---|---|---|
| | | 周围环境 | |
| | | 明亮 | 暗 |
| 浅色大理石、白色面砖或塑料贴面 | 0.70～0.80 | 150 | 50 |
| 混凝土、浅灰或浅黄色石灰石 | 0.45～0.70 | 200 | 100 |
| 沙石、红陶瓷面砖 | 0.20～0.45 | 300 | 150 |

　　表 3-14 中所列的明亮环境是指城市热闹区,暗环境是指郊区或绿化稠密的公园环境。当墙面光反射比低于 0.20(如一般红砖、深色砖、石)时,一般不宜采用泛光照明方式。

　　目前常利用发光效率高的高强气体放电灯作为室外泛光照明光源。不仅耗费较少的电能就能在墙面形成高照度,又能利用产生的不同光色在建筑物立面上形成不同的颜色,更加丰富城市夜间面貌,起到很好的照明效果。

　　泛光照明灯具可以放置在下列部位:

　　(1)灯具放在建筑物本身

　　泛光照明灯具放到建筑物本身如阳台、雨篷及立面挑出部分上,可利用阳台的栏杆将灯具隐藏。这种布置很难在墙上得到均匀亮度,但只要将亮度变化控制在一定范围,这种不均匀可避免大面积相同亮度所引起的呆板感觉。

　　(2)灯具放在建筑物附近的地面上

　　泛光照明灯具放在建筑物附近的地面上时,灯具位于观者附近,特别要防止灯具直接暴露在观众视野范围内,更不能看到灯具的发光面,形成眩光。一般可采用绿化或其他物件加以遮挡。同时应注意不宜将灯具离墙太近,以免在墙面上形成贝壳状的亮斑。

　　(3)灯具放在路边的灯杆上

　　泛光照明灯具放在路边灯杆上,特别适用于街道狭窄、建筑物不高的场所,如旧城区中的古建筑。不仅可以在路灯灯杆上安设专门的投光灯照射建筑立面,而且又可用扩散型灯具,既照亮了旧城的狭窄街道,也照亮了低矮的古建筑立面。

　　(4)灯具放在邻近或对面建筑物上

　　泛光照明灯具放在邻近或对面建筑物上适用于某些建筑物不希望照明灯具破坏立面完整性,或者没有合适空间放置照明灯具,选择泛光照明方式时,可以将照明灯具放放置在邻近或对面的建筑上,以达到照明的效果。

3)透光照明

透光照明是利用室内靠近窗口的灯具,照射出光线,透过窗口在漆黑的夜空上形成排列整齐的亮点。具有大片玻璃窗或玻璃幕墙的现代建筑采用透光照明比室外泛光照明创造的夜景更为生动,同时也较经济和便于维修。

图 3-24 是美国纽约第五大道厂商信托大楼,建筑在白天给人以坚实的印象。而夜晚时,室内灯光透过玻璃,使建筑成为一个发光的玻璃盒子,形成轻盈明亮的效果。

(a)白天

(b)夜间

**图 3-24　透光照明的效果**

以上三种照明方式各有自身的特点,并可以运用到不同的场所,具体见表 3-15。一幢建筑物可以选择多种照明方式,以获得最佳照明效果。与照明方式有关的技术性工作需要由电气专业人员完成,规划设计人员对各种照明方式所能达到的效果有必要的了解,就可以对建筑物照明提出照明效果的要求。

表 3-15    建筑物照明的特点及适用场所

| 照明方式 | 特　点 | 适用场所 |
|---|---|---|
| 轮廓照明 | 突出建筑物外形轮廓,不能反映建筑物立面特点 | 适用于大型建筑物及桥梁,也可作为泛光照明的辅助光源 |
| 泛光照明 | 显示建筑体型、突出全貌,层次清楚,立体感强,灯具安装位置及投射角度很重要,否则会产生光干扰 | 适用于表面光反射比较高的建筑物 |
| 透光照明 | 在某些情况下效果好,并节省投资,维修方便 | 适用于玻璃窗较多或大面积玻璃幕墙的建筑物及标识、广告 |

在建筑立面照明实践中,常常在一幢建筑物上,利用建筑物照明的两种或多种方式。如图 3-25 所示。建筑物正立面及东、西立面 1～3 层为整体墙面,用金属卤化物灯进行轮廓照明,显色性高的白光将建筑物的材质完全表现出来。建筑物门前的 10 根石柱颇具有古典特色,在每根立柱前安装三套埋地灯具对石柱进行泛光照明,通过光线的渐退,使石柱显得更加高大。同时,为了增加石柱的立体感,在立柱后面顶棚处安装 9 只金属卤化物灯对顶棚进行泛光照明,通过反射下来的光线而将整个空间照亮,产生一种通透的视觉效果。

图 3-25    建筑立面综合照明效果

## 2. 城市广场与道路照明

1)城市广场照明

城市广场包括站前广场、机场前广场、交通转盘、立交桥等。城市广场的形状与面积差别很大,必须依据广场的特征、功能考虑照明设计。主要包括：足够明亮，整个广场相同功能区的明亮程度均匀一致，力求不出现眩光，结合环境造型美观，设置灯杆要考虑周围情况，不影响广场的使用功能。有些广场是作为城市的标志，所使用的特殊设计的照明器，同样应重视其光学、机械性能，且便于维护管理。

2）城市道路照明

城市道路（含桥梁、隧道）照明的主要作用是在夜间为车辆驾驶人员及行人创造良好的视看环境，达到保障交通运输效率、方便人民生活、防止犯罪活动和美化城市环境的目的。道路照明的基本要求如下：

（1）路面平均亮度（照度）

在道路照明中，司机观察障碍物的背景主要是路面。因此，当障碍物表面亮度和背景（路面）之间具有一定的亮度差，障碍物才可能被发现。路面平均亮度即代表背景亮度的平均值。

（2）路面亮度均匀度

道路照明不可能做到完全均匀，对路面的最小亮度须有限值。

（3）眩光限制

按道路类别，提出容许使用的灯具类型，达到限制眩光的目的。

（4）诱导性

设置道路视觉诱导设施，如在路面中心线，路缘，两侧路面标志以及沿道路恰当地安装灯杆、灯具等，给司机提供有关道路前方走向、线型、坡度等视觉信息。

城市道路照明是城市环境照明的重要组成部分，专业性很强，有不同的技术要求。城市规划和建筑设计人员掌握相关基本知识，便可以与市政、道路、电气等方面的专业人员协调、研究，将优化的城市道路照明设计整合到城市规划和建筑设计当中。

室外环境照明设计应当体现满足视觉、安全、舒适的要求并减少对自然环境的影响。规划设计人员与电气设计人员进行环境照明设计时应当把握可持续发展的要求，体现以人为本的功能性、文化品位与环境的和谐。

## 3.5　绿色照明工程

为了节约资源、保护环境和实现可持续发展，美国国家环保局于 20 世纪 90 年代初提出绿色照明的概念。完整的绿色照明内涵包含高效节能、环保、安全、舒适 4 项指标。高效节能是指消耗更少的电能，以获得足够的照明，减少电厂大气污染物的排放，从而达到环保的目的。安全、舒适是指光照清晰、柔和及不产生紫外线、眩光等有害光照，不出现光污染。

绿色照明工程是复杂的系统工程。实施绿色照明工程必须采用绿色照明技术,绿色照明技术就是把绿色技术用于照明工程中的一种技术。绿色照明是节约能源、保护环境,有利于提高人们生产、工作、学习效率和生活质量,保护身心健康的照明。绿色照明涉及照明节能、采光节能、管理节能、防止污染的安全舒适照明。

## 1. 照明节能

为了达到节能的目的,国家现行标准规定采用照明功率密度值进行评价。照明功率密度值是照明节能办公建筑照明评价指标,进行建筑照明设计时应使建筑照明功率密度值不大于规定值。《照明标准》(2004 版)见表 3-16,《照明标准》(2013 版)见表 3-17,与原标准相比,新标准规定的功率密度限值有所降低。

表 3-16　办公建筑照明功率密度值

| 房间或场所 | 照明功率密度($W/m^2$) | | 对应照度值($lx$) |
| --- | --- | --- | --- |
| | 现行值 | 目标值 | |
| 普通办公室 | 11 | 9 | 300 |
| 高档办公室、设计室 | 18 | 15 | 500 |
| 会议室 | 11 | 9 | 300 |
| 营业厅 | 13 | 11 | 300 |
| 文件整理、复印、发行室 | 11 | 9 | 300 |
| 档案室 | 8 | 7 | 200 |

表 3-17　办公建筑照明功率密度限值

| 房间或场所 | 照明功率密度($W/m^2$) | | 对应照度值($lx$) | 对应室形指数 |
| --- | --- | --- | --- | --- |
| | 现行值 | 目标值 | | |
| 普通办公室 | 9.0 | 8.0 | 300 | |
| 高档办公室 | 15.0 | 13.5 | 500 | |
| 会议室 | 9.0 | 8.0 | 300 | 1.50 |
| 视频会议室 | 15.0 | 13.5 | 500 | |
| 营业厅 | 11.0 | 10.0 | 300 | |
| 注:此表适用于其他类型建筑中未包含的办公、会议室照明。 | | | | |

照明节能的重点是照明节能设计,即在保证不降低作业的视觉要求的条件下,最有效地利用照明用电。其具体措施如下。

①选用的照明光源、镇流器的能效应符合相关能效标准的节能评价值。采用高效光源和使用低能耗性能优的光源用电附件,如电子镇流器、节能型电感镇流器、电子触发器以及电子变压器等,公共建筑场所内的荧光灯宜选用带有无功补偿的灯具,紧凑型荧光灯优先选用电子镇流器,气体放电灯宜采用电子触发器。

②照明设计中,通过改进灯具控制方式,采用各种节能型开关或装置,进而实现照明节能。根据照明使用特点可采取分区控制灯光或适当增加照明开关点。卧房、病房、客房等床头灯可采用调光开关;高级客房采用节电钥匙开关;公共场所及室外照明可采用程序控制或光电、声控开关;走道、楼梯等人员短暂停留的公共场所可采用节能自熄开关。

③一般场所不应选用卤钨灯,对商场、博物馆显色要求高的重点照明可采用卤钨灯;一般照明不应采用荧光高压汞灯;一般照明在满足照度均匀度条件下,宜选用单灯功率较大,光效较高的光源。照明设计标准中照度标准是不能随意降低和提高的,要有效地控制单位面积灯具安装功率,在满足照明质量的前提下,一般房间(场所)应优先采用高效发光的荧光灯(如 T5、鸭管)及紧凑型荧光灯,高大车间、厂房及体育馆场的室外照明等一般照明宜采用高压钠灯、金属卤化物灯等高效气体放电光源。当公共建筑或工业建筑选用单灯功率小于或等于 25W 的气体放电光源,除自镇流荧光灯外,其镇流器宜选用谐波含量低的产品。

④旅馆、居住建筑及其他公共建筑的走廊、楼梯间、厕所等场所,地下室的行车道、停车位,无人长时间逗留,只进行检查、巡视和短时操作等工作的场所宜选用感应式自动控制的发光二极管灯。

**2. 采光节能**

采光节能是指在白天,应大力提倡室内充分利用天然光这一安全的清洁能源。采光设计时遵循现行国家采光标准中的规定,并应充分考虑当地的光气候情况,充分利用天然光,还应利用采光新技术,在充分利用天空扩散光的同时,建筑物尽量利用自然采光,建筑设计时,尽量增加门窗开口面积,采用透光率较好的玻璃门窗,达到充分利用自然光的目的。在设计过程中,建筑设计人员与电气专业多配合,做到充分合理地利用自然光,并使之与室内人工照明有机地结合,进一步提高采光节能的效果。

### 3. 照明管理节能

在照明管理方面同样需要采用绿色照明技术,应研发智能化照明管理系统,创造出安全舒适的光环境,提高工作效率,节约电能;同时还要制定有效的管理措施和相应的法规政策,以达到管理节能的目的。应建立具体的照明运行维护与管理制度。

①应有专业人员负责照明维修和安全检查并做好维护记录,专职或兼职人员负责照明运行。

②应建立清洁光源、灯具的制度,根据标准规定的次数定期进行擦拭。

③宜按照光源的寿命或点亮时间、维持平均照度,定期更换光源。

④更换光源时,应采用与原设计或实际安装相同的光源,不得任意更换光源的主要性能参数。

⑤重要、大型建筑的主要场所的照明设施,应进行定期巡视和照度的检查测试。

### 4. 防止污染的安全舒适照明

建筑采光与照明的过程中,需要解决好防止电网污染、防止过热、防止眩光、防止紫外线和防止光污染等五个污染的主要问题,提高光环境质量,从而节约能源。

大力开展绿色照明工程的同时,还需要兼顾生态效益、环境效益和社会效益,实现经济的可持续发展。

# 第3篇　声环境的绿色设计

　　人们所处的各种空间环境,总是伴随着一定的声环境。在各种声环境中,需要听闻的声音,总是希望听得清、听得好;不想要听闻的声音,则尽可能地降低,以减少噪声干扰和对身心健康的影响。

　　声环境的绿色设计是利用声环境控制的技术措施、创造良好的建筑声环境。绿色建筑的声环境是绿色建筑整体环境中不可缺少的组成部分,也是体现绿色环境质量的一个重要环节。把声环境品质作为基本功能要求整合到建筑与规划设计的方案构思过程中,必将拓宽建筑师、规划师的创作思路,有利于提升建筑的室内、外声环境品质,进而改善绿色建筑中的物理环境品质。

# 第1章　声音与室内声场

## 1.1　声音的基本性质

### 1.1.1　声波的描述

#### 1.声波的物理描述——频率、波长与声速

　　当声波在弹性介质中传播时,介质质点在其平衡位置附近做来回振动。周期是指质点完成一次振动所经历的时间,用符号 $T$ 表示,单位是秒(s)。频率是指质点在单位时间内完成的振动次数,用符号 $f$ 表示,单位是赫兹(Hz)。频率与周期互为倒数关系,可用公式(1-1)表达。

$$f = \frac{1}{T} \tag{1-1}$$

　　频率的大小决定声音的音调,高频声是高音调,低频声是低音调。

　　波长是指声波在传播途径中,两相邻同相位质点之间的距离,用符号 $\lambda$ 表示,单位是米(m)。声速是指声波在弹性介质中传播的速度,用符号 $c$ 表

示,单位是米每秒(m/s)。通常,室温下(15℃),空气中的声速为340m/s。

波长、频率和声速之间的关系可用公式(1-2)表达。

$$\lambda = \frac{c}{f} \qquad (1\text{-}2)$$

### 2.声波的几何描述——波阵面与声线

波阵面是指声波从声源发出,在同一介质中按一定方向传播,某时刻,声波所能到达的各点包络面。

声线是用于分析声音传播的曲线,代表声波的传播途径和方向的假象曲线。在各向同性的介质(如空气)中,声线为直线且与波阵面垂直。

## 1.1.2 声音的基本性质

### 1.声反射

声反射是指当声波在传播过程中遇到一块尺寸比波长大得多的障板时所发生的现象。建筑声环境中,可以将反射分为两类,如图1-1所示。一类反射称为定向反射,遵循反射定律;另一类反射称为扩散反射。当声波传播过程中遇到障碍物的起伏尺寸与波长大小接近或更小时,将不会形成定向反射,而是声能散播在空间中,这种现象称为扩散反射。

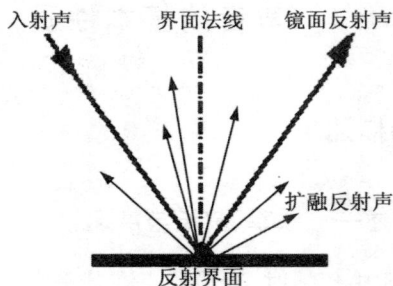

图 1-1 声波的反射

### 2.声绕射(衍射)

声绕射是指当声波在传播过程中遇到障壁或建筑部件时,如果障壁或部件的尺度比声波波长小,则其背后将出现"声影",然而会出现声音绕过障壁边缘进入"声影"的现象。如图1-2所示。

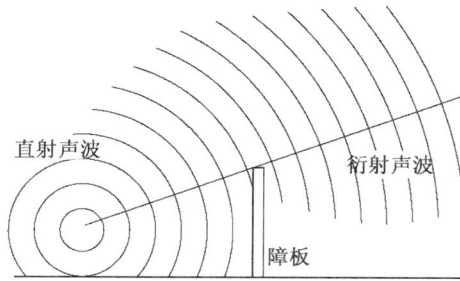

图 1-2  声绕射

声波波长远大于障碍物尺寸时,声绕射现象明显,障碍物如同不存在一样。低频声波长大,绕射现象明显。高频声波长小,绕射现象不明显。一方面,噪声控制中利用隔声屏障可以有效地降低高频噪声。另一方面,厅堂音质设计中,跳台设置不当可能会出现声影区,如图 1-3 所示。

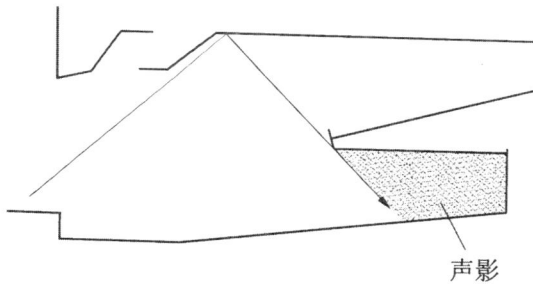

声影

图 1-3  声影示意图

## 1.1.3  声音的频谱与声源的指向性

### 1. 声音的频程与频谱

为了便于对声音进行测量与分析,通常采用倍频程和 1/3 倍频程两种划分方式。其中倍频程主要用于声学设计如混响时间的计算,1/3 倍频程主要用于声学测量如吸声系数的测量。

(1)倍频程

将可听频率范围内 20~20000Hz 分为十个倍频程,其中心频率按 2 倍增长,共十一个。

(2)1/3 倍频程

将倍频程再分成三个更窄的频程,划分更细,其中心频率按倍频的 1/3 增长。

可听频率范围内倍频程和 1/3 倍频程的频率对比见表 1-1。

表 1-1　可听频率范围倍频程和 1/3 倍频程的频率对比

| 频程 | 频率 | | 频率 | | 频率 | | 频率 | | 频率 | | 频率 | |
|---|---|---|---|---|---|---|---|---|---|---|---|---|
| 倍频程 | 16 | | 31.5 | | 63 | | 125 | | 250 | | 500 | |
| 1/3 倍频程 | 12.5 | 16 | 20 | 25 | 31.5 | 40 | 50 | 63 | 80 | 100 | 125 | 160 | 200 | 250 | 315 | 400 | 500 | 630 |
| 倍频程 | 1000 | | 2000 | | 4000 | | 8000 | | 16000 | |
| 1/3 倍频程 | 800 | 1000 | 1250 | 1600 | 2000 | 2500 | 3150 | 4000 | 5000 | 6300 | 8000 | 10000 | 12500 | 16000 | 20000 |

　　建筑声环境设计中，为了全面了解不同声音的特性，还需要了解声能在整个频率范围内的分布情况，称为频谱。为了便于对声音频谱的研究，常把声音的频率范围划分成一系列连续的频程。

　　声音的频谱分为线状谱和连续谱。音乐声的频谱是线状谱，图 1-4 所示的是单簧管的频谱。而噪声大多是连续谱，图 1-5 表示了几种噪声的频谱。

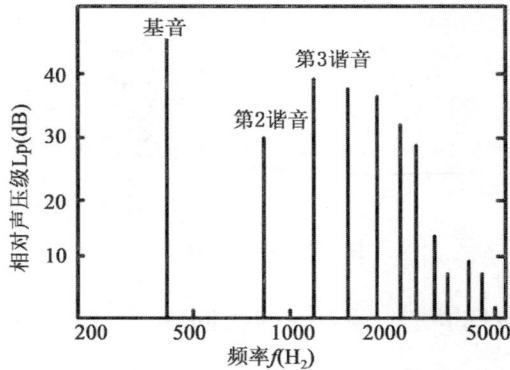

图 1-4　单簧管的频谱组成

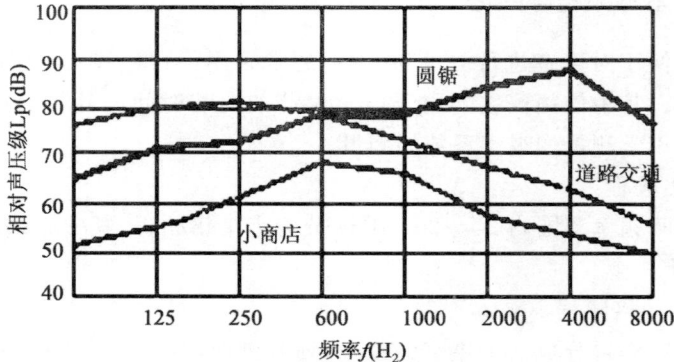

图 1-5　几种噪声的频谱

　　建筑声环境设计中,采用倍频程时,125Hz 和 250Hz 属于低频声,500Hz 属于中频,1000Hz、2000Hz 和 4000Hz 属于高频声。

　　了解声音的频谱特征很重要。在音质设计中,根据空间内声音不同频率特性的要求,选择不同的声学材料,以获得良好的音质。在噪声控制中,必须了解噪声是由哪些频率成分组成的,哪些频率成分比较突出,从而首先处理这些成分,以便有效地降低噪声。

### 2. 声源与指向性

　　点声源在理论声学中特指尺度比所讨论的声波波长小得多的声源。通常在建筑声环境中,当实际声源的尺度远小于其到观测点的距离,从而能将其发出的声音看作是从一点发出的(而不会引起很大误差)时,则将该声源作为点声源来处理,并不要求其尺寸远小于声音波长。例如,在舞台上体积不大的乐器,或者歌唱演员的歌喉,对于观众厅内大部分座席位置而言,通常都可简化为点声源来处理,尽管它们的尺度比起某些高频声的波长是很大的。这些实际声源往往具有复杂的指向性。

## 1.2　声音的计量

　　声波是能量传播的一种形式,仅从声速、频率和波长等物理量来描述是不够的,还需引入级的概念。

### 1.2.1　声功率、声强与声压

#### 1. 声功率

　　声功率是指声源在单位时间内向外辐射的声音能量,用符号 $W$ 表示,单位是瓦(W)。建筑声环境设计中,声功率属于声源本身的一种特性。几种不同声源的声功率见表 1-2。可以看出,室内声源的声功率一般是很微小的。人讲话时,声功率大致是 $10\sim50\mu W$;40 万人同时大声讲话时所产生的功率也只相当于一只 40W 灯泡的功率;独唱或一件乐器发出的声功率是几百至几千微瓦。由于声功率的限制,在面积较大的厅堂内,往往需要使用扩声系统以扩大声音响度。在以自然声为主的厅堂中,如何充分而合理地利用有限的声功率,是室内声学设计的主要内容之一。

表 1-2　几种不同声源的声功率

| 声 源 种 类 | 声 功 率 |
|---|---|
| 喷气飞机 | 10kW |
| 气　锤 | 1W |
| 汽　车 | 0.1W |
| 钢　琴 | 2mW |
| 女 高 音 | $1000 \sim 7000\mu$W |
| 对　话 | $20\mu$W |

## 2. 声强

声强是衡量声波在传播过程中声音强弱的物理量。声强是指在声波传播过程中,单位面积波振面上通过的声功率,用符号 $I$ 表示,单位是瓦每平方米($W/m^2$)。用公式(1-3)表示。

$$I = \frac{W}{S} \tag{1-3}$$

式中:$W$ ——声源声功率,W;

$S$ ——声能所通过的面积,$m^2$。

对平面波而言,在无反射的自由声场中,声线互相平行,同一束声波通过与声源距离不同的表面时,声能没有聚集或离散,与距离无关,所以声强不变,如图 1-6 所示。

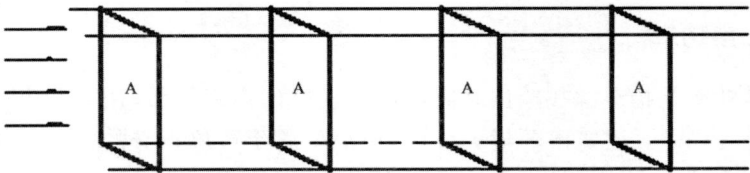

图 1-6　平面波声强与距离的关系

在无反射声波的自由声场中,点声源发出的球面波,均匀地向四周辐射声能。距声源中心为 $r$ 的球面上的声强用公式(1-4)表示。

$$I = \frac{W}{4\pi r^2} \tag{1-4}$$

对球面波而言,声强与点声源的声功率成正比,而与到声源的距离成反比,如图 1-7 所示。

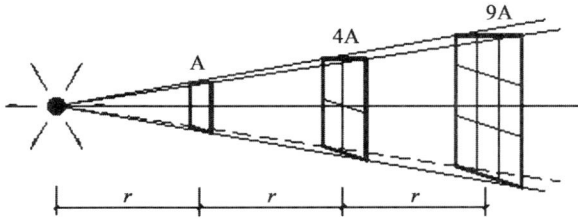

图 1-7　球面波声强与距离的关系

### 3.声压

声压是指空气质点由于声波作用而产生振动时所引起的大气压力起伏,用符号 $p$ 表示,单位是帕斯卡(Pa)。

声压与声强有密切的关系,在不受边界影响的情况下(如无反射、吸收的自由声场),某点的声强与该点的声压的平方成正比,而与介质密度和声速的乘积成反比,可用公式(1-5)表示。

$$I = \frac{p^2}{\rho_0 c} \tag{1-5}$$

式中:$p$ ——有效声压,Pa;

$\rho_0$ ——空气密度,kg/m$^3$,一般为 1.225kg/m$^3$;

$c$ ——空气中的声速,m/s。

## 1.2.2　声功率级、声强级与声压级

不同声源的声功率差别很大,正常人耳对声音的响度的范围也很大。一方面,人耳刚刚能听到的声音强度(闻阈)为 $10^{-12}$ W/m$^2$;而使人耳产生疼痛的声音强度(痛阈)为 1W/m$^2$。引起人耳听觉系统响应的最强声音是最弱声音的 $10^{12}$ 倍。另一方面,人耳对声音变化的反应不是线性的,而是接近于对数关系。所以,对声音的计量用对数标度较方便,引入"级"的概念会大大压缩量程的数量级。

### 1.声功率级

声功率级是声功率与基准声功率之比的对数的 10 倍,用符号 $L_w$ 表示,单位是分贝(dB),可用公式(1-6)表示。

$$L_w = 10\lg \frac{W}{W_0} \tag{1-6}$$

式中:$W$ ——某点的声功率,W;

$W_0$ ——基准声功率,$10^{-12}$ W。

---

269

## 2. 声强级

声强级是声强与基准声强之比的对数的 10 倍,用符号 $L_I$ 表示,单位是分贝(dB),可用公式(1-7)表示。

$$L_I = 10\lg \frac{I}{I_0} \tag{1-7}$$

式中：$I$ ——某点的声强,$W/m^2$；

$\qquad I_0$ ——基准声强,$10^{-12}\,W/m^2$。

## 3. 声压级

声压级是声压与基准声压之比的对数的 20 倍,用符号 $L_p$ 表示,单位是分贝(dB),可用公式(1-8)表示。

$$L_p = 10\lg \frac{p}{p_0} \tag{1-8}$$

式中：$p$ ——某点的声压,$N/m^2$；

$\qquad p_0$ ——基准声压,$2 \times 10^{-5}\,N/m^2$。

声功率级、声强级、声压级都是无量纲量的相对值。在级的分贝标度中,压缩了人耳感觉上下限范围的数量级,并接近人耳的感觉变化。

### 1.2.3 声级的叠加

#### 1. 计算法

当几个不同声源同时作用时,其总声压是各声压的均方根值,见公式(1-9)。

$$p = \sqrt{p_1^2 + p_2^2 + \cdots + p_n^2} \tag{1-9}$$

声压级叠加时,不能简单地进行算术相加,而是要按照"级"的加法规律。如果 $n$ 个声源的声压相等,则叠加后的总声压级用公式(1-10)表达。

$$L_p = 20\lg \frac{\sqrt{np^2}}{p_0} = 20\lg \frac{\sqrt{n}p}{p_0} = 20\lg \frac{p}{p_0} + 10\lg n \tag{1-10}$$

可以看出,$n$ 个相同的声压级相互叠加,其总声压级将增加 $10\lg n$。而两个相同的声压级叠加,总声压级将增加 3dB。

#### 2. 图解法

两个声压级相互叠加,可以选用图解法。声级叠加图解法见表 1-3。从表 1-3 可以看出,两个声压级叠加,若声压级相差 10dB,附加值可以忽略不计；两个相同声压级相叠加，总声压级增加 3dB。

表 1-3　声级叠加图解法

| 声压级差 | 附加值 | | | | | | | | | |
|---|---|---|---|---|---|---|---|---|---|---|
| | 0 | 0.1 | 0.2 | 0.3 | 0.4 | 0.5 | 0.6 | 0.7 | 0.8 | 0.9 |
| 0 | 3.0 | 3.0 | 2.9 | 2.9 | 2.8 | 2.8 | 2.7 | 2.7 | 2.6 | 2.6 |
| 1 | 2.5 | 2.5 | 2.5 | 2.4 | 2.4 | 2.3 | 2.3 | 2.3 | 2.2 | 2.2 |
| 2 | 2.1 | 2.1 | 2.1 | 2.0 | 2.0 | 1.9 | 1.9 | 1.9 | 1.8 | 1.8 |
| 3 | 1.8 | 1.7 | 1.7 | 1.7 | 1.6 | 1.6 | 1.6 | 1.5 | 1.5 | 1.5 |
| 4 | 1.5 | 1.4 | 1.4 | 1.4 | 1.4 | 1.3 | 1.3 | 1.3 | 1.2 | 1.2 |
| 5 | 1.2 | 1.2 | 1.1 | 1.1 | 1.1 | 1.1 | 1.1 | 1.0 | 1.0 | 1.0 |
| 6 | 1.0 | 0.9 | 0.9 | 0.9 | 0.9 | 0.9 | 0.9 | 0.9 | 0.8 | 0.8 |
| 7 | 0.8 | 0.8 | 0.8 | 0.7 | 0.7 | 0.7 | 0.7 | 0.7 | 0.7 | 0.7 |
| 8 | 0.6 | 0.6 | 0.6 | 0.6 | 0.6 | 0.6 | 0.6 | 0.6 | 0.5 | 0.5 |
| 9 | 0.5 | 0.5 | 0.5 | 0.5 | 0.5 | 0.5 | 0.5 | 0.4 | 0.4 | 0.4 |
| 10 | 0.4 | — | — | — | — | — | — | — | — | — |

# 1.3　人的主观感觉与听觉特性

声环境设计的目的是满足人们对声音的主观要求，想听到的声音能够听清并且音质良好，而不想听到声音则应降低到最低程度。

## 1.3.1　人的主观感觉

### 1. 可听的频率范围

对于可听频率的上限，不同人之间有很大的差异。一般青年人可听到 20000Hz 的声音，而中年人只能听到 12000～16000Hz 的声音。可听频率的下限通常都是 20Hz。

### 2. 响度级

以分贝表示的声音量度是客观量，没有与人主观的响度感觉联系起来，并不是人耳对声音大小主观感觉的度量。人耳对声音的响应是随频率而变化的。声压级相等的声音如果频率不同，则人耳听起来的响度是不一样的；而不同频率的声音，如果听起来一样响，则其声压级也是不同的。人耳对

2000～4000Hz 的高频声最为敏感；对于频率低于 1000Hz 的中低频声，人
耳的灵敏度将随着频率降低而降低。因此，需要引入响度级的概念，考虑了
人耳对不同频率的声音灵敏度的变化，单位是方（Phon）。图 1-8 为某纯音
的等响曲线。从图中可以看出，1000Hz 时 40dB 的声音正好与 100Hz 时
50dB 的声音声音一样响。

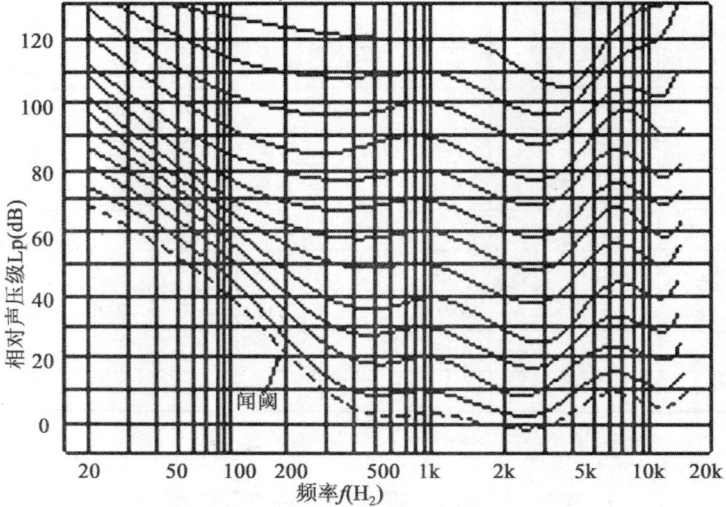

图 1-8　等响曲线

### 3. A 声级

人们模拟等响线设计的能反映对声音主观感觉的测量仪器称为声级
计。声级计利用计权网络来模拟正常人耳对不同频率声音的响应，使各个
频率对总声级的贡献近似地与人们对频率的主观响应成正比，并对测量的
量以总声级表示。在声级计中，A 计权网络参考 40 方等响线，对 500Hz 以
下的声音有较大的衰减，以模拟人耳对低频不敏感的特性。用 A 计权网络
测得的声压级称为 A 声级，用符号 $L_A$ 表示。

## 1.3.2　人的主观听觉特性

### 1. 时差效应

时差效应是指人耳对声音的感觉并不随着声音的消失而立即消失，而
是会暂留一段时间。如果达到人耳的两个声音的时差在 50ms 以内，则人
耳分辨不出是不同的声音，感觉到的只是音色和响度的变化。

在室内,顶棚、地面和墙面都会反射来自声源的声音,人们首先听到的是直达声,然后陆续听到一系列延迟的反射声。直达声到达后 50ms 以内到达的反射声,可以加强直达声,而在直达声到达 50ms 后到达的"强"反射声,会使人感觉到声音出现了断续,好像出现了另外的声源,产生"回声"现象。回声是反射声的特殊现象。出现回声需要两个条件,第一个条件是直达声与反射声之间思维声程差大于 17m,相应的时差超过 50ms;第二个条件是该反射声的声压级足够高。

### 2. 双耳听闻效应

人耳的一个重要特性是能够判断声源的远近和方向。人耳确定声源远近的准确度较差,而确定方向相当准确。听觉定位特性是基于双耳听闻,声源发出的声音到达双耳,将产生时间差和强度差。频率高于 1400Hz,强度差起主要作用;频率低于 1400Hz,则时间差起主要作用。

人耳对声源方向的辨别在水平方向比垂直方向要好。在水平方向 0°~60°范围内,人耳具有良好的定位能力,超过 60°,则迅速变差。而垂直方向的定位,有时要达到 60°的方位变化才能分辨出来。

### 3. 掩蔽效应

掩蔽效应是指由于一个声音的存在而使人耳对另一个声音的听觉灵敏度降低的现象。掩蔽效应的特点是两个频率越接近的声音,其掩蔽量越大,声压级越高,掩蔽量越大。低频声对高频声的掩蔽作用大,而高频声对低频声的掩蔽效应则相对较小。可以使用容易令人接受的声音掩蔽那些令人烦恼的声音。如某居住区紧邻繁忙的交通干线,通过设置喷泉,利用人们比较习惯的落水声掩蔽交通噪声。

## 1.4　室内声场与室内声压级计算

建筑设计中,建筑师经常遇到声波在一个封闭空间内(如剧院的观众厅、体育馆、播音室等)传播的声学问题。此时,声波传播将受到封闭空间的各个界面(如墙壁、顶棚、地面等)的约束,形成一个比在自由空间(如露天)要复杂得多的"声场"。因此,为了做好声环境设计,需要了解声音在室内传播的规律及室内声场的特点。

### 1.4.1　室内声场

声波在传播时将受到封闭空间内各个界面的反射与吸收,形成"复杂"

的室内声场。

①距声源一定距离的接受点上,声能密度比自由声场要大。

②室内声源在停止发声以后,声音并不会马上消失,存在着来自各个界面的反射声,产生"混响现象"。

③由于房间的共振,引起室内声音某些频率被加强或减弱;由于室的形状和室内装修材料的布置,形成回声、声聚焦等特殊现象,产生一系列复杂问题。

如何控制室的形状及合理地布置反射材料,使室内具有良好的声环境,是室内声环境设计的主要目的。

### 1.4.2 室内声反射与几何声学

声源在室内发声,听者不仅接收到直达声,而且接收到来自顶棚、地面及墙面的反射声(一次、二次或多次反射声),室内声音传播示意如图 1-9 所示。室内声反射的几种典型情况见图 1-10。

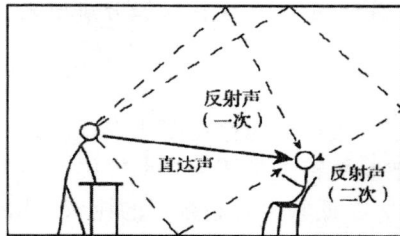

**图 1-9 室内声音传播示意**

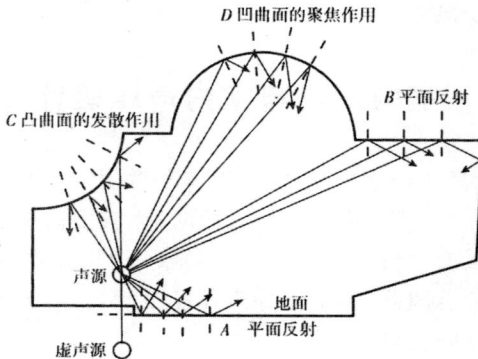

**图 1-10 室内声反射的几种典型情况**

室内声学可以采用几何声学、波动声学和统计声学的理论加以分析。几何声学的方法就是忽略声音的波动性,以几何的方法分析声音能量的传播、反射和扩散,用声线表示声音的传播方向和路径,又称声线法,重点考虑声音的反射,特别是一次和二次反射。波动声学是利用声音的波动性解释一些声学现象,如声衍射(绕射)、驻波。统计声学是从能量角度分析室内声音的状况,增长、稳态和衰减三个过程。对于建筑师而言,可以少关心些复杂的理论分析和数学推导,重在弄清楚一些声学基本原理,掌握一些必要的解决实际问题的方法和计算公式。

厅堂音质设计时,在尺度比波长大得多的室内空间,可以忽略声音的波动性,用几何声学的方法解决室内声场的多数声学问题。同时正确理解声音的波动性。因此,几何声学主要用于室内界面、障碍物尺度比声波波长大得多的大房间。

## 1.4.3　室内声压级的计算

### 1. 直达声、前次反射声和混响声

声源在室内发声时,声波由声源到达各接收点形成了复杂的室内声场。任一点所接收到的声音可以看成由直达声、近次反射声及混响声三部分组成。

(1)直达声

声源直接到达接收点的声音。这部分声音不受室内界面的影响,其传播遵循距离平方反比规律。

(2)近次反射声

直达声到达后,延迟时间为 50ms(对于音乐听闻可放宽至 80ms)内到达的反射声。主要是经室内界面一次、二次反射后到达接收点的声音。近次反射声对直达声起到加强的作用。

(3)混响声

前次反射声后陆续到达的,经过多次反射后的声音。

当不必特别区分近次反射声时,可将近次反射声并入混响声,认为除直达声外,余下的反射声统称混响声。

### 2. 室内稳态声压级

声功率级为 $L_W$ 的声源在室内持续发声,声场达到稳态时,距声源为 $r$ 米的某一点的稳态声压级,可以近似地看作由直达声和混响声两部分组成。直达声的强度与距离 $r$ 的平方成反比,而混响声的强度则主要取决于室内吸声状况。因此,稳态声压级 $L_P$ 可用公式(1-11)表示。

$$L_P = L_W + 10\lg\left(\frac{Q}{4\pi r^2} + \frac{4}{R}\right) \qquad (1\text{-}11)$$

式中:$L_W$ ——声源声功率级,dB;

$\quad\quad Q$ ——声源指向性因数;

$\quad\quad r$ ——接收点与声源距离,m;

$\quad\quad R$ ——房间常数,$R = \dfrac{S\bar{\alpha}}{1-\bar{\alpha}}$,$m^2$,$\bar{\alpha}$ 为室内平均吸声系数,$\bar{\alpha} =$

$\dfrac{S_1 a_1 + S_2 a_2 + \cdots + S_n a_n}{S_1 + S_2 + \cdots + S_n}$,$S_1$、$S_2 \cdots S_n$ 和 $a_1$、$a_2 \cdots a_n$ 为各界面材料的表面积

及其吸声系数。

计算室内稳态声压级时,忽略空气对声音的吸收,考虑到声源受所处位置的影响,需用指向性因数 $Q$ 来修正。当声源在房间中央时,$Q=1$;在一面墙或地面上时,$Q=2$;在两面墙的交界处,$Q=4$;在三面墙的交角处,$Q=8$。

### 3. 混响半径

从室内稳态声压级的计算公式可以看出,在靠近声源处($r$ 较小),直达声起主要作用,相当于 $\dfrac{Q}{4\pi r^2}$ 表述的部分;远离声源处,混响声起主要作用,相当于 $\dfrac{4}{R}$ 表述的部分。直达声与混响声作用相等之处距声源的距离称为"混响半径"$r_c$。混响半径是区分直达声与混响声哪一个起主要作用的分界点。混响半径处直达声与混响声关系用公式(1-12)表示。混响半径按公式(1-13)计算。

$$\frac{Q}{4\pi r_c^2} = \frac{4}{R} \qquad (1\text{-}12)$$

$$r_c = 0.14\sqrt{RQ} \qquad (1\text{-}13)$$

室内噪声控制工程中,当噪声源与接收点的距离小于 $r_c$ 时,接收点的声能主要受直达声的影响,这时在室内进行吸声处理对接收点的声能降低没有明显效果。只有当接收点与噪声源的距离超过混响半径时,改变室内吸声量才会有明显的降噪效果。

# 第 2 章　材料和结构的声学特性

建筑声环境设计时,无论是创造良好的音质还是控制噪声,都需要了解和把握材料和结构的声学特性,并正确合理地、有效灵活地加以使用和处理。对建筑师而言,尤为重要的是,把材料和结构的声学特性和其他建筑特性如力学性能、耐火性、耐久性及外观等结合起来进行综合考虑。

材料和结构的声学特性是指其对声波的作用特性。声波入射到建筑材料或结构时,会产生反射、吸收和透射,如图 2-1 所示。材料和结构的声学特性正是从这三个方面进行描述的。入射声能记为 $E_0$,反射声能记为 $E_\rho$,吸收声能记为 $E_a$,透射声能记为 $E_\tau$。根据能量守恒定律可得出公式(2-1)。

$$\frac{E_\rho}{E_0} + \frac{E_a}{E_0} + \frac{E_\tau}{E_0} = 1 \tag{2-1}$$

反射声能与入射声能之比称为反射系数,记作 $\rho$;透射声能与入射声能之比称为透射系数,记作 $\tau$。人们通常把透射系数 $\tau$ 值小的材料称为隔声材料,把反射系数 $\rho$ 值小的材料称为吸声材料。

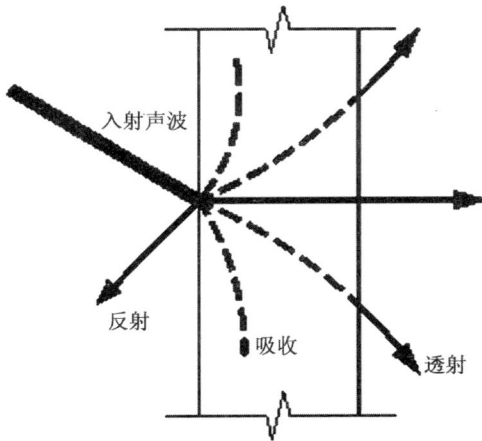

图 2-1　声能的反射、透射与吸收

# 2.1 材料和结构的吸声特性

吸声材料和结构最早运用于对音乐和语言听闻有较高要求的建筑物中,如音乐厅、剧场及播音室等。随着人们对居住、生活和工作的声环境质量要求的提高,在一般建筑中,如住宅、工厂及车站等也得到广泛应用。吸声材料和结构在不同建筑中的作用见表2-1。

表2-1 吸声材料和结构的在不同建筑物中的作用

| 建筑物的种类 | 作用 | 建筑物的种类 | 作用 |
|---|---|---|---|
| 录音室、播音室及演播厅 | 控制反射声控制噪声 | 体育馆、大教室 | 控制噪声控制反射声 |
| 音乐厅、剧院、会堂及电影院 | 控制反射声控制噪声 | 办公室、医院、旅馆、住宅、工厂、车站、候机大厅 | 控制噪声 |

室内音质设计中,吸声材料与结构不仅可以减弱反射声,降低噪声;而且可以调整声场分布、消除回声、声聚焦等音质缺陷、控制反射声,以获得合适的混响时间。环境降噪设计中,在产生气流噪声的进气或排气管道中设置消声器,能有效地降低气流噪声,减少噪声污染。吸声材料和结构在不同建筑中的应用见图2-2。

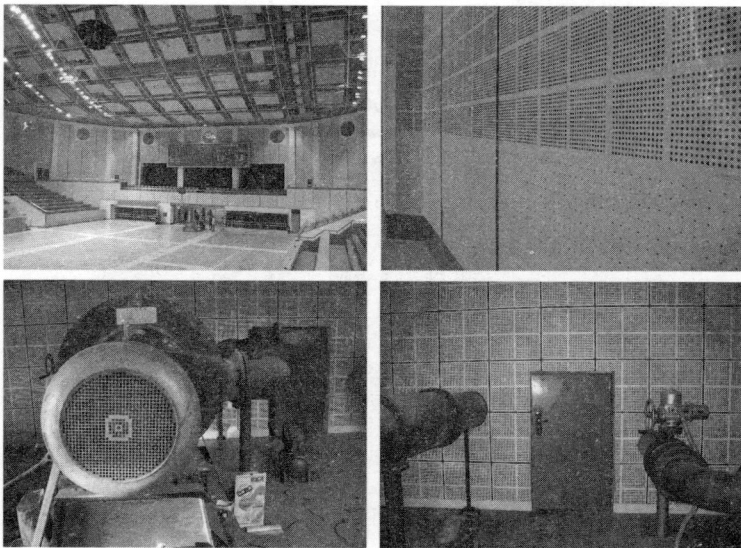

图 2-2　吸声材料和结构在建筑中的运用

为了有效地运用吸声材料和结构,必须对其吸声机理、影响因素和应用范围有所了解。

## 2.1.1　材料和结构的吸声能力与分类

### 1. 材料和结构的吸声能力

(1)吸声系数

吸声系数是用以表征材料和结构的吸声能力的基本参量,用符号 $\alpha$ 表示。从入射波与反射波所在空间考虑,围护结构的吸声系数为被吸收和透过的声能之和与入射声能之比值,见公式(2-2)。

$$\alpha = \frac{E_\alpha + E_\tau}{E_0} \tag{2-2}$$

式中:$\alpha$ —— 吸声系数;

$\quad\quad E_\alpha$ —— 吸收声能;

$\quad\quad E_\tau$ —— 透射声能;

$\quad\quad E_0$ —— 入射声能。

工程上,吸声材料或结构是指吸声系数 $\alpha > 0.2$ 的材料和结构。

材料和结构的吸声特性和声波入射角度有关。声波垂直入射到材料和结构表面的吸声系数称为"垂直入射吸声系数",用符号 $\alpha_0$ 表示,一般用驻波管法测量。声波从各个方向入射到材料和结构表面的吸声系数称为"无规入射吸声系数",用符号 $\alpha_T$ 表示,声波入射角在 0° 到 90° 之间均匀分布时的吸声系数,一般在混响室内测量。工程上常使用混响室法测得吸声系数,因为实际工程中声音无规入射。

某一种材料和结构对于不同频率的声波有不同的吸声系数。工程上通常采用 125Hz、250Hz、500Hz、1000Hz、2000Hz、4000Hz 六个频率的吸声系数来表示某一种材料和结构的吸声频率特性。有时也把 250Hz、500Hz、1000Hz、2000Hz 四个频率的吸声系数的算术平均值(取 0.05 的整数倍)称

— 279 —

为降噪系数,用符号 NRC 表示。主要针对语言频率范围内,用在吸声降噪时粗略地比较和选择吸声材料。

(2)吸声量

吸声系数反映吸收声能占入射声能的百分比,虽然可比较在相同尺寸下不同材料和结构的吸声能力,但是不能反映不同尺寸的材料和结构的实际吸声效果。吸声量可以用来表征某个吸声构件的实际吸声效果,用符号 $A$ 表示,单位($m^2$)。单个构件吸声量 $A$ 是用构件吸声系数 $\alpha$ 与面积 $S$ 的乘积表示,其计算见公式(2-3)。

$$A = \alpha \cdot S \tag{2-3}$$

如果房间有 $n$ 个面(包括墙面、顶棚和地面),各个面的面积分别为 $S_1$,$S_2$,$\cdots$,$S_n$,各个面的吸声系数分别为 $\alpha_1$,$\alpha_2$,$\cdots$,$\alpha_n$,则房间的总吸声量计算见公式(2-4)。

$$A = \sum_{i=1}^{n} \alpha_i \cdot S_i \tag{2-4}$$

式中:$\alpha_i$ —— 房间各个面的吸声系数;

$\quad\quad S_i$ —— 房间各个面的面积,$m^2$;

$\quad\quad n$ —— 房间各个面的数量,$m^2$。

对于声场中人(如观众)和物(如座椅)或空间吸声体,其面积很难确定,表征其吸声特性,通常不用吸声系数,而直接用单个人或物的吸声量。当房间中有若干人或物时,其吸声量是用数量乘以单个吸声量。

房间平均吸声系数 $\bar{\alpha}$ 用房间总吸声量 $A$ 除以房间界面总面积 $S$,计算见公式(2-5)。

$$\bar{\alpha} = \frac{A}{S} = \frac{\sum_{i=1}^{n} S_i \alpha_i}{\sum_{i=1}^{n} S_i} \tag{2-5}$$

## 2. 吸声材料与结构的分类

根据吸声机理的不同,分为阻性吸声材料和吸声结构两大类。阻性材料本身具有吸声特性。如玻璃棉、羊毛棉、岩棉等多孔吸声材料。吸声结构是指材料本身不具有吸声特性,但材料制成某种结构能吸声。如穿孔板、薄膜及薄板吸声结构。根据材料的外观和构造特征,主要吸声材料与结构的种类及吸声特性见表 2-2。

表 2-2　主要吸声材料与结构的种类及吸声特性

| 类型 | | 构造示意图 | 材料举例 | 吸声特性曲线 | 主要吸声特性 |
|---|---|---|---|---|---|
| 多孔吸声材料 | 多孔吸声材料 | | 玻璃棉、岩棉、矿棉、羊毛棉、木丝板、聚酯纤维、聚氨酯泡沫塑料 | | 具有良好的中高频吸声,增加厚度或背后留有空腔可提高低频吸声 |
| | 多孔材料吊顶板 | | 矿棉吸声板、岩棉吸声板、木丝吸声板、穿孔吸声板 | | 视材料吸声特性而定,背后留有空腔可提高低频吸声 |
| 共振吸声结构 | 穿孔板结构 | | 穿孔 FC 板、木质穿孔板、穿孔石膏板、穿孔金属板 | | 以吸收中频为主,板后加多孔材料提高中高频吸声,背后大空腔提高低频吸声 |
| | 薄板吸声结构 | | 石膏板、FC 板、胶合板、铝合金板 | | 以吸收低频为主 |
| | 薄膜吸声结构 | | 塑料薄膜、帆布、人造革 | | 以吸收中低频为主,后空腔越大,对低频吸声越有利 |
| 特殊吸声结构 | 强吸声结构 | | 空间吸声体、吸声尖劈 | | 吸声系数大,不同结构形式吸声特性不同 |

注:吸声特性曲线栏,纵坐标为吸声系数,横坐标为倍频程中心频率。

## 2.1.2　多孔吸声材料

### 1.吸声机理及吸声特性

多孔吸声材料是普遍应用的吸声材料。玻璃棉、岩棉、矿棉等无机纤维,羊毛、聚酯纤维、木丝板等有机纤维。多孔材料具有良好的吸声性能,不是因为表面粗糙,而是因为多孔材料具有大量内外连通的空隙和孔洞。

图 2-3(a)表示粗糙表面和多孔材料的差别。只有孔洞之间相互连通,且孔洞深入材料内部,才可有效吸声;图 2-3(b)表示闭孔材料和多孔材料的差别,如聚苯和部分聚氯乙烯泡沫塑料及加气混凝土,内部也有大量气孔,但闭孔且互不连通。

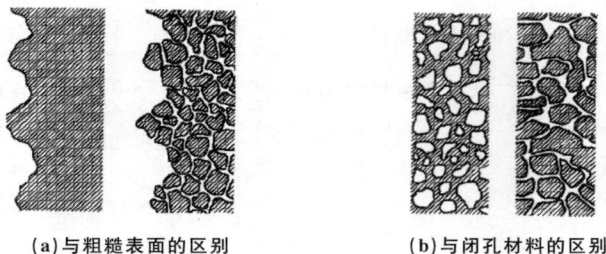

(a)与粗糙表面的区别　　　　(b)与闭孔材料的区别

图 2-3　多孔吸声材料区别

当声波入射到多孔材料上,声波能顺着微孔进入材料内部,引起空隙中空气振动。由于空气与孔壁的摩擦力、空气的粘滞阻力和空气与孔壁的热交换,使相当一部分声能转化为热能而被消耗。

多孔吸声材料的吸声特性是具有良好的中高频吸声,属于宽频带吸声材料。

## 2.影响吸声性能的主要因素

影响多孔吸声材料吸声性能的主要因素有材料容重、材料厚度、材料背后空气层和面层情况。

(1)材料容重

随着材料容重的增加,中低频吸声系数增加;但当容重增加到一定程度时,材料变得密实,吸声系数反而下降,存在最佳容重。图 2-4 为 5cm 厚超细玻璃棉容重变化对吸声系数的影响。

(2)材料厚度

同一种多孔吸声材料,随着材料厚度的增加,中低频吸声系数显著增加,高频声变化不大,总有较大的吸收。不同厚度超细玻璃棉的吸声系数如图 2-5 所示。

(3)材料背后空气层

与材料实贴在刚性壁上相比,多孔材料与刚性壁之间留有空腔时,中低频吸声特性会有所提高,其吸声系数随空气层厚度的增加而增加,但增加到一定值后效果就不明显。背后空气层对材料吸声系数的影响如图 2-6 所

示。多孔吸声材料背后留有空腔的吸声效果等同于空腔中填满材料。声学
装修施工时,材料背后留有空腔具有声学作用。

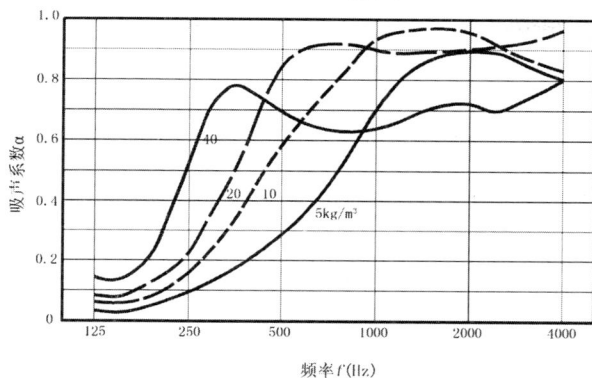

**图 2-4　5cm 厚超细玻璃棉不同容重时的吸声系数**

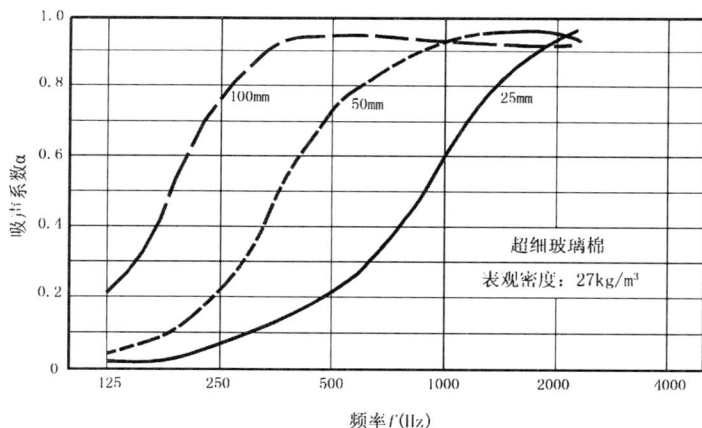

**图 2-5　不同厚度超细玻璃棉的吸声系数**

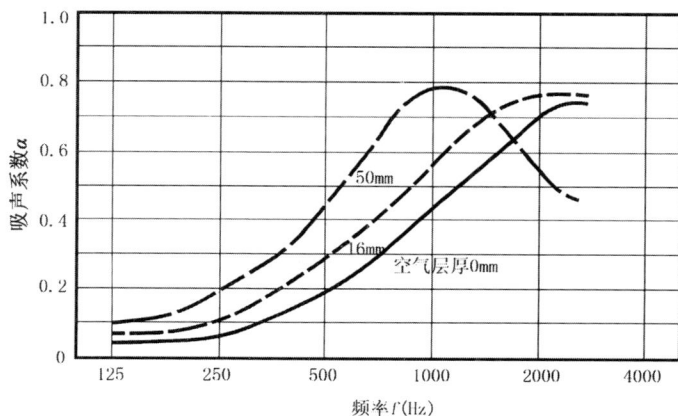

**图 2-6　背后空气层对材料吸声系数的影响**

（4）面层情况

使用多孔吸声材料时，往往需要加饰面层。多孔吸声材料表面油漆或刷涂料，会降低材料表面的透气性，影响其吸声系数。为了尽可能地保持原有的吸声特性，多孔吸声材料的饰面应具有良好的透气性能，可以选用阻燃织物、穿孔率在 20% 以上的穿孔板、金属网及厚度小于 0.05mm 的塑料薄膜。

### 2.1.3　共振吸声结构

在声波作用下，建筑空间的围蔽结构和物体有各自的固有振动频率。当声波频率与结构和物体的固有频率相同时，就会发生共振现象。利用共振原理设计的共振吸声结构有两种，一种是空腔共振吸声结构，一种是薄板或薄膜吸声结构。由于吸声系数在共振频率处最大，因此共振吸声结构属于窄频带吸声结构。

#### 1. 空腔共振吸声结构

空腔共振吸声结构是结构中间封闭有一定体积的空腔，并通过有一定深度的小孔和声场空间连通，其吸声机理可以用亥姆霍兹共振器来说明。图 2-7(a)是共振器示意图。当孔的深度 $t$ 和孔径 $d$ 比声波波长小得多时，孔颈中的空气柱的弹性变形很小，可以作为质量块处理。封闭空腔 $V$ 的体积比孔颈大得多，起着空气弹簧的作用，整个系统类似图 2-7(b)所示的弹簧振子。当外界入射声波频率 $f$ 和系统固有频率 $f_0$ 相等时，孔颈中的空气柱就由于共振而产生剧烈振动，由于空气柱和孔颈侧壁摩擦而消耗声能。

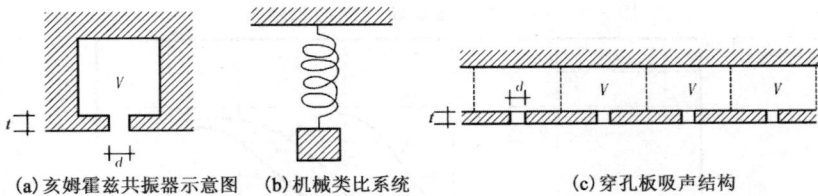

(a)亥姆霍兹共振器示意图　(b)机械类比系统　　(c)穿孔板吸声结构

**图 2-7　空腔共振吸声结构**

穿孔板吸声结构是在薄板上穿孔，并离结构层一定距离安装，相当于许多并列的亥姆霍兹共振器，板后空气层划分成许多小空腔，每一个开孔和背后的空腔对应，如图 2-7 中(c)所示。如穿孔石膏板、穿孔金属板、穿孔 FC 板和木质穿孔板，其共振频率可以用公式(2-6)计算。

$$f_0 = \frac{c}{2\pi}\sqrt{\frac{P}{L(t+\delta)}} \tag{2-6}$$

式中：$f_0$——共振频率，Hz；

　　　　$c$——声速，cm/s；

　　　　$L$——板后空气层厚度，cm；

　　　　$t$——板厚，cm；

　　　　$\delta$——孔口末端修正量，cm；

　　　　$P$——穿孔率，穿孔面积与总面积之比。

注：$\delta$ 是指考虑孔颈空气柱两端附近空气参加振动，对 $t$ 加以修正。直径为 $d$ 的圆孔，$\delta = 0.8d$。

如果穿孔板背后没有吸声材料，穿孔率不宜过大，一般以 2%～5% 合适。

为了在较宽的频率范围内有较高的吸声系数，一种办法是在穿孔板后铺设多孔吸声材料，整个吸声频率范围的吸声系数会显著提高，多孔材料贴近穿孔板时吸声效果最好。穿孔板空腔内配多孔材料的吸声特性如图 2-8 所示。

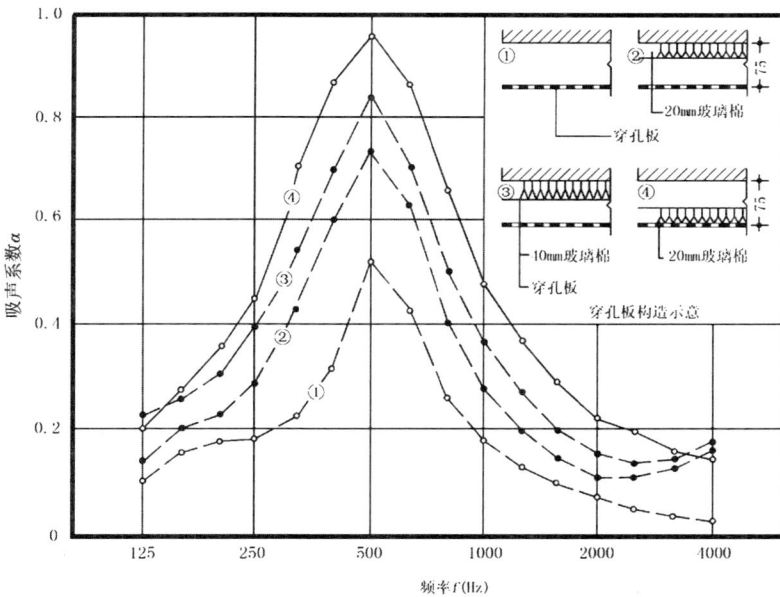

图 2-8　穿孔板吸声结构的吸声特性

不同穿孔率的穿孔板加多孔材料的吸声特性见图 2-9。对于空腔设置多孔材料的穿孔板结构，随穿孔率的提高，高频吸声系数增大。当穿孔率超过 20% 时，穿孔板已成为多孔吸声材料的饰面层而不属于空腔共振吸声结构，体现多孔吸声材料的吸声特性。

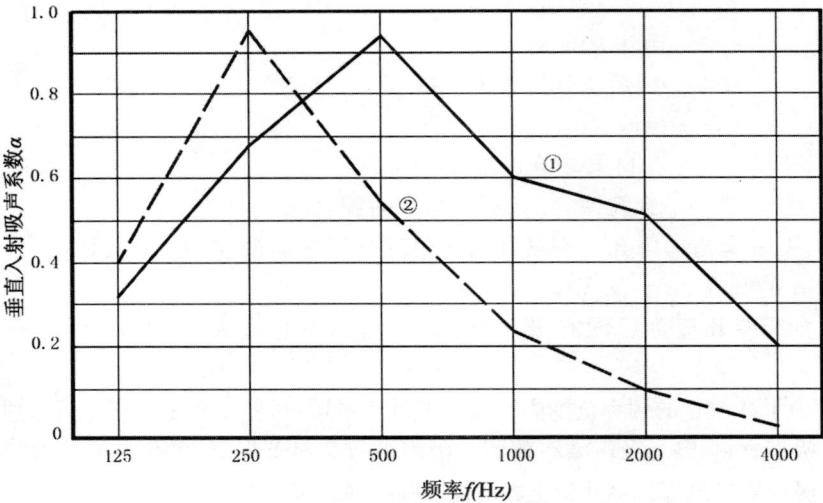

（空腔 100mm，内加 50 厚，表观密度 23kg/m³ 超细玻璃棉）

①5mm 厚，$p=9\%$ 穿孔硬质纤维板；②5mm 厚，$p=3\%$ 穿孔硬质纤维板

**图 2-9　不同穿孔率时穿孔板加多孔材料的吸声特性**

为了在较宽的频率范围内有较高的吸声系数，另一种办法是穿孔的孔径很小，小于 1mm，称为微穿孔板。孔小则周界与截面之比就大，孔内空气与孔颈壁摩擦阻力就大，同时微孔中空气粘滞性损耗也大。微穿孔板常用薄金属板，一般不再铺设多孔材料，比未铺吸声材料的一般穿孔板结构具有较好的吸声特性。双层微穿孔板吸声结构及吸声特性分别如图 2-10 和图 2-11 所示。

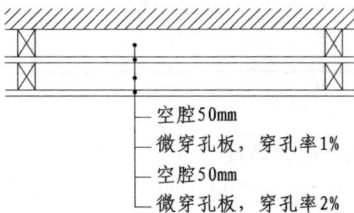

空腔 50mm
微穿孔板，穿孔率 1%
空腔 50mm
微穿孔板，穿孔率 2%

**图 2-10　微穿孔板吸声结构构造**

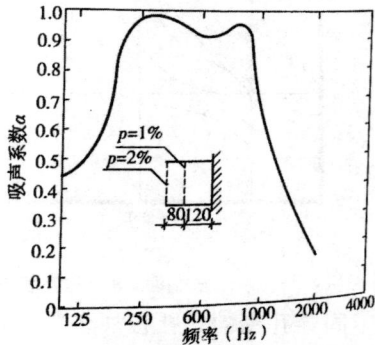

**图 2-11　微穿孔板吸声结构的吸声特性**

微穿孔板吸声结构能耐高温高湿,无纤维及粉尘,适合于高温、高湿、超净和高速气流等环境中。

**2. 薄膜吸声结构**

薄膜吸声结构是指将具有不透气、柔软、受张拉时有弹性等特性的皮革、人造革、塑料薄膜及帆布等薄膜材料与其背后封闭的空气层所形成的共振系统。薄膜吸声结构的共振频率可以按公式(2-7)计算。

$$f_0 = \frac{1}{2\pi}\sqrt{\frac{\rho_0 c}{mL}} \qquad (2-7)$$

式中:$\rho_0$ ——空气密度,$\mathrm{kg/m^3}$;

　　　$c$ ——声速,m/s。

　　　$m$ ——膜的面密度,$\mathrm{kg/m^2}$;

　　　$L$ ——膜后空气层厚度,cm;

通常薄膜吸声结构的共振频率在 $200\sim1000\mathrm{Hz}$ 范围内,最大吸声系数约为 $0.3\sim0.4$,因而可以作为中频吸声结构。

在整个频率范围内,比没有多孔材料只用薄膜时的吸声系数普遍有所提高。薄膜吸声结构当薄膜很薄时,薄膜成为多孔吸声材料的面层并呈现多孔材料的吸声特性。薄膜吸声结构的吸声特性如图 2-12 所示。

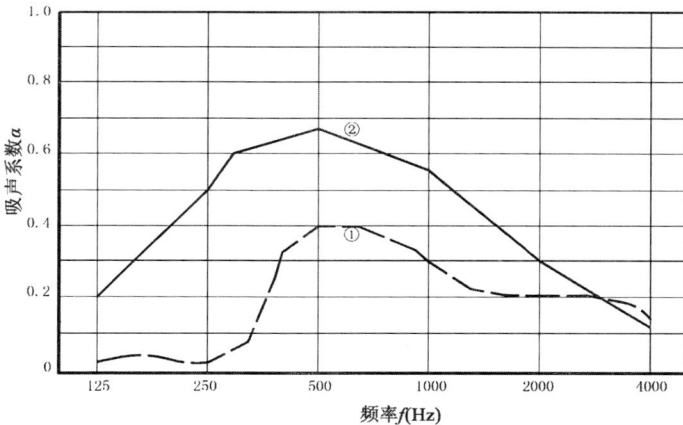

①背后空气层 45mm;②再放入 25mm 厚岩棉

**图 2-12　薄膜吸声结构的吸声特性**

**3. 薄板吸声结构**

薄板吸声结构是指把石膏板、石棉水泥板、胶合板和金属板等板材的周边固定在龙骨上,其板后留有空气层所形成的共振系统。薄板吸声结构的共振频率可按公式(2-8)计算。

$$f_0 = \frac{1}{2\pi}\sqrt{\frac{\rho_0 c}{M_0 L} + \frac{K}{M_0}}$$ (2-8)

式中：$\rho_0$——空气密度，$kg/m^3$；

   $c$——声速，$m/s$；

   $M_0$——薄板单位面积质量，$kg/m^2$；

   $L$——薄板后空气层厚度，$cm$；

   $K$——结构的刚度因素，$kg/(m^2 \cdot S^2)$。

  因为低频声比高频声更容易激起薄板振动，所以薄板吸声结构具有低频的吸声特性。其共振频率通常在 $80\sim300Hz$ 范围，最大吸声系数约为 $0.2\sim0.5$，因而可以作为低频吸声结构。如果在板内侧填充多孔吸声材料或涂刷阻尼材料，可以增加板振动的阻尼耗损，提高吸声效果。图 2-13 为薄板吸声结构不同情况下的吸声特性。大面积的抹灰吊顶、架空木地板、玻璃窗及薄金属板灯罩等相当于薄板吸声结构，对低频有较大的吸声效果。

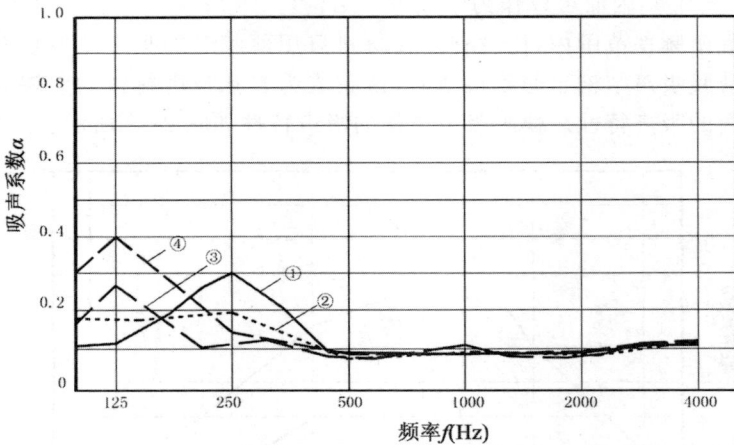

板厚 9mm；背后空气层：①45mm；②90mm；③180mm；④45mm；空腔加玻璃棉

**图 2-13　胶合板结构吸声特性**

## 2.1.4　其他类型的吸声结构

  多孔吸声材料、穿孔板吸声结构、薄膜吸声结构和薄板吸声结构是吸声材料和结构中的几种最主要的类型。但是在某些特殊情况下，常常采用其他类型的吸声结构。用于调整混响时间或降低噪声的空间吸声体；用于消声室的吸声尖劈；用于调整播音室及厅堂混响特性的可调吸声结构。

### 1. 空间吸声体

多孔吸声材料和空腔共振吸声结构一般是安装在房间的墙面和顶棚上。空间吸声体与一般吸声结构的区别在于其不是与顶棚、墙面等刚性壁组合成结构,而是自成系统。考虑到墙面因设有大面积玻璃窗或因墙的形状不适于安装吸声材料,使得可用于安装吸声材料的墙面太少;顶棚因开设天窗进行天窗采光和通风或者因受屋顶、楼板结构限制不宜做成吸声吊顶。此时,可结合装修将吸声材料设计并预制成适当形状的吸声结构,吊挂在顶棚或安装在墙面上,形成空间吸声体。

空间吸声体是将吸声材料与结构制作成一定的形状可做成多种形状,并悬吊在建筑空间中。空间吸声体常用多孔吸声材料外加面层(如阻燃织物、金属板网和穿孔板)制作而做成,具有与多孔材料相同的宽频段吸声特性。由于空间吸声体有两个或两个以上的面与声波接触,有效吸声面积比投影面积大得多。按投影面积计算,其吸声系数可大于1。对于空间吸声体,在实际计算中常用单个吸声体的吸声量表示其吸声特性。

空间吸声体的大小和形状,通常根据特定使用空间条件、艺术造型和吸声特性等要求进行设计,可以设计成多边形板状、圆柱体、角锥体和圆锥体等几何形状,如图 2-14 所示。

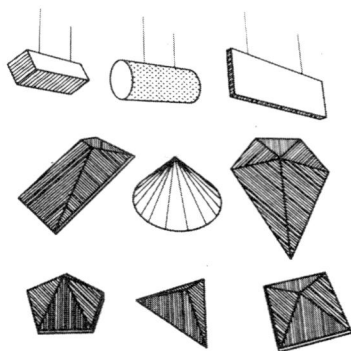

图 2-14　空间吸声体示例

### 2. 吸声尖劈

消声室是用于各种声学实验和测量的声学实验室。在房间内进行声学测量时,室内声场要求尽可能地接近自由声场,要求各界面的吸声系数至少是 0.9 以上。消声室如图 2-15 所示。吸声尖劈是消声室最常用的强吸声结构,如图 2-16 所示。吸声尖劈是用细钢筋制成所需形状和尺寸的楔形骨架,在骨架上固定玻璃丝布、塑料窗纱等罩面材料,内部填充纤维状或毡状多孔吸声材料如超细玻璃棉、玻璃棉等。由于尖劈头部面积较小,其声阻抗从接近空气阻抗逐渐增大到多孔材料的声阻抗。因此,声波入射时会使大部分声能进入材料内部而被高效吸收。实现吸声尖劈声阻抗渐变常常采取两种方法。

(1)容重逐渐增大

将一层 2.5cm 厚 24kg/m³ 玻璃棉板与一层 2.5cm 厚 32kg/m³ 玻璃棉板叠合的吸声效果要优于一层 5cm 厚 32kg/m³ 的玻璃棉板。

(2)面密度逐渐增大

将 24kg/m³ 玻璃棉板制成 1m 长,断面为三角型的尖劈,材料面密度逐渐增大,可获得更大吸声效果。

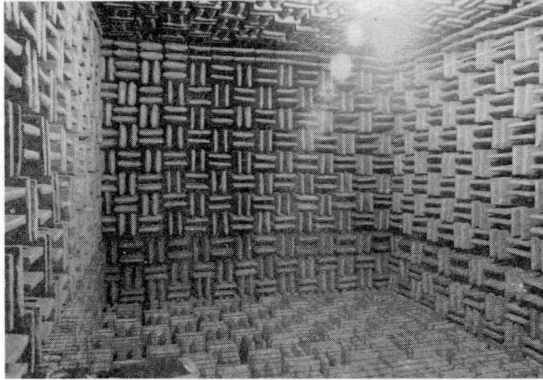

图 2-15　消声室

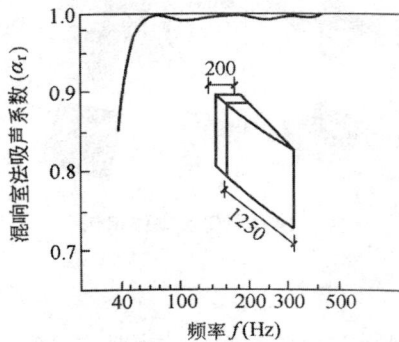

图 2-16　吸声尖劈的吸声特性

### 3. 可调吸声结构

某些厅堂如多用途厅堂、演播室和录音室等音质设计中,因为不同的用途需要有不同的混响时间,为了取得可变声学环境,用可调吸声结构改变室内吸声量,进而调节室内混响时间,以达到室内音质设计的要求。图 2-17 为几种可调吸声结构示意图。

可调吸声结构能在较宽的频率范围里适当改变总的吸声量。但是可变吸声结构的使用常常受到厅内顶棚和墙面的形式、装修及其他设备安装等限制,设计中应结构具体情况进行适当处理。

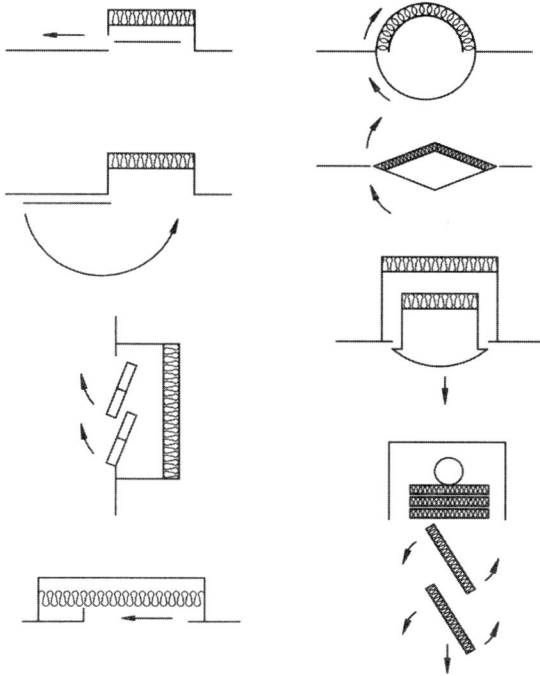

图 2-17　可调吸声结构示例

### 4. 吸声帘幕

织物用作玻璃棉、岩棉等多孔材料的面层材料,起到装饰作用,其吸声特性一般没有影响。使用具有通气性能的织物做帘幕时,离开墙面、窗玻璃一定距离悬挂,恰同多孔吸声材料背后设置了空气层,尽管没有完全封闭,对中高频甚至低频仍具有一定的吸声效果,因此,帘幕具有多孔材料的吸声特性。图 2-18 为帘幕后不同空腔对吸声性能的影响。

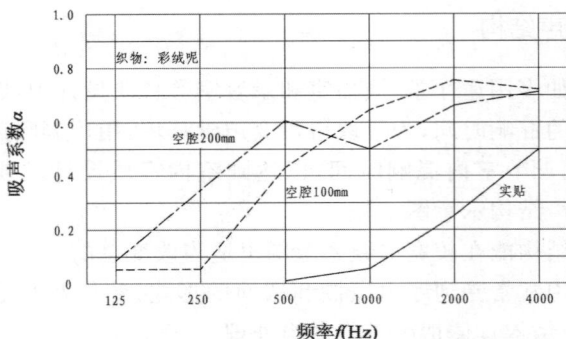

图 2-18　帘幕后不同空腔对吸声的影响

　　吸声帘幕的吸声性能与其材质、单位面积重量、厚度及打褶的状况等有关。增加帘幕的单位面积重量,增加厚度,增多打褶均有利于提高帘幕的吸声系数。图 2-19 为帘幕不同打褶程度对吸声性能的影响。吸声帘幕通过背后留空腔和打褶,达到较高的吸声系数,同时又可为可调吸声结构,以调节厅堂混响时间。

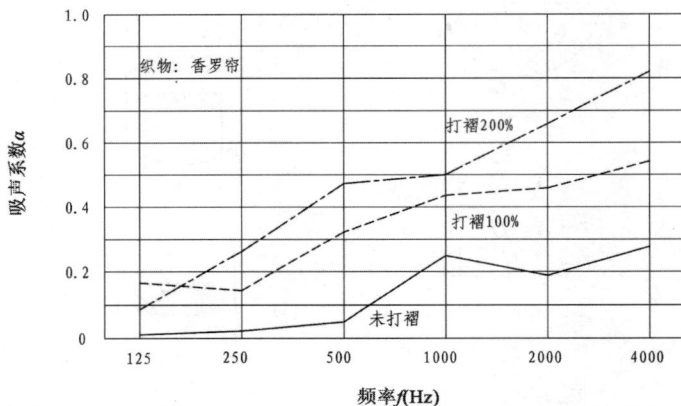

图 2-19　帘幕不同打褶度对吸声的影响

## 2.2　建筑构件的隔声特性

　　对于建筑空间,其围蔽结构受到外部声场的作用或直接受到物体撞击而发生振动,会向建筑空间辐射声能,空间外部的声音通过围蔽结构传到建筑空间,称作"传声"。声音传播的途径如图 2-20 所示。其中空气声是指声音在空气中产生并传播,固体声,又称撞击声是指振动在结构中传播。传进来的声能或多或少地小于外部的声音或撞击的能量,说明围蔽结构隔绝了部分作用的声能,称作"隔声"。传声和隔声只是一种现象从两个不同角度得出的一对相反相成的概念。围蔽结构隔绝的若是外部空间声场的声能，称为空气声隔绝。若是使撞击的能量辐射到建筑空间的声能有所减少，称为撞击声或固体声隔绝。

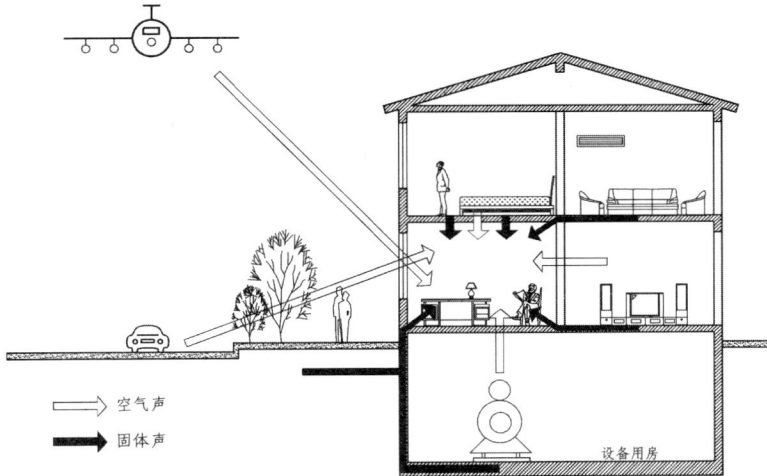

图 2-20　声音传播的途径

　　建筑隔声是指利用建筑物围护结构减少或消除噪声干扰（包括空气声和固体声）对人居环境的影响、保证得到适宜声环境的重要技术措施之一。《民用建筑隔声设计规范》（GBJ118－2010）分别对墙体、楼板隔绝空气声和撞击声提出相应的要求。在建筑构件中门窗隔声十分重要，为了减少由门窗传入的噪声，对建筑物外门窗的隔声性能应引起足够的重视，隔声性能良好的门窗对于保证室内声环境具有重要作用。

## 2.2.1　空气声隔绝

### 1. 透射系数和隔声量

（1）透射系数

建筑空间外部声场的声波入射到建筑空间的围蔽结构上，一部分声能透过构件传到建筑空间中来。构件透射系数 $\tau$ 为透过构件的声能 $E_\tau$ 与入射声能 $E_0$ 的比值，用公式（2-9）表示。

$$\tau = \frac{E_\tau}{E_0} \tag{2-9}$$

（2）隔声量

在工程上常用构件隔声量 $R$ 表示构件对空气声的隔绝能力，用公式（2-

10)表示。

$$R = 10\lg \frac{1}{\tau} \tag{2-10}$$

透射系数 $\tau$ 越小,则构件隔声量越大,构件隔声性能越好。

(3)组合墙的隔声量

墙上常常会开门窗,形成组合墙。假定组合墙上有门、窗及孔洞等几种不同的部件,各种部件的面积分别为 $S_1$、$S_2$、$S_3$、$\cdots$、$S_n$,相应的透射系数分别为 $\tau_1$、$\tau_2$、$\tau_3$、$\cdots$、$\tau_n$,隔声量分别为 $R_1$、$R_2$、$R_3$、$\cdots$、$R_n$,则组合墙的实际隔声量由各部件的透射系数的平均值 $\bar{\tau}$,用公式(2-11)确定。

$$\bar{\tau} = \frac{S_1\tau_1 + S_2\tau_2 + \cdots + S_n\tau_n}{S_1 + S_2 + \cdots + S_n} = \frac{\sum S_i\tau_i}{\sum S_i} \tag{2-11}$$

则组合墙的实际隔声量,用公式(2-12)确定。

$$R = 10\lg \frac{1}{\bar{\tau}} \tag{2-12}$$

通常,由于普通门窗的隔声效果比一般墙体差,故组合墙的总隔声量常要低于墙体。所以,孤立地提高墙体的隔声能力是没有意义的,应该按照"等传声量设计"的原则,使墙的隔声量略高于门或窗即可,通常高出 10dB 左右。要提高组合墙的隔声量,最有效的办法是提高隔声较差的构件的隔声量。

(4)隔声频率特性曲线与单值评价量

同一结构对不同频率的入射声波有不同的隔声量。在工程应用中,常用中心频率为 $125\sim4000\,\mathrm{Hz}$ 的六个倍频带或 $100\sim3150\,\mathrm{Hz}$ 的 16 个 1/3 倍频带的隔声量来表示某一构件的隔声性能。考虑到人耳听觉的频率特性和一般构件的隔声频率特性,使用单一数值评价构件隔声性能的空气声计权隔声量 $R_w$,能较好地反映构件的隔声效果。计权隔声量 $R_w$ 的确定参照国家标准《建筑隔声评价标准》(GB/T50121—2005)。

## 2. 单层匀质密实墙的空气声隔声

图 2-21 为单层匀质密实墙典型的隔声频率特性曲线,在很低的频率段,劲度起主要控制作用,隔声量随频率的增加而降低。频率升高,质量效应增大,隔声量总体上随频率升高而增大,由于墙的共振,在共振频率处出现隔声低谷,阻尼起主要控制作用决定;当频率继续增高到主要声频范围($125\sim4000\,\mathrm{Hz}$),则质量起主要控制作用,隔声量随着频率的增加而增加。

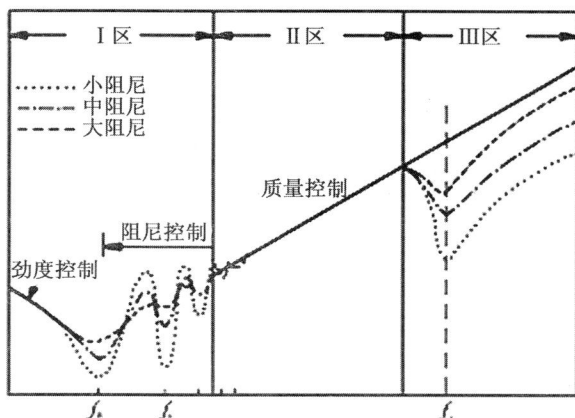

图 2-21　单层匀质密实墙典型的隔声频率特性曲线

（1）质量定律

对一般建筑构件而言，共振基频 $f_0$ 很低，常在 $5\sim20\,\mathrm{Hz}$。因此，主要声频范围内墙隔声受质量控制，劲度和阻尼的影响可以忽略不计，可以把墙看成无刚度、无阻尼的柔顺质量。若声波无规则入射，则墙的隔声量 $R$ 近似按公式（2-13）计算。

$$R = 20\lg m + 20\lg f - 48 \tag{2-13}$$

式中：$m$ ——墙体的单位面积质量，$\mathrm{kg/m^2}$；

$\quad\quad f$ ——入射声的频率，$\mathrm{Hz}$。

上述公式说明墙单位面积质量越大，隔声效果越好。这一规律称为"质量定律"。质量定律是指单位面积质量和入射声波的频率每增加一倍，隔声量将增加 $6\mathrm{dB}$。

（2）吻合效应

图 2-21 中第Ⅲ区，曲线中的下降是由于吻合效应造成的。实际上的单层匀质密实墙都是有一定刚度的弹性板。吻合效应是指声波斜入射时，在一定的频率范围使墙体发生弯曲振动的现象，此时不再符合质量定律，当弯曲振动频率和墙体的固有频率相等时，墙体向另一侧辐射大量声能，隔声量大幅度降低。吻合效应原理见图 2-22。吻合临界频率是使墙体发生弯曲共振的最低频率，几种材料的吻合临界频率见图 2-23，若吻合效应出现在主要声频范围 $100\sim2500\mathrm{Hz}$ 之内，将使墙的隔声性能大大降低，故应设法避免。一般硬而厚的墙体可降低吻合临界频率 $f_c$，如 240mm 砖墙的临界频率在 $70\sim120\mathrm{Hz}$；轻而薄的墙体可提高临界频率 $f_c$，如 5mm 玻璃的临界频率为 $3000\mathrm{Hz}$。建筑隔声设计中应设法使"吻合效应"不发生在主要声频范围。

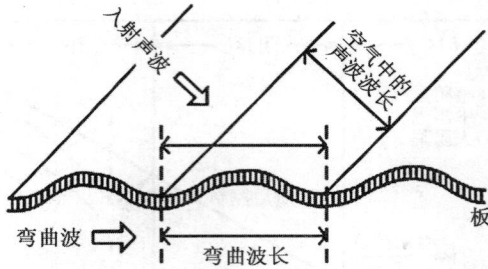

图 2-22　吻合效应原理图

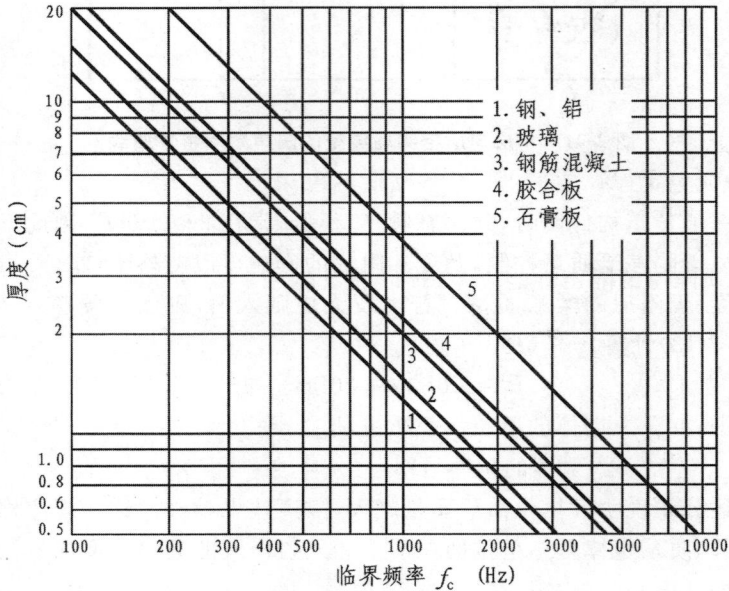

图 2-23　几种材料的吻合临界频率

## 3. 双层匀质密实墙的空气声隔绝声

　　根据质量定律,单层墙体的单位面积质量每增加一倍,隔声量约增加 6dB。显然单靠增加墙体单位面积质量来提高隔声量是不经济的,且增加了结构自重。因此,可以采用双层匀质密实墙,提高墙体的隔声量。双层墙是由两层墙板和中间的空气层组成。其隔声能力提高的原因在于空气层可以看作两层墙板间的"弹簧",具有减振作用,相当于增加一个空气层附加隔声量。空气层的附加隔声量与空气层厚度有关,空气层增大(空气层厚度不宜小于 50mm),隔声量增大,但空气层增大到 80mm 以上时,隔声量增加就不明显。图 2-24 为双层墙不同厚度及是否存在刚性连接的附加隔声量对比。图中实线为双层墙完全分开的情况,而虚线则为双层墙间有少量刚性连接的情况。双层墙间的刚性连接称为声桥,声桥将传递更多声能,且使附加隔声量降低,设计与施工中应尽量避免。在双层墙的空气层中填充多孔材料,可以提高全频带上的隔声量,并减少共振时隔声量下降。

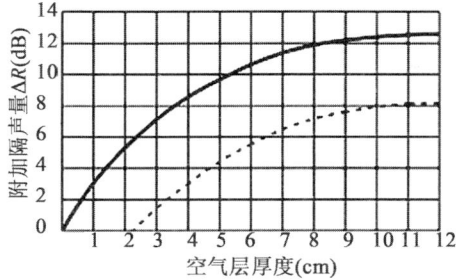

图 2-24　墙板间空气层的附加隔声量

### 4. 轻质墙的空气声隔声

随着建筑工业化程度的提高,发展轻质墙体具有现实意义。根据质量定律,轻质隔墙的隔声性能较差,难以满足隔声标准的要求,因此必须通过一定的构造措施来提高轻质隔墙的隔声效果。

(1)多层复合构造

将多层密实板材用多孔材料如玻璃棉、岩棉、泡沫塑料等进行分隔,做成夹层结构,则隔声量比材料重量相同的单层墙可以提高很多。

(2)多层薄板叠合构造

和采用同等重量的单层厚板相比,多层薄板叠合可以避免板材的吻合临界频率 $f_c$ 落在主要声频 $100 \sim 2500\mathrm{Hz}$ 范围内。如 25mm 厚纸面石膏板 $f_c$ 约为 $1250\mathrm{Hz}$,而两层 12mm 板叠合起来 $f_c$ 约为 $2600\mathrm{Hz}$。

(3)双墙分立式构造

墙体由双面薄板加龙骨构成,薄板主要有纸面石膏板、FC 板(水泥纤维压力板),龙骨可采用轻钢龙骨,也可采用木龙骨。轻型板材与龙骨之间用弹性垫层(橡胶垫块),可以提高隔声量。两层轻质墙体之间设空气层,且空气层厚度达到 7.5cm,隔声量可以提高 $8 \sim 10$dB。轻质墙体之间空气层中填充多孔吸声材料如玻璃棉或岩棉板,可以提高隔声量 $2 \sim 8$dB。轻钢龙骨纸面石膏板见图 2-25。

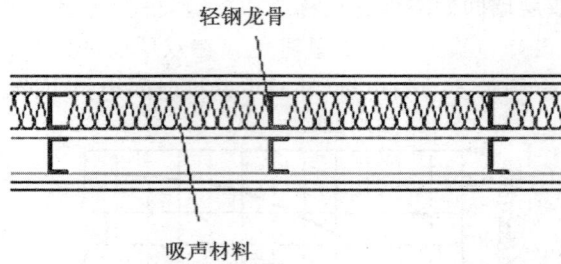

图 2-25 轻钢龙骨纸面石膏板隔墙

### 5.门窗隔声

一般门窗结构轻薄,而且存在着较多的缝隙。因此,门窗的隔声能力往往比墙体低得多,形成隔声的薄弱环节。

(1)门的隔声

门是墙体中隔声较差的部件,因为面密度比墙体小,普通门周边的缝隙也是传声途径。提高门的隔声能力的关键在于门扇及其周边缝隙的处理。提高门扇隔声量的措施有两种:一是采用厚而重的门扇,如钢筋混凝土门;另一种是采用多层复合结构,用性质相差较大的材料(钢板、木板,阻尼材料如沥青,吸声材料如玻璃棉)相间而成,由于各层材料的阻抗差别很大,使声波在各层边界上被反射,提高了隔声量。橡胶、泡沫塑料条、手动或自动调节的门碰头及垫圈等均可用于门扇边缘的密封处理。图 2-26 是隔声门的构造处理。

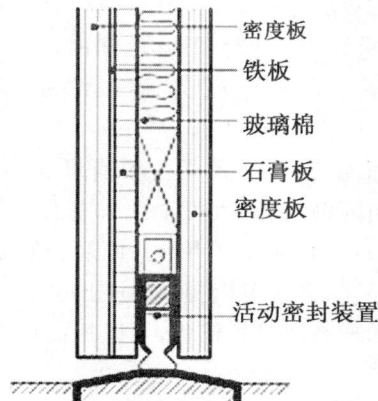

图 2-26 隔声门构造详图示例

对于需要经常开启的门,门扇重量不宜过大,门缝也常常难以封闭。为了达到较高的隔声量,可以用设置声闸的方法,即设置双层门并在双层门之间的门斗内表面布置强吸声材料和结构,又称"声锁",其示意如图 2-27 所示。声闸在建筑中的使用见图 2-28。

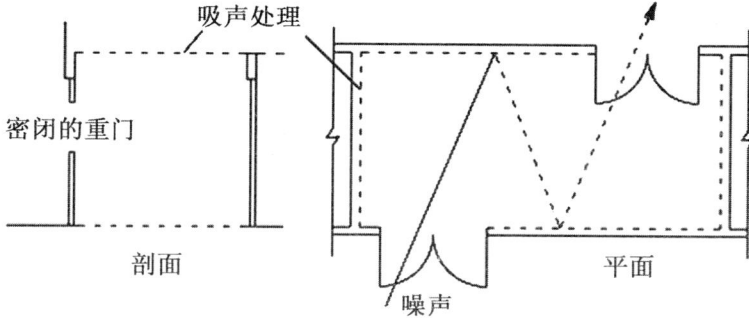

图 2-27　声闸示意图

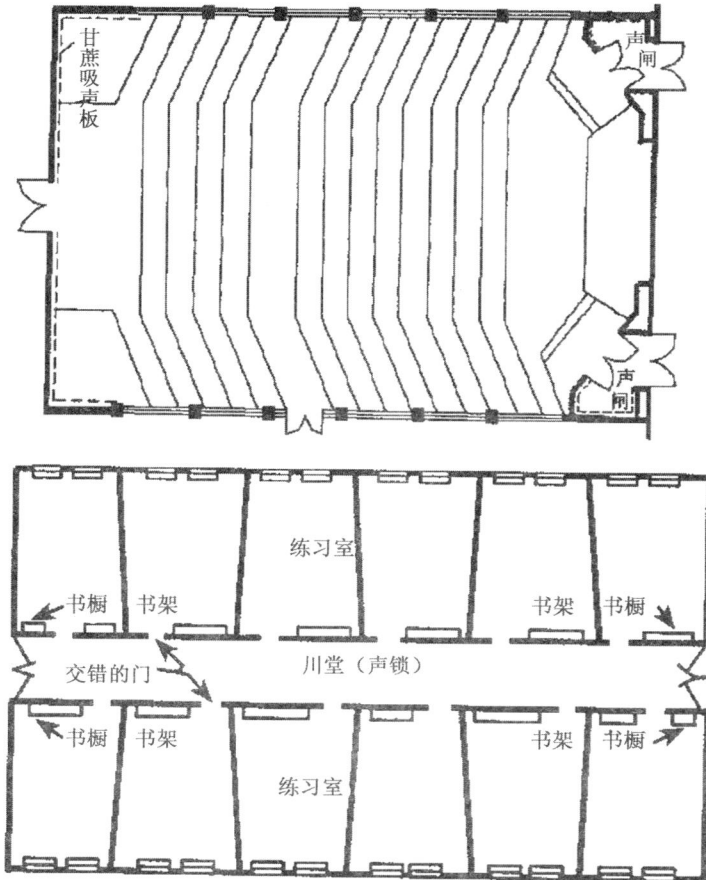

图 2-28　声闸在建筑中的使用

（2）窗的隔声

窗是建筑围护结构隔声最薄弱的部件。为了提高窗户的隔声量，可以采取以下措施：

①采用足够厚的玻璃，或玻璃层数在两层以上；两层玻璃不宜平行，以免引起共振；各层玻璃的厚度不宜相同，以避免吻合效应。

②采用双层窗，双层窗之间应有足够的间距（＞200mm）。中空玻璃窗因间隔小（＜10mm），不起隔声作用，仅具有良好保温隔热效果，原因在于窄缝内空气不易对流。

③保证玻璃与窗扇边挺、窗扇与窗框、窗框与墙壁之间缝隙的密封，玻璃之间的窗樘上可布置吸声材料。

隔声窗通常是指不开启的观察窗，多用于工厂隔绝车间高噪声的控

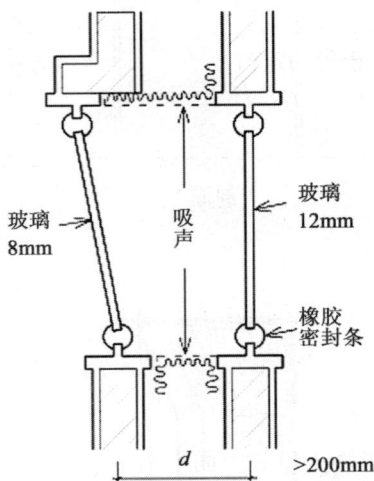

图 2-29  隔声窗构造示意图

制室、隔声要求较高厅堂与声控室之间的窗（如演播室与声控室）；临街房间噪声控制（如临街教室与住宅的窗）。图 2-29 为隔声窗的构造示意图。

## 2.2.2  撞击声隔绝

撞击声是建筑空间围蔽结构在外侧被直接撞击而激发室外，但接收的是被撞击结构向建筑空间辐射的空气声。撞击声隔绝是目前大量民用建筑中声环境控制的薄弱环节。

### 1. 单值评价量

使用国际标准的打击器在楼板上撞击，同时在楼板下的房间中，测出 100～3150Hz 范围内 1/3 倍频带的声压级 $L_{pi}$。然后根据接收房间的吸声量对 $L_{pi}$ 进行修正，得到规范化撞击声级 $L_{pn}$，其修正计算见公式（2-14）。

$$L_{pn} = L_{pi} - 10\lg \frac{A_0}{A} \qquad (2\text{-}14)$$

式中：$A$——接收室中吸声量，$m^2$；

$A_0$——标准条件下的吸声量，$m^2$。

$L_{pn}$ 越大表示楼板隔绝撞击声效果越差。国家标准规定单一指标表达构件撞击声隔绝性能的计权规范化撞击声级 $L_{pn}$ 能较好地反映构件的隔声

效果。其确定参照国家标准《建筑隔声评价标准》(GB/T50121-2005)。

## 2. 撞击声隔绝措施

(1)弹性面层

在楼板表面加弹性面层,如地毯、橡胶板等,可以有效降低楼板撞击声,特别是中高频声。由于增加弹性面层简单易行,效果又好,是降低楼板撞击声的首要措施。

(2)浮筑楼板

在楼板结构层与面层之间设置弹性垫层,称"浮筑"楼板。如中粗玻璃棉板、橡胶块、专业隔振垫等,使面层的振动能量不能传到结构层,可以大幅度降低撞击声。在"浮筑"楼板施工时,面层与墙体、柱之间应设置弹性隔离层,以防止面层振动能量传给墙体和柱。

(3)隔声吊顶

用弹性连接的构造吊挂在承重楼板下做隔声吊顶(又称弹性吊顶),以减弱楼板接收空间辐射空气声,也可以取得一定的隔声效果。隔声吊顶应采用密实的面板,面板质量应足够大,如不小于 $25kg/m^2$。在吊顶内部铺放多孔吸声材料,如矿棉、玻璃棉等,可以提高隔声效果。隔声吊顶应采用弹性吊挂件,吊顶与四周墙体宜采用柔性材料密缝,如图 2-30 所示。

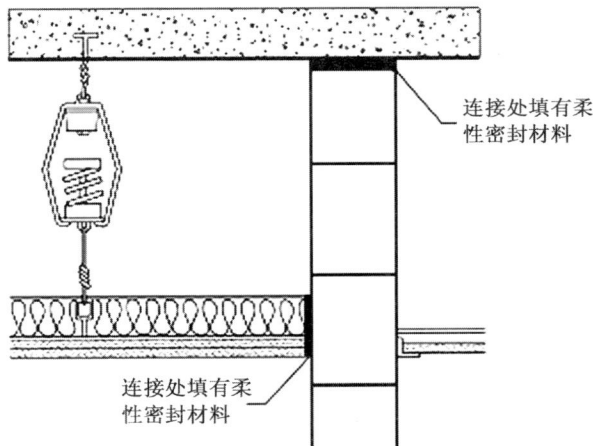

连接处填有柔性密封材料

连接处填有柔性密封材料

图 2-30  隔声吊顶做法示意

# 第3章　室内音质设计

　　室内音质设计是建筑声环境设计的一项重要组成部分。一方面,以听闻为主要使用功能的建筑如音乐厅、剧院、多功能厅、体育馆、会议厅、报告厅以及录音室、演播室等厅堂,其音质设计的成败往往是评价建筑设计优劣的决定性因素之一。另一方面,候机厅、候车室、公共建筑中庭、咖啡厅及餐厅等室内空间同样也需要良好的声环境。

　　对于要求良好听闻条件的房间而言,室内最终是否具备良好的音质,不仅取决于声源本身和电声系统的性能,而且更多地取决于室内固有的音质条件。为了创造出理想的室内音质,不仅必须防止室外噪声与振动传入室内,以满足室内背景噪声低于有关建筑设计规范的规定值,而且需要依据室内声学原理进行室内音质设计。室内音质设计最终体现在室内容积、体形尺寸、材料选择及构造设计中,并与建筑的各种功能要求和建筑艺术处理有机地融为一体。室内音质设计应在建筑方案设计初期同时进行,而且要贯穿于整个建筑施工设计、室内装修设计和施工的全过程,直至工程竣工前经过必要的测试鉴定和主观评价,并进行适当的调整和修改,才能达到预期的效果。

　　由于室内音质设计与空间大小、房间体形、所用选用的材料及构造做法有直接关系,为了获得良好的室内音质,建筑方案创作阶段就应当考虑房间的声学要求,采取与建筑设计整合的技术措施,并将声学设计内容贯穿于建设全过程。音质设计与建筑设计是密不可分的两方面,音质设计内容体现于建筑设计当中。良好的音质设计一定与建筑设计是和谐统一的。

## 3.1　音质的主观评价标准与客观指标

　　判断室内音质是否良好的标准是使用者(听众或演员)能否得到满意的主观感受,归纳多个方面的具体要求。每一项音质要求又与一定的客观物理指标相对应。人们对语言声或音乐声的主观感受要求有所差异,主观感受要求称主观评价标准。室内音质设计是通过建筑设计与构造设计使得各项客观物理指标符合主要使用功能对良好音质的要求。

### 3.1.1　音质的主观评价标准

**1.合适的响度**

响度是人所能感受到的声音大小,合适的响度使人们听起来既不费力又不感到吵闹,是室内具有良好音质的基本条件。对于语言声,要求其响度级为 60～70 方;对于音乐声,响度要求的变化范围响度级为 50～85 方,甚至会更大。

**2.较高的语言清晰度和音乐明晰度**

以语言为主的声音要求有一定的清晰度,而以音乐为主的声音要求达到所需的明晰度。语言的清晰度可用"音节清晰度"来评价,它是指由人发出无语意联系的若干音节,听者正确听到的音节占所发音节的百分数;实际上,人们在听讲话时,由于每句话存在连贯的意思,常常不需听清楚每个字也能听懂所讲句子,因此,引入"语言可懂度"来表达语言声的可听懂程度。音乐的明晰度的含义体现在两个方面,一是能够清楚地辨别出每一种声源的音色,二是能够听清楚每个音符。

**3.足够的丰满度**

这一要求主要针对音乐声,对于语言声是次要的。丰满度为声源在室内发声与在室外发声相比较,在音质上的提高程度。其包含余音悠扬(或称活跃),坚实饱满(或称亲切),音色浑厚(或称温暖)。

**4.良好的空间感**

空间感是指室内环境给听者提供的一种声音在室内的空间传播感觉。包括听者对声源方向的判断(方向感),对距声源远近的判断(距离感或亲切感)和属于室内声场的空间感觉(环绕感或围绕感)。

**5.无音质缺陷和噪声干扰**

音质缺陷是指干扰正常听闻使原声音失真的现象,如回声、声聚焦、声影及颤动回声等。音质缺陷的出现会干扰听众的正常听闻,因此,室内音质设计时应避免音质缺陷。噪声的侵入会对室内音质产生严重影响,连续性噪声,尤其是低频噪声会掩蔽语言和音乐;间断性噪声则会破坏室内宁静的氛围。

### 3.1.2 音质的客观指标

尽管厅堂音质设计的好坏最终是由主观评价标准判定的,但是为了指导厅堂音质设计,同时方便地对厅堂音质进行定量测量,还需研究与主观评价相关的物理指标,以方便进行音质的客观评价。这些可测量且可计算的客观物理指标对决定厅堂音质具有重要意义。

#### 1.声压级

声压级是与音质的主观评价中量的因素、音质响度密切相关的客观物理指标。针对语言声和音乐声可以选择不同的声压级标准。

对于语言声,要求声压级应至少在 $50 \sim 55 dB$ 之间,且信噪比在 $10dB$ 以上,信噪比指语言声的声压级与背景噪声声压级之差值。如果厅堂内大多数座位处的声压级不能满足此项要求,可考虑利用扩声系统以弥补声压级的不足或者提高信噪比。当语言声压级达到 $65 \sim 75dB$ 时,响度感觉更为良好。

对于音乐演出如交响乐,由于演出时声压级动态范围大,最高与最低声压级之间的变化范围往往超过 $40dB$,所以给如何评价音乐欣赏时的响度带来困难。一般通过测量乐队齐奏强音标志乐段的平均声压级来评价音乐声的响度。当平均声压级达到 $90dB$ 时,响度感觉较为满意。

#### 2.混响时间及其频率特性

混响时间是第一个也是最重要,与音质的主观评价中量的因素有关的客观评价物理指标。混响时间与音质的丰满度和清晰度有关,混响时间长则有较高的丰满度,但会降低清晰度。同时混响时间过短,则表明厅堂各界面的反射声过弱,因存在过大的声吸收,将会影响音质的丰满度。因此,以语言听闻为主的厅堂,如教室、报告厅和演讲厅等,希望混响时间短些;而以音乐欣赏为主的厅堂,如音乐厅和剧场,则希望混响时间长些。

混响时间的频率特性表示各个频率的混响时间,以频率为横坐标,混响时间为纵坐标而形成的曲线,与主观评价中质的因素密切相关。为了使音乐声各声部和语言声的低、中、高频的平衡和协调,保证音色不失真,需要考虑到低、中、高频声能间合适的比例。混响时间特性对于不同的厅堂具有不同的要求。以语言听闻为主的厅堂,为了保持声源的音色不失真,各个频率的混响时间应当尽量接近,则混响时间的频率特性曲线保持平直。以音乐欣赏为主的厅堂,为了使声音具有温暖感,可以适当地增加低频混响时间,则混响时间的频率特性曲线允许低频略有提升。混响时间频率特性曲线如

图 3-1 所示。

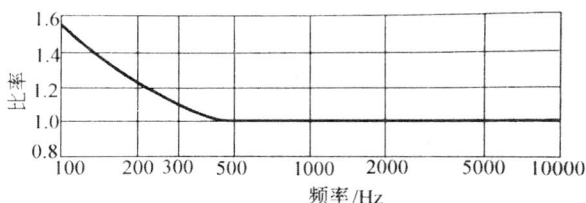

**图 3-1　混响时间频率特性曲线**

## 3. 反射声的时间与空间分布

（1）反射声的时间分布

听者接收到的声音包括直达声、近次反射声和混响声三种。近次反射声是指直达声后、次数不多、经过一次或二次的反射后到达听者，能量大且延时短的反射声。混响声是近次反射声后、多次反射后到达听者、数多且能量小的反射声。对于语言声而言，近次反射声是指直达声后 35～50ms 内到达的反射声，具有加强直达声，利于提高响度和清晰度的作用；同时，听者对声源方向的感觉仍取决于直达声传来的方向。此时间范围内不管有来自什么方向的反射声，听者感觉到的只是来自声源方向的声音得到了加强。对于音乐声而言，近次反射声的时间范围可以扩大到直达声后 80ms。

与近次反射声的作用相反，混响声则会降低清晰度。根据直达声、近次反射声和混响声对清晰度的不同影响程度。对于语言声和音乐声，分别引入清晰度和明晰度的概念。

对于语言声，引入清晰度 $D$，是指直达声及其后 50ms 以内的声能与全部声能之比，可以用公式（3-1）表示。清晰度 $D$ 值越高，对清晰度越有利。

$$D = \frac{\int_0^{50ms} |p(t)|^2 \mathrm{d}t}{\int_0^{\infty} |p(t)|^2 \mathrm{d}t} \tag{3-1}$$

式中：$p$——声压。

对于音乐声，引入明晰度 $C$，是指直达声及其后 80ms 以内的声能与全部声能之比，可以用公式（3-2）表示。明晰度 $C$ 值越高，对丰满度越有利。为保证有满意的清晰度，必须时明晰度 $C$ 值在（0～3）dB 之间。

$$C = \frac{\int_0^{80} |p(t)|^2 \mathrm{d}t}{\int_0^{\infty} |p(t)|^2 \mathrm{d}t} \qquad (3\text{-}2)$$

与语言的清晰度相反,音乐的丰满度要求有足够的混响声,要求保持室内有较长的"余音"(混响感),造成整个室内都在响应的效果。一定程度的前后声音的叠合,虽然对语言的清晰度不利,却有助于美化音乐音质。近次反射声对音乐的丰满度也是重要的,不仅能加强直达声,提高响度,增强力度感,而且使直达声与混响声连续,中间不会脱节,从而使声音的成长与衰减曲线顺滑。如某些厅堂,混响时间不短,但丰满度不够,重要原因之一就是缺少必要的近次反射声。

"亲切感"要求直达声后 20～35ms 之内有较强的反射声。在小型厅堂内,20～35ms 是直达声和最早的一次反射声的时间间隔。而在大型厅堂内,20～35ms 的反射声需要设置专门的反射面而获得。

(2)反射声的空间分布

混响声可看作向听众进行无规则入射的反射声。近次反射声不仅在时间分布上与音质相关,而且在空间上与音质有着密切联系。来自声源方向的前方近次反射声具有加强音质亲切感的作用,而来自侧面的近次反射声起到形成围绕感的作用。亲切感和围绕感是音乐演出用厅堂,尤其是音乐厅所不可缺少的主观感觉。其中音质的亲切感是指感觉演奏音乐所在空间大小适宜,主要取决于直达声与第一个反射声达到的时间差,置身大的厅堂如同在尺度较小的厅堂听音的感觉。而围绕感是指来自大厅多个界面、所有方向的 80ms 以后的到达的混响声,使听者有被音乐所环绕的感受。

## 3.2 音质设计的内容与重点

### 3.2.1 音质设计的内容

音质设计的任务就是利用室内声学和噪声控制理论所提供的方法和技术措施达到预期效果,并体现到音质客观指标。音质设计的最终目的是满足人们良好的听音感受的主观要求。

音质设计的内容包括厅堂选址、总平面布置、体型容积的确定、音质指标的考量、反射面的布置、混响时间设计以及噪声控制等。音质设计必须从考虑建筑方案的初步设计阶段就开始介入,决不能等到建筑设计已大体完成后再作内部声学装修。音质设计是厅堂建筑设计的一个重要的有机组成部分。

厅堂音质设计的程序包括以下几个方面：

（1）厅堂用地的选择

调查与比较各种可供选择的场地的环境噪声和振动状况，并作出声环境影响评价。

（2）总平面布置

根据场地声环境影响的评价结果，考虑相应的防噪减振的总体平面布置方案，包括观众厅与空调设备机房和其他容易产生噪声与振动干扰的房间的关系。

（3）观众厅容积和体型设计

观众厅内需有足够的响度，以自然声为主的厅堂，要注意选择规模适当的观众厅容积；选择合理的观众厅平面与剖面形式，选择与房间使用性质相适应的混响时间及频率特性曲线、足够的响度和利于充分利用有效声能、避免出现回声、声聚焦等音质缺陷的方案。

（4）音质指标的选择与计算

确定音质设计各项指标并进行优化设计，进行包括混响时间在内的各项指标的计算。对于重要的观演建筑，可以进行计算机模拟或声学缩尺模型试验，作为音质设计的辅助手段。

（5）噪声振动控制

防止外部噪声及振动传入室内，确定围护结构的隔声方案，进行包括空调设备等噪声源在内的消声与减振设计，室内具有低的背景噪声。

（6）观众厅内部的声学设计

修正观众厅体型，从声学角度参与考虑舞台、乐池、包厢、楼座及座椅布置等细节，布置声反射面，选择与布置吸声材料与结构，进行观众厅内部的声学装修设计。

（7）施工过程的音质测试与调整

对于重要的观演建筑，施工过程中应考虑进行音质测试工作，检验各项音质指标计算的精度，根据测量结果，进行必要的修正设计。

（8）音质评价与验收

施工后进行音质评价，包括主观评价、听众调查和客观音质测量。

建筑师应根据预先设定的目标，按照设计程序组织并协调各个专业设计人员进行各阶段设计工作，将声学要求与其他建筑要求进行有机结合，使音质设计融合于建筑整体设计当中。

## 3.2.2 音质设计的重点

由于厅堂用途的不同,音质要求也有所不同,音质设计的重点也有所不同。

①以自然声为主的厅堂为保证足够的音量,必须控制大厅的规模,并注意尽可能地安排近次反射声,以提高响度和清晰度。

②以电声为主的大厅,厅的规模和形状可不受限制,音质设计的重点是把混响声限制在一定范围,同时适当安排电扬声器,以保证声场均匀。

③音乐厅、剧场等空间较大且音质要求高的大厅,要注意体形设计,防止出现回声等音质缺陷。

④录音室等较小的空间,应把重点放在室的长宽高比例及注意布置吸声材料,避免出现低频嗡声的声染色现象。

# 3.3 大厅容积的确定

厅堂的容积对音质具有很大影响。室内音质设计应在建筑方案设计初期,根据建筑功能和声学要求来确定厅堂的容积。厅堂容积的大小不仅影响到音质的效果,而且也直接影响到建筑的艺术造型、结构体系、空调设备、经济造价等诸多方面。因此,厅堂容积的确定必须加以综合考虑。从完全利用自然声的角度来考虑,一般应从保证大厅有足够的响度与合适的混响时间方面入手。

## 3.3.1 保证大厅具有足够的响度

人声和乐器声等自然声源的声功率是有限的。大厅的容积越大,声能密度越低,室内声压级越低,也就满足不了响度要求。因此,用自然声演出的大厅,为保证大厅有足够的响度,容积有一定限度。表 3-1 列出了用自然声演出时室内最大容许容积的参考值。超过这一限值应当考虑采用电声系统。

表 3-1 用自然声源的各类房间最大容许容积

| 用途 | 最大容许容积($m^3$) |
| --- | --- |
| 教室 | 500 |
| 讲演 | 2000～3000 |
| 话剧 | 6000 |
| 独唱、独奏 | 10000 |
| 大型交响乐 | 20000 |

### 3.3.2　保证大厅具有适当的混响时间

根据混响时间计算公式,房间的混响时间与大厅容积 $V$ 成正比,与室内总吸声量 $A$ 成反比。在室内总吸声量中,观众和座椅的吸声量所占的比例很大,一般剧场中可占总吸声量的 $1/3 \sim 1/2$。建筑方案设计时,通过控制大厅容积和观众数之间的比例,可以在一定程度上控制混响时间。因此,引入“每座容积”的指标,每座容积是指每个观众所占的室容积,用 $\dfrac{V}{n}$ 表示,其中 $V$ 为大厅体积,$n$ 为观众席数。若每座容积取值适当,就可以在尽可能少用或不用吸声处理的情况下得到合适的混响时间,充分利用声能,并降低建筑造价。表 3-2 列出了不同用途厅堂的每座容积推荐值。

表 3-2　不同用途厅堂的每座容积推荐值

| 用途 | 最大容许容积($m^3$) |
|---|---|
| 音乐厅 | $8 \sim 10$ |
| 歌剧院 | $6 \sim 8$ |
| 多用途剧场、礼堂 | $5 \sim 6$ |
| 讲演厅、大教室 | $3 \sim 5$ |
| 电影院 | $4$ |

## 3.4　大厅的体型设计

### 3.4.1　体型设计的方法

当体积确定后,大厅的体型对直达声的传播、反射声的数量、方向及反射声的时间和空间分布,是否存在音质缺陷都具有重要的影响。因此,体型设计是音质设计的重要内容,在确定了厅堂的有效容积后,进一步就要体型设计。一个好的大厅体型设计,应当把声环境与建筑设计融为一体。

考虑到音频范围内的声波波长比大厅尺寸要小得多,忽略声音的波动性,仅考虑声反射,利用几何声学的声线进行体型设计,这种方法大大简化了分析工作,而且在相当大的程度上符合实际,是大厅体型设计中常用的方法。

声线法不仅可以确定反射面的位置、角度和尺寸,而且也可以检验已有反射面对声音的反射情况。如图 3-2 是用声线法进行观众厅剖面设计。声线分析时,声源 $S$ 的位置一般定在舞台大幕线后 $2 \sim 3m$ 处,离舞台面高

1.5m，观众席接收点高度离地面1.1m。

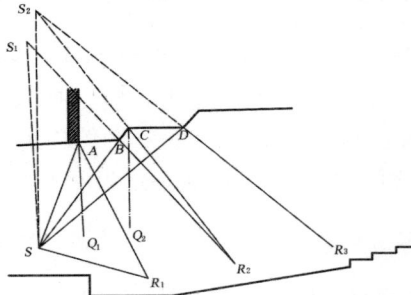

图 3-2　用声线法设计观众厅剖面

从台口外的 $A$ 点开始设计第一段顶棚向 $R_1$ 至 $R_2$ 点的一段观众席提供第一次反射声，连接 $SA$ 和 $R_1A$，作 $\angle SAR_1$ 的角平分线 $AQ_1$，过 $A$ 点作 $AQ_1$ 的垂线 $AB$。以 $AB$ 为轴，确定声源 $S$ 的对称点 $S_1$。连接 $S_1R_2$ 并与 $AB$ 交于 $B$。$AB$ 就是所设计剖面的第一段顶棚断面。第二段顶棚的第一次反射声要求提供给从 $R_2$ 至 $R_3$ 点的一段观众席。根据建筑造型要求，第二段顶棚从 $C$ 点开始，用与第一段同样的方法可以求出第二段顶棚断面 $CD$。由于 $S_1$ 和 $S_2$ 被称为声源 $S$ 的虚声源，因此，声线法又称虚声源法。

### 3.4.2　充分利用声源的直达声

直达声的强度在很大程度上决定了声音的响度和清晰度。直达声在室内传播时，遵循平方反比定律，随距离的增加而逐渐衰减。当直达声贴近观众席传播时，由于观众席对声波的掠射吸收，会使声音衰减更快。

此外，人与乐器的发声均有一定的指向性，频率越高，指向性越强。当观众席偏离辐射主轴角度增大时，将感到高频声明显减弱，从而降低了声音的明亮度和语言清晰度，观众席平面上人声指向性如图3-3所示。

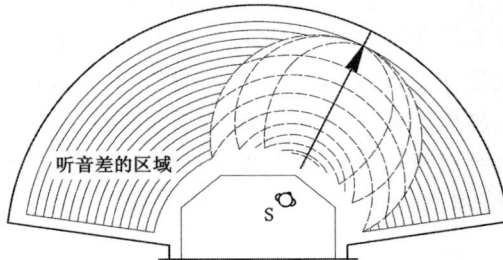

充分利用直达声

图 3-3　观众席平面上人声音的指向性

体型设计时，应充分意识到直达声传播和衰减的特点，使观众能充分接收到直达声能,减少直达声能传播时的衰减。

## 1. 缩短直达声传播距离

(1)使观众座位尽量靠近声源布置

缩短听众到声源的距离能够提高直达声强度。因此,体型设计时,宜考虑选择能使尽量多听众布置得靠近声源的体型。如伸出式舞台剧院、环绕式音乐厅均具有使较多的观众更加靠近舞台的优点。

(2)控制大厅的纵向长度

对大厅纵向长度应加以控制,一般应小于 35m。对于电影院,为了使最远的观众不致感到声音与图像的不同步,纵向长度应小于 40m。当观众席位超过 1500 座时,宜采用一层悬挑式楼座;当观众席位超过 2500 座时,宜采用二层或多层楼座。通过采取上述措施来缩短直达声传播距离,以保证最远座位的观众也能听得清楚。观众厅设置楼座见图 3-4。

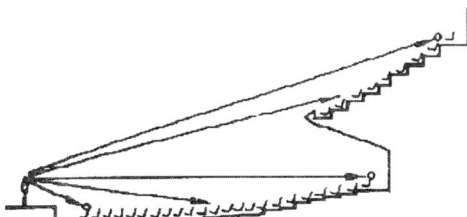

图 3-4 观众厅地面升起及楼座

## 2. 避免听众的掠射吸收

为了避免前排听众对后排听众的遮挡和听众对声能的掠射吸收,观众席沿纵剖面一般应有足够的起坡。观众厅地面的升起见图 3-4。通常按照视线设计的大厅地面升起坡度,同时也能满足声学要求。原因在于人的耳朵与眼睛大约位于同一高度。适当提高舞台(声源)的高度,可以在一定程度上减少听众的掠射吸收。

## 3. 适应声源的指向性

为了保证音质清晰度和音色的平衡,厅堂的平面形状应当适应声源的指向性。根据人声音的指向性特点,在以自然声演出的大厅中,应将大部分观众席布置在以声源为顶点的 140°角的范围内。人声音的指向性及座位排列的合适范围见图 3-5。厅堂不宜过宽,特别是厅堂前部不宜过宽。平面过于扁宽的体型将使偏离正对声源方向的前部两侧的观众明显缺乏高频声,以致响度不够或音色失真。

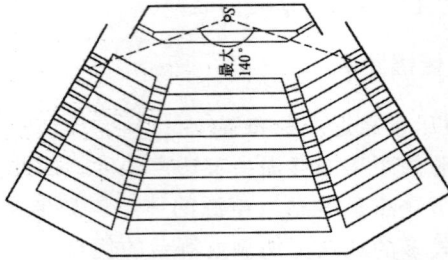

图 3-5　人声音的指向性及座位排列的合适范围

### 3.4.3　争取和控制好近次反射声

近次反射声是指把直达声到达后 35～50ms 以内到达的反射声的统称。就音乐欣赏而言,可以放宽到 80ms。近次反射声的大小及其在时间和空间上的分布,都会极大地改善厅堂音质效果。因此,观众席能够获得丰富的近次反射声,尤其是来自侧向的发射声,已经成为厅堂具有良好的音质效果的必备条件之一。厅堂音质设计时,应考虑观众席获得丰富的近次反射声,大厅平面及剖面的声线分析时,主要考虑一次反射声的分布。由于舞台口附近各反射面对前次反射声的形成至关重要,因此,需要重点考虑舞台附近各反射面的形状、大小及倾角对前次反射声的影响。

图 3-2 声线分析图中,到达 $R_1$ 点的反射声相对直达声的延迟时间 $\Delta t$ 可以用公式(3-3)表示。

$$\Delta t = \frac{(SA + AR_1 - SR_1) \times 1000}{c} \tag{3-3}$$

式中:$\Delta t$——反射声相对直达声的延迟时间,ms;

$\qquad SR_1$——到达接收点 $R_1$ 的直达声经过的路程,m;

$\qquad SA + AR_1$——反射声经过的路程,m。

基于声学的角度,希望控制延迟时间在 50ms 以内。当厅规模不大、高度 10m 和宽度 20m 的厅堂内,即使大厅体型不进行特殊处理,观众席能够接收到的第一次反射声大多数延时少于 50ms。但是对尺寸更大的大厅,如果想要达到这一延时要求时,建筑师需要做处理好厅堂的体型设计。

值得注意的是,利用声线法所确定的观众厅顶棚反射面可以是顶棚的一部分,也可以是悬吊于顶棚下的悬挂式反射板。声线法同样适用于厅侧墙的平面设计,结合厅平面设计确定侧墙反射面,尽可能使来自侧墙的反射声能够均匀地覆盖于整个观众席。侧向反射板作为侧墙界面的一部分,不仅可以是墙界面上的反射板,而且也可以是包厢、楼座栏板和其他矮墙的一部分。由于观众厅的平面、剖面还要满足灯光、出入口及建筑造型上的要求,因此,体型设计时需要综合考虑。

## 1. 平面形状与反射声分布

图 3-6 给出几种基本平面形状大厅的第一次反射声分布。可以看出,扇形平面大厅的中间部分不易得到来自侧墙的第一次反射声。由基本形状发展出图 3-7 的较复杂的平面形状,其反射声分布情况与大厅的宽度和进深的比例密切相关。

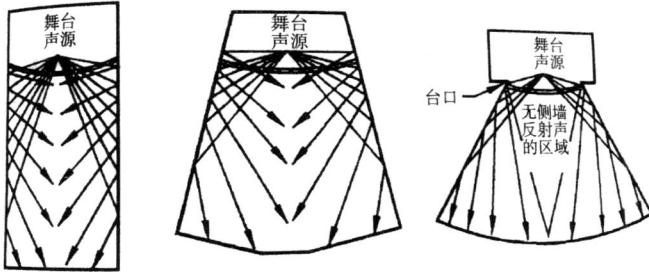

**图 3-6　基本平面形状大厅的第一次反射声分布**

（1）扇形厅平面

与进深相比,该类厅平面宽度较大,如图 3-7（a）所示。由于相当大的区域不能得到来自侧墙的第一次反射声,而来自宽大后墙的延时较长的第一次反射声增多,故不易得到适合听闻,尤其是适合于音乐演出的声场条件。但是由于大多数座位距离舞台较近,该平面形状常常适合表演的剧场采用。为了改善厅听闻条件,一方面,通过合理的顶棚设计,使大多数座位能够得到第一次反射声;另一方面,采用吸声或扩散处理如分散布置吸声材料或设扩散体,避免后墙可能产生的回声现象。

（2）多边形或近圆形厅平面

该类厅平面的宽度与进深尺寸接近,如图 3-7（b）所示。由于容易产生沿墙边反射,所以该类厅堂中部缺乏第一次反射声。因此,靠近舞台的两侧墙应考虑设计成折线形状,同时,应做好靠近舞台的顶棚设计,将声音反射到大厅中部区域。后墙不仅可以考虑做成起伏的扩散体,也可以考虑设置浅挑台,这样的处理方式利于反射声的均匀分布。

（3）矩形厅平面

与进深相比,该类厅平面的宽度较窄,如图 3-7（c）所示。由于两侧墙距离较近,所以厅内容易获得来自侧墙的第一次反射声,因此,该类厅平面属于音乐演出较为理想的声场条件。如果两平行侧墙进行适当的起伏设计,可以使听众获得来自更宽的墙面的第一次反射声。在规模较大的厅,靠近

313

舞台的侧墙可做成折线形,以减少开角,使第一次反射声能够到达厅的中前部。由于两侧墙平行、平面进深较大,两侧墙间和厅前部可能形成多重回声或回声,应采取措施加以避免。

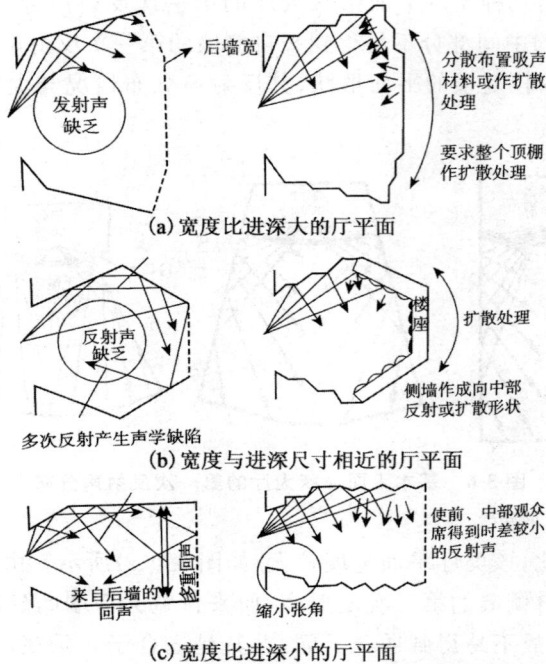

(a) 宽度比进深大的厅平面

(b) 宽度与进深尺寸相近的厅平面

(c) 宽度比进深小的厅平面

图 3-7　较复杂平面形状大厅的第一次反射声分布

## 2. 剖面形状与反射声分布

厅堂音质设计时,大厅剖面设计的重点在于顶棚设计。由于来自顶棚的反射声位置高,不会出现侧墙反射声容易被观众席掠射吸收而减弱的现象,因此,设计合理的来自顶棚的反射声对于厅堂音质能起到最有效的作用,音质设计时,应充分利用顶棚反射声。

厅堂剖面设计时,应考虑使靠近舞台的厅前部顶棚所产生的第一次反射声能够均匀地分布于观众席。具体做法是通过合理的顶棚设计,前部顶棚设计成从舞台台口上缘逐渐升高的折线或曲面,中后部顶棚设计成向整个观众席及侧墙反射的扩散面。顶棚剖面设计如图 3-8 所示。

## 3.4.4　进行适当的扩散处理

采取适当的扩散处理提高厅堂的声扩散,实现大厅内部声能分布的均匀扩散,消除回声、声聚集和声染色等音质缺陷。因此,观众厅的声场要求

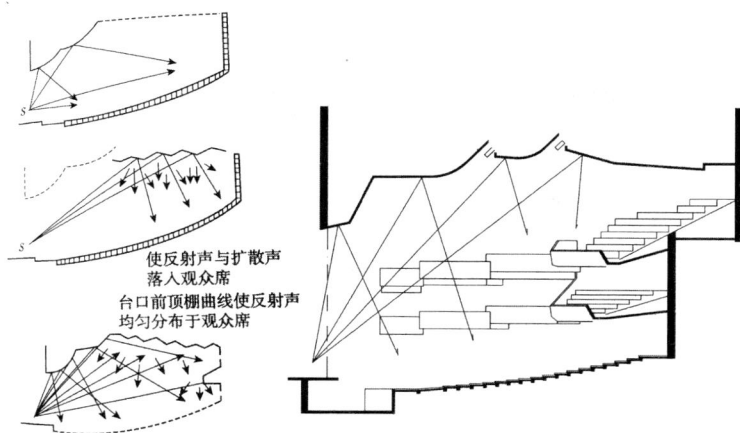

图 3-8　顶棚剖面设计

有适当的扩散性。古典音乐厅之所以具有良好的音质在于其内部丰富的包厢、楼座、栏杆、壁柱、藻井、浮雕及吊灯等,这些构件对声能起到良好的扩散作用。扩散处理通常布置于产生一次反射声的反射面以外的大厅各界面,如观众厅后墙、侧墙与顶棚的中后部。

### 1. 交错布置吸声或反射面

室内音质设计时,将具有不同声阻抗的吸声面和反射面交错地布置到顶棚或墙面上,可以使入射声波发生扩散反射。主要用于要求较短的混响时间,需要布置较多的吸声材料的厅堂,如报告厅、录音室、演播室和电影院等。

### 2. 布置扩散体

在室内界面或空间中设置能使声能扩散的构件,如壁柱、浮雕、包厢、楼座和藻井等,或使顶棚和墙面凸凹起伏,或悬挂各种形状的扩散体,都能起到使声能扩散的作用。图 3-9 为几种扩散体的形状示例。扩散体的扩散效果主要取决于扩散体的尺寸和声波的波长,当扩散体的尺寸与声波的波长大小相当时,其扩散效果最好;而扩散体尺寸太大则会出现定向反射现象。若想取得良好的扩散效果,其尺寸应满足公式(3-4)和(3-5)。

$$a \geqslant \frac{2}{\pi} \cdot \lambda \tag{3-4}$$

$$b \geqslant 0.15a \tag{3-5}$$

$$\lambda \leqslant g \leqslant 3\lambda \tag{3-6}$$

式中:$a$——扩散体宽度,m;

$b$ ——扩散体凸出高度,m;

$\lambda$ ——能被有效地扩散的最低频率声波的波长,m;

$g$ ——扩散体间隔,m。

如果需要对频率 $f$ 取 125Hz 的声波产生有效的扩散效果,则扩散体尺寸 $a \geqslant 1.8$m, $b \geqslant 0.27$m。为了使扩散体尺寸不致过大,对于一般厅堂而言,频率下限取 200Hz。

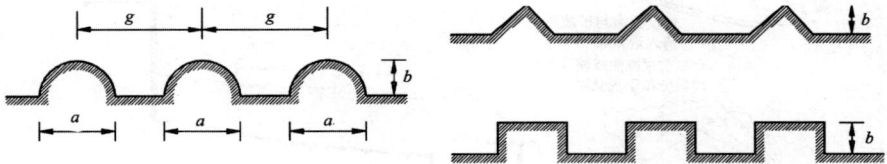

图 3-9 几种扩散体形状示例

德国声学家施罗德提出二次剩余序列扩散体,称为 QRD 扩散体,可以在较宽的频率范围内取得较均匀的扩散效果。其构造示意如图 3-10 所示,图中 $W$ 为沟宽, $d_n$ 为沟深, $N$ 为奇素数。QRD 扩散体是根据数论中二次剩余序列设计的,具有一定的吸声作用,尤其是对低频吸声较为显著,故大厅音质设计中不宜大面积使用。

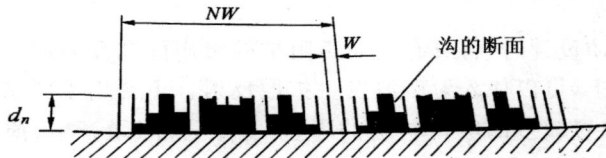

图 3-10 QRD 扩散体示例

### 3.4.5 消除与体形有关的音质缺陷

室内音质设计时,如果厅堂的体形设计不恰当,可能会出现回声、颤动回声、声聚焦、声影区及声染色等音质缺陷。

#### 1. 回声与多重回声

回声是指人耳能够分清的直达声后出现的,强度足以和直达声相比且长延时的反射声,会对听闻造成干扰。直达声过后,延时超过 50ms 到达的强反射声,就可能形成回声。可以利用几何声学作图对出现回声的可能性进行检查。方法是用声线法检查反射声与直达声的声程差是否超过 17m,判定反射声与直达声的延时是否超过 50ms。

观众厅中最容易出现回声的部位是观众厅前部。分析原因在于最易产生回声的观众厅后墙、与后墙相接的顶棚及楼座挑台的栏板,使反射声出现在观众席池座的前区和舞台,由于声程长,可能导致延迟过长。如果反射面为硬质面,则反射声强度很大,容易形成回声。回声的产生示例如图 3-11 所示。为了避免回声的不利影响,在可能产生回声的部位如后墙,通过适当调整其倾斜角度,将反射声反射到附近观众席,或者进行吸声与扩散处理。消除回声的措施如图 3-12 所示。用吸声处理时,应与大厅的混响时间设计统一考虑。

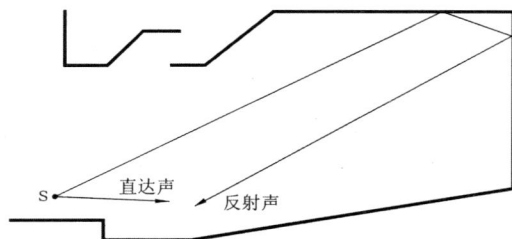

图 3-11　回声的产生示例

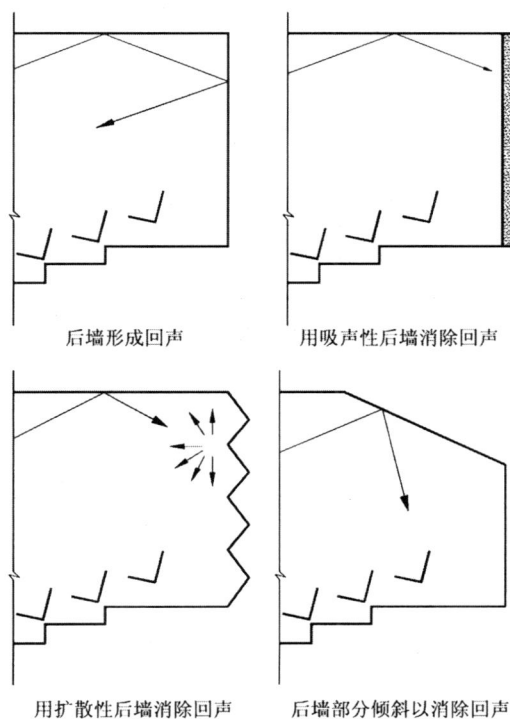

后墙形成回声

用吸声性后墙消除回声

用扩散性后墙消除回声

后墙部分倾斜以消除回声

图 3-12　消除回声的措施

多重回声（又称颤动回声）是指声波在大厅内两特殊界面间出现多次反射的现象，两特殊界面可发生在顶棚与地面、两平行墙面之间。多重回声的产生示例见图 3-13。在一般观众厅里，由于声源在吸声较强的舞台内，观众厅内又布满观众席，故不易发生多重回声。但是在体育馆等大厅中，由于声源位于地面与顶棚之间，且地面未被观众所覆盖，故地面与顶棚间易产生多重回声。在伸出式舞台剧场，由于声源在两平行墙面之间，也容易产生多重回声。

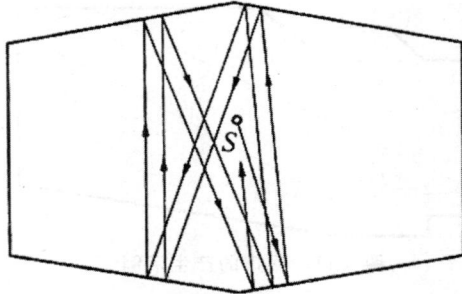

图 3-13　颤动回声的产生示例

避免多重回声的措施与消除回声干扰的措施相同，如反射面进行吸声或扩散处理、改变界面相对倾角，避免相互平行的界面。

## 2. 声聚焦

声聚焦是由凹曲面的反射性顶棚或墙面造成的由于反射声集中而形成焦点的位置附近，其他位置反射声很小，造成声能分布很不均匀。若必须采用凹面面，应当在凹曲面上做强吸声处理，避免声聚焦引起的声场分布不均匀；或在凹曲面下悬挂扩散反射板，使声聚焦不能形成。凹曲面顶棚声聚集的产生及避免措施如图 3-14 所示。弧形后墙声聚焦的避免措施如图 3-15 所示。

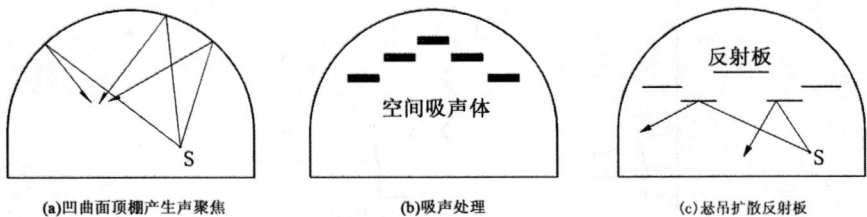

(a)凹曲面顶棚产生声聚焦　　　(b)吸声处理　　　(c)悬吊扩散反射板

图 3-14　凹曲面顶棚声聚焦的产生及避免措施

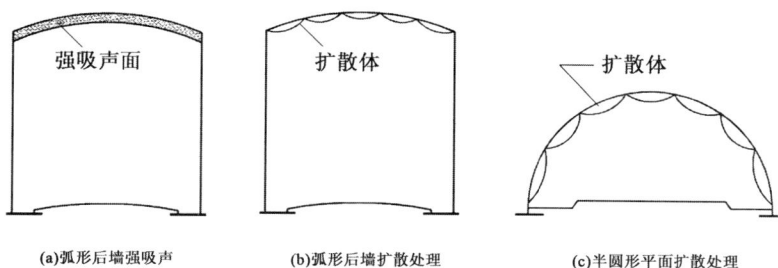

(a)弧形后墙强吸声　　　　(b)弧形后墙扩散处理　　　　(c)半圆形平面扩散处理

**图 3-15　弧形后墙声聚焦的避免措施**

### 3.声影区

　　声影区是指由于观众厅内存在遮挡,使近次反射声不能到达的区域。对于观众厅座席较多的大厅,为改善大厅后部观众席的视觉条件,一般需设楼座挑台。设置有楼座挑台的大厅,若楼座下空间过深,则容易遮挡来自顶棚的反射声,并形成声影区。

　　通过控制楼座挑台的开口比,以避免声影区的出现。开口比是指挑台下空间的进深 $D$ 与开口高度 $H$ 的比值。对于音乐厅,应控制挑台的开口比 ($\frac{D}{H} \leqslant 1$)或挑台张角 $\theta \geqslant 45°$。对于剧院和多功能厅,挑台下空间的进深不应大于其开口高度的 2 倍,应控制挑台的开口比($\frac{D}{H} \leqslant 2$)或挑台张角 $\theta \geqslant 25°$。同时,可利用挑台下顶棚与后墙面为挑台下坐席区提供反射声。若挑台下顶棚向后倾斜,就容易使反射声落到挑台下座席上。声影区的形成及避免措施见图 3-16。

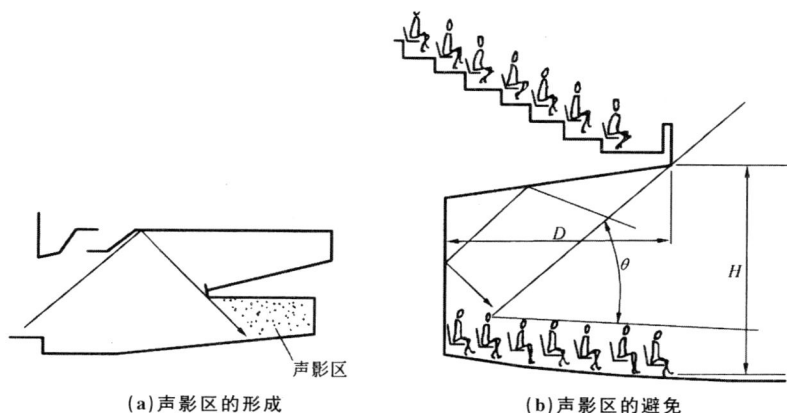

(a)声影区的形成　　　　　　(b)声影区的避免

**图 3-16　声影区的形成及避免措施**

### 4. 声染色

（1）引入

声源在室内发声，房间对不同的频率有不同的响应，当声源频率与房间的共振频率相近时，将引起房间共振。这一现象无法用几何声学的原理解释，必须用波动声学的驻波原理来分析。图 3-17 为录音室布置图，录音室平面采用不规则形状，需引入房间共振原理加以解释。

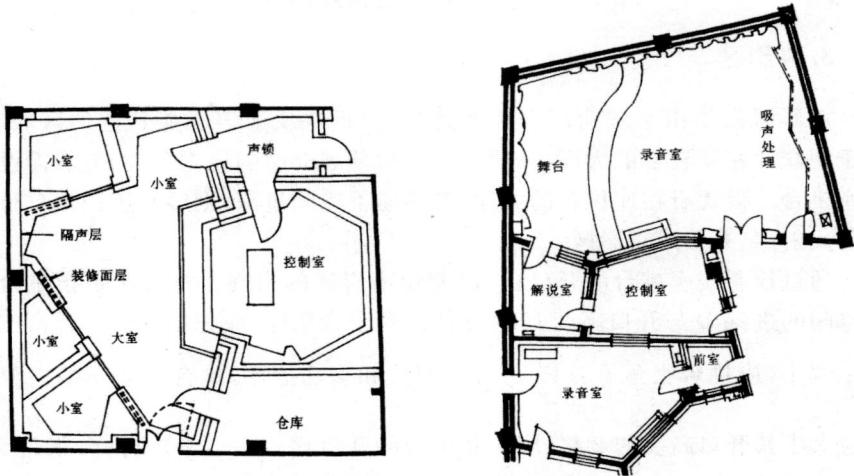

**图 3-17 录音室平面布置图**

（2）驻波

驻波是由两列同频率、同振幅的声波相向传播叠加而形成。建筑中由于反射面的存在，声波垂直入射时，入射声波与反射声波形成驻波，图 3-18 可以说明这种现象。

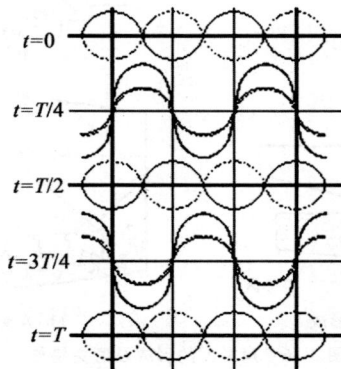

**图 3-18 驻波的形成**

图中实线为入射波,虚线为反射波,二者相向传播。当 $t = 0$、$t = \dfrac{T}{2}$ 时,反射的声波与入射声波声压抵消,声压瞬时消失;当 $t = \dfrac{T}{4}$、$t = \dfrac{3}{4}T$ 时,入射声波与反射声波的叠加达到最大。

可以看出,无论哪一时刻,图中竖线处,即自反射面起 1/4 波长的奇数倍,均是始终不振动的点,称为波节。在两波节间的中点处,振幅最大,称为波腹。

当两平行墙面之间的距离 $L$ 为半波长的整数倍时,声波在两墙面中来回反射使波腹不断增大,产生共振。用公式(3-7)表示。

$$L = n \cdot \frac{\lambda}{2} \tag{3-7}$$

式中:$L$ —— 波腹距反射面的距离,m;

$n$ —— $1,2,3,\cdots,\infty$ 的正整数;

$\lambda$ —— 声音的波长,m。

(3)共振与声染色

对于矩形房间中的两个平行墙面间,可以维持驻波状态,存在共振频率的声波产生共振,这种平行墙面之间的共振称轴向共振。其共振频率可以用公式(3-8)确定。

$$f = \frac{nc}{2L} \tag{3-8}$$

在矩形房间中,三对平行表面间均存在轴向共振。声波在一维空间内出现轴向驻波,产生轴向共振;声波在两维空间内出现切向驻波,产生切向共振;声波在三维方向出现斜向驻波,产生斜向共振。矩形房间中的共振见图 3-19。

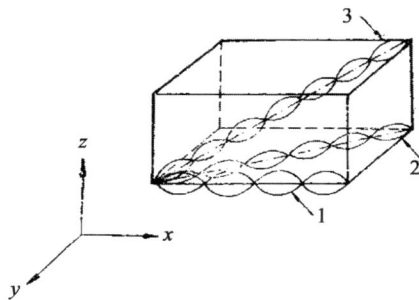

图 3-19　矩形房间中的共振

共振频率的简并是指当某些振动方式的共振频率相同时,就会出现共振频率的重叠现象。声染色是指出现简并的共振频率波腹处,将使那些与共振频率相当的声音被大大加强,导致室内原有声音失真。在小房间,由于共振频率少,简并产生的影响很大。在大房间,由于共振频率很多,个别频率发生简并不会造成大的影响。

为了避免发生简并现象,使共振频率的分布尽可能均匀,可以选用不规则的处理措施。

①合理选择房间尺寸与比例。由于立方体的共振频率分布不均匀,故立方体是声学最不利的房间形状,通过选择合适的房间尺寸和非整数的比例,会克服共振频率分布的不均匀性。

②房间墙面或顶面做成不规则形状。如果将房间的墙面或顶棚做出不规则形状,在一定程度上会克服共振频率分布的不均匀。

③不规则的布置吸声材料或布置声扩散构件。如果将吸声材料不规则地分布或声扩散构件布置在房间室内界面上,在一定程度上会克服共振频率分布的不均匀。

# 3.5　大厅的混响时间设计

混响时间与音质清晰度密切相关,混响时间短,声音清晰但不丰满;混响时间长,声音丰满但不清晰。因此,混响时间设计是室内音质设计的一项重要内容。

## 3.5.1　混响时间

混响和混响时间是室内声学中最为重要和基本的概念。混响过程是指声源在室内发声后,由于界面反射与吸收的作用,使室内声场经历逐渐增长的过程并最终达到稳态。若声源停止发声,声音不会立即消失,而是要经历逐渐衰减的过程。混响时间是声源在室内持续发声,当室内声场达到稳态后,声源突然停止发声,室内声压级将按线性规律衰减,声压级衰减 60dB 所经历的时间。用符号 $T_{60}$ 表示,单位是秒(s)。混响时间示意如图 3-20 所示。混响时间是音质设计中重要的定量评价指标,直接影响厅堂音质的效果。

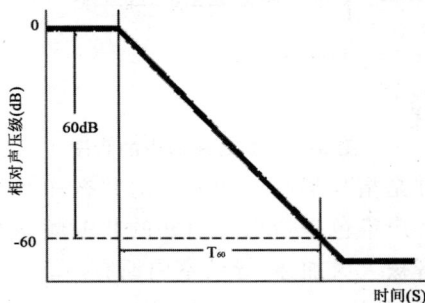

图 3-20　混响时间

### 3.5.2　最佳混响时间及其频率特性

混响时间是首选的音质评价物理指标,也是建筑师应掌握、会计算的物理指标。混响时间关系到音质的丰满度和清晰度,而且与响度、音色平衡和空间感也有一定关系。混响设计的主要任务就是使厅堂具有适合使用要求的混响时间及其频率特性,从而取得丰满度和清晰度的平衡,并且从建筑声学的角度为保护自然音色的低、中、高频的平衡创造条件。混响设计是在确定了观众厅的体型、容积和内表面积时进行。

不同用途的厅堂具有不同的最佳混响时间值。用于音乐演出的厅堂如音乐厅,要求较高的丰满度,所需混响时间要长些;用于语言听闻的厅堂如报告厅,要求较高的清晰度,所需混响时间要短些;录音、放音用的房间如录音室,应具有更短些的混响时间。对不同厅堂推荐的中频(500 及 1000Hz 的平均值)混响时间见表 3-3。由于人们的听音习惯,根据房间容积大小,最佳混响时间可进行适当调整,房间容积大,适当延长;房间容积小,适当缩短。

表 3-3　各类建筑混响时间适当范围(500 与 1kHz 平均值)

| 房间用途 | $T_{60}$(s) | 房间用途 | | $T_{60}$(s) |
|---|---|---|---|---|
| 音乐厅 | 1.6~2.1 | 强吸声录音室 | | 0.3~0.6 |
| 歌剧院 | 1.4~1.6 | 电视演播室 | 语言 | 0.4~0.7 |
| 多功能厅 | 1.1~1.4 | | 音乐 | 0.6~1.0 |
| 话剧院、会堂 | 0.9~1.3 | 电影同期录音棚 | | 0.4~0.8 |
| 普通电影院 | 0.8~1.1 | 语言录音室 | | 0.25~0.4 |
| 立体声电影院 | 0.45~0.9 | 琴室 | | 0.3~0.6 |
| 多功能综合性体育馆 | 1.4~2.0 | 教室、讲演室 | | 0.8~1.0 |
| 音乐录音室(自然混响) | 1.2~1.6 | 视听教室 | 语言 | 0.4~0.8 |
| | | | 音乐 | 0.6~1.0 |

在选定中频最佳混响时间值以后,还要根据房间的使用性质,确定不同倍频程混响时间,称混响时间频率特性。图 3-21 是推荐的混响时间频率特性曲线。图中横坐标是频率,纵坐标是与中频混响时间的比率。

一般而言,混响时间频率特性以平直为佳,但对于音乐演出用大厅,低频混响时间可比中频略长,在 125Hz 时,可达中频的 1.1~1.45 倍,以获得温暖感。对于语言听闻为主的大厅,应有较平直的混响时间频率特性。由于空气对高频声有较强的吸收,特别是厅堂体积较大时,高频混响时间通常会比中频略短些,故允许高频混响时间稍短些。

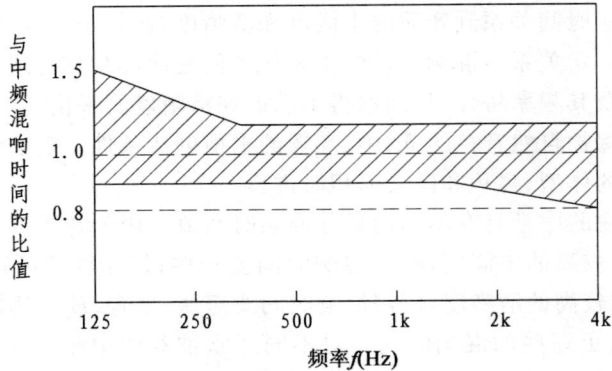

**图 3-21　推荐的混响时间频率特性**

## 3.5.3　混响时间计算

### 1. 计算公式

(1)赛宾公式

19 世纪末到 20 世纪初,赛宾首先发现并建立起混响时间与房间容积和室内总吸声量的定量关系,称为赛宾公式。可以用公式(3-9)计算。

$$T_{60} = \frac{0.161V}{S\bar{\alpha}} \tag{3-9}$$

式中:$V$ —— 房间容积,m³;

$S$ —— 室内总表面积,m²;

$\bar{\alpha}$ —— 室内平均吸声系数。

赛宾公式具有非常重要的意义。但是,在实际使用中,如果室内总吸声量超过一定的范围,则计算结果与实际情况有较大误差。据研究,赛宾公式适用于室内平均吸声系数 $\alpha < 0.2$ 的情况。

(2)依林公式及其改进公式

在赛宾公式的基础上,后人进行大量的研究,并作出某些修正。目前工程中应用最为普遍的是依林公式,可以用公式(3-10)计算。式中各符号意义同公式(3-9)。

$$T_{60} = \frac{0.161V}{-S\ln(1-\bar{\alpha})} \tag{3-10}$$

依林公式仅考虑了室内表面的吸声。但实际上,声音在空气中传播,由于空气的热传导性、粘滞性和空气中分子弛豫现象,导致对声音的吸收。当房间较大时,空气对频率较高的声音(2kHz 以上)也有较大的吸收。空气吸收主要取决于空气的相对湿度和温度的影响。当混响时间计算需考虑空气吸声时,公式(3-10)可修正为公式(3-11),称为改进的依林公式。

$$T_{60} = \frac{0.161V}{-S\ln(1-\bar{\alpha}) + 4mV} \tag{3-11}$$

式中:$4m$——空气吸收系数,见表 3-4。

**表 3-4　空气吸收系数 $4m$ 值($m^{-1}$,20℃)**

| 相对湿度 | 倍频程中心频率(Hz) | | | |
|---|---|---|---|---|
| | 500 | 1k | 2k | 4k |
| 50% | 0.0024 | 0.0042 | 0.0089 | 0.0262 |
| 60% | 0.0025 | 0.0044 | 0.0085 | 0.0234 |
| 70% | 0.0025 | 0.0045 | 0.0081 | 0.0208 |
| 80% | 0.0025 | 0.0046 | 0.0082 | 0.0194 |

依林公式是在赛宾公式的基础上加以修正而得到的,计算结果更加接近于实际值。当 $\bar{\alpha}$ 趋近于 1 时,声能全部被吸收时,实际的混响时间应趋近于零。但按赛宾公式计算时,$T_{60}$ 并不等于零,而是接近于 $\frac{0.161V}{S}$ 定值;若按伊林公式计算,则由于 $\ln(1-\bar{\alpha})$ 趋向于 $\infty$,使 $T_{60}$ 趋向于零。而当 $\bar{\alpha}$ 较小时,$-\ln(1-\bar{\alpha})$ 与 $\bar{\alpha}$ 很接近,两者的计算结果相近。而改进的依林公式在混响时间计算时考虑空气对高频声的吸收,将减少高频混响时间的计算误差。

### 2. 计算误差

受很多因素的影响,混响时间的计算公式的计算结果与实测值一般约有 10% 的误差。原因在于计算时的假设条件与实际情况不符,且代入各项数据不准确。

(1)混响时间计算公式是假定室内声场扩散和吸收均匀的扩散声场

实际声场中,一方面,声源具有一定的指向性,且位于房间一端发声,使得声场很不均匀。另一方面,观众厅中观众席的吸收要比墙面、顶棚大得多,使室内吸收分布很不均匀。因此,实际声场不是扩散声场。

(2)混响时间计算公式中代入的材料吸声系数在扩散声场条件下测得

实验室利用混响室法测量材料的吸声系数是在无规则入射条件下测得的，而实际厅堂里对材料的使用状况，可能具备混响室的扩散条件。

由于不同听者对混响时间可以有一定范围变化的要求，因此虽然混响时间的计算与实测结果存在一定误差，但并不能否认其存在的价值。为了确保混响时间达到设计值，除进行必要的计算，必须在施工过程中进行混响时间的测定和试听，并对其计算值进行修正。因此，混响时间计算对控制性地指导材料的选择和布置，预料将来的效果和分析现有建筑的音质缺陷等均具有可操作的实际意义。

### 3. 计算步骤

混响时间的计算可以按照下述步骤进行。

①根据观众厅或房间室内设计图，计算室内体积 $V$ 和总表面积 $S$。

②根据混响时间设计值，利用混响时间计算公式，求出室内平均吸声系数 $\bar{\alpha}$。平均吸声系数 $\bar{\alpha}$ 乘以室内总表面积 $S$，求出室内所需总吸声量 $A$。混响时间计算时，频率取 $125\sim4000\,Hz$ 各倍频程中心频率进行分别计算。

③计算室内固有吸声量，包括观众、家具、舞台口、耳光口、面光口及通风口等吸声量总和。室内所需总吸声量 $A$ 减去固有吸声量就是需要增加的吸声量。

④查出材料及结构的吸声系数，结合装修需要，从中选择适当的装修材料及构造方式，确定相应的面积，以满足所需增加的吸声量，并使各倍频带的混响时间能达到最佳值及频率特性的要求。

混响时间计算中，所选用的吸声系数，应注意它的材料测定条件与实际安装条件是否一致。安装条件不同，如背后空气层的有无、厚薄等，会带来吸声特性的很大变化。实际选用吸收材料和结构时，应注意选取与实际条件一致的情况。

### 4. 室内各表面装修材料的选择与布置

选择室内各表面装修材料时，应注意满足各倍频带混响时间的要求，注意不同吸收材料和结构对低、中、高频声波的吸收，以保证音色的自然平衡，以保证所需的音色，同时兼顾建筑装饰效果。

从声学角度而言，为了争取和控制前次反射声，对舞台口周围的墙面、顶棚宜设计成声反射面。观众厅的后墙宜布置成吸声面以消除回声干扰。如所需增加的吸声量较多时，可在顶棚的中后部及四周边缘或侧墙的适当部位布置吸声材料和结构。

对于具有高大舞台空间的镜框式舞台的大厅，观众厅和舞台空间往往构成"耦合空间"。当舞台空间吸声较少时,会反馈部分声能给观众厅,影响听众听闻效果。因此,对舞台空间内的界面宜作适当的吸声处理,使舞台空间的混响时间与观众厅大体相同。耳光、面光及通风口内部也宜适当布置吸声材料和结构,使耳光口、面光口成为一个吸声口。

在进行厅堂混响时间设计时,对于采用自然声演出的场所如音乐厅和剧场,为了获得足够的响度和较长的混响时间,宜尽量少用或不用吸声材料和结构。

## 3.6　典型建筑的音质设计

不同类型建筑的声学要求有很多相同之处,如都需要合适的混响时间、不能出现回声、聚焦等音质缺陷、无噪声干扰等,音质设计的原理是一样的。同时,不同类型的建筑又有其特殊性,如最佳混响时间各不相同。

### 3.6.1　音乐厅音质设计

人们对音乐厅音质的要求是各类厅堂中最高的。音乐厅在建筑上与一般剧场的主要不同之处在于没有单独的舞台空间,不设乐池,演奏席和观众席位于同一空间之中。音乐厅大多采用自然声演出。音乐厅与剧场的典型平剖面分别见图 3-22 和图 3-23。

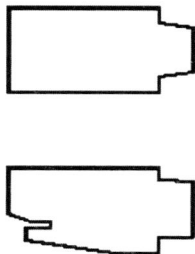

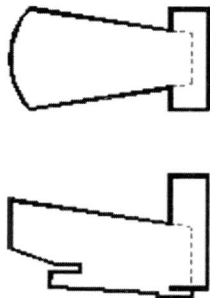

图 3-22　音乐厅的典型平剖面　　　　图 3-23　剧场的典型平剖面

在古典音乐厅中,20 世纪建造的音乐厅多是窄长方形平面、高顶棚、拥有 1～2 层浅的侧挑台和后挑台,称"鞋盒式"音乐厅,这种体形有利于获得丰富的侧向反射声。同时,墙面、吊顶有良好的扩声处理。图 3-24 是美国波士顿音乐厅平面和剖面。

在新型音乐厅中,影响最大的柏林爱乐音乐厅,彻底改变传统的"鞋盒式"音乐厅的形式,采用"梯田式"音乐厅的形式,乐队演奏台在音乐厅中央,观众席高低错落布置在演奏台四周,利用演奏台四周墙面及观众席侧面矮墙给观众席提高早期侧向反射声。图 3-25 是柏林爱乐音乐厅平面和剖面。

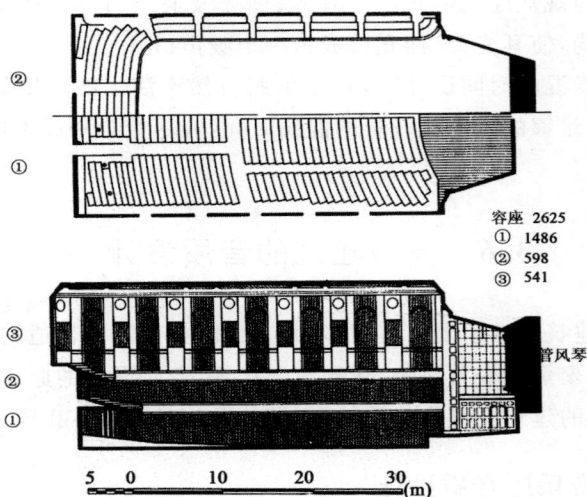

图 3-24　波士顿音乐厅平面和剖面(古典音乐厅,中频混响时间 1.8s)

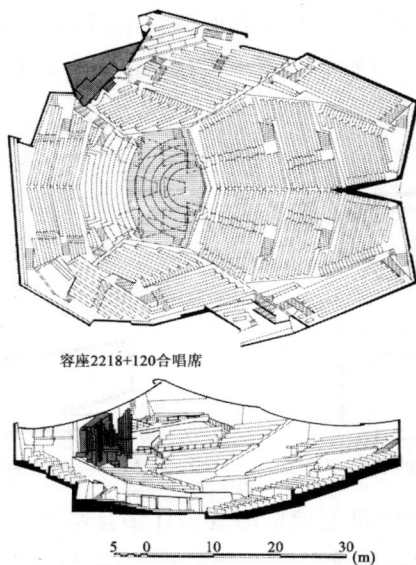

图 3-25　柏林爱乐音乐厅平面和剖面(新型音乐厅,中频混响时间 2.0s)

结合已有音乐厅的经验,音乐厅音质设计大体上应当遵循如下原则:

①使大厅具有较长的混响时间以保证厅内声场有足够的丰满度。音质

评价好的音乐厅都是混响时间长的。必须有足够的每座容积,一般应为 8~10m³,同时厅内尽量少用或不用吸声材料。在混响时间频率特性曲线上,应当使低频适当高于中频,以取得温暖感。

②充分利用近次反射声,使之均匀分布于观众席,以保证大多数座位有足够的响度和亲近感,特别是注意增加侧向反射,使厅内具有良好的围绕感。古典鞋盒式大厅,由于两侧墙是平行的,而且相距较近,顶棚较高,因此来自侧墙的近次反射声丰富。而侧墙向两侧展开的厅,必须将其形状处理成能向厅的中部反射声音,或特别设置反射面。厅顶部的处理,除考虑向观众席反射外,还应有适当的反射声返回演奏席,以利于演唱、演奏者的相互听闻。

③保证厅内有良好的扩散。古典音乐厅有丰富的装饰构件,可起扩散作用,新型音乐厅应布置扩散体。

④音乐厅允许噪声标准高于其他厅堂,评价指数在 NR20 以下。因此音乐厅选址应注意远离交通干道等噪声较高地区,内部做好隔声,通风系统要有足够的消声处理。

## 3.6.2 剧场音质设计

### 1. 一般剧场

最典型剧场的体型是设有单独、高大的舞台空间,并以镜框式台口与观众厅相耦连。有些剧场具有开敞式舞台,如伸出式舞台、中心式舞台等,主要适用于小型剧场。

一种类型是西方古典歌剧院为代表,具有马蹄形平面和多层包厢,可以争取较多的观众席靠近舞台,以便看清和听清演员的表演与歌唱。多层包厢座席可起吸声和扩散反射作用,使池座观众获得丰富的前次反射声,又使声场分布均匀,混响时间较短,以利于听音清晰度要求。另一种类型是钟形或扇形平面,并设置一、或两、三层楼座或跌落式包厢。有的侧墙上也设浅的楼座或包厢和扩散体来增加扩散反射。

图 3-26 是东京新国立剧场平面和剖面,剧场为扇形平面,设计师创造性地采用逐层放大做法,解决了扇形平面两侧斜墙反射声分布不良的问题。舞台口两侧及吊顶均为大反射面。为使高频反射声扩散,台口两侧反射面由不同形状的木条排列成有一定机理的表面。

歌舞剧场中频满场混响时间可取 1.3~1.6s,每座容积 5~8m³。戏剧剧场、话剧剧场混响时间为 1.1~1.4s,每座容积 5~6m³。剧场背景噪声宜控制在 NR20(高标准)或 NR25(低标准)。

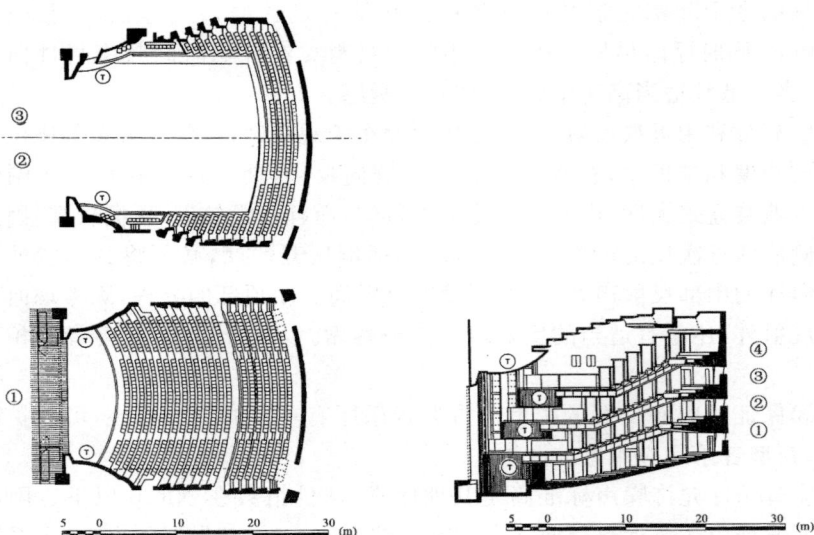

图 3-26 东京新国立剧场平面和剖面

从音质和视线要求,剧场观众厅长度不宜超过 32m,也不宜太宽,观众席尽可能靠近舞台布置。剧场观众厅平面布局宜紧凑,宜在观众厅后部及两侧设置浅挑台。两侧墙面、吊顶应为强反射面,舞台口处墙面角度应考虑给观众席前区提供侧向反射声。乐池上方吊顶宜有足够大尺寸,保持水平或做很小倾角,以把舞台上演员的声音反射给观众席前区。剧场吊顶及两侧墙面应具有良好的反射性能,并防止低频共振,应采用刚度、质量都较大的板材。由于剧场有高大的舞台空间,为了使舞台与观众厅具有基本一致的混响时间,舞台墙面宜适当做一些全频吸声结构。

## 2. 多功能剧场音质设计

多功能剧场常用于音乐、歌舞演出及报告、放映电影等多种用途。多功能剧场都有舞台和观众厅两个空间,多数设有乐池。

确定多功能剧场的混响时间时,一方面,可以采用折衷的办法,考虑满足主要用途,兼顾其他;另一方面,可以在墙或顶棚上设置可调吸声结构,使混响时间在某一范围内变化。

为了满足音乐演出要求,宜在舞台上设可移动、易装卸的反射罩,以构造出类似于音乐厅的乐台空间。反射罩有利于增加观众厅的声压级,有利于改善乐队之间相互听闻,使有限声能不致大量散逸到高大的舞台空间内。反射罩应有良好的反射性能,可以选用铝蜂窝板、厚木板和玻璃钢制作。舞台反射罩可以采用封闭式(又称端室式)、分离式和折叠式等多种形式。

— 330 —

浙江音乐厅是一个小型多功能剧场,观众厅加舞台合在一起为一长方形平面,宽 27m,长 36.5m。建筑师把舞台口两片墙面设计成活动框架,当台口墙面向舞台内移,原本为镜柜式舞台形式的剧场就成为舞台与观众厅一体的音乐厅形式。浙江音乐厅室内效果见图 3-27。观众厅有 560 座,容积(不含舞台)3600m³。为了满足音乐演出的需要,舞台上设置了活动声反射板,并可根据音乐演出的需要调整倾角。在歌舞演出时活动声反射板升至舞台塔内。反射板采用刚度很大的 8mm 厚防火板材。观众厅墙面结合造型采用扩散反射面。为防止回声及控制混响时间,观众厅后墙部分采用阻燃织物面吸声结构。

图 3-27　浙江音乐厅室内效果(音乐厅形式)

为了更好地满足多种用途需求,浙江音乐厅采用可调混响,在观众厅顶部设置天窗式可变吸声结构,即在顶部设置可向吊顶内开启的窗扇,窗扇关闭时不吸声,开启时观众厅声能通过开口传入吊顶内部而被吸收,以此调节吸声量。在镜框舞台形式,顶部可变吸声结构开启处在吸声状态,观众厅中频空场混响时间为 1.2s。在音乐厅舞台形式,顶部可变吸声结构关闭。观众厅中频空场混响时间为 1.55s。

### 3.6.3　综合体育馆音质设计

综合体育馆除举行体育比赛外,还经常用于大型文艺演出、大型会议等活动,实际上是多功能使用,对音质要求较高。体育馆音质设计总体要求是在扩声状态下有良好的语言清晰度,有利于提高扩声系统传声增益,无噪声干扰。体育馆根据规模不同混响时间相应要求不同,综合性体育馆满场中频混响时间建议值见表 3-5。体育馆比赛大厅允许背景噪声限值建议为 NR35。

表 3-5　综合体育馆满场中频混响时间建议值

| 比赛大厅容积(m³) | ＜40000 | 40000～80000 | ＞80000 |
|---|---|---|---|
| 混响时间(s) | 1.2～1.4 | 1.3～1.6 | 1.5～1.9 |

体育馆的特点是大厅室内容积大,每座容积也很大,观众席座椅一般为吸声很少的硬椅,观众和座椅所占吸声量较少。体育馆跨度大,为了不增加屋顶重量,一般不做吊顶,这导致无法降低声场容积,也减少了可做吸声的表面。体育馆往往四周是观众席,可做吸声结构的墙面面积较小。为了控制体育馆混响时间,通常在可以做吸声的墙面全做吸声结构。目前,体育馆屋面板一般为复合钢板,通过改进屋面板构造使屋面板满足吸声要求。屋面板内部保温材料采用吸声性能良好的玻璃棉板或岩棉板,底面(面向室内一侧表面)采用穿孔钢板,一般采用大穿孔率。屋面板在满足吸声、保温同时,还需考虑防结露问题,应设置隔气层。图 3-28 为体育馆吸声屋面板构造示意图。为了控制体育馆混响时间,可以在体育馆顶部设置空间吸收体,根据装饰效果制作成各种形状。

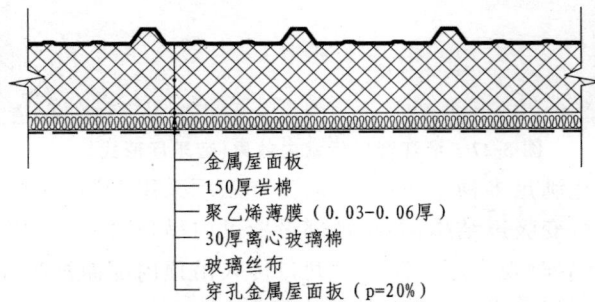

　　　　金属屋面板
　　　　150厚岩棉
　　　　聚乙烯薄膜(0.03-0.06厚)
　　　　30厚离心玻璃棉
　　　　玻璃丝布
　　　　穿孔金属屋面扳(p=20%)

图 3-28　体育馆吸声屋面板构造示意图

### 3.6.4　会议厅和报告厅音质设计

会议厅和报告厅的声学设计,在声学要求、设计指标和声学处理上有共同之处,以确保语言清晰度,采用强吸声、短混响声学处理手法,并用扩声系统使听众获得足够的声级和均匀的声场分布。

### 1. 会议厅的声学设计特点

会议厅规模（容量和容积）的差异比所有会堂都大。小至十几人（容积 $100m^3$），大的可容纳万名观众（容积 $100000m^3$），必须根据容积确定混响时间，通常在 $0.5s$～$1.8s$ 范围内。根据房间容积的大小，选择会议厅最佳混响时间。会议厅最佳混响时间推荐值见图 3-29。室内噪声不大于 $35dB(A)$。

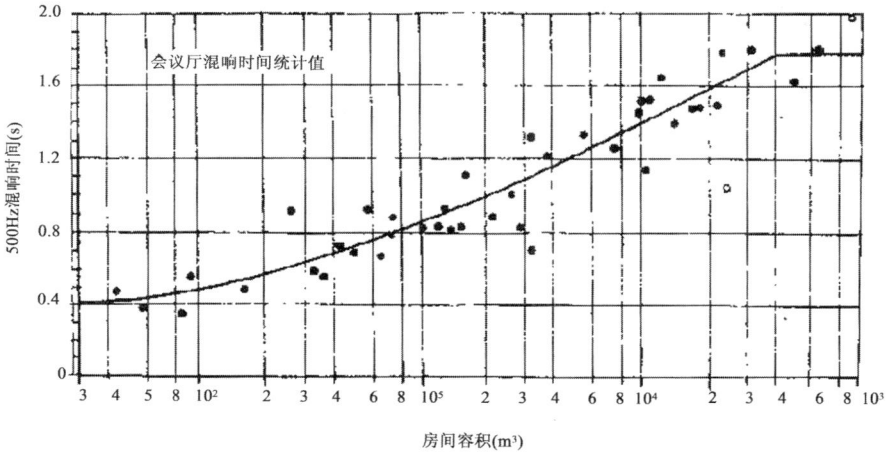

图 3-29　会议厅混响时间的推荐值

### 2. 报告厅的声学设计特点

通常在 $150$～$500$ 人左右，多数 $150$～$350$ 人，容积在 $400$～$2500m^3$ 范围，由于报告厅容量和容积变化范围不大，因此，声学设计通常采用统一指标。根据经验，在工程设计中采用通用的指标，最佳混响时间为 $0.8$～$1.0s$，混响频率特性曲线接近平直。自然声报告时，厅内噪声不大于 $30dB$（A）；而采用扩声系统时，则应低于 $40dB(A)$。

会议厅与报告厅均采用强吸声、短混响的声学处理方式，故建筑体形选择较为自由，不受声学限制。这样室内界面所设置的吸声材料和结构具有控制混响时间和消除音质缺陷的双重功效。因此，建筑师可以选用产生音质缺陷的体形，如圆形、椭圆形、卵形平面和穹形屋顶等。

## 3.6.5　录播室音质设计

录播室要求相对较短的混响时间和平直的混响时间频率特性。图 3-30 是各类录演播室的最佳混响时间。

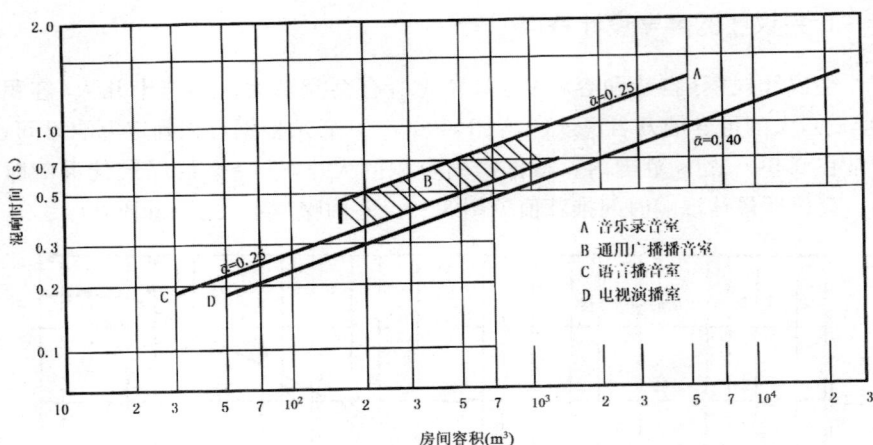

**图 3-30　各类录演播室中频混响时间最佳值**

尺寸较小的语言录播室、强吸收多轨录音室中的录音小室，为防止低频发生"声染色"，宜采用不规则平面。若为矩形平面，长宽高尺寸不应为整数比，以错开两对平行墙面之间、顶与地之间的共振频率。矩形录播室推荐比例见表 3-6。

**表 3-6　矩形录播室推荐比例**

| 录播室类型 | 高 | 宽 | 长 |
|---|---|---|---|
| 小录播室 | 1 | 1.25 | 1.60 |
| 一般录播室 | 1 | 1.50 | 2.50 |
| 低顶棚录播室 | 1 | 2.50 | 3.20 |
| 细长形录播室 | 1 | 1.25 | 3.20 |

录播室要求很低的背景噪声，语言用录播室要求背景噪声控制在 NR15～20 之间，音乐用录播室在 NR20～25 之间。为获得很低的背景噪声，录演播室墙体、屋顶应有很高的隔声量，出入口应设置声闸。录播室宜做"房中房"隔声隔振结构。房中房结构示意见图 3-31。

录演播室墙面、顶面宜有扩散处理。吸声结构宜分散、交叉布置，以获得扩散效果。图 3-32 为某音乐录音室平面。

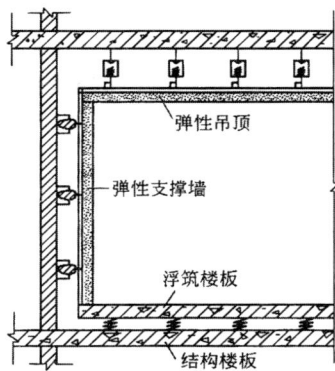

图 3-31　房中房结构示意图

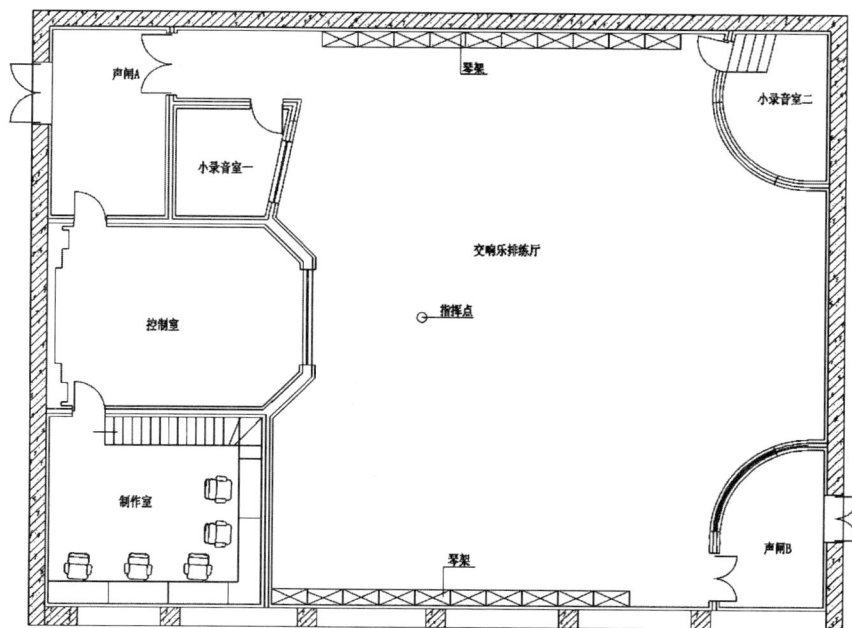

图 3-32　音乐录音室平面

# 第4章 声环境及降噪设计

## 4.1 城市噪声及评价量

### 4.1.1 城市噪声

声环境方面最值得关注的是城市噪声对人们学习、工作和生活的影响。我国的城市噪声主要来源于道路交通噪声，其次是建筑施工噪声、工业生产噪声及社会生活噪声等。

**1. 交通噪声**

交通噪声是城市声环境的主要污染源，由交通工具如汽车、火车、飞机和轮船等，运行时产生的噪声。由于这种声源的流动性，其影响范围可占城市面积的 1/3 以上。

(1) 交通干道噪声

交通干道噪声取决于机动车的类型、车流量、行驶速度、路面状况及干道两侧建筑物布局等因素。如干道边距车辆 10 米远处的轿车行驶噪声级约 67dB(A)，重型卡车行驶噪声级超过 80dB(A)。机动车噪声声功率随其行驶速度的增加而增加。路面宽度、平坦情况及道路两侧的建筑物、地形等对噪声级均有影响。

(2) 铁路噪声

铁路噪声主要是列车运行时因铁轨的摩擦和碰撞引起的，火车行驶噪声级一般为 75～80dB(A)，风笛噪声可达 99dB(A)，汽笛噪声可达 119dB(A)。当行驶速度超过 250km/h，噪声中的高频成分明显增加。

(3) 航空噪声

飞机起飞、降落的强噪声可达 110dB(A) 以上，不仅对机场附近地面有干扰，而且在城市上空飞行的飞机噪声对整个城市都有干扰。其干扰程度取决于噪声级、噪声出现的周期及可能出现的最强噪声源。

**2. 建筑施工噪声**

随着经济建设和城市化进程的快速发展，建筑施工噪声成为仅次于交通噪声的第二污染源。建筑施工噪声是施工过程中各种机械设备产生的噪声，其虽非永久性的，但因其噪声级较高，城市居民对其干扰特别敏感。

### 3. 工业生产噪声

旧城区存在工业企业用地与住宅、文教、医疗建筑混杂布置，存在不同功能区混杂的情况。工业噪声是固定的噪声源，易使临近地区受到持续时间很长的干扰。

工业生产噪声主要来自生产和各种工作过程中机械振动、摩擦、撞击以及气流扰动而产生的声音。常见工业噪声有工厂生产过程中各种机械设备产生的噪声、城市建筑中空调采暖设备如冷却塔、热泵、锅炉房产生的噪声、各种排气风扇产生的噪声等。

### 4. 社会生活噪声

生活生活噪声主要指街道和建筑物内部各种生活设施、人群活动等产生的声音。如在居室中，儿童哭闹，大声播放收音机、电视和音响设备产生的噪声；户外或街道人声喧哗，宣传或做广告用高音喇叭产生的噪声；歌舞厅娱乐活动产生的噪声等。近年来，由于娱乐场所增加，很多又临近住宅及宾馆客房，有的甚至设在住宅、宾馆内部，高强度的娱乐噪声对人们生活产生严重影响。娱乐噪声中低频成分特别大，高强度的低频噪声引起建筑结构振动，并在整栋建筑中传播，影响面很广。生活娱乐噪声一般对人没有直接生理危害，但都能干扰人们生活、学习和工作。随着城市人口密度的增加，生活噪声将越来越严重。

## 4.1.2　噪声的评价量

为了有能增进健康和从事各种活动的声环境，在城市规划和建筑设计规范中明确规定了对声环境品质的要求和应采取的工程技术措施。消除和减轻噪声污染的影响，必须以描述噪声对人的影响程度进行衡量。因此，降噪设计需用合适的评价量进行噪声衡量。

### 1. A 声级

A 声级是目前世界范围内使用最广泛的噪声评价方法。A 声级是对声音的频带上使用 A 计权网络加权得到的单一值，由声级计上的 A 计权网络直接读出，用符号 $L_A$ 表示，单位是 dB(A)。A 声级参考 40 方等响曲线，以模拟人耳对低频不敏感且对 500Hz 以下的声音有较大的衰减的听觉特性。

不论噪声强度是高还是低，A 声级都能较好地反映人的主观感受，A声级越大，人感觉越吵。对于稳态噪声，可以直接测量 A 声级进行评价。

## 2. 等效声级

当噪声大小随时间变化时，需要采用在一段时间内能量平均 A 声级来表示，即等效连续声级，用符号 $L_{eq}$ 或 $L_{Aeq}$ 表示。

当按相同的时间间隔读数时，等效声级的计算见公式(4-1)。

$$L_{eq} = 10\lg\left(\sum_{i=1}^{n} 10^{0.1L_{Ai}}\right) - 10\lg n \tag{4-1}$$

式中：$L_{eq}$——等效声级(dB)；

$L_{Ai}$——每次测得的 A 声级(dB)；

$n$——读取噪声 A 声级的总次数。

等效声级日益广泛地被用作为城市噪声的评价量。我国城市区域环境噪声标准是以等效声级作为评价量。

## 3. 昼夜等效声级

由于同样的噪声在晚上比白天更容易引起人们的烦恼。与白天噪声相比，夜间噪声干扰相当于增加 10dB。因此，计算一天(24 小时)等效声级时，夜间噪声级需加入 10dB 的增加量，称昼夜等效声级。计算见公式(4-2)。用符号 $L_{dn}$ 表示。

$$L_{dn} = 10\lg\left[\frac{1}{24}(t_d \cdot 10^{0.1L_d} + t_n \cdot 10^{0.1(L_n+10)})\right] \tag{4-2}$$

式中：$L_{dn}$——昼夜等效声级(dB)；

$L_d$——昼间噪声级(dB)，为白天(07:00～22:00)的 $L_{eq}$；

$L_n$——夜间噪声级(dB)，为夜间(22:00－07:00)的 $L_{eq}$；

$t_d$——昼间噪声暴露时间(h)；

$t_n$——夜间噪声暴露时间(h)。

## 4. 累积分布声级

$L_{eq}$ 只能表示噪声的平均情况，有时为了解不同声级在时间上出现的概率分布，提出了累积分布声级 $L_N$ 的概念。

$L_N$ 表示在有百分之 $N$ 的时间上出现了 A 声级大于 $L_N$ 的情况。例如：$L_{10} = 70dB$，表示有 10％的时间里噪声的 A 声级超过 70dB。

一般对于偶发性噪声(如交通噪声)，常使用累积分布声级，分别统计出 $L_{10}$、$L_{50}$、$L_{90}$，以详细了解噪声情况。$L_{10}$ 表示起伏噪声的峰值，$L_{50}$ 表示起伏噪声的中值，$L_{90}$ 表示背景噪声。

英、美国家以 $L_{10}$ 作为交通噪声的评价指标，日本用 $L_{50}$ 作为交通噪声的评价指标，我国目前采用 $L_{eq}$ 作为交通噪声的评价指标。

### 5. 噪声评价曲线

对安静要求较高的场所如剧场、录音室、演播室等，不但需要考虑噪声的声级，同时要考虑噪声的频率特性。对于室内环境噪声，国际标准化组织推荐采用噪声评价 NR 曲线进行评价。噪声评价曲线是一组曲线，在每条曲线上，1000Hz 所对应的声压级值作为噪声评价数 NR 值。噪声评价曲线见图 4-1。

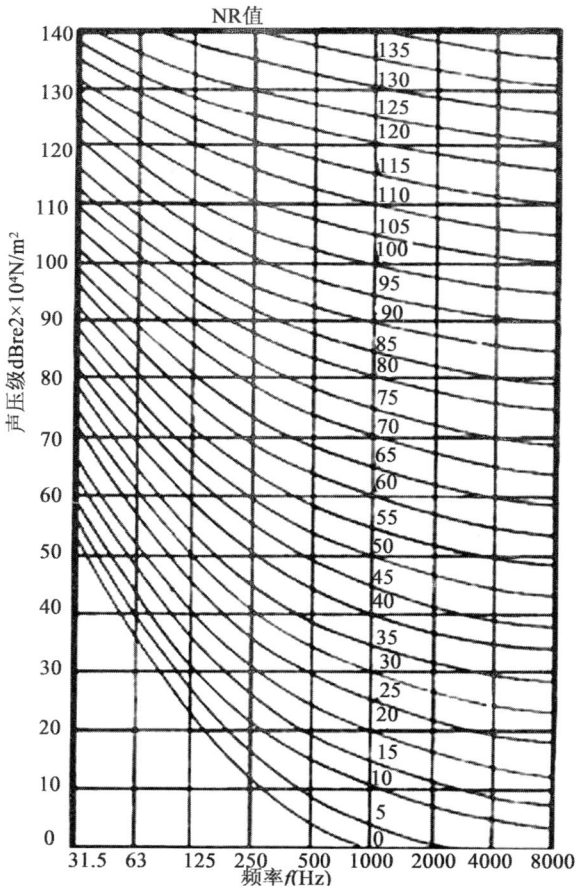

图 4-1　噪声评价曲线

# 4.2 噪声标准

噪声允许标准主要包括城市区域环境噪声标准、民用建筑室内允许噪声标准和工业企业允许噪声标准。

## 4.2.1 城市区域环境噪声标准

国家标准《声环境质量标准》GB 3096－2008 代替《城市区域环境噪声标准》GB 3096－1993 和《城市区域环境噪声测定方法》GB/T 14623－1993,对我国环境噪声标准做出规定,声环境功能区划分及要求见表 4-1,环境噪声限值见表 4-2。

表 4-1　声环境功能区　　　　单位:dB(A)

| 类别 | | 区　域 | 要　求 |
|---|---|---|---|
| 0 类 | | 康复疗养区 | 特别需要安静 |
| 1 类 | | 以居民住宅、医疗卫生、文化教育、科研设计、行政办公位主要功能的区域 | 需要保持安静 |
| 2 类 | | 商业金融、集市贸易为主要功能,或者居住、商业、工业混杂的区域 | 需要维护住宅安静 |
| 3 类 | | 以工业生产、仓储物流为主要功能的区域 | 需要防止工业噪声对周围环境产生严重影响 |
| 4 类 | 4a 类 | 高速公路、一级公路、二级公路、城市快速路、城市主干路、城市次干路、城市轨道交通(地面段)、内河航道两侧区域 | 需要防止交通噪声对周围环境产生严重影响 |
| | 4b 类 | 铁路干线两侧区域 | |

注:乡村区域一般不划分声环境功能区,根据环境管理的要求,县级以上人民政府环境保护行政主管部门可以按以下要求确定乡村区域适用的声环境质量要求。

①位于乡村的康复疗养区执行 0 类声环境功能区要求。

②村庄原则上执行 1 类声环境功能区要求,工业活动较多的村庄及有交通干线经过的村庄(指执行 4 类声环境功能区要求以外的地区)可局部或全部执行 2 类声环境功能区要求。

③集镇执行 2 类声环境功能区要求。

④独立于村庄、集镇之外的工业、仓储集中区执行 3 类声环境功能区

要求。

⑤位于交通干线两侧一定距离(参照 GB/T 15190 第 8.3 条规定)内的噪声敏感建筑物执行 4 类声环境功能区要求。

表 4-2　环境噪声限值　　　单位:dB(A)

| 声环境功能区类别 | | 时段 | |
|---|---|---|---|
| | | 昼间 | 夜间 |
| 0 类 | | 50 | 40 |
| 1 类 | | 55 | 45 |
| 2 类 | | 60 | 50 |
| 3 类 | | 65 | 55 |
| 4 类 | 4a 类 | 70 | 55 |
| | 4b 类 | 70 | 60 |

## 4.2.2　民用建筑室内允许噪声标准

建筑室内背景噪声水平是影响室内环境质量的重要因素之一。尽管室内噪声通常与室内空气质量和热舒适相比对人体的影响不那么显著,但其具有多方危害。

### 1. 住宅、学校、医院及旅馆建筑室内噪声标准

为了保证居住者有一个良好的安静环境,我国《民用建筑隔声设计规范》(GB50118－2010)对住宅、学校、医院、旅馆、办公及商业建筑室内允许噪声级作出具体规定,方便设计时直接采用。表 4-3 为住宅、学校、医院和旅馆等室内允许噪声级。

表 4-3　民用建筑室内允许噪声级 dB(A)

| 建筑类别 | 房间名称 | 允许噪声级(A 声级) | | | |
|---|---|---|---|---|---|
| | | 高要求标准 | | 低限标准 | |
| | | 昼间 | 夜间 | 昼间 | 夜间 |
| 住宅 | 卧室 | ≤40 | ≤30 | ≤45 | ≤37 |
| | 起居室 | ≤45 | ≤40 | ≤50 | ≤45 |

续表

| 建筑类别 | 房间名称 | 允许噪声级（A声级） | | | |
|---|---|---|---|---|---|
| | | 高要求标准 | | 低限标准 | |
| | | 昼间 | 夜间 | 昼间 | 夜间 |
| 学校 | 语言教室、阅览室 | ≤40 | | | |
| | 普通教室、实验室、计算机房、音乐教室、琴房、教室办公室、休息室、会议室 | ≤45 | | | |
| | 舞蹈教室、健身房、教学楼中封闭的走廊、楼梯间 | ≤50 | | | |
| 医院 | 病房、医护人员休息室、各类重症监护室 | ≤40 | ≤35 | ≤45 | ≤40 |
| | 诊室、手术室、分娩室 | ≤40 | | ≤45 | |
| | 洁净手术室 | — | | ≤50 | |
| | 人工生殖中心 | — | | ≤40 | |
| | 听力测试室 | — | | ≤25 | |
| | 化验室、分析实验室 | — | | ≤40 | |
| | 入口大厅、候诊室 | ≤50 | | ≤55 | |
| 旅馆 | 客房 | ≤35 ≤30 | ≤40 ≤35 | ≤45 | ≤40 |
| | 办公室、会议室 | ≤40 | ≤45 | ≤45 | |
| | 多功能厅 | ≤40 | ≤45 | ≤50 | |
| | 餐厅、宴会厅 | ≤45 | ≤50 | ≤55 | |
| 办公室 | 单人办公室 | ≤35 | | ≤40 | |
| | 多人办公室 | ≤40 | | ≤45 | |
| | 电视电话会议室 | ≤35 | | ≤40 | |
| | 普通会议室 | ≤40 | | ≤45 | |
| 商业 | 商场、商店、购物中心、会展中心 | ≤50 | | ≤55 | |
| | 餐厅 | ≤45 | | ≤55 | |
| | 员工休息厅 | ≤40 | | ≤45 | |
| | 走廊 | ≤50 | | ≤60 | |

## 2.剧场、体育馆等观演场所室内噪声标准

《剧场建筑设计规范》(JGJ57－2000)及《体育馆声学设计及测量规程》JGJ/T131－2000 中,提出观众厅室内背景噪声限值,分别见表 4-4 和表 4-5。

表 4-4　剧场观众厅室内背景噪声限值

| 房间名称 | 室内背景噪声限值(NR) | |
|---|---|---|
| 剧场观众厅 | 甲等 | NR25 |
| | 乙等 | NR30 |
| | 丙等 | NR35 |

表 4-5　体育馆比赛大厅室内背景噪声限值

| 房间名称 | 室内背景噪声限值(NR) |
|---|---|
| 体育馆比赛大厅 | NR35 |

## 4.2.3　工业企业允许噪声标准

### 1.工业企业噪声卫生标准

为了保障在工业企业生产车间或作业场所中的工人的身体健康,制定了《工业企业噪声卫生标准》(试行草案)。为了保护听力,标准规定:每天工作 8h,允许连续噪声级为 85dB(A)。在高噪声环境连续工作的时间减少一半,允许噪声级提高 3dB(A),依此类推。任何情况下噪声级最高不得超过 115dB(A)。工业企业噪声卫生标准见表 4-6。如果人们连续工作所处的噪声环境的 A 声级是起伏变化的,则应以等效声级评价。

表 4-6　工业企业噪声卫生标准($L_A$)

| 每个工作日接触噪声时间(h) | 允许噪声 dB(A) |
|---|---|
| 8 | 85 |
| 4 | 88 |
| 2 | 91 |
| 1 | 94 |
| | 最高不得超过 115 |

## 2.工业企业厂界噪声标准

为了对工业企业及可能造成噪声污染的事业单位进行控制,制定了《工业企业厂界噪声标准》(GB12348-90),工业企业厂界噪声标准见表 4-7。测量点选在法定厂界外 1m,高度 1.2m 以上的噪声敏感点。如厂界有围墙,测点应高于围墙。

表 4-7　工业企业厂界噪声标准(等效连续声级 $L_{eq}$)

| 类别 | 适用区域 | 昼间 dB(A) | 夜间 dB(A) |
|---|---|---|---|
| 一 | 居住、文教机关为主的区域 | 55 | 45 |
| 二 | 居住、商业、工业混杂区及商业中心区 | 60 | 50 |
| 三 | 工业区 | 65 | 55 |
| 四 | 交通干线道路两侧区域 | 70 | 55 |

# 4.3　城市声环境规划与建筑降噪设计

城市声环境规划与建筑降噪设计是为人们创造有益健康,宜于工作、生活的声环境。

## 4.3.1　声环境控制措施

噪声源发出噪声后,经过一定的传播途径到达接受者或使用房间。因此解决噪声污染问题就必须依次从声源处、传播途径和接受者三个方面分别采取在经济、技术上合理的措施。

(1)声源处的控制措施

在条件允许的情况下,从声源处降低噪声是最根本、最直接、最有效的措施。一则是降低车辆本身的噪声,工业上采取低噪声的机器设备和生产工艺;二则是采取吸声、隔声、隔振及消声等技术措施,以控制声源的噪声辐射。

(2)传播途径中的控制措施

在噪声传播的途径中采取各种措施进行综合处理。从规划和建筑设计上考虑,主要措施包括合理的总体布局和建筑平、剖面设计;采用吸声降噪、隔声降噪、隔振降噪等综合措施,以降低噪声的干扰。

(3)接收点的防护措施

在噪声特别高而上述各种措施又不能有效解决时,就需要从接收者角度,进行合理的声学分区或采取一定的保护措施,如使用耳塞、佩戴耳套、头盔等,并限制工作人员接触高噪声的工作时间。

### 4.3.2 声环境控制方法

为了创造舒适的声环境,规划和建筑设计人员,通常可以结合项目设计任务的具体情况,确定所设计项目声环境控制的方案。

①调研声环境现状,确定噪声的声压级和频谱;同时掌握噪声产生的原因及周围环境的状况。

②根据声环境现状和国家现行相关的噪声允许标准,确定项目需要降低的噪声声压级。

③根据需要和可能并考虑方案的合理性和经济性,采用规划、总图布置及建筑单体设计、吸声、隔声、隔振和消声等综合降噪措施,最终确定合理的声环境控制方案。各种降噪措施的降噪效果见表 4-8。

表 4-8 各种降噪措施的降噪效果

| 降噪措施 | 降噪效果(dB) |
|---|---|
| 总图及平剖面上对建筑物进行合理布局 | 约降噪 40dB |
| 用吸声材料进行吸声降噪 | 降噪 8～10dB |
| 对建筑构件进行隔声处理 | 降噪 10～50dB |
| 对声源进行消声处理 | 约降噪 15～40dB |

图 4-2 为声环境品质与降噪措施费用之间的一般关系。如果从建设项目立项开始就考虑投资与环境效益的关系,可能无须特别的花费,就能得到良好的声环境品质。随着建设项目的进展,为控制噪声干扰的花费将逐渐增加,甚至比在初期所需的费用高出 10～100 倍。

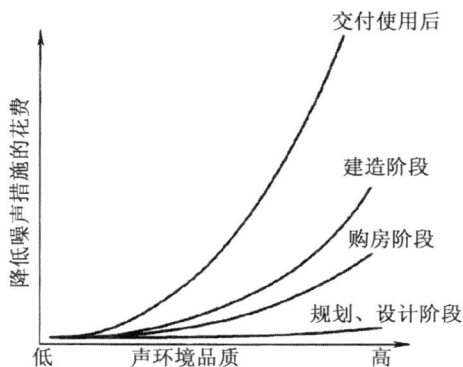

图 4-2 声环境品质与降噪措施费用之间的关系

## 4.3.3 城市声环境的规划设计

### 1. 考虑声环境的城市规划

声环境质量是评价城市环境质量的重要指标之一。合理的城市规划是控制城市噪声的最有效措施。图 4-3 为欧洲的一个 57 万人口城市规划方案。该城市各种交通运输都很发达,城市噪声对居民的干扰很大。为改善城市声环境质量,依城市设施和对外联系交通工具的噪声强弱等级分类,按噪声的等值线,采取同心圆的布局划分不同的噪声级区域。

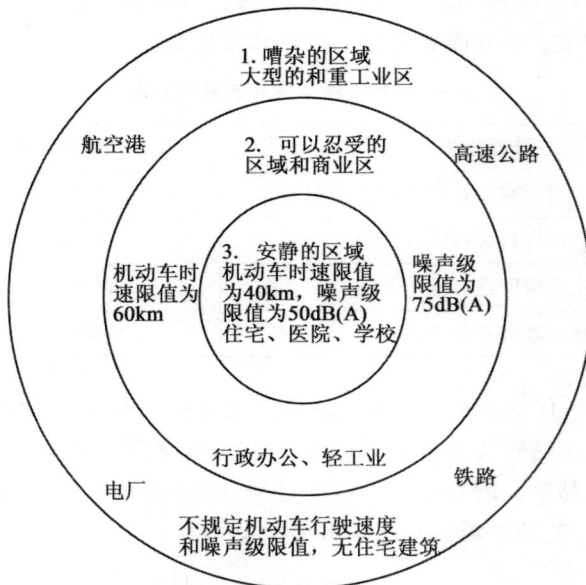

**图 4-3 57 万人口城市的规划方案**

城市规划时尽量避免居民区与工业、商业区混合。城市规划中合理功能分区示意图见图 4-4。将需要安静环境的居住区远离机场、铁路、高速公路和工业区,并在它们之间规划商业区和开阔地带或绿化隔离带,利用声级随距离的自然衰减或绿化带的吸声、隔声作用。

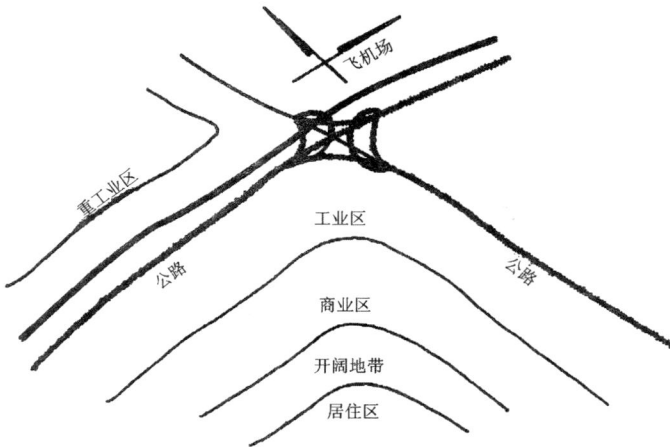

图 4-4　城市规划中合理功能分区示意图

## 2. 考虑城市声环境的交通规划

图 4-5 是为减少交通噪声干扰,对城市分区和道路交通网的一种设想。可以看出:道路系统将城市分为若干大的区域,并且再分出许多小的地区。市内道路行驶的主要是轻型车,车流量相对较小,因而交通噪声平均声级也较低,可分布对噪声敏感建筑,如住宅、学校、医院、图书馆;商业建筑、一般办公楼及服务设施,可沿着地区道路设置,从而对要求安静的地区起到遮挡噪声的屏障作用。

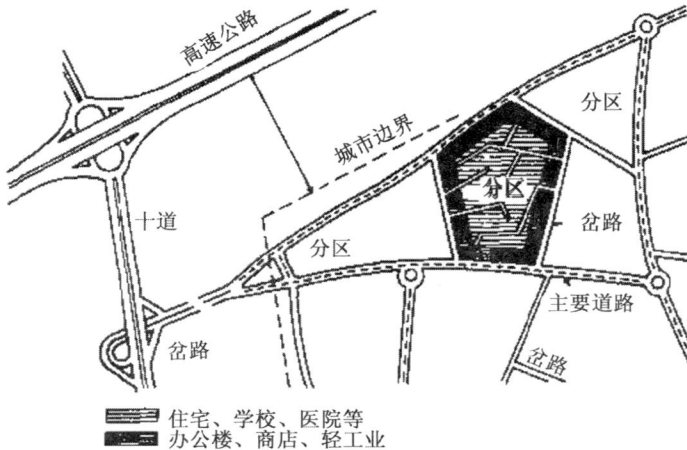

图 4-5　从减少噪声干扰考虑的城市分区和道路网示意图

### 4.3.4　建筑设计中的降噪措施

建筑选址时,需要进行声环境评价,尽可能远离固定噪声源。居住区规划要结合现状进行合理地布局,使居住建筑尽可能减少外界噪声源的干扰。同时建筑物之间适当扩大间距、降低密度,不仅有利于日照、通风,也能够满足人们的私密性要求。

合理的总平面布局和建筑平、剖面设计对声环境控制起着重要的作用。与噪声源保持必要的距离及设置实体声屏障减少噪声的原理,在建筑群总图布置及单体建筑设计中,不仅可以广泛且灵活运用,而且为建筑设计增添新的构思理念和技术支撑。

建筑平面设计时,要考虑建筑空间的动静分区。如果将设备机房如水泵、空调等置于建筑物内部,应采取必要的消声、隔振措施,以防止建筑物内部的噪声影响。

基于声环境的角度,可以将建筑分为 3 类。第一类是“安静房间”,具有安静要求的房间;第二类是“吵闹房间”,存在噪声源的房间;第三类是兼有“安静和吵闹”的房间如音乐练习室。为了防止室内、外噪声干扰,建筑设计时,采取如下降噪措施。

①集中布置吵闹房间,减少噪声影响范围。

②安静房间远离吵闹房间和外部噪声源,同时其开窗不要面向室内、外噪声源。

③利用建筑物内部交通空间或对降噪敏感的房间,将安静房间与室内、外噪声源隔开。

④断开吵闹与安静房间的围护结构,减少或消除固体传声途径。

### 4.3.5　建筑降噪设计案例分析

图 4-6 为居住区总平面图,其用地靠近铁路线,住宅建筑外墙与铁路线最近距离 70m,昼夜等效噪声级 65dB(A),超出 10dB(A)。规划设计采用声屏障:LM 段距铁路中心线 30m,建长 300m、高 12m 屏障建筑(住宅);KL段为 4.5m 实体屏障。

图 4-7 为某工厂总平面及剖面图,噪声源 S 来自工厂生产用房、停车场和道路交通噪声,通过将生产用房与办公室区的围护结构断开,用走道将停车场与办公室区隔离,力求保证办公室有安静的环境。

图 4-8 为剧院总平面及剖面图,噪声源 S 来自停车场和道路交通噪声,通过设置休息厅和服装道具间隔离,力求避免噪声影响大厅听闻。

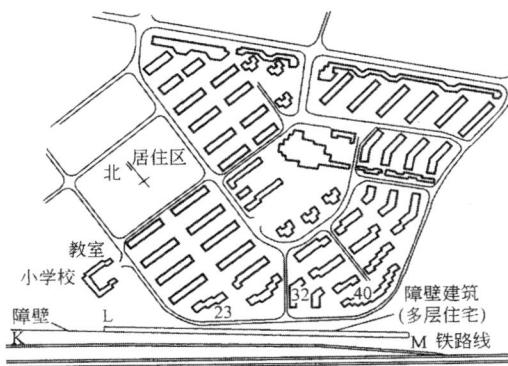

图 4-6　居住区总平面图

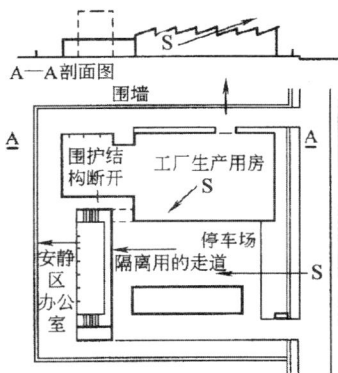

图 4-7　工厂总平面及剖面图　　　图 4-8　剧场总平面及剖面图

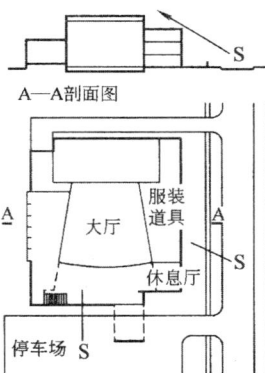

　　图 4-9 为南京特殊师范学校总平面图及音乐楼平面图,音乐楼由演奏厅、若干大的音乐教室和数十间练琴房组成。既可能对其它教学楼造成干扰,又怕受外来噪声的干扰(包括城市交通噪声及各练琴房同时使用时相邻琴房的相互干扰)。在总图布置及音乐楼设计中,采取措施避免噪声干扰,音乐楼与教学区的其他建筑物之间留出足够的距离(均超过 30m);音乐楼与交通干道保持必要的距离,且多数练琴房垂直于交通干道;相邻琴房之间的隔墙、分层楼板及走道均具有足够隔声性能。

　　图 4-10 为医院病房楼的总平面图,噪声源 S 来自城市交通广场,为了争取较多病房内噪声级低于 40dB,总图布置时,使单体建筑尽量远离交通干线和广场,且对后面病房楼起声屏障作用;设置足够宽度和高度的绿化隔离带。

　　图 4-11 为旅馆建筑的总平面及剖面图,噪声源 S 来自城市干道、车库和酒吧、舞厅,为了保证客房有较好的声环境,仔细考虑了尽量减少内、外噪

声源可能对客房干扰。

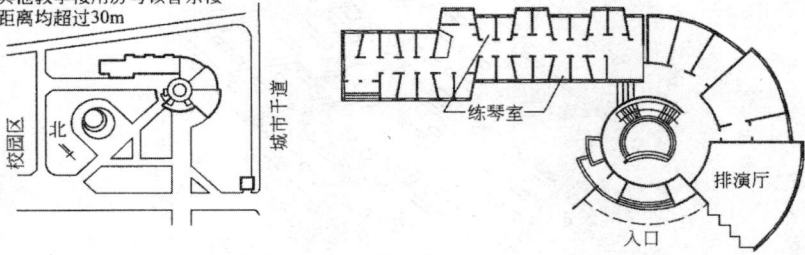

图 4-9  南京师范学院总平面及音乐楼平面图

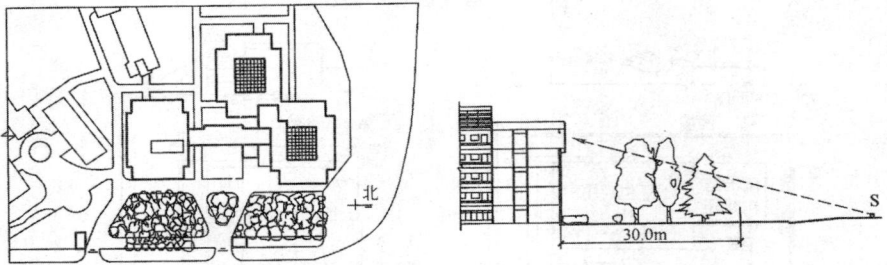

图 4-10  医院病房楼的总平面及剖面图

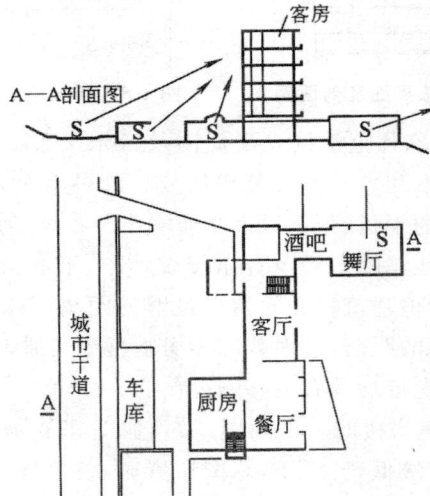

图 4-11  旅馆总平面及剖面图

# 4.4　降噪设计的技术措施

## 4.4.1　吸声降噪设计

**1. 吸声降噪原理**

建筑空间内,人们不仅能听到来自声源的直达声,而且还会听到经各个界面多次反射形成的混响声。为了减弱被噪声包围的感觉,可以在室内墙面、顶棚和地面上布置吸声材料和结构,或在房间中悬挂空间吸声体,使室内噪声源产生的反射声(混响声)被吸收减弱。这时,听者所接收到的声音主要是来自噪声源的直达声,从而达到降低室内噪声的目的。这种利用吸声原理降低噪声的方法称为"吸声降噪"。吸声降噪措施广泛运用于各类生产车间、候车室、演播厅、剧院、体育馆、办公室等人群较为集中的场所。

**2. 吸声降噪量**

根据稳态声压级计算公式,则吸声处理前后的吸声降噪量可以简化为公式(4-3)。

$$\Delta L_p = 10\lg \frac{\overline{\alpha}_2}{\overline{\alpha}_1} = 10\lg \frac{A_2}{A_1} = 10\lg \frac{T_2}{T_1} \tag{4-3}$$

式中:$\Delta L_p$ ——吸声降噪量(dB);

　　　$\overline{\alpha}_1$ ——处理前房间平均吸声系数;

　　　$A_1$ ——处理前房间的总吸声量,$m^2$;

　　　$T_1$ ——处理前房间的混响时间,s;

　　　$\overline{\alpha}_2$ ——处理后房间平均吸声系数;

　　　$A_2$ ——处理后房间的总吸声量,$m^2$;

　　　$T_2$ ——处理后房间的混响时间,s。

吸声降噪只能用于降低混响声,面对直达声是无效的。吸声降噪一般适用于处理前平均吸声系数很小的房间,可使室内噪声降低 $8\sim10$dB。吸声降噪效果见图 4-12。

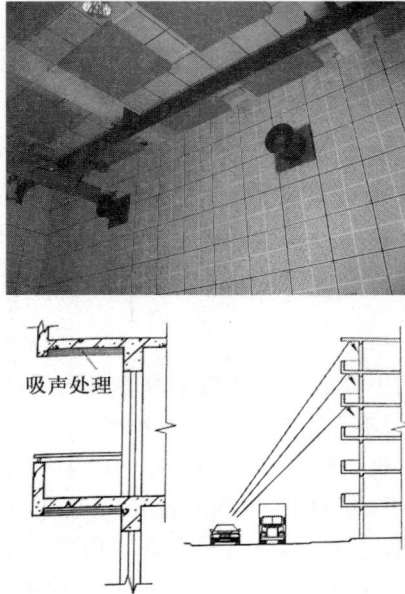

吸声处理

图 4-12　吸声降噪效果

## 4.4.2　隔声降噪设计

### 1. 隔声罩

在声源处控制噪声的有效措施是采用隔声罩来隔绝机器设备向外辐射噪声。通常隔声罩是兼有隔声、吸声、阻尼、隔振、通风和消声等功能的综合体。隔声罩外层常用 1.5～2mm 厚的钢板,也可用胶合板、纸面石膏板或铝板制作而成。在外层钢板里面涂上阻尼层,阻尼层可用阻尼漆、用沥青加纤维织物或纤维材料。外壳加阻尼层的目的是为了避免吻合效应和钢板的低频共振,使隔声效果变差。为了提高降噪效果,在阻尼层外可再铺放一层吸声材料如超细玻璃棉或泡沫塑料,吸声材料外面应覆盖保护层如穿孔板、钢丝网或玻璃布等。在隔声罩与机器之间至少要留出 5cm 以上的空隙,并在隔声罩与基础之间垫以橡胶垫层,以防止机器的振动传给隔声罩。隔声罩示意见图 4-13。

对于某些高噪声设备,可用隔声罩进行隔离。隔声罩本身应有足够的隔声量,隔声罩内应做强吸声处理。对于有大量热量产生的设备,还应解决好通风散热问题。风机隔声罩构造做法见图 4-14。

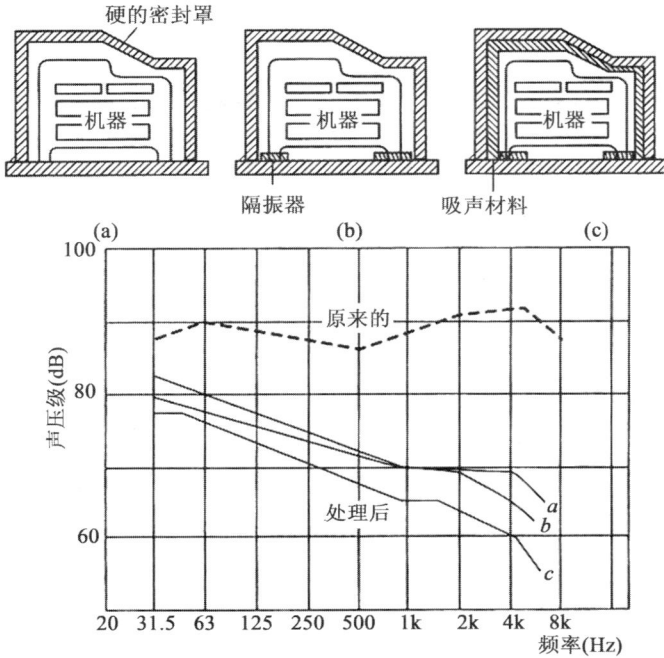

图 4-13　隔声罩示意图

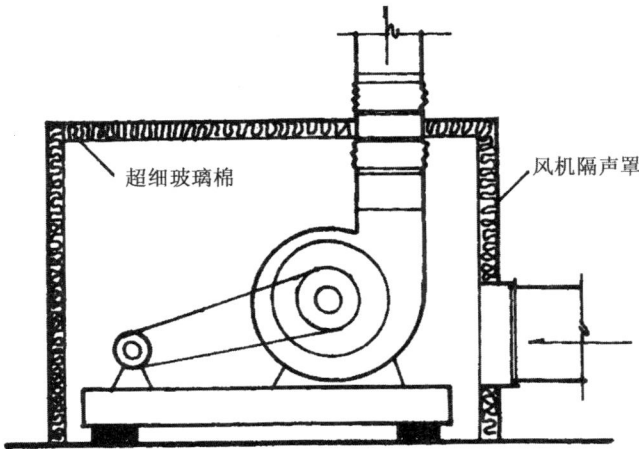

图 4-14　风机隔声罩构造做法

## 2. 隔声间

　　隔声间是对接收者进行隔声处理的措施。在高噪声的车间内设置具有良好隔声性能的小室,以方便工作人员在小室内操作或观察、操控车间各部分工作。隔声良好的隔声间,能使保护工作人员免受听力损害,获得舒适的工作条件,进而提高劳动生产效率。

为了提高隔声间的隔声能力,其墙面和顶棚可采用砖墙、混凝土预制板、薄金属板或纸面石膏板等材料制作。隔声间门面积应尽量小且密封好,观察窗做好隔声。

隔声间常用的形式有封闭式、三边式或迷宫式。迷宫式隔声间的特点是入口曲折,能够吸收更大的噪声,由于可不设门,利于热量散失,方便人员出入。各种类型隔声间如图 4-15 所示。

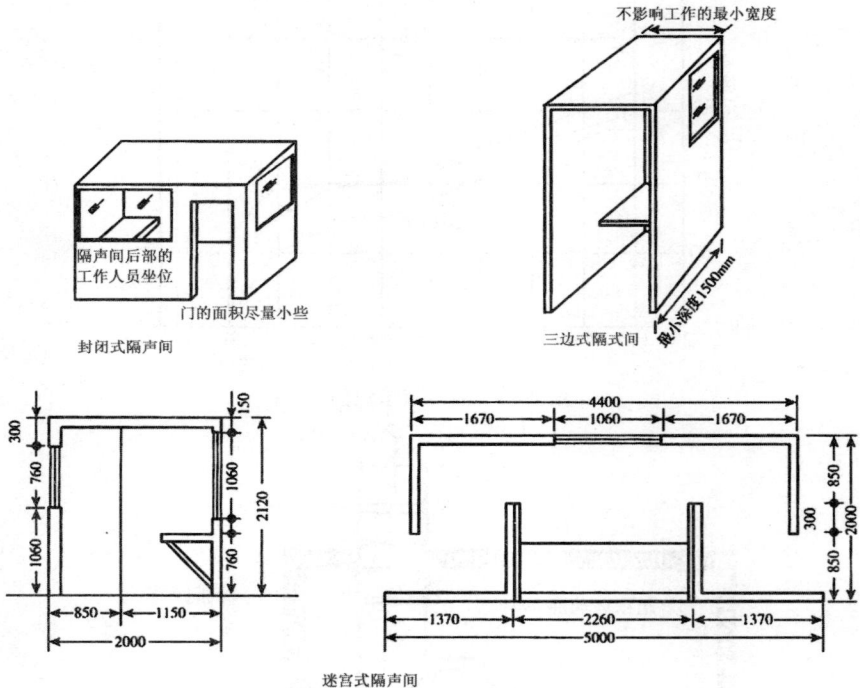

图 4-15 各种类型的隔声间

### 3. 隔声屏障

随着高速公路与城市高架路的快速发展,对沿线所造成的交通噪声影响越来越受到普遍关注。隔声屏障是用来遮挡声源和接收点之间直达声的有效措施,用于高速公路和城市快速干线两侧,以降低交通噪声的干扰。

隔声屏障原理如图 4-16 所示,隔声原理在于将波长短的高频声反射回去,使屏障后形成声影区,在声影区内感到高频噪声明显下降。由于声衍射现象,波长较长的低频声的隔声效果较差。因此,隔声屏障对隔绝高频声最有效,就人的主观感受而言,降低高频声最明显。

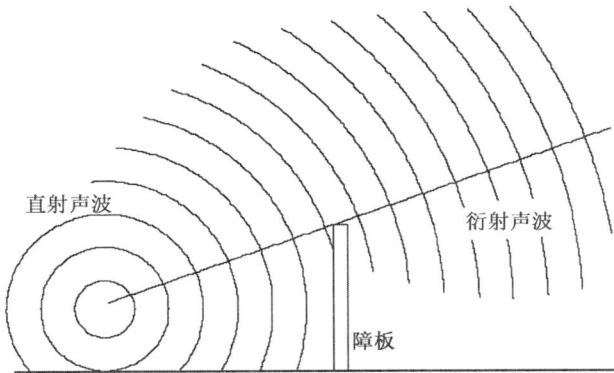

图 4-16　隔声屏障的原理

任何设置在声源和接收点之间的能遮挡两者之间声波传播直达路径的物体都可以起到声屏障的作用,可以是土堤、围墙、路堑的挡土墙、建筑物等。隔声屏障材料可以是砖石、砌块和混凝土预制板结构,也可以是钢板结构、玻璃钢和木板墙。隔声屏障的几种形式如图 4-17 所示。隔声屏障在城市中的运用如图 4-18 所示。

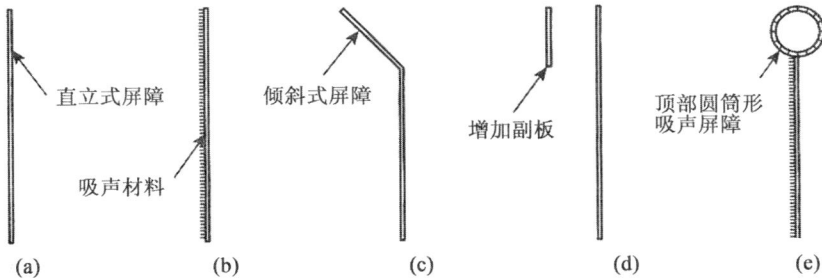

图 4-17　隔声屏障的几种形式

图 4-18　道路隔声屏障

**4. 绿化降噪**

在噪声源与建筑物之间设置大片草坪或种植由高大的常绿乔木与灌木组成的足够宽度且浓密的绿化带,是降低噪声干扰的措施之一。绿化带不像实体墙,成为隔绝空气声传播很有效的屏障,但是绿化能有效地反射和吸收声能。

### 4.4.3　吸声隔声综合降噪设计

建筑声环境设计中,为了达到所要求的声环境品质,往往同时采用吸声、隔声措施以取得综合的降噪效果。对于要求安静工作的房间,选用隔声性能好的围护结构就能有效地抑制临室传入的噪声;若对房间顶棚做吸声处理,可进一步提高降噪效果。

材料的吸声着眼于声源一侧反射声能的多少,要求减少反射声能;而材料隔声着眼于入射声源另一侧(接受侧)透射声能的多少,要求减少透射声能。吸声材料要求反射声能要小,声能易进入和透过,应多孔而疏松如多孔吸声材料。隔声材料要求减弱透射声能,阻挡声音的传播,应重而密实,如钢板、铝板、砖墙材料。因此,建筑声环境设计中,如何充分利用吸声和隔声理论,进一步实现吸声和隔声的综合降噪设计。

**1. 吸声隔声小间**

吸声隔声小间是指利用吸声材料的吸声降噪和隔声构件隔声降噪的原理,综合吸声与隔声两种降噪技术优势,从而达到更好的降噪目的。图 4-19 和图 4-20 分别为某降噪工程吸声隔声小间平面示意。

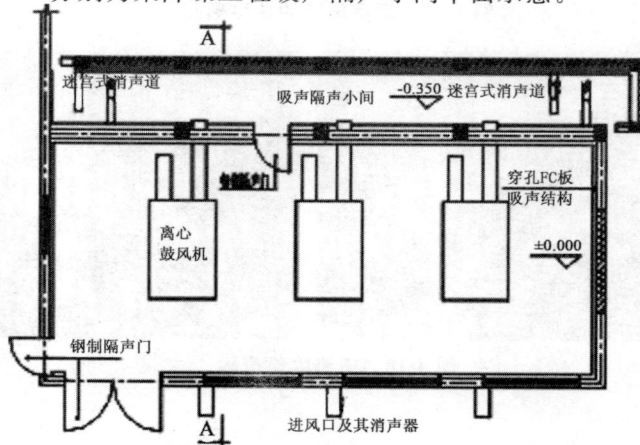

**图 4-19　吸声隔声小间平面**

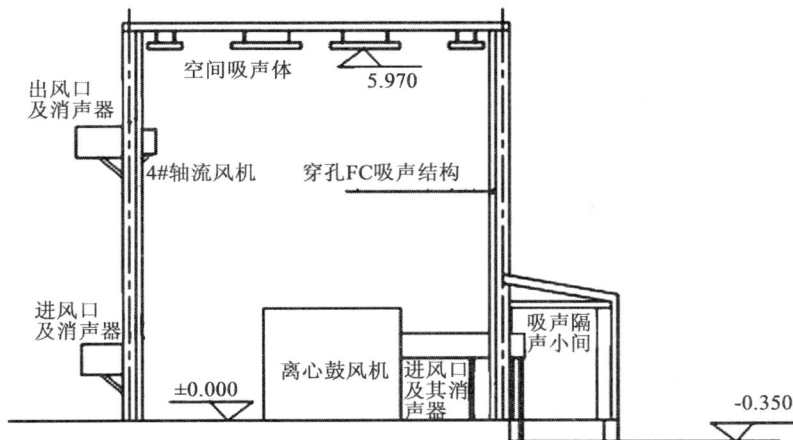

图 4-20　吸声隔声小间剖面

## 2. 吸声隔声综合噪声

利用声屏障的隔声原理,隔绝高频噪声,综合利用吸声和隔声原理,如果在声屏障朝向声源的一侧铺设吸声材料,则会提高声屏障的隔声降噪效果。

利用声屏障的隔声原理,减弱高频噪声,屏障越高,越靠近噪声声源,其降噪效果越好。如果顶棚不做吸声处理,屏障的效用将明显减弱。因此,综合利用吸声和隔声原理,顶棚做好吸声处理,将会提高屏障的综合降噪效用。图 4-21 为屏障与吸声顶棚同时使用时提高降噪效用的对比图。

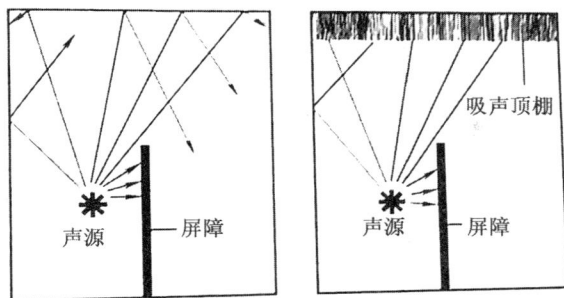

图 4-21　屏障与吸声顶棚同时使用时提高降噪效用

在大型建筑如机场航站楼、体育馆、车站、商业中心等中广泛采用的轻型屋盖,从隔绝空气声和撞击声角度,轻型屋盖自身难以满足隔声标准要求,通过在轻型屋面铺设吸声材料、阻尼材料或设置隔声吊顶,综合利用吸声和隔声原理,提高屋盖隔声性能,从而达到降低噪声尤其是雨噪声的目的。

### 4.4.4 隔振与消声降噪设计

**1. 隔振降噪设计**

建筑中的各种机电设备如发电机、水泵、风机及工厂车间里运转的机器设备,直接安装在楼、地面上时,设备运行时除了向空中辐射噪声外,还会把振动传给建筑结构。这种振动可以激发固体声,在建筑结构中传播很远,并通过其他结构的振动向房间辐射噪声。因此工程中要对建筑设备进行隔振降噪设计。

(1)基础隔振

基础隔振是指建筑设备安装在混凝土基座上,通过在基座与楼、地面之间加设隔振装置(如隔振垫)加以实现。基础隔振主要消除设备沿建筑构件的固体传声,通过切断设备与设备基础的刚性连接来实现的。隔振垫可以是橡胶、软木、毛毡或钢丝弹簧,也可以是专门制作的隔振器。这样,设备包括基座传给建筑主体结构的振动能量会大大减少。钢丝弹簧的适用范围较广,特性易控,使用方便,但其上、下最好各垫一层毛毡类的材料,以免高频振动沿着钢丝弹簧传递。近年来,应用橡胶作为隔振材料有所发展,如小型精密仪器的隔振,乃至临近地下铁道的房屋建筑隔振。设备隔振基本构造如图 4-22 所示。

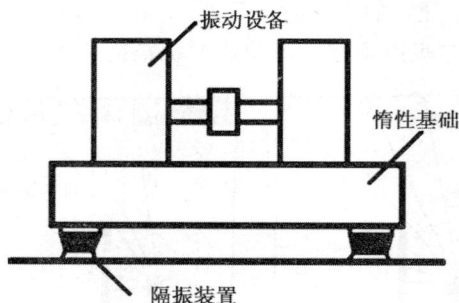

图 4-22 设备隔振基本构造

(2)管道隔振

与基础隔振不同,管道隔振主要是通过管道与相关构件之间进行软连接加以实现。由于管道内介质振动的再生贯穿于整个传递过程,所以管道隔振措施需要延伸至管道末端。管道与楼板或墙体之间采用弹性连接,以减少噪声的传递。风管与风机,水管与水泵之间应采用帆布、橡胶、金属等软管接口,对管道进行柔性连接。风管、水管固定时应加弹性垫层进行隔振处理,如图 4-23 所示。

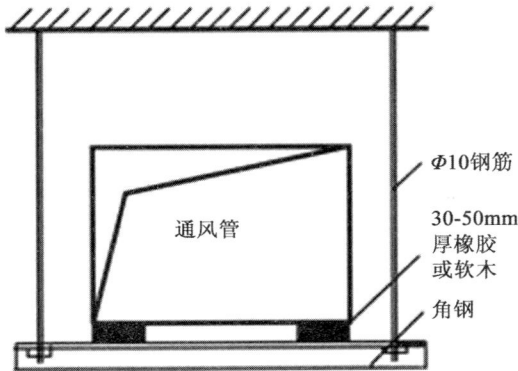

图 4-23　风管隔振固定

## 2. 消声降噪设计

（1）消声器的作用

为了改善人居热环境装置的空调通风系统，风机噪声会沿着风管传至室内，可能会引起气流噪声干扰。气流噪声主要是由于气体在管道中流动形成湍流，或是气体在管道出口处的高速喷射使管道产生振动而引起的。

为了降低沿管道传递的气流噪声可以在气流通道上安装消声器或消声小室。消声器是一种可使气流通过同时降低噪声的装置，可使气流噪声降低 10～30dB。因此，消声器在噪声控制中得到广泛的应用。

（2）消声器的类型

根据消声原理的不同，消声器可分为阻性、抗性和阻抗复合式消声器三种类型。

阻性消声器的消声原理是借助在通风管壁或弯头内配置的吸声材料或按照一定方式在管道中排列组合起来的吸声结构的吸声作用，使沿管道传播的气流噪声能量转化为热能，从而达到消声的目的。阻性消声器主要用于消除中高频的噪声。

抗性消声器主要不是直接吸收声能，而是借助管道断面的突然扩张或收缩，或旁接共振腔，使沿管道传播的部分气流噪声在突变处向声源方向反射回去从而达到消声的目的。抗性消声器主要用于消除中低频的噪声。

阻抗复合式消声器是利用阻性及抗性的不同消声原理组合设计的消声器，能够在较宽的频率范围内达到好的消声作用。抗性消声器消声原理见图 4-24，阻性、抗性和阻抗复合式消声器分别见图 4-24、图 4-25 和图 4-26。

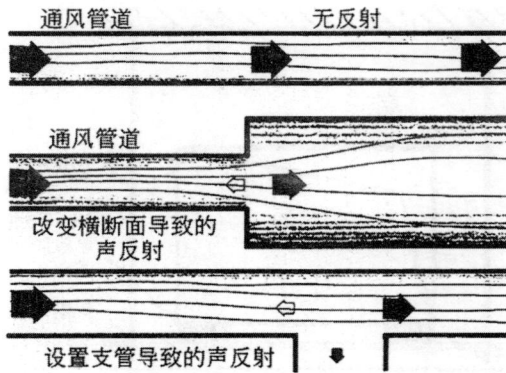

图 4-24　抗性消声器消声原理

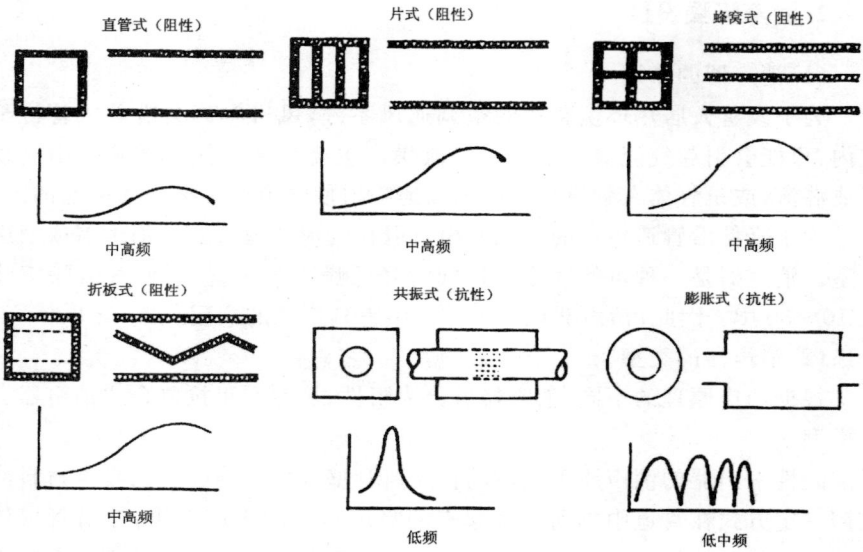

图 4-25　阻性消声器

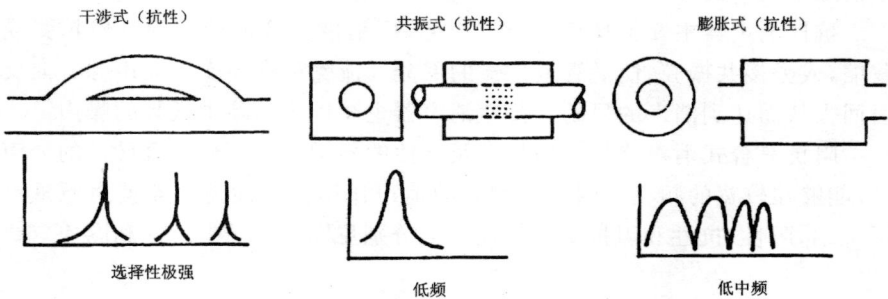

图 4-26　抗性消声器

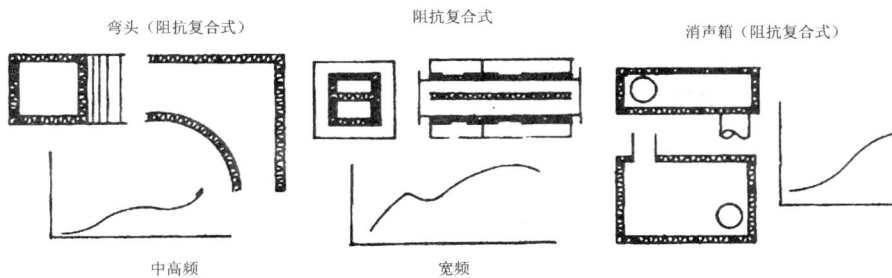

图 4-27　阻抗复合式消声器

# 参考文献

[1]刘抚英.绿色建筑设计策略[M].北京:中国建筑工业出版社,2013.

[2]林宪德.绿色建筑设计:生态·节能·减废·健康[M].北京:中国建筑工业出版社,2007.

[3]宗敏.绿色建筑设计原理[M].北京:中国建筑工业出版社,2010.

[4]卜一德.绿色建筑技术指南[M].北京:中国建筑工业出版社,2008.

[5]刘加平,谭良斌,何泉.建筑创作中的节能设计[M].北京:中国建筑工业出版社,2009.

[6]王瑞.建筑节能设计[M].武汉:华中科技大学出版社,2013.

[7]刘加平.建筑物理[M].北京:中国建筑工业出版社,2009.

[8]柳孝图.建筑物理环境与设计[M].北京:中国建筑工业出版社,2008.

[9]华南理工大学.建筑物理[M].广州:华南理工大学出版社,2002.

[10]张三明.建筑物理[M].武汉:华中科技大学出版社,2009.

[11]徐占发.建筑节能技术使用手册[M].北京:机械工业出版社,2004.

[12]王立雄.建筑节能[M].北京:中国建筑工业出版社,2004.

[13]宋德萱.节能建筑设计与技术[M].上海:同济大学出版社,2003.

[14]刘加平,杨柳.室内热环境设计[M].北京:机械工业出版社,2005.

[15][英]Randall McMullan 著;张振南,李溯译.建筑环境学[M].北京:机械工业出版社,2003.

[16]中国建筑标准设计研究院.全国民用建筑工程设计技术措施——建筑[M].北京:中国计划出版社,2007.

[17]李汉章.建筑节能技术指南[M].北京:中国建筑工业出版社,2006.

[18]罗运俊,何梓年,王长贵.太阳能利用技术[M].北京:化学工业出版社,2005.

[19]宋德萱.建筑环境控制学[M].南京:东南大学出版社,2003.

[20][日]彰国社.国外建筑设计详图图集13——被动式太阳能建筑设计[M].北京:中国建筑工业出版社,2004.

[21]高建岭,王晓纯,李海英,白玉星.生态建筑节能技术及案例分析

[M].北京:中国电力出版社,2007.

[22][英]斯泰里奥斯·普莱尼奥斯.可持续建筑设计实践[M].北京:中国建筑工业出版社,2006.

[23][美]诺伯特·莱希纳;张利等译.建筑师技术设计指南[M].北京:中国建筑工业出版社,2004.

[24][日]日本建筑学会.光和色的环境设计[M].北京:机械工业出版社,2006.

[25][美]古佐夫斯基;汪芳等译.可持续建筑的自然光运用[M].北京:中国建筑工业出版社,2004.

[26][美]M·戴维埃甘,维克多·欧尔焦伊;袁樵译.建筑照明[M].北京:中国建筑工业出版社,2006.

[27][日]日本建筑学会.照明手册[M].北京:科学出版社,2005.

[28]吴硕贤,张三明,葛坚.建筑声学设计原理[M].北京:中国建筑工业出版社,2000.

[29]中国建筑科学研究院建筑物理研究所等.建筑声学设计手册[M].北京:中国建筑工业出版社,1987.

[30]《建筑设计资料集》编委会.建筑设计资料集(第二版)(01~10)[M].北京:中国建筑工业出版社,2014.

[31]中华人民共和国建设部.绿色建筑评价标准(GB/T 50386-2014),中华人民共和国行业标准[S].北京:中国建筑工业出版社,2014.

[32]中华人民共和国住房与城乡建设部.民用建筑绿色设计规范(JGJ/T 229-2010),中华人民共和国行业标准[S].北京:中国建筑工业出版社,2010.

[33]中华人民共和国建设部.民用建筑热工设计规范(GB 50176-93),中华人民共和国国家标准[S].北京:中国建筑工业出版社,1993.

[34]中华人民共和国建设部.建筑气候分区标准(GB 50178-93),中华人民共和国国家标准[S].北京:中国建筑工业出版社,1993.

[35]中华人民共和国建设部.城市居住区规划设计规范(GB 50180-93)(2002版),中华人民共和国国家标准[S].北京:中国建筑工业出版社,2002.

[36]中华人民共和国住房与城乡建设部.建筑采光设计标准(GB 50033-2013),中华人民共和国国家标准[S].北京:中国建筑工业出版社,2012.

[37]中华人民共和国住房与城乡建设部.建筑照明设计标准(GB 50034-2013),中华人民共和国国家标准[S].北京:中国建筑工业出版

社,2013.

[38]中华人民共和国建设部.建筑隔声评价标准（GB/T 50121－2005）,中华人民共和国国家标准[S].北京:中国建筑工业出版社,2005.

[39]中华人民共和国建设部.声环境质量标准（GB 3096－2008）,中华人民共和国国家标准[S].北京:中国建筑工业出版社,2008.

[40]中华人民共和国住房与城乡建设部.建筑隔声设计规范（GB 50118－2010）,中华人民共和国国家标准[S].北京:中国建筑工业出版社,2010.